高等学校工程管理专业规划教材

建设工程商务谈判

马 力 崔文波 主编
王 淋 副主编
李忠富 主审

中国建筑工业出版社

图书在版编目(CIP)数据

建设工程商务谈判/马力，崔文波主编. —北京：中国建筑工业出版社，2018.7（2023.3重印）
高等学校工程管理专业规划教材
ISBN 978-7-112-22269-8

Ⅰ.①建… Ⅱ.①马… ②崔… Ⅲ.①建筑工程-商务谈判-高等学校-教材 Ⅳ.①TU723

中国版本图书馆CIP数据核字(2018)第109228号

本书从商务谈判的基础理论入手，结合建设工程项目交易与运作的准则、规律和特点，以建设工程项目各阶段为主线，讲授建设工程商务谈判的基本原则、谈判组的构成与管理、准备与开局、投标与报价、合同与签约、变更与索赔、竣工与结算等各阶段的策略与技巧，以及谈判者的礼仪与涉外工程承包项目谈判技术等。

本书第1章是全书的基础理论部分，对谈判的基本概念、类型、原理、过程、技巧等进行了介绍；第2章比较了建设工程商务谈判与普通商务谈判的异同，着重讲述了建设工程商务谈判的基本内容，特点及流程；第3章讲述了建设工程招标投标阶段的谈判要点以及常用的投标策略；第4章讲述了建设工程合同谈判中需要做好哪些工作；第5章阐述了变更与索赔中的策略与谈判技巧；第6章重点研究了工程竣工结算阶段产生争端的原因及解决办法；第7章说明了涉外工程谈判需要注意的礼仪、风俗以及禁忌等特殊的谈判技巧；第8章重点叙述了如何编制建设工程谈判的相关文书资料；第9章通过案例分析，强化理论与实践的联系。

为更好地支持相应课程的教学，我们向采用本书作为教材的教师提供教学课件，有需要者可与出版社联系，邮箱：jckj@cabp.com.cn，电话：(010)58337285，建工书院 https://edu.cabplink.com(PC端)。

* * *

责任编辑：王 跃 张 晶 牟琳琳
责任校对：王雪竹

高等学校工程管理专业规划教材
建设工程商务谈判
马 力 崔文波 主编
王 淋 副主编
李忠富 主审
*
中国建筑工业出版社出版、发行（北京海淀三里河路9号）
各地新华书店、建筑书店经销
北京红光制版公司制版
北京建筑工业印刷厂印刷
*
开本：787×1092毫米 1/16 印张：17½ 字数：432千字
2018年8月第一版 2023年3月第二次印刷
定价：**38.00**元（赠教师课件）
ISBN 978-7-112-22269-8
(32143)

前言

商务谈判强调理论与实践并重，它集法律、政策、知识、技术、信息与技巧于一体。通过协商、沟通、妥协、合作等各种策略方式，协调双方或多方之间的商务关系，妥善处理存在分歧和争议的事件，基于共同利益，达成交易合同。尽管谈判过程充满利益的博弈，但是通过谈判解决问题的方式更为直接和快捷，达成的决议更能为当事人所接受和执行，费用更为经济，更有利于维护当事人之间的友好关系，更容易化解矛盾，从而建立长期合作的基础。

建设工程项目实践的全过程涉及工程项目营销、合同谈判、工程索赔等诸多事宜，商务谈判有着不可替代的重要作用。由于建设周期长、系统性、风险性等特征，建设工程项目在各个环节都有可能面临商务谈判。依靠严谨有序、运作自如而游刃有余的谈判可以在初始阶段提高获取项目的成功率，在招标投标阶段争取到更为有利的价格条件，在签约阶段保障合同的严密性和可执行性，在项目执行过程中减少变更和索赔风险，促使项目进展更顺利，通过合同变更谈判在发生纠纷时妥善化解纠纷，保护当事人的利益和友好合作关系。建设工程商务谈判不同于一般的货物贸易谈判，其综合性更强，复杂性和难度更高，涉及土木工程、项目管理、工程经济以及经济管理等多学科的理论知识和从业技能，也涉及心理、语言、行为、礼仪等问题。

建设工程领域工程商务谈判成为各类建设工程相关企业经营管理活动的重要内容，工程管理、工程造价、房地产类专业学生迫切需要掌握工程商务谈判知识与技能。“建设工程项目商务谈判”成为工程管理、工程造价、房地产类专业的重要专业课程。

本书致力于培养建设工程商务谈判专业人才所具备的知识、能力和素质，可作为工程管理、工程造价、房地产经营管理等相关专业本科教材，也可作为建设工程领域内各企业谈判人员的参考用书。对于理解建设工程中的商务谈判方法和技巧，掌握基本商务谈判技能，能灵活自如地应对各种谈判情况，提升自身的谈判素质与能力是必不可少的学习和培训。本书主要特色体现在：

（1）在传统的《商务谈判》类教材的基础上，针对建设工程项目谈判的各个阶段、各个环节及其不同的特点，安排章节内容，并针对国际上和我国建筑行业的实际情况及谈判中可能面临的各种局面给出合理的策略和方法。教材丰富的案例设置使课程突出实训教学环节，对现有课堂理论讲授为主的教学过程进行改革。

（2）内容体系以建设工程商务谈判为轴心，以谈判基本知识传授与能力培养为本位，将理论融于实务技能的体系中，解决工程项目建设各阶段实际问题。既强调建设工程项目谈判的规律和原则性，又突出灵活性和创造性。致力于知识结构改革和知识阐述方式创新，不作理论知识的简单堆砌，在教材风格上作出新的突破。

（3）将商务谈判定位于建设工程领域，构建建设工程商务谈判教学框架。内容翔实且重点突出、针对性强。在体例编排、内容选择上，本书从建设工程管理学科的特点出发，注重知识的系统性、连续性，力求内容新颖、简明、详略得当、深入浅出，结构安排合理，将理论性、实用性和可操作性并举。

(4) 本书在广泛考察有关建设工程项目与商务谈判方面的教材编写体例的基础上，立足于近年来国内外建设工程商务谈判领域的研究进展和实践变革，吸收大量的相关研究成果和案例素材，结合实务界在实际谈判工作中的经验和教训，系统阐释建设工程商务谈判的相关理论和实际操作流程。

本书由大连理工大学建设管理系马力教授、崔文波博士担任主编，王淋博士担任副主编，李忠富教授担任主审。作者的几位工程管理和企业管理专业的在校博士生和硕士生共同参与了编写工作。所以本书是集体劳动与智慧的结晶。具体参与编写人员及其分工如下：第1章，薛建、杭捷；第2章，方珂、滕培胜；第3章，王亮；第4章，黎明、石芮；第5章，杨杰；第6章，李传星；第7章，张禄；第8章，王淋；第9章，张禄。崔文波、刘金凤对全书统撰定稿。已经毕业的张平博士也参与了统稿过程，在此一并对他们表示感谢。本书在编写的过程中参考并引用了国内外专著和教材的内容，在此谨向这些文献的作者致以诚挚的谢意。

由于编写时间仓促，编者水平有限，本书写作中难免有疏漏之处，恳请专家学者以及广大读者批评指正！

目　录

1 商务谈判概述

【本章学习重点】

本章是全书的基础理论部分，介绍谈判的基本概念、类型、原理、过程、技巧等。通过本章的学习要求掌握谈判的基本要素，了解商务谈判的基本理论、类型及特点，重点掌握商务谈判技巧的应用和成功要素。

1.1 商务谈判的内涵与特征

1.1.1 谈判

全球化背景下经济高速发展，合作交流活动日益频繁。谈判俨然已成为一种生活和工作方式。可以说，谈判广泛地存在于每个人的职业生涯和个人生活之中。

谈判有广义和狭义之分。狭义的谈判，仅指在正式专门场合下安排和进行的磋商。广义的谈判，是指参与各方基于某种需要，彼此进行信息交流，磋商协议，从而协调其相互关系，赢得或维护各自与共同利益的行为过程，包括各种形式的“磋商”、“洽谈”等。谈判的目的是协调利害冲突，促进利益均衡。

1.1.2 商务谈判

商务谈判广泛存在于经济交易行为中，是参与各方为协调彼此的经济关系，满足贸易需求，围绕标的物的交易条件，通过信息交流，磋商协议达成交易目的的行为过程。商务谈判具有谈判的基本特征以及经济交易行为的广泛性和特殊性，随着经济的全球化，商务谈判也呈现出自身独有的特点。

1.1.3 商务谈判三要素

商务谈判必须具备三要素，即：当事人（谈判关系人）、分歧点（协商的标的）、接受点（协商达成的决议），三要素缺一不可。

1. 当事人

当事人，即谈判的关系人，是指谈判中代表各方利益的人员。当事人概念包括以下几点含义：

(1) 谈判关系人一般是双方，也可能是多方。因此，当事人至少有两个“角色”承担；

(2) 对一些比较重大的商务谈判，当事人通常以谈判小组的形式参加。谈判小组一般由2人以上组成，但不宜过多。谈判小组应具有至少一位富有谈判经验、业务知识全面的主谈判人，以及与谈判议题相关的专业人员，例如，法律、财务、技术等专业人员，涉外谈判则需要配备翻译人员，即使当事人都精通外语，翻译人员的存在也可给当事人以一定的思考时间和回旋余地。另外，可根据谈判议题的具体要求，对谈判小组人员进行动态组合；

(3) 对于一般的、常规性的业务谈判，由一两位有经验的人员参加即可；

(4) 当事人可以是接受他人委托的第三方，亦可是谈判利益的直接相关者；

(5) 商务谈判是一种各方资源参加的社会活动，在任何一方面前都有“不愿谈判”和“不可谈判”的选择。换言之，当一方认为不能谈判或超越了谈判的“临界点”，就会退出谈判，谈判就会宣告破裂。

2. 分歧点

分歧点，即当事人之间为“需求”或“利害得失”而进行协商的“标的”。这是商务谈判的核心，也是商务谈判行为产生的必要条件。分歧点概念包括以下几点含义：

(1) 分歧所引起的谈判，总是在一定范围内进行的。通常人们对待分歧有6种方法：回避、对抗、妥协、谈判、行政决定、诉诸法律。在这6种方法中，在各方地位平等的前提下，谈判是促成各方交流，解决分歧的重要途径和手段，而“对抗”和“妥协”则是谈判的两个极端。

(2) 标的，一般是指目标、结果、协商的方向等。商务谈判的标的是谈判当事人事前磋商、确定的议题、事项等，一切可以买卖的有形商品或无形商品，以及这些商品交易过程中的相关事项或是条件，都可以成为商务谈判的标的。

(3) 商务谈判标的本质属性是“责、权、利”，任何商务谈判都离不开责任、权力、利益的划分、分享、承担等问题。

(4) 商务谈判标的代表着一定的经济利益，即各方参加谈判的目的都是为了获取各自的某种特定的经济效益。

3. 接受点

接受点，即协商达成的决议。决议是当事人共同谋求的一个可为当事人各方共同接受的结果。这个结果可能具有多种形式：相互让步的交换，附加的抵偿或补偿，情景的更新或改变等。

1.1.4 商务谈判的特征

作为谈判的一个主要类型，商务谈判具有谈判的一般共性特征。同时，作为经济活动进行的重要手段，商务谈判也有其自身的特点。

(1) 普遍性：所有交易都可能存在商务谈判，商务谈判涉及各种类型的组织，可选择的谈判对象众多、范围广泛，谈判环境复杂、多变。因此，商务谈判具有普遍性，适用性广的特点。

(2) 交易性：商务谈判的目的是实现交易行为。其前提条件是谈判各方有交易意愿和能够交易的内容。交易内容可以是货物、技术、劳务、资金的交易，也可以是资源、信息等的交易。

(3) 经济利益性：在商务谈判过程中，谈判者的目的和需要虽然不同，但必须始终注重谈判的成本和效益问题，商务谈判的目的是谋求己方的经济利益，这也决定了商务谈判的经济利益性。

(4) 价格性：商务谈判的经济利益性决定了商务谈判是以价格作为谈判的核心的。尽管商务谈判所涉及的因素不仅仅是价格，价格也不是谈判者经济利益的唯一表现，但由于价格直接表明了谈判双方的利益，因此，价格几乎是所有商务谈判的核心。谈判双方在其他利益上的得与失在多数情况下都可以折算为一定的价格，并可以通过价格的得失得到体现。

1.2 商务谈判的基本类型

商务谈判客观上存在着不同的类型。对商务谈判进行分类，不仅在于帮助商务谈判人员更好地认识谈判，更在于依据不同类型谈判的特性及要求更好地参与谈判，采取更为有效的谈判策略。按照不同的分类方法和视角，谈判的类型是多种多样的。主要的分类方式包括谈判范围、参与人数、所在地、谈判方式、谈判态度等。

1.2.1 按谈判范围分类

依据商务谈判的范围，商务谈判可以分为国内商务谈判和国际商务谈判。

1. 国内商务谈判

国内商务谈判，是指谈判各方均同属一个国家。具体到我国而言是指，我国公民、企事业单位、经济团体等在我国境内发生的以交换或合作为目的的，就关心的经济利益和经济关系问题进行的各种形式的协商活动。包括商品购销谈判、商品运输谈判、仓储保管谈判、联营谈判、经营承包谈判、借款谈判、财产保险谈判等多种形式。

国内商务谈判各方均处于大致相同的社会文化环境中，谈判各方的语言、习俗基本相同，观念基本一致，文化背景差异造成的对谈判不利的因素会大大减少。因此，国内商务谈判的主要问题集中于如何协调谈判双方的不同利益需求和创造更多的利益共同点。

2. 国际商务谈判

国际商务谈判，是指谈判各方分属两个或两个以上的国家或地区。具体而言，国际商务谈判是指在全球商务活动中，处于不同国家或地区的商务活动当事人，为达成某种交易，通过彼此沟通信息，就交易的各项条件进行协商的过程。包括国际产品贸易谈判、易货贸易谈判、补偿贸易谈判、加工和装配贸易谈判、现货贸易谈判、技术贸易谈判、合资经营谈判、租赁业务谈判、劳务合同谈判等多种形式。

国际商务谈判是国内商务活动谈判的延伸。随着全球贸易活动的日益频繁，国际商务谈判需要谈判各方做更多的准备工作。国际商务谈判参与者需要通晓谈判各方的商业习惯和法律，尊重各国的风俗习惯，保证谈判的顺利进行。因此，在国际商务谈判中应注意以下几点：

（1）谈判之前应充分了解和尊重谈判各方的风俗习惯、相关法律、商业习惯和办事规则。了解并熟悉谈判各方的社会文化背景，以利于谈判的顺利进行和后续工作的开展。

（2）谈判中应坚持客观公正，克服偏见。国际商务谈判中应当尊重谈判各方的地位，克服对参与各方的偏见，不能因为对参与方国家的偏见而影响对客观事实的态度。

（3）谈判中应保证沟通顺畅。国际商务谈判各方具有不同的社会文化背景，谈判中应配备必要的翻译人员，保证沟通的顺畅和有效。同时，应避免使用对方推荐的翻译人员，避免商业机密的泄露和不必要的损失。

国内商务谈判与国际商务谈判的区别在于谈判背景存在较大差异。国际商务谈判中，谈判人员必须首先认真研究各方所属国家或地区相关的政治、法律、经济、文化等社会背景。同时，需要研究各方谈判人员的个人阅历和谈判风格等人员背景。需要注意的是，在国际商务谈判中，对谈判人员的外语水平、外事或者外贸知识与纪律等方面也有相应的要求。

1.2.2 按参与人数分类

根据参加谈判的人员数量，谈判可分为单人谈判和团队谈判。

1. 单人谈判

单人谈判，是指各方出席谈判的人员只有1人，为“一对一”谈判。单人谈判多发生在以下情况中：谈判双方比较熟悉、续签合约谈判、大型谈判中的细节商讨、保密性要求较高等商务谈判活动。

单人谈判有着多方面的优势。首先，单人谈判由于缩减了谈判人员规模，因此在谈判时间、地点及准备工作上比较灵活；其次，谈判者作为谈判双方的全权代表，有权处理谈判中的一切问题，能够避免谈判过程中令出多头、相互牵制的局面；第三，单人谈判可以灵活选择谈判方式，能够营造比较良好的谈判氛围；第四，单人谈判可以有效地避免团队成员掣肘的状况，避免暴露己方的弱点；第五，单人谈判能够保证沟通的有效性和信息的保密性。

2. 团队谈判

团队谈判，也称小组谈判，是指各方出席谈判的人员在2人以上组成小组进行谈判。谈判小组人员较多或职务较高，也称谈判代表团。团队谈判一般多用于正式谈判，特别是内容复杂的重大谈判。由于团队中每个人的自身阅历、能力、教育背景等客观条件的限制，难以满足谈判中所需要的一切知识和技能，因此需要发挥小组谈判的团队协作优势。团队谈判往往可以集思广益，更好地运用谈判策略和技巧，充分发挥集体智慧。在商务谈判中，由于谈判参与人员较多，谈判达成的协议对集体成员的约束力较大，认同性更好，对于后续协议的落实起到更好的保障作用。

1.2.3 按谈判地点分类

按谈判所在地不同，分为在己方地点谈判、在对方地点谈判、在双方所在地交叉轮流谈判和在第三地谈判。

1. 在己方地点谈判

是指在己方所在地、由己方主导的谈判。由于谈判是在己方所在地进行，能够为己方在谈判时间、谈判准备等方面提供诸多方便，因而能够提升谈判人员的自信心，从心理上给主座谈判方一种安全感。作为东道主，己方应当礼貌待客，营造良好的谈判氛围，赢得信任以便于谈判工作的顺利展开。

2. 在对方地点谈判

是指在谈判对手所在地进行的谈判。在对方地点谈判会受到各种条件的限制，也需要克服诸多困难，由于对谈判地的不熟悉往往会比较被动，易受到冷落。因此，客场谈判人员面对谈判对手需要审时度势，认真分析谈判对手的背景，对方的优势与不足等，以便正确运用谈判策略，发挥自己的优势。

3. 在双方所在地交叉轮流谈判

是大宗商品买卖或成套项目引进中为平衡主、客场谈判的利弊，谈判需要多轮并在主、客场轮换进行。这种谈判复杂程度高，耗时长，因此采取主客轮换方式，各方谈判人员必然会考虑谈判时间表对各方利益的影响，从而采取措施创造条件实现较高的效益。主客场轮换谈判的每一次轮换都会有明确的阶段利益目标，要充分利用现有条件，努力实现阶段利益。需要注意的是，由于谈判耗时较长及其他因素，在谈判过程中要坚持换座不换帅的原则，要避免谈判过程中主谈判人的更换，最好能有两个主谈判人，保证谈判的连续性。

4. 在第三地谈判

中立场谈判也称第三地谈判，是指在谈判双方以外的地点安排的谈判。该地点一般属于中立或与各方关系比较密切的利益无关方。中立场谈判的优势在于没有主客之分，谈判中受到的干扰较少，能够为谈判营造比较好的谈判氛围。

1.2.4 按谈判方式分类

按谈判方式，可以分为纵向谈判和横向谈判。

1. 纵向谈判

纵向谈判是指在确定谈判问题后，逐个讨论每个问题和条款，讨论一个问题、解决一个问题，直到谈判结束。这种谈判方式程序明确，讨论详尽，能够把复杂问题简单化，每个问题能够得切实地解决，避免多头牵制，适合原则性谈判。但由于谈判过程较为死板，不利于双方沟通，易使谈判陷入僵局。

2. 横向谈判

横向谈判是指在确定谈判所涉及的主要问题后，开始逐个讨论预先确定的问题，当在某一问题上出现矛盾时就把这一问题暂时搁置而讨论其他问题，如此周而复始讨论下去直到所有内容全部谈妥。这种谈判方式优势在于议程灵活，不拘泥于谈判内容，多项议题同时进行，能够发挥谈判人员的创造力，更好地应用谈判策略和技巧，寻找变通的解决方法。但会加剧双方的讨价还价，使谈判人员在细枝末节上纠缠，忽略主要问题。

谈判方式的选择主要根据谈判内容、规模以及谈判项目的复杂程度来确定，一般大型或者多方谈判采取横向谈判，对于规模小、业务简单尤其是双方有合作历史的谈判最好采用纵向谈判。有时双方讨论的议题需要磋商二至三轮，第一轮磋商是对所列的问题提出大致的意见和要求，互相摸底，直到第二轮和第三轮才逐步确定完成讨论的问题。

1.2.5 按照谈判态度分类

按照谈判的态度不同，分为软式谈判、硬式谈判和原则型谈判。

1. 软式谈判

软式谈判，也称关系型谈判、让步型谈判，是指谈判者随时准备为达成协议而让步，回避一切可能的冲突，追求双方均满意的结果。这种谈判把对手当作朋友，强调建立和维持良好的关系。

软式谈判的一般过程是：建立信任，提出建议，作出让步，达成协议，维护关系。如果谈判各方都能以宽容、理解的心态友好协商，会提高谈判效率，降低谈判成本。但由于价值观和利益驱动等因素，如果对于强势一方绝对退让，往往会达成不平等协议。因此，软式谈判多适合于长期友好的合作伙伴之间，或者长期合作利益高于近期局部利益的情况。

2. 硬式谈判

硬式谈判，也称立场型谈判，认为谈判是一场意志力的竞赛，态度越强硬，其后的收获就越多。这种谈判将谈判对手视为劲敌，强调立场的坚定性，认为只有按照己方的意愿达成的协议才是谈判的胜利。因此，商务谈判者往往将注意力放在维护和加强自己的立场上，处心积虑要压倒对方。这种方式有时很有效，往往能达成十分有利于自己的协议。

但是在硬式谈判中，谈判双方往往是互不信任的，谈判易陷入僵局，容易导致双方关系的破裂。如果双方都采用这种方式进行商务谈判，就容易陷入骑虎难下的境地，使商务谈判旷日持久，这不仅增加了商务谈判的时间和成本，降低了效率，而且某一方迫于压力而签订的协议，在协议履行时也会采取消极的行为。因此，硬式谈判多适合一次性交易、对方阴谋败露、竞争性关系等情况。

3. 原则式谈判

原则性谈判，也称价值型谈判。这种谈判最早由美国哈佛大学谈判研究中心提出，故又称“哈佛谈判术”。原则型谈判强调公正原则和公平价值，要求谈判中把人和事分开，主张按照谈判各方接受的公平性和价值观达成协议，谈判各方开诚布公，寻找共同点，消除分歧，争取各方满意的谈判结果。

原则式商务谈判与硬式商务谈判相比，主要区别在于主张调和双方的利益，而不是在立场上纠缠不清。这种方式致力于寻找双方对立面背后存在的共同利益，以此调解冲突。它强调双方地位的平等性，在平等基础上共同促成协议。这样做的好处是，商务谈判者常常可以找到既符合自己利益，又符合对方利益的替代性方案，使双方由对抗走向合作。因此，原则式谈判日益受到社会的推崇。

不难发现，软式谈判、硬式谈判和原则式谈判在谈判目标、谈判态度、谈判立场、谈判做法、谈判结果上有很大不同。表 1-1 详细说明了三者的具体区别。

软式谈判、硬式谈判和原则式谈判区别 　　**表 1-1**

	软式谈判	硬式谈判	原则式谈判
目标	达成协议	赢得胜利，要有所获才肯达成协议	有效地解决问题，达成对双方都有利的协议
态度	对人和事都比较温和；尽量避免意气用事；信任对方，视对方为朋友	对人和事都强硬；视谈判为双方意志力的竞赛；不信任对方，视对方为敌人	对人温和，对事强硬；视对方为问题的共同解决者；信任与否与谈判无关；根据客观标准达成协议
立场	轻易改变自己的观点，坚持达成协议	坚持自己的立场	重点在利益而非立场。坚持客观的标准
做法	提出对方能接受的方案和建议	威胁对方，坚持自己接受的方案	规划多个方案共双方选择。共同探究共同性利益
结果	屈服于对方压力，增进关系，作出让步	施加压力使对方屈服；迫使对方让步，不顾及关系	屈服于原则，不屈服于压力；将问题与关系分开，既解决问题又增进关系

1.2.6 按谈判内容分类

根据谈判所涉及的经济活动内容，分为投资项目谈判、商品贸易谈判、技术贸易谈判、租赁谈判、承包谈判等。

1. 投资项目谈判

投资项目谈判，是指谈判双方共同参与或涉及双方关系的某项投资活动进行的谈判，谈判涉及投资目的、投资方向、投资形式、投资内容与条件、项目经营与管理、投资者权利、责任、义务及相互之间的关系。

2. 商品贸易谈判

商品贸易谈判，是指买卖双方就货物本身的有关内容进行的谈判。商品贸易谈判的内容是以商品为中心的。它主要包括商品的品质、数量、包装、运输、价格、货款结算支付方式、保险、商品检验及索赔、仲裁和不可抗力等条款。

3. 技术贸易谈判

技术贸易谈判，是指对技术有偿转让所进行的商务谈判。主要是指买卖双方就转让技术的形式、内容、质量规定、适用范围、价格条件、支付方式以及双方在转让中的一些权利、义务关系等问题进行的谈判。技术贸易谈判一般包括三个部分：技术谈判、商务谈判和法律谈判。技术谈判是双方就技术设备的名称、型号、规格、技术性能、质量保证、培训、试生产、验收等进行商谈。商务谈判是双方就价格、支付方式、税收、罚款、索赔等条款进行商谈。法律谈判主要涉及侵权与保密、不可抗力与法律适用等问题。

1.3 商务谈判的基本理论

1.3.1 谈判需要理论

谈判需要理论，也称尼尔伦伯格谈判模式，最初由美国谈判专家尼尔伦伯格在1971年与H·H·科罗合著的《如何阅读人这本书》(How to Read a Person Like a Book) 中提出，并在其撰写的《谈判艺术》(The Art of Negotiating) 一书中对谈判需要理论作出了系统的阐述。谈判需要理论以心理学家阿伯拉罕·H·马斯洛的需求理论及“相互性原则”理论的心理学为基础，认为人类的每一种有目的的行为都是为了满足某种需要，谈判就是为了满足某种需要。

1. 需要理论及层次

1954年美国著名的社会心理学家马斯洛教授对人类的行为进行了研究分析，提出了人类行为的五种需求阶梯，包括：生理需要、安全需要、社交需要、尊重需要、自我实现需要。

马斯洛教授认为，人类需要的阶梯或层次是逐级上升的，当低一级需要获得相对满足以后，人们就追求高一级层次的需要，有时在某一时刻，同时会存在好几种需要，但其强度是不均等的。

2. 谈判需要理论

“谈判需要理论”认为：谈判的前提是谈判各方都希望从谈判中得到某些东西，否则各方会彼此对另一方的要求充耳不闻，熟视无睹，各方当然不会再有必要进行谈判。即使谈判仅是为了维持现状的需要，亦当如此。

马斯洛需要理论认为，当人的较低层次的需要受到威胁或难以获得满足时，人就会放弃较高层次的需要获得满足的追求，转而去寻求满足较低层次的需要。就大多数人和大多数人类行为而言，这个顺序是成立的。尼尔伦伯格正是基于这样的看法才指出，从总体上说，谈判者抓住的需要越是基本，获得成功的可能性就越大。

谈判与需要的关系是极其密切的，需要是一切谈判的基石。了解对方、做好准备是赢得谈判成功的前提。在谈判桌上，谈判各方的需要是变化的，关键在于因势利导。不了解对方需要、不尊重对方，谈判不会成功。因此，相互尊重对方需要是成功的关键。

"谈判需要理论"的作用在于：①它能促使谈判者去发现与谈判各方相联系的需要；②引导谈判者对驱动对方的各种需求加以重视，以便选择不同的方法去顺势、改变或对抗对方的动机；③在上述基础上还可以估计每一种谈判方法的相应效果，为谈判者在谈判中进行论证和辩护提供广泛的选择空间。在实际谈判中，没有绝对的单一的需要，常常是多种类型、多个层次的需要共存的。

3. 需要理论在商务谈判中的运用

需要是谈判的基础和动力。"需要"和对需要的满足是谈判的共同基础，双方都为各自的需要所策动，才会进行一场谈判。马斯洛和尼尔伦伯格的需要理论要求在进行商务谈判时，力求做好以下几点：

(1) 必须较好地满足谈判者的生理需要；

(2) 尽可能地为商务谈判营造一个安全的氛围；

(3) 要与对手建立起一种信任、融洽的谈判气氛；

(4) 要使用谦和的语言和态度，满足谈判对手尊重和自尊的需要；

(5) 对于谈判者的最高要求，在不影响满足自己的同时，也应尽可能使之得到满足。

4. 需要的发现

尼尔伦伯格指出，发现需要并不难，因为归根到底，所有的谈判都是在人与人之间进行的。要发现对方真正的需要，必须采用一些方法和技巧。包括：倾听，搜集材料，调查了解，证实。

精明的谈判者总是十分注意捕捉对方思想过程中的蛛丝马迹，仔细倾听对方的发言、注意观察对方每个细微的动作、注意对方的仪态举止、神情姿态、重复语句以及说话语气等，这些方面都是反映对方思想、愿望和要求的重要线索。

(1) 适时提问。在谈判过程中要在合适的时机多提一些问题，在对方讲话时要注意分析其中的内在含义，借此发现对方的潜在需求，了解对方的真正需求。

(2) 恰当陈述。包括：①鼓励，如，不断地微笑、点头、用目光赞赏；②理解，如，用"是，对"等表示肯定；③激励，如，适当运用反驳和沉默，来刺激对方，让对方表达出最真切的想法和最真实的需求。

(3) 悉心聆听。沟通是获取信息的重要渠道，在双方进行谈判交易的过程中，仔细辨别谈判对方的言语，辨别对方对谈判焦点的态度，有利于己方充分获得信息，占据有利地位。

(4) 注意观察。行为是策略的具体体现，谈判的关键要素之一在于观察谈判各方的具体行为和反应，获得谈判对方不易察觉的细节，为己方下一步的谈判计划提供可靠的参考。

1.3.2 原则谈判理论

谈判原则理论，即"原则谈判法"(Principled Negotiation)，是由哈佛大学费舍尔等人于20世纪70年代末期提出的一种普遍适用的谈判理论。

原则谈判理论是根据价值和公平的标准达成协议，它不采用诡计，也不故作姿态；它使谈判者既能得到希望的结果，又能不失风度。该理论所强调的是价值，是与人友善，对当时的美国政府处理中东事务并促成埃以和谈起到了积极的指导作用。

1. 原则谈判理论的基本内涵

“原则谈判法”的基本内涵是以公平价值为标准，以谈判目的为核心，在相互信任和尊重的基础上，寻求双方各有所获的方案。

“原则谈判法”的实质是根据价值来寻求双方的利益而达成协议，并不是通过双方的讨价还价来做最后的决定。

“原则谈判法”的核心是标的物。当双方的利益发生冲突时，则坚持使用某些客观标准，而不是双方意志力的比赛。

“原则谈判法”的基础是双方的信任和尊重。

“原则谈判法”的目的是寻求双方各有所获的方案。

2. 原则谈判法基本内容

根据原则式谈判的思路，费舍尔对谈判过程的关键要素进行了重新诠释，并从人、利益、方案、标准等四个方面提出处理谈判问题的四个基本原则，构成了一种几乎可以在任何条件下加以运用的谈判方法。

（1）人与问题：始终强调谈判中要将人与问题分开，在谈判中要对事不对人；在谈判中将人的因素与谈判的问题分开，把谈判对手的态度和讨论问题的态度区分开。

人与问题的分开可以从以下三个方面着手：

1）看法。当对方的看法不正确时，应寻找机会给予纠正。不要用敌意去推测。

2）情绪。如果对方的情绪太激动时，应给予他发泄情绪的机会，同时给予一定的理解。

3）沟通。当双方发生误解时，应设法加强沟通，善于倾听对方的意见，同时阐明自己的观点，以寻求对方的理解。

（2）利益与立场：主张谈判的重点应放在利益上，而不是立场上。在解决有争执的问题时，应尽量克服立场上的争执，仅针对利益。

谈判中的基本问题，不是双方立场上的冲突，而是双方利益、需求、欲望的冲突。在大多数情况下，双方的利益是矛盾的，因而，立场也常常是对立的。

在谈判中双方所发生的冲突，是双方利益冲突所造成的，而不是立场冲突。

（3）方案与选择：提倡在决定实施方案之前，预先构思、设计各种可能有的选择和预案，构思彼此有利的解决方案。在谈判前及谈判遇到障碍时，应安排一段时间，暂时抛开所有限制和约束，构思各种能够包容双方共同利益的可能的解决方案，努力避免或减少各方利益上的冲突。

（4）标准与公平：要根据价值和公平的标准去达成协议，坚持客观标准。评价谈判是否成功的标准不应该是某方所取得的利益，而应该是谈判的价值。

“客观标准”是指在谈判中所采用的独立于谈判各方主观意志之外的，划分谈判双方利益得失的准则。具有公平性、有效性和科学性的特点。应符合以下5个条件：

1）独立于各方主观意志之外。

2）具有合法性和切合实际性。

3）至少在理论上适合于双方。

4）在实质利益上必须以不损害双方各自的利益为原则。

5）在处理程序上必须是公平的，即解决方法是公平的。

原则式谈判是一种既注重理性又注重感情，既关心利益也关心关系的谈判理论，在谈判活动中的应用很广泛。在这种谈判理论指导下达成的协议，在履行过程中比较顺利，毁约、索赔的情况比较少。当然，原则式谈判有一定的应用范围。首先，它要求谈判双方能够在冲突性立场的背后努力寻求共同的利益。其次，谈判双方处于平等的地位，没有咄咄逼人的优势，也没有软弱无力的弱势。

1.3.3 谈判实力理论

谈判实力理论，也称温克勒谈判实力模式，是由美国谈判学家约翰·温克勒在《谈判技巧》(Bargaining for Results) 一书中提出的。

该理论认为，谈判者技巧的运用与实力的消长有着极为紧密的关系。谈判技巧运用的依据和成功的基础是谈判实力，建立并加强自己谈判实力的基础又在于对谈判的充分准备和对对方的充分了解。

1. 谈判实力

谈判实力与通常认识上的公司实力具有一定联系又有一定区别。谈判实力通过谈判者的行为体现出公司实力。由于谈判者的行为能力具有个体差异性，所以，谈判实力有时显得比公司实力强，有时又可能显得比公司实力弱。

2. 谈判实力理论十大原则

原则一：枝节问题可以谈，核心问题不可谈。不轻易给对方讨价还价的余地。如果遇到的某些问题大致是确定性的，就应努力使自己处于一种没有必要进行谈判的地位。

原则二：当没有充分准备的情况下应避免仓促参与谈判。在条件许可时应事先进行一些调查研究工作，努力了解对方的现状、利益、问题、决策者等。在谈判的初始阶段，双方的接触对整个谈判的影响极大。

原则三：设法让对方主动靠近你，你在保持某种强硬姿态的同时，应通过给予对方心理上更多的满足感来增强谈判的吸引力。

这一做法对初涉谈判的新手尤为有效。既保持那种看似难以松动的地位，又采取某种微妙的措施使对方对谈判保持极大的兴趣，让对方“感觉”到他的成功，增加其自我满足感。对方的这种感觉越深，向我方靠近并作出行动的决定就越快。

原则四：在向对手展示自己的实力时不宜操之过急，而应通过行动或采取暗示的方式。如通过让对方感到内疚、有愧、有罪过、自觉实力不济等形式。对方约会时不守时、付账时款额不足、合作中曾出现过差错等，这些都是谈判者可以利用的因素。有时也可以在谈判之前通过第三方的影响，或舆论压力的形式等加强自己的实力地位。

原则五：要为对手制造竞争气氛，让对手们彼此之间去竞争。而对于自身的竞争者，不要惊慌失措，因为对竞争的惊慌失措将于事无补。

温克勒强调指出，孤注一掷在讨价还价中是一大忌讳。你的热情和兴趣会使对方放心，很快失去自己的竞争优势地位。谈判者所表现出的过于急切的姿态是一种虚弱的信号，不要这样做，而要使对方为了得到你的注意而竞争。如果谈判者想迫使对方同意某个决定，那他需要一种选择适当时机的敏感，还需要有一个能成为对方竞争者的势均力敌的对手。

原则六：给自己在谈判中的目标和机动幅度留有适当余地。

当你要获取时，应提出比你原预想的成交目标还高些的要求，而不应恰处于原预想的成交目标上；当你要付出时，应提出比你原预想的付出更少的付出要求，而不应恰处于原预想的付出水平上。无论何种情况，让步要稳、要让在明处、要小步实施、要大肆渲染、要对等让步。

原则七：注意信息的收集、分析与保密。不要轻易暴露自己已知的信息和正在承受的压力。

谈判者是处于特定社会环境中的人，一个富有经验的谈判者是不会轻易把自己的要求、条件和焦虑完整透彻地告诉对方的。不完全透露真实的想法并不意味着靠说谎进入谈判领域。对于一个谈判者而言，保持诚实非常重要，他所说的话必须让对方信得过。

原则八：在谈判中应多问、多听、少说。谈判虽然在一定程度上包括了演讲的技巧，但它毕竟不等同于演讲。演讲的目的是要把自己的主张与想法告知听众，而谈判的目的除此之外，还要通过与对方的交涉实现自己的目标，这就要求尽可能多地了解和熟悉对方。多问、多听有助于对谈判者之间的相互关系施加某种控制，迫使对方进行反馈，进而对其反馈给我方的信息进行分析研究，发现对方的需要，找出引导其需要并有助于实现我方目标的策略、措施与方法。

原则九：要与对方所希望的目标保持接触。谈判者无论提出什么样的要求，应与对方希望的目标挨得上边，不能无视对方的要求。你的要求与对方的要求之间的差距越大，你必须发出的信号也应该越多。

有时候，你直接向对方发出的信号也许并不如你间接发出的信号影响力大。比如，你通过与旁人的闲谈故意把信号传给对方，通过寻找借口，通过变通的交流形式，通过中间人或社会舆论的力量来达成与对方的联系，这些办法如果运用得当，其影响力不可低估。

原则十：要让对方从开始就习惯于你的大目标。谈判者不应一遇困难就轻率地背弃自己所期望的目标，应逐步学会利用公共关系的手段让对方适应我方的大目标，尤其是当你的地位很有利而且对方很需要你时更应如此。

3. 对彼此间谈判实力的判断

谈判是在具体的人与人之间进行的。有经验的谈判人员总是特别注意他所面对的对手，看看这位对手在多大程度上能将其所代表的公司的实力展示出来。对彼此间谈判实力的判断，并不是要等双方已经正式接触之后才进行，而是要在与对手正式接触之前，通过各种可能的渠道和方式，“不动声色”地进行。判断对手究竟是那种极易被我们所控制的人物，还是那种很想控制我们并且能够控制我们的难以对付的人物？这一点对于己方至关重要。在正式谈判开始前，有必要得出结论性的结果。

4. 如何增强自己的谈判实力

想要知道如何可以增强自己的谈判实力，首先必须明确谈判实力的来源分别是什么，针对不同的来源采取相应策略，以实现增强谈判实力的目的。一般来说，谈判实力的影响因素有：

(1) 谈判利益决定谈判实力。谈判成功对谁的利益小，谈判不成功对谁的损失更小，谁的谈判实力就强，反之则弱。对此，我们可以采取让对方先报价等策略，并灵活应对，增强谈判实力。

(2) 时间紧迫性决定谈判实力。对谈判时间无限制的，谈判实力就强。所以，充分了解对方的时间限制，同时不让对方感觉到自己的时间限制，获得谈判优势。

(3) 权力决定谈判实力。权力受限的谈判者谈判实力强，因此可以选择一个模糊机构和对方进行谈判，让其无法获得直接谈判的机会以增强己方谈判实力。

(4) 竞争与替代决定谈判实力。没有竞争或者替代方案多的一方，谈判实力强。所以，可以采取引入竞争来实现增强谈判实力的目的，比如：同时与几个对手谈判、虚构谈判对象等。

(5) 信息控制决定谈判实力。信息控制能力越强，谈判实力越强，因此要尽可能多地收集战略性信息和实质性信息增强谈判实力。

(6) 谈判技巧影响谈判实力。如何有效推进谈判朝着期望的方向发展，这就需要提高己方谈判人员的谈判技巧，以增强己方谈判实力。

(7) 谈判者影响力影响谈判实力。所以扩大谈判者的影响力是增强谈判实力的有效途径。

1.3.4 谈判结构理论

谈判结构理论，也称马什谈判结构模式，是由英国谈判专家马什提出。马什长期以来从事谈判策略以及谈判的数学与经济分析方法的研究，早在20世纪70年代初，他便注意到谈判过程各阶段的特点及其对谈判结果的影响。他对谈判过程的深入研究奠定了他成为“谈判结构理论”的代表人物。

马什更愿意从动态的角度去研究谈判，因为他认为谈判是有关各方为了自身的目的，在一项涉及各方利益的事务中进行磋商，并通过调整各自提出的条件，最终达成一项各方较为满意的协议这样一个不断协调的过程。按照马什的观点，整个谈判是一个循序渐进的“过程”，他特别强调在这一过程中“调整各自提出的条件”的重要性，除非你不想达成协议。谈判是交流的过程，其结果必然是走向某种程度的折中。

马什将谈判过程从结构上划分为六个阶段，包括：谈判计划准备阶段，谈判开始阶段，谈判过渡阶段，实质性谈判阶段，交易明确阶段，谈判结束阶段。

1. 计划准备阶段

在谈判之前应该制定一份比较周详的谈判计划。谈判计划应该体现本方的初始交易条件和在谈判过程中的变更，明确谈判各阶段策略的选择与调整。

谈判计划的准备步骤包括：

(1) 确定谈判目标；

(2) 对目标进行评估并规定实现这一目标的时限要求；

(3) 确定开始提出本方交易条件的谈判策略；

(4) 确定首次开价水平及整个交易条件的初始水平；

(5) 在得到对方反应之后，重新评估本方交易条件的水平并确定是否需要加以调整或改变所采取的现行策略。

在这种谈判计划准备工作中，马什引入了美国学者戴明博士的PDCA循环方法。P表示计划（PLAN），即根据占有的资料和需要解决的问题，有重点、有步骤地制定出实施的计划，并对解决问题的方式、方法与时机作出安排。D表示执行（DO），即依照事先的计划和安排进行“预演”，包括在与对方的初期接触中试探性地实施该计划。C表示检查（CHECK），即根据执行的效果与事先计划的比较，找出差异，发现问题，并对执行情况进行评估。A表示行动（ACT），即巩固已取得的成就，并将其典型化，作为经验加以推广，同时纠正在执行中的某些偏差，有针对性地对这些偏差制定出改进措施，将其纳入下一个计划中。通过不断地重复这些过程，工作中的问题逐步得到解决，整个工作水平获得提高。

2. 谈判开始阶段

谈判开始阶段是谈判计划准备阶段的一种自然过渡。谈判开始后，谈判者可以依照本方的谈判方案向对方提出交易条件，或根据本方的谈判方案对于对方的交易条件作出相应的反应。向对方提出交易条件的形式有三种：

第一种，提出书面的交易条件，不准备再进行口头补充；

第二种，提出书面的交易条件，并准备再进行口头补充；

第三种，在谈判时口头提出交易条件。

3. 谈判过渡阶段

这是一个对后续谈判过程至关重要的阶段，谈判过渡阶段要解决几个问题：对谈判开始阶段的成果及教训进行回顾、总结；对下一步谈判的形势进行预测并确定出相应的对策；确定出中止谈判或继续谈判的原则。可以说，这是一个承上启下的关键阶段。

4. 实质性谈判阶段

实质性谈判阶段是整个谈判过程的关键阶段，谈判各方在这之前所进行的初始接触，更多的是试探性的，是为开出交易条件做准备的。可以说，在实质性谈判阶段之前，各方的行为几乎都是姿态性的，并不是决定性的。只有进入到实质性谈判阶段以后，双方才正式地以决定性的态度来调整各自的谈判策略和要求。

这一阶段主要做好5项工作：

(1) 谈判者怎样重新评价对方让步的条件；

(2) 时间在谈判的战略和战术上的作用；

(3) 如何看待并应对、应用威胁；

(4) 谈判目标的修正；

(5) 谈判者作出承诺方式的选择。

5. 交易明确阶段

当有如下情况出现时，谈判者可以认为是交易明确阶段已经开始形成的信号：

(1) 谈判者开始用承诺性的语言阐明自己的立场；

(2) 谈判一方开始就交易条件的讨论转移到对具体成交细节的讨论，如询问交货期、售后服务方式、结算办法等；

(3) 谈判者所提的建议越来越具体、明确；

(4) 谈判者不再讨论交易破裂的后果，或回避进行这方面的讨论。

还可进行如下试探，确定是否进入明确交易阶段：

(1) 看对方是否不加改变，并一再重复一项简单的要求。由于重复，对方增加了自己对这项要求的自我约束。这就意味着，如果本方不同意该项要求，对方就会冒不成交的风险。因此，可以把这项要求看作是对方的最低谈判目标的一部分。

(2) 看对方是否确立了一系列不可打破的逻辑上的连锁后果。如果对方为支持自己的某项特定要求而展示了一系列与这项要求相关的逻辑上的连锁后果，也可以说明对方承受着获得这项要求的约束。本方若不考虑该项要求，对方就有实施这一系列连锁后果的可能。本方尤其要注意对这些连锁后果的分析判断。

(3) 看对方是否无论如何不再作让步。如果对方表示出不再作任何让步，则最后决定是否成交的时刻便来到了。在交易明确阶段，谈判者还应当将在这之前形成的阶段性谈判成果放在社会规则及政策的大环境中进行进一步的考察，看其是否与现行社会规则与政策相符合，有无冲突。如果有某些冲突但不是全面的相左，应考虑有没有将问题做变通处理的可能性，这种变通过去有没有先例，过去进行这种变通处理的后果如何等。

6. 谈判结束阶段

(1) 对谈判全过程进行一次回顾总结。在谈判者认为谈判即将结束并将达成交易之前，应当最后对谈判的全过程进行一次总的回顾，以便于清理看看还有哪些部门问题需要得到解决。对已解决的问题在谈判形成结果之后，应着手根据交易记录安排协议的草拟与审定。

这种总的回顾，应当以最后可能达成的协议给谈判者带来的总体价值为根据。总体价值的评估，应当从近期和远期两个方面来进行。近期的评估主要侧重于协议能够带来的直接利益及这些利益的大小上；远期的评估主要侧重于协议可能产生的间接利益及这些利益的大小上。

(2) 作出最后让步。

(3) 协议起草和审定。谈判者在对协议进行草拟与审定时，要特别注意下述问题：

1) 双方对名词术语的理解是否一致，如不一致时应以无歧义的文字予以解释；

2) 双方采用的语言文字在各条款上是否能一一对应且彼此互相认同；

3) 表述是否准确，这种表述是否考虑到了与产品名称、品种、规格、型号、数量、质量要求、检验标准、交货期、运输、保险、税收、汇率、合同期限、支付方式、结算方式等因素的影响；

4) 协议的中止、正常完成、延展是否有明确的解释；

5) 对于对方签订协议的资格是否已审查通过了，会不会造成无效合同；

6) 有关国家、地区的法律、法令、法规、政策对本协议的影响是什么；

7) 是否考虑到保证、索赔及不可抗力等因素；

8) 本协议的法律适用有无约定；

9) 对关键的技术性问题、协议无法回避的其他重要问题是否需要建立协议附件；

10) 在谈判记录未被对方确认之前，不能依照该记录起草协议。在协议文字未被对方理解认同之前，本方不要急于先签字；

11) 在协议未正式签订之前，所有的谈判记录均应保持原貌；

12) 严格复查所有的数字性描述，是否准确无误。

在整个谈判过程中，谈判者应围绕这六个相互联系的阶段进行谈判计划的制定与决策、谈判方案的选择与评估、终极目标及谈判目标的确定。在各阶段，谈判者应充分应用心理学、数理统计学与对策论的知识与方法，通过一切可能的措施、技巧、规定等正式与非正式手段，实现最终的谈判目标。

1.3.5 谈判技巧理论

谈判技巧理论，也称斯科特谈判技巧模式，是由英国谈判专家比尔·斯科特提出的。斯科特与马什同时代，从事谈判理论研究有三十多年的时间，在研究大量商务谈判案例后，提出了该理论。他认为谈判技巧就是谈判者在长期的实践中逐渐形成的，以丰富实践经验为基础的本能的行为或能力，是以心理学、管理学、社会学及对策论等为指导并在实践中锻炼成熟的。

1.“谋求一致”的方针

谈判技巧理论观念认为，谈判不是站在与对手对立的立场上去设法“瓜分利益”，而是以合作的姿态并引导对方采取合作的态度共同“制作最大的蛋糕”，使得“蛋糕变得尽量大与可口”。即，“谋求一致”方针认为，谈判是为谋求双方共同利益，创造最大可能一致性。

在谋求一致方针下，谈判技巧的关键在于建立良好的谈判氛围。每一种商务谈判都具有其独特的气氛，谈判氛围除了紧张对立、热烈友好、严肃认真、松懈散漫等四种典型氛围外，更多的是介于这些典型谈判氛围之间，混杂的谈判氛围，总体上应具备诚挚、合作、轻松、认真的基本特点。

营造良好的谈判氛围可以通过以下途径：

(1) 非业务性寒暄。如随意聊聊各自的经历、新闻、比赛等非业务性的话题，这些话题是营造气氛的有效材料，当然也应当避免任何可能导致双方不愉快、分歧和紧张的话题。

(2) 叙旧。如有意识的回顾一番共同取得的成果。

(3) 谈判规模控制。谈判规模的大小影响着建立谈判氛围的难易。谈判规模越大，特定的谈判氛围越难以建立，因为这涉及对所有参与谈判者的控制问题。一般来说，人数越少越容易建立较为积极的氛围。因此，谈判规模应尽量小型化或将谈判划分为小组进行，使得每个小组尽量控制在 2～4 人。

双方在开始接触这段时间内的多种活动都具有两个目的：一是为双方建立良好关系创造条件，二是了解对方的特点、态度和意图。

在进行谈判的过程中，谈判技巧还包括对谈判资源的使用、压力的应对、冲突的处置等内容。

2. 合理使用谈判资源

精于谈判的专家，会审时度势对彼此的需求和谈判地位进行判断，不动声色地加强自身谈判资源的积累，恰到好处地引导对方的看法和立场，以较小的让步换取对方最大的让步，并使对方的目标更接近本方的目标。合理使用谈判资源应注意的主要事项包括：

(1) 形式上的对等，并非事实上的对等。谈判者必须懂得，在形式上的对等，只是一种表象的特征，谈判者需要这种对等，但它并不意味着事实上的平等。

(2) 不要总以急迫对待急迫，有时拖延是最有用的武器之一。要尽量使用一个信息渠道，不要一下子用完所有资源。

(3) 谈判桌上的英明源于谈判前的准备。谈判前要做好对对手情况的分析，制定谈判方案，进行必要的谈判演习。

(4) 最好与对方的实权人物打交道。

(5) 在商务谈判中应对对手进行分析。包括个人情况分析、组织特征分析、购买程序分析、销售程序分析。

(6) 谨防自己的竞争者给自己带来压力。

(7) 优化谈判班子人员结构。

(8) 谈判资源的使用必须要有计划性。计划的制定包括六个步骤：判断问题，预测结果，确定目标，制定战略，制定战术，取得控制。

(9) 重视谈判行为的合理性。扮演人们希望你扮演的角色，社交姿态灵活多样。

(10) 操纵谈判，而不只是参与谈判。

3. 如何应对压力

压力主要来自两个方面：谈判者提出交易条件及个人行为引来的压力；从谈判对手那里向谈判者施加的压力。对付压力既要坚定，又要灵活。首先要了解压力特征。如果对方极力保持在竞争中的明显优势地位或对方持续地引起你的不满，逐渐削弱你对谈判的期望值，甚至明目张胆地采取削弱你的谈判地位的方法，意味着谈判压力的增大。其次，可以采取拖延法应对压力，不惧怕僵局，善于调动对方。同时严格控制自己所透露的信息，不让对方有进一步施压的机会；在必要时请第三方出面干预。再次，改变对方的期望值是减轻压力的良方。在谈判之前和谈判过程中，设法让对方了解并接受你的看法，要给对方制造竞争空气，引导对方放弃其初始期望。如果要在僵局中改变对方的看法，则应越早越好。

4. 如何处置冲突

温克勒从谈判实力的角度出发，分析研究了冲突的解决办法，并提出了8点忠告：

(1) 对强者的忠告：在对手面前切忌夸大自己的实力，让对方恐惧最终会对自己不利；

(2) 对谈判者的忠告：无论你的真实实力如何，如果你对对方施加威胁必须说到做到；

(3) 冲突有重有轻，要果断处理首当其冲的问题；

(4) 在不被对方抓住把柄的情况下，处于被抱怨的一方，可以充分利用时间上的缓兵之计来处理情绪性冲突，以分散、平息对方激动的情绪；

(5) 保持全部的原始记录，是解决冲突的重要条件；

(6) 要当恶人就要当到底，但在恶人的前后最好有善人出现；

(7) 通过官司来处理冲突只是手段，而不是目的；

(8) 运用成规的力量对付冲突，虽然不尽合理，但是常常令对手无法对抗。

1.4 商务谈判应遵循的原则

在商务谈判中为了赢得成功的结果应该遵循以下基本原则：

1.4.1 知己知彼原则

“知彼”，就是通过各种方法了解谈判对手的礼仪习惯、谈判风格和谈判经历。不要触犯对方的禁忌。“知己”，则就指要对自己的优势与劣势非常清楚，知道自己需要准备的资料、数据和要达到的目的以及自己的退路。信息决定谈判的地位和力量，谈判是一个由信息不对称到对称的过程。在收集和使用信息的时候应该注意以下几个方面：随时随地注意收集谈判的信息；对获得的信息作出正确的反映；在平时生活工作中积累信息，做有心人；注意对信息的保密；善于识别假信息。

1.4.2 互惠互利原则

互惠互利是指谈判达成的协议对谈判各方都是有利的，互惠互利原则是谈判各方平等协商的客观要求和直接结果。互惠互利是商务谈判的重要目标。坚持互惠互利，就要重视合作，谈判各方只有在追求自身利益的同时，也尊重对方的利益追求，立足于互补合作，才能互谅互让，争取互惠共赢，才能实现各自的利益目标，共同努力增加可以切割的利益总数，获得谈判的成功。

互惠互利并不意味着各方利益的相等。在任何一项谈判中都存在冲突的因素，一个出色的谈判者应该善于合理地运用合作和冲突，在互惠互利的基础上，努力为己方争取最大的利益。在谈判过程中，任何一方都有权要求对方作出某些让步，同时，任何一方都应对其余各方提出的要求作出相应的反应。

1.4.3 平等协商原则

平等协商是指商务谈判中无论各方的经济实力强弱、组织规模大小，都应该坚持地位平等、自愿合作、平等协商、公平交易。平等协商反映了商务谈判的内在要求，是商务谈判的基础，是谈判者必须遵循的一项基本原则。

谈判过程中谈判各方同等的否决权与协商一致的基本要求，客观上赋予了谈判各方平等的权力和地位。平等协商的原则要求在谈判中双方力量、人格、地位的相对独立和对等，是谈判行为发生与存在的必要条件。在商务谈判中，要求谈判各方相互尊重、以礼相待，任何一方都不能仗势欺人、恃强凌弱，把自己的意志强加于其他各方。

1.4.4 人与事分开原则

在谈判会上，谈判者在处理己方与对手之间的相互关系时，必须要做到人与事分别而论。要切记朋友归朋友、谈判归谈判，二者之间的界限不能混淆。应该坚持的几条原则是：

1. 把人与问题分开

处理好“对事不对人”和“对人不对事”的关系。把谈判过程中发生的行为、问题、事件和所涉及的人、团体、组织等区分开来。沟通要坚持对事不对人的原则。第一，谈判要针对具体的问题，不针对人的个性特征。第二，要就事论事，不要牵扯到人格、个性等问题。

2. 正确处理人的问题，需注意以下几方面：

(1) 正确地提出看法

1) 把自己放在别人的位置上考虑问题，即要懂得换位思考；

2) 谈判者不要以自己的担心来推断别人的意图；

3) 谈判者不要因为自己的问题去责怪别人；

4) 消除谈判各方认识上的分歧；

5) 是否照顾对方面子影响谈判者的自我形象。

(2) 保持适当的情绪

1) 应该对自己和对方的情绪波动做到心中有数；

2) 要允许对方发泄情绪；

3) 学会消除对方的情绪，但不付出多少代价。

(3) 进行清晰地沟通

1）要认真聆听对方的陈述。对陈述含糊或者不清楚的地方要及时打断和进一步了解；

2）谈判者要注意表达自己的感受。对于自己不同意的地方要适时表达自己的看法；

3）发言要有目的性。商务谈判要注重信息的有效传递和商务谈判活动的经济性，各方谈判人员应充分表明各方的立场，并做到阐述清晰。

1.4.5 求同存异原则

商务谈判的基础是谈判各方存在共同的利益需求，商务谈判存在的意义在于双方对各自具体诉求的分歧，其目的在于实现双方共同利益需求的基础之上，满足各自的利益诉求。因此，在商务谈判过程中，要注重求同存异。

解决分歧，主要因素在于处理好谈判中“情绪”问题，控制各方的情绪避免谈判破裂。应注意以下四点：

(1) 谈判中若出现情绪激动、心烦意乱、跟对方赌气的迹象，应及时分析原因并设法加以控制；

(2) 当对方情绪表现出来时，应坦诚地与对方展开讨论，相互交心，以消除谈判阻力；

(3) 在谈判中应允许对方发泄怨气；

(4) 要善于运用友好的姿态。

商务谈判要使谈判各方面都有收获，就必须坚持求大同存小异的原则，要求谈判各方在谈判中寻找共同点，解决分歧，逐步趋同，对于难以解决的问题要稍作变通，巧妙求同。注意在各种礼仪细节问题上，多多包涵对方，一旦发生不愉快的事情也应宽容对待。

1.4.6 真诚守信原则

真诚守信是一个重要的谈判原则，它在商务谈判中的价值不可估量，会使谈判方由劣势变优势，使优势更加发挥作用。

真诚是信任的前提，常言道：“人事无信难立，买卖无信难成。”同样，信任感在商务谈判中的作用是至关重要的，只有让对方感到你是有诚意的，对方才可能对你产生信任感，只有出于真诚，双方才会认真对待谈判。其中的守信，则要求谈判各方在交易中“言必信，行必果”。守信给人以信任感、安全感，使对方愿意同你打交道，甚至愿意与你建立长久的交易关系，因此，对于谈判人员来说，真诚守信重于泰山。

在谈判中注重真诚守信，一是要站在对方的立场上，将了解到的情况坦率相告但又并非原原本本地把企业的谈判意图告诉对方；二是要把握时机以适当的方式向对方袒露己方某些意愿，化解疑惑，为谈判打下坚实的信任基础。

真诚守信原则，并不反对谈判中的策略运用，而是要求企业在基本的出发点上，要诚挚可信，讲究信誉，要在人格上取得对方的信赖。真诚守信原则还要求在谈判时，观察对手的谈判诚意和信用程度，以避免不必要的损失。

1.4.7 合法合规原则

合法合规原则是指商务谈判必须遵守国家的有关法律、法规、政策。涉外谈判还要遵守国际法则，并尊重对方国家的有关法律等。

商务谈判的合法原则主要体现在三个方面：

(1) 谈判主体合法，即参与谈判的各方组织及其谈判人员具有合法的资格；

(2) 谈判议题合法，即谈判所要磋商的交易项目具有合法性，对于法律不允许的行为，如买卖毒品、贩卖人口、走私货物等，其谈判显然违法；

(3) 谈判手段合法，即通过公正、公平、公开的手段达到谈判目的，而不能采用不正当的手段达到谈判目的，如受贿、暴力威胁等。

1.4.8　讲求效益原则

讲求效益原则是指人们在商务谈判过程中，应当提高谈判效率，降低谈判成本。商务谈判一定要遵循讲求效益原则，因为，使己方获取尽可能大的利益是商务活动的本性，追求较高的效益是商务谈判的首要和根本目标，这就要求谈判者必须具有较强的效益意识。如果谈判者羞于谈利益，不敢争取自己的利益，轻易牺牲自己的利益，便会使己方失去不该失去的利益或造成不必要的损失，有违商务谈判的根本目标，丧失商务活动的本性。

商务谈判为讲求效益，还必须提高谈判效率，注意降低谈判成本。加快谈判进程、选择适宜的谈判方式等均有助于降低谈判成本，提高谈判效率。

讲求效益原则还要求谈判者不仅注重局部的利益，更要看到整体的、长远的利益，即讲求更远、更大的效益。

1.4.9　灵活变通原则

灵活变通原则是指谈判者在把握己方最低利益目标的基础上，为了使谈判协议得以签署而考虑多种途径、多种方法、多种方式灵活地加以处理。

商务谈判具有很强的随机性，因为它受到多种因素的制约，其变数很多，只有在谈判中随机应变、灵活应对、加以变通，才能提高谈判成功的概率。这就要求谈判者具有全局而长远的眼光，敏捷的思维，灵活的运筹，即善于针对谈判内容的轻重，对象的层次和事先的决定进行合理地部署和方案设计，又能够随时作出必要的改变，以适应谈判场上的变化。

值得注意的是，如果在谈判中己方经过种种努力，但对方的主张仍没有一点变通的余地，那么，你所要考虑的则是不接受这种不公正要求的结果。因为这不是自己的最佳选择，这种谈判即使达成协议，也是以牺牲己方利益换取另一方利益的谈判，不是双方都满意的谈判。

1.5　商务谈判成功的评价标准

什么样的谈判才可以称为成功的谈判？如何衡量商务谈判是否成功？尼尔伦伯格认为，谈判不是一场棋赛，不要求决出胜负；谈判也不是一场战争，不用将对方消灭或置于死地。恰恰相反，谈判是一项互利的合作事业，谈判中的合作以互惠互利为前提，只有合作才能谈及互利。因此，评估谈判得失可用以下三个标准：

1. 谈判目标的实现程度

谈判成功的首要标准是既定目标的实现程度。满足自身需要是谈判者追求的基本目标，因此，谈判是否取得积极成就，取决于谈判者自身需要的满足程度，谈判者的一切举动都围绕满足自身需要这个中心。很少有人在对方获得很多而自己获得很少（自身需要没有得到满足）的情况下，仍认为这场谈判是成功的或理想的，除非是有意识地让对方多得一点而另有他谋。

谈判目标不仅把谈判者的需要具体化，而且还是驱动谈判者行为的助动力。由于参与谈判的各方都存在一定的利益界限，谈判目标至少应包括两个层次的内容，即努力争取的最高目标和必须确保的最低目标。成功的谈判应该是既达成了某项协议，又尽可能接近本方所追求的最佳目标。谈判的最终结果最大限度地符合预期目标的要求，是商务谈判成功的首要标准。

2. 谈判效率的高低

谈判效率是指谈判者通过谈判所取得的收益与所付出的成本之间的对比关系。如果谈判的代价超过了所取得的成果，谈判就是低效率和不明智的。因此，作为一个合格的谈判者必须具有效率观念。谈判成本的核算主要由三部分组成：

(1) 基本成本，即让步之和，己方为达成协议所作出的所有让步，其数值等于该次谈判的预期收益与实际收益之差，也是最佳目标同协议所确保的利益之间的差额。

(2) 直接成本，即资源耗费之和。其数值等于所付出的人力、物力、财力和时间等各项成本之和。

(3) 机会成本。其数值可用企业正常生产经营情况下，这部分资源所创造的价值量衡量，也可用事实上因这些资源被占用而错过某些获利机会所造成的损失计算。

以上三部分成本之和构成本次谈判的总成本。对这三项成本，人们往往比较关注第一项，而忽视另两项特别是第三项。谈判效率实质在于谈判实际收益与上述综合的三项成本之间的比率。如果成本很高而受益甚小，则认为谈判是不经济的，低效率的；如果成本很低而收益很大，则认为谈判是经济的，高效率的。

3. 合作关系维护程度

即谈判后的各方人际关系。评价一场谈判的成功与否不仅要考虑谈判各方市场份额的划分、出价的高低、资本及风险的分摊、利润分配等经济指标，还要评价谈判后双方的关系是否“良好”，是否得以维持。精明的谈判者往往具有战略眼光，他们不过分强调某场谈判获益的多少，而是着眼长远与未来，因为融洽的关系是企业的可持续发展的资源。因此，互惠合作关系的维护程度也是衡量谈判成功的重要标准。

综合以上三条评价标准，不难发现，一场成功的谈判应该是谈判双方的需求都得到满足；双方的互惠合作关系得以稳固并进一步发展。从每一方的角度来看，谈判实际收益都远大于谈判的成本，并且是高效率的。

1.6 商务谈判成功的影响因素

一场成功的商务谈判的运作离不开下述因素的配合：

1.6.1 人的因素

商务谈判是企业之间的业务沟通活动，谈判人员则直接关系到谈判的成败。因此，谈判人员作为谈判实力的有机组成部分，是影响谈判成功与否的重要因素。谈判人员作为个体，在谈判过程中的表现直接影响着谈判进程和谈判结果，而构成谈判人员谈判风格和水平的主要因素包括：谈判人员的社会文化背景，谈判人员的气质和性格特征，以及谈判人员的行为等。

1. 谈判人员的社会文化背景

商务谈判受到文化区域冲击的强烈影响，狭义上的文化是指社会意识形态以及与之相适应的制度和结构，是人们的信仰、价值观的综合体。文化对人们的影响在多数情况下是间接的，往往是通过影响人们周围的生活工作环境对人们的行为产生影响。企业管理者、谈判人员需要具备跨文化的观念，要正确预见对方可能作出的心理反应或行为，并制定相应的谈判策略，从而赢得谈判。

文化具有鲜明的民族特色，不同的民族由于自然及社会环境的差异形成了自身独特的社会文化。商务谈判人员在面临国家、民族的文化差异的同时，也受到来自企业文化的影响。随着全球经济一体化的不断发展，不同企业间文化差异进一步显现，例如互联网行业的企业文化相对宽松，制造、建设工程领域的企业文化多比较严谨。

2. 谈判人员的气质和性格特征

气质是一个人与生俱来的心理活动的行为特征，人们情绪的变化、动作的灵敏度、耐性等都是一个人气质的表现。从生理机制上来看，一个人的气质和性格特征是相对稳定的，但受到生活环境和教育等因素的影响，也是可以改变的。

不同气质的人具有不同的行为特征。心理学上一般将人的气质划分为四类典型。即胆汁型、多血型、粘液型、抑郁型。胆汁型的人直率热情，精力旺盛但容易冲动，情绪起伏较大。多血型的人活泼好动，思维敏捷，喜欢与人交往，但往往缺乏耐性。粘液型的人安静稳重，情绪较为稳定，但往往沉默寡言，反应缓慢。抑郁型的人孤僻迟缓，但敏感细腻，往往能够察觉别人不易发觉的细节。四种基本类型中，前两种个性较为外向，后两种则偏向内向型。

3. 谈判人员的行为

谈判者的行为受多方面因素的影响。如文化、个性、习惯以及形式和环境等。这些因素相互交织、相互作用，多数情况下很难分清具体的影响因素，但谈判者不能因此放弃对谈判对手的文化背景和个性的探索。在谈判中，通过开始阶段的不断了解，谈判者需要弄清楚三个问题：谁是真正的谈判代表；他的地位、兴趣和真实目的；他的实力和实际决策能力。除了客观分析外，谈判者还要同时运用心理嗅觉和经验，借助看、听、问等技巧，谈判过程中对方的姿态、眼神、手势、口误等都有可能提供良好的线索。谈判人员的礼仪、礼节等行为举止是谈判者素质的外在反映，作为一种谈判手段，它直接影响谈判各方的情绪，乃至谈判的成败，因此在谈判过程中，谈判人员必须注意自己的言行举止。

谈判人员的言行举止主要集中在以下几个方面：

日常交往中的礼仪。包括遵守时间、尊老爱幼、尊重各方的风俗、举止端庄、亲和的态度等；

见面时的礼节。包括人员介绍的先后顺序、握手时的举止行为、名片交换的先后顺序等；

交谈中的礼节，主要包括谈话时的表情、语言、手势等；

服饰礼节。在谈判过程中要尽量遵循 TPO 原则：Time、Place、Objects。即，着装要注意谈判的季节、地点、目的这三个基本原则。

1.6.2 时间的因素

时间是商务谈判成功的重要因素，与时间相关的各种因素对谈判者的认知、行为和谈判结果起着至关重要的作用。时间因素对商务谈判的影响主要集中在：时间限制和随之而来的时间压力能够对谈判者行为产生影响；暂时僵局对改变谈判者行为和谈判局势的影响；商务谈判中的中场休息阶段对谈判达成共识的影响；商务谈判的时间距离对谈判结果的影响。

1. 时间限制和时间压力

商务谈判要求谈判各方必须在一个有限的时间内达成协议，这就会对谈判各方形成时间压力，时间压力的影响主要在于改变谈判者的信息加工过程。

时间压力会提高人们在决策时的认知闭合需要。认知闭合需要是个体为应对模糊性事物时表现出的动机和愿望。按照个体所具有的这种认知特征的强烈程度可以将人们分为高认知闭合需要者和低认知闭合需要者。高认知闭合需要的人一般表现得没有耐心，并有意无意地排斥信息，低认知闭合需要的人更喜欢广泛搜集信息进行深入分析和思考。

2. 暂时僵局

谈判僵局是指谈判各方僵持不下，都不让步，从而使谈判暂时停止的一个过程。为避免时间压力给谈判者带来的不利影响，研究者提出应该在谈判中赢取时间或拖延时间以提高谈判质量。暂时僵局的积极影响取决于谈判者整合谈判行为的意愿。暂时僵局有利于谈判者向合作行为的转变。

暂时僵局对于谈判者采取整合行为是必要的，但并不会带来必然结果，因为谈判者行为的转变还取决于他们的思考和采取整合行为的意愿。研究发现，个人在利益谈判时才会更多地从竞争谈判行为转向合作谈判行为，谈判者面临的暂时僵局越多，整合行为的趋向越为明显，谈判所取得的整合结果就越多；当个人进行价值观谈判时，谈判者在僵局之后并不会改变竞争性的谈判方式，所取得的谈判成果就越少。

3. 中场休息

谈判过程中的休息时间是谈判过程的润滑剂，巧妙利用中场休息时间对于谈判双方达成协议往往起着出奇制胜的作用。

中场休息的时间、地点、时机的选择能够为谈判各方获取额外信息、建立私人友谊、化解谈判矛盾提供较为轻松的环境和条件。作为主场的谈判一方，往往能够充分利用中场休息的空档，通过恰当的部署，展示己方谈判的诚意。

4. 谈判的时间距离

谈判中存在时间距离和折扣效应。时间距离对谈判结果的影响有两种视角，一种认为是由时间距离大小导致的不同折扣效应引起的；另一种则认为是时间视角的远近导致不同的价格水平引起的。通常，我们可以根据商务谈判的目标把谈判分为两种类型：获得积极结果的收益谈判和消极结果的负担谈判。谈判结果并不是立即就能感受得到的，谈判与谈判结果的时限之间总是存在着或长或短的时间距离，即谈判存在结果延迟的情况。

1.6.3 地点的因素

不同的谈判地点对谈判的气氛和结果会有不同的影响。谈判高手都会把谈判地点的选择作为谈判准备阶段非常重要的一个环节。

谈判地点选择的原则是公平、互利。谈判地点的选择，往往涉及一个谈判的环境心理因素问题，有利的场所能增加自己的谈判地位和谈判力量。美国心理学家泰勒尔的实验证明，人们在自己客厅里谈话更能说服对方。因为人们有一种心理状况：在自己的所属领域内交谈，无需分心去熟悉环境或适应环境；而在自己不熟悉的环境中交谈，往往容易变得无所适从，导致出现正常情况下不该有的错误。

主场谈判有很多优势：谈判环境熟悉，有安全感；与上级、专家顾问沟通方便，容易获得智力支持；可以安排对己方有利的谈判议程、地点；可以利用本国的法律、地方习俗、物质条件等因素巧妙地对谈判施加影响；节省旅行的时间和费用。

客场谈判的优势是可以省去那些东道主必须承担的迎来送往义务；可以到对方企业进行实地考察，获取准确的一手资料；能够防止对方借权力有限为由故意拖延时间。客场谈判的时候，应提前一两天到达目的地，以适应环境和恢复精力。

谈判的具体地点要根据谈判的不同需要而定。如果你想让谈判比较正式，可以选择在经过特意布置的谈判室、会议室谈判。如果你想创造良好的谈判气氛，谈判室内宜选择椭圆形的桌子、柔和的色彩和音乐、具有合作含义的标语等。如果你想让对方感觉到有压力，谈判室内宜选择长方形的谈判桌、沉闷的颜色、压抑的灯光和严谨的标语等。

对一些决定性的谈判，若能在自己熟悉的地点进行最为理想，但若争取不到这个地点，则至少应选择一个双方都不熟悉的中性场所，以减少由于“场地劣势”导致的错误，避免不必要的损失。最差的谈判地点，则是在对方的“自治区域”内。如果说某项谈判将要进行多次，那谈判地点应该依次互换，以示公平。

本章小结

本章探讨了商务谈判的基础理论，阐述了商务谈判的内涵、特征和基本类型，介绍了有关谈判的五大基础理论、九大商务谈判原则以及商务谈判成功的评价标准和影响因素。掌握上述基本理论对于赢得成功的商务谈判至关重要，而一场真正成功的商务谈判，不仅能给企业带来暂时的效益，其对企业之后长期的发展也可能是有深远的正向影响的。

思考题

1. 如何理解商务谈判的概念？
2. 怎样正确理解商务谈判的成功？
3. 简述商务谈判的基本原则？
4. 我国某厂与美国某公司谈判设备购买生意时，美商报价 218 万美元，我方不同意，美方降至 128 万美元，我方仍不同意。美方态度强硬，提出再降 10 万美元，118 万美元不成交就回国。我方谈判代表因为掌握了美商交易的历史情报，所以不为美方的威胁所动，坚持再降。第二天，美商果真回国，我方毫不吃惊。果然，几天后美方代表又回到中国继续谈判。我方代表亮出在国外获取的情报——美方在两年前以 98 万美元将同样设备卖给以匈牙利客商。情报出示后，美方以物价上涨等理由狡辩了一番后将价格降至合理。试对我方谈判成功原因进行分析。

2 建设工程商务谈判的基本理论

【本章学习重点】

通过对本章建设工程商务谈判的学习，熟悉建设工程商务谈判的基本理论，重点掌握建设工程商务谈判的基本内容、特点、谈判流程以及建设工程商务谈判的模式。通过比较对建设工程商务谈判与普通商务谈判的异同，了解建设工程商务谈判的特殊性。

2.1 建设工程商务谈判的基本内容

工程商务谈判的内容是指与建设工程交易有关的各项交易条件。为了有效地进行谈判，买卖双方在制定工程谈判计划时，必须把有关的内容纳入谈判的议题之中。在谈判内容上出现疏漏，势必影响合同的履行，从而给企业带来不可估量的损失。因此，谈判人员在谈判以前应该熟练地掌握谈判的内容。工程商务谈判的类型不同，其谈判的内容各有差异。以下仅以工程贸易谈判，技术谈判和劳务合作谈判三种类型为例，分别予以介绍。

2.1.1 工程贸易谈判的基本内容

工程贸易谈判的内容以建设工程为中心，主要包括建设工程的商品质量、工程的施工质量、建设工程物资买卖合同、工程保险以及工程索赔、仲裁和不可抗力。

1. 工程的商品质量

工程的质量是指建设工程的内在质量和外观形态。它往往是交易双方最关心的问题，也是洽谈的主要问题。工程的质量取决于工程本身的自然属性，其内在质量具体表现在建设工程所需材料、机械的化学成分、生物学特征及其物理、机械性能等方面；其外在形态具体表现为建设工程的造型、结构、色泽等技术指标或特征，这些特征有多种多样的表示方法，常用的表示方法有样品表示法、规格表示法、等级表示法、标准表示法和牌名或商标表示法。

在实际交易中，商品品质的方法可以结合在一起运用。比如，有的交易既使用牌名，又使用规格；有的交易既使用规格，又参考样品。除此之外，还应注意以下5点：

（1）工程相关商品品质表示的多种方法共同使用时，应避免其出现相悖和不清，条款中应标明以哪种方法为基准，哪种方法为补充。

（2）当工程交易的商品品质容易引起变动时，应尽量收集引起变动的原因，防患于未然。对于允许供货方交付的商品品质可以高于或低于品质条款的幅度——品质公差，可以采用同行业所公认的品质公差，也可以在磋商中议定极限，即上下差异范围。

（3）商品品质标准会随着科技的发展而发生变化。磋商中应注意商品品质标准的最新规定，条款应明确双方认定的交易商品的品质标准是以何种、何国（地区）、何时、何种版本中的规定为依据，避免日后发生误解和争议。

（4）工程品质的其他主要指标，如建设工程寿命、可靠性、安全性、经济性等条款的磋商，都应力求明确，便于检测操作认定。

（5）商品品质条款的磋商应与商品价格条款紧密相连，互相制约。

2. 施工项目的质量

施工项目质量是指施工项目满足业主需求，符合国家法律、法规、技术规范、标准、设计文件及合同规定的特性综合。项目施工质量是形成建设工程项目实体质量的决定性环节。

施工项目的质量特点是由建设工程产品及其生产的特点决定的。建设工程产品及其生产的特点是：

（1）产品的固定性，生产的流动性。

（2）产品的多样性，生产的单件性。

（3）产品体积庞大、生产周期长，具有风险性。

（4）产品的社会性，生产的外部约束性。

正是由于建设工程的这些特点，形成了施工项目质量本身所具有的特点，具体如下：

（1）影响因素多

施工项目质量受到多种因素的影响，如设计、材料设备、施工方法与工艺、技术措施、人员素质、工期、造价等，这些因素直接或者间接地影响施工项目质量。

（2）质量波动性大

施工质量需要完善的检测技术、成套的生产设备和稳定的生产环境加以保障。因此，施工项目质量容易产生波动且波动性很大。同时由于影响因素比较多，其中任一因素发生变动都会使施工项目质量产生波动，如材料设备规格或品种使用错误、施工方法不当、操作未按规程进行、机械设备过度磨损等都会发生质量波动，产生质量变异，造成质量事故。

（3）质量的隐蔽性

由于施工过程中分项工程交接多、中间产品多、隐蔽工程多，所以，施工项目质量存在隐蔽性。若在施工过程中不及时进行质量检查，事后从表面上检查就很难发现质量问题，容易产生错判误判。

（4）终检的局限性

施工项目建成后不可能像一般工业品那样依靠终检来判断商品质量，也不可能将产品拆卸、解体来检查其内部质量，或对不合格部分进行更换。因此，施工项目的终检存在一定的局限性。这就要求施工项目质量控制应以预控为主，重视事先、事中控制，防患于未然。

（5）评价方法的特殊性

施工项目质量的检查评定与验收是按检验批、分项工程、分部工程、单位工程进行的。工程质量是施工单位按合格标准自行检查评定的基础上，由监理工程师或业主组织有关单位、人员进行检验确认。

3. 建设工程物资买卖谈判

在建设工程项目实施活动中，施工单位要与建设物资供应单位签订建设物资买卖合同，从而涉及建设物资买卖的商务谈判。建设物资买卖合同是指平等主体的自然人、法人、其他组织之间，为实现建设物资买卖，明确相互权利义务关系的协议。依照协议，出卖人将建设物资交付给买方，买受人接受建设物资并支付价款。

根据我国目前的建设物资的采购情况，可将建设物资买卖合同分为材料买卖合同和设备买卖合同，建设物资买卖合同属于买卖合同的一种，除具有买卖合同的一般性质之外，还具有独立的特性。

(1) 建设物资买卖合同应依据施工合同订立

建设工程施工合同中确立了关于建设物资采购的条款，施工单位应该依据施工合同的要求采购建设物资，即根据施工合同的工程量、施工进度和质量要求来确定所需要采购的建设物资的数量、时间和质量。因此，施工合同是订立建设物资的买卖合同的前提。

(2) 建设物资买卖合同以转移物资和支付价款为基本内容

建设物资买卖合同内容繁多，条款复杂，涉及物资的数量、质量、包装、运输方式、结算方式等，但最为根本的是双方应尽的义务，即卖方按质、按量、按时的将建设物资的所有权转归买方，买方按时、按量地支付货款。这两项主要义务构成可建设物资买卖合同的最主要内容。

(3) 建设物资买卖合同的标的品种繁多，供货条件复杂

建设物资买卖合同的标的是工程材料和设备。它包括钢材、木材、水泥和其他辅助材料以及机电成套设备。这些建设物资的特点是品种、质量、数量和价格差异较大，根据施工活动的需要，有的数量庞大，有的需要技术条件较高。因此，在合同中必须对各种物资逐一明细，以确保施工的需要。

(4) 建设物资买卖合同应实际履行

由于建设物资买卖合同是依据施工合同订立的，其履行直接影响施工合同的履行，因此，建设物资买卖合同一旦订立，卖方义务一般不能解除，不允许卖方以支付违约金和赔偿金的方式代替合同的履行，除非合同的延迟履行对买方不必要。

(5) 建设物资买卖合同采用书面形式

根据《中华人民共和国合同法》的规定，订立合同依照法律、法规或当事人约定采用书面形式的，应当采用书面形式。建设物资买卖合同中的标的用量大，质量要求复杂，且根据工程进度计划分期分批履行，同时还涉及售后维修服务工作。因此，合同履行周期长，应采用书面形式。

4. 工程保险

工程保险是针对工程项目在建设过程中可能出现的因自然灾害和意外事故而造成的物质损失和依法应对第三者的人身伤亡或财产损失承担的经济赔偿责任提供保障的一种综合性保险。工程承包活动通常投保以下险别：

(1) 建筑工程一切险，包括建筑工程第三者责任险。

(2) 安装工程一切险，包括安装工程第三者责任险。

(3) 机动车辆险。

(4) 十年责任（房屋建筑的主体工程）和两年责任险（细小工程）。

工程保险与其他财产或者人身保险有所不同。国内外的经验表明，工程保险具体有以下特点：

(1) 施工企业的投保险别和应承担的责任一般在工程承包合同中规定；而保险人对于

保险标的责任和补偿办法则通过保险条例或保单作出明确而具体的规定。

(2) 施工企业在施工工程合同期间，分阶段投保，各种险别可以衔接起来。大多数工程从开工准备到竣工验收的时间长，保险人可根据各阶段的具体情况考虑制定各种险别的承保办法，这样的做法有利于分散风险，便于保险费的分段计算。

(3) 保险人一般没有一成不变的、对任何工程都适用的费率，而是具体分析工程所在地区的环境和其他风险因素，以及要求承保的年限，结合保险条例并参照国际通行做法决定。

5. 工程索赔、仲裁和不可抗力

索赔是一方认为对方未能全部或部分履行合同规定的责任时，向对方提出索取赔偿的要求。引起索赔的原因除了买卖一方违约外，还有由于合同条款规定不明确，一方对合同某些条款的理解与另一方不一致而认为对方违约。一般来讲，买卖双方在洽谈索赔问题时应洽谈索赔依据、索赔期限和索赔金额等内容。

建设项目实施过程中，建筑工程占有很大的比重，索赔的出现往往首先体现在建筑工程领域。随着建筑市场的竞争愈加激烈，建设工程商务谈判中，工程索赔的谈判也愈加重要。

在工程项目实施中，索赔是经常发生的事情。承建单位根据合同的有关规定，由承包商提出，通过建立工程师向建设单位索取他应得到的合同价以外的费用。索赔是承包人和业主之间承担工程风险比例的合理再分配，是一种以合同和法律为依据的合情合理行为，也是承建单位保护自身正当权益的一种方法。

承包工程中的索赔，一般由承包人或分包人提出，其原因很多，主要有以下 4 个方面：

(1) 施工条件发生变化；

(2) 工程量变化太大；

(3) 施工进度拖延；

(4) 业主违反合同。

索赔可以保证合同的正确实施，落实和调整合同当事双方权利义务关系，是施工合同以及有关法律赋予合同当事人的权利。处理索赔的一般程序包括：提出索赔意向书—承包商同期纪录—详细情况报告—监理工程师核实索赔材料—索赔最终详细报告 5 个过程。

仲裁是双方当事人在谈判中磋商约定，在本合同履行过程中发生争议，经协商或调解不成时，自愿把争议提交给双方约定的第三方（仲裁机构）进行裁决的行为。在仲裁谈判时应洽谈的内容有仲裁地点、仲裁机构、仲裁程序规则和裁决的效力等内容。

不可抗力，又称人力不可抗力。通常是指合同签订后，不是由于当事人的疏忽过失，而是由于当事人所不可预见，也无法事先采取预防措施的事故，如地震、水灾、旱灾等自然原因或战争、政府封锁、禁运、罢工等社会原因造成的不能履行或不能如期履行合同的全部或部分。在这种情况下，遭受事故的一方可以据此免除履行合同的责任或推迟履行合同，另一方也无权要求其履行合同或索赔。洽谈不可抗力的内容主要包括不可抗力事故的范围、事故出现后果和发生事故后的补救方法、手续、出具证明的机构和通知对方的期限。

2.1.2 技术贸易谈判的基本内容

技术贸易谈判包括技术贸易谈判的基本内容与施工专业分包合同的主要内容。

1. 技术贸易谈判的基本内容

技术贸易谈判包括技术服务、发明专利、工程服务、专有技术、商标和专营权的谈判。技术的引进和转让，是同一过程的两个方面。有引进技术的接受方，就有供给技术的许可方。引进和转让的过程，是双方谈判的过程。技术贸易谈判一般包括以下基本内容：

(1) 技术类别、名称和规格。技术类别、名称和规格即技术的标的。技术贸易谈判的最基本内容是磋商具有技术的供给方能提供哪些技术，引进技术的接受方想买进哪些技术。

(2) 技术经济要求。因为技术贸易转让的技术或研究成果有些是无形的，难以保留样品以作为今后的验收标准，所以，谈判双方应对其技术经济参数采取慎重和负责的态度。技术转让方应如实地介绍情况，技术受让方应认真地调查核实。然后，把各种技术经济要求和指标详细地写在合同条款中。

(3) 技术的转让期限。虽然科技协作的完成期限事先往往很难准确地预见，但规定一个较宽的期限还是很有必要的。

(4) 技术商品交换的形式。这是双方权利和义务的重要内容，也是谈判不可避免的问题。技术商品交换的形式有两种：一种是所有权的转移，买者付清技术商品的全部价值并可转卖，卖者无权再出售或使用此技术。这种形式较少使用。另一种是不发生所有权的转移，买者只获得技术商品的使用权。

(5) 技术贸易的计价、支付方式。技术商品的价格是技术贸易谈判中的关键问题。转让方为了更多地获取利润，报价总是偏高。引进方不会轻易地接受报价，往往通过反复谈判，进行价格对比分析，找出报价中的不合理成分，将报价压下来。价格对比一般是比较参加竞争的厂商在同等条件下的价格水平或相近技术商品的价格水平。价格水平的比较主要看两个方面，即商务条件和技术条件。商务条件主要是对技术贸易的计价方式、支付条件、使用货币和索赔等项进行比较。技术条件主要是对技术商品供货范围的大小、技术水平高低、技术服务的多少等项进行比较。

(6) 责任和义务。技术贸易谈判中双方应明确各自的责任和义务。技术转让方的主要义务是：按照合同规定的时间和进度，进行科学研究或试制工作，在限期内完成科研成果或样品，并将经过鉴定合格的科研成果报告、试制的样品及全部技术资料、鉴定证明等全部交付委托方验收。积极协助和指导技术受让方掌握技术成果，达到协议规定的技术经济指标，以收到预期的经济效益。

技术受让方的主要义务是：按协议规定的时间和要求，及时提供协作项目所必需的基础资料、拨付科研、试制经费，按照合同规定的协作方式提供科研、试制条件，并按接收技术成果支付酬金。

技术转让方如完全未履行义务，应向技术受让方退还全部委托费或转让费，并承担违约金。如部分履行义务，应根据情况退还部分委托费或转让费，并偿付违约金。延期完成协议的，除应承担因延期而增加的各种费用外，还应偿付违约金。所提供的技术服务，因质量缺陷给对方造成经济损失的，应负责赔偿。如由此引起重大事故，造成严重后果的，还应追究主要负责人的行政责任和刑事责任。

技术受让方不履行义务的，已拨付的委托费或转让费不得追回，同时还应承担违约金。未按协议规定的时间和条件进行协议配合的，除应允许顺延完成外，还应承担违约金。如果给对方造成损失的，还应赔偿损失。因提供的基础资料或其他协作条件本身的问题造成技术服务质量不符合协议规定的，后果自负。

2. 施工专业分包合同的主要内容

建设部和国家工商行政管理总局于2003年发布了《建设工程施工专业分包合同（示范文本)》。该文书由《协议书》、《通用条款》、《专用条款》三部分组成。

(1)《协议书》的内容

1) 分包工程概况，分包工程名称，分包工程地点，分包工程承包范围。

2) 分包合同价款。

3) 工期，包括开工日期，竣工日期，合同工期总日历天数。

4) 工程质量标准。

5) 组成合同的文件。

组成合同的文件包括：合同协议书；中标通知书（如有时)；分包人的报价书；除总包合同工程价款之外的总包合同文件；本合同专用条款；本合同工程建设标准、图纸及有关技术文件；合同履行过程中，承包人和分包人协商一致的其他书面文件。

6) 分包人向承包人承诺，按照合同约定的工期和质量标准，完成本协议书约定的工程，并在质量保修期内承担保修责任。

7) 承包人向分包人承诺，按照合同约定的期限和方式，支付本协议书约定的合同价款及其他应当支付的款项。

8) 分包人向承包人承诺，履行总包合同中与分包工程有关的承包人的所有义务，并与承包人承担履行分包工程合同以及确保分包工程质量的连带责任。

9) 合同的生效。

(2)《通用条款》的内容

《通用条款》的内容包括词语定义及合同文件；双方一般权利和义务；工期；质量与安全；合同价款与支付；工程变更；竣工验收与结算；违约、索赔及争议；保障、保险及担保；材料设备供应；文件；不可抗力；分包合同解除；合同生效与终止；合同份数和补充条款等规定。

(3)《专用条款》的内容

《专用条款》与《通用条款》是相对应的，《专用条款》具体内容是承包人与分包人协商将工程的具体要求填写在合同文本中，建设工程专业分包合同《专用条款》的解释优于《通用条款》。

2.1.3 劳务合作谈判的基本内容

劳务合作谈判的基本内容是围绕着某一具体劳动力供给方所能提供的劳动者的情况和需求方所能提供给劳动者的有关生产环境条件和报酬、保障等实质性的条款。其基本内容有：劳动力供求的层次、数量、素质、职业和工种、劳动地点（国别、地区、场所)、劳动时间和劳动条件以及劳动报酬、工资福利和劳动保险等。

建设部和国家工商行政管理总局于2003年发布了《建设工程施工劳务分包合同（示范文本)》，其规范了劳务分包合同的主要内容。《施工劳务分包合同》没有采用总承包合同或者专业分包合同的结构形式，而采用协商填空式格式。

劳务分包合同主要包括劳务分包人资质情况；劳务分包工作对象及提供劳务内容；分包工作期限；质量标准；合同文件及解释顺序；标准规范；总（分）包合同；图纸；项目经理；工程承包人义务；劳务分包人义务；安全施工与检查；安全防护；事故处理；保险；材料；设备供应；劳务报酬；工程量以及工程量的确认；劳务报酬的中间支付；施工机具、周转材料供应；施工变更；施工验收；施工配合；劳务报酬最终支付；违约责任；索赔；争议；禁止转包或再分包；不可抗力；文物和地下障碍物；合同解除；合同终止；合同份数；补充条款；合同生效。

1. 劳务分包人义务

对本合同劳务分包范围内的工程质量向工程承包人负责，组织具有相应资格证书的熟练工人投入工作；未经工程承包人授权或允许，不得擅自与发包人及有关部门建立工作联系；自觉遵守法律法规及有关规章制度。

劳务分包人根据施工组织设计总进度计划的要求，每月最后一天提交下月施工计划，有阶段工期要求的提交阶段施工计划，必要时按工程承包人要求提交旬、周施工计划，以及与完成上述阶段、时段施工计划相应的劳动力安排计划，经工程承包人批准后严格实施。

严格按照设计图纸、施工验收规范、有关技术要求及施工组织设计精心组织施工，确保工程质量达到约定的标准；科学安排作业计划，投入足够的人力、物力，保证工期；加强安全教育，认真执行安全技术规范，严格遵守安全制度，落实安全措施，确保施工安全；加强现场管理，严格执行建设主管部门及环保、消防、环卫等有关部门对施工现场的管理规定，做到文明施工；承担由于自身责任造成的质量修改、返工、工期拖延、安全事故、现场脏乱造成的损失及各种罚款。

自觉接受工程承包人及有关部门的管理、监督和检查；接受工程承包人随时检查其设备、材料保管、使用情况及其操作人员的有效证件、持证上岗情况；与现场其他单位协调配合，照顾全局。工程承包人统一规划堆放材料、机具，按工程承包人标准化工地要求设置标牌，搞好生活区的管理，做好自身责任区的治安保卫工作。

按时提交报表、完整的原始技术经济资料，配合工程承包人办理交工验收；做好施工场地周围建筑物、构筑物和地下管线和已完工程部分的成品保护工作，因劳务分包人责任发生损坏，劳务分包人自行承担由此引起的一切经济损失及各种罚款；妥善保管、合理使用工程承包人提供或租赁给劳务分包人使用的机具、周转材料及其他设施；劳务分包人须服从工程承包人转发的发包人及工程师的指令。

除非本合同另有约定，劳务分包人应对其作业内容的实施、完工负责，劳务分包人应承担并履行总（分）包合同约定的、与劳务作业有关的所有义务及工作程序。

2. 安全施工与检查

劳务分包人应遵守工程建设安全生产有关管理规定，严格按安全标准进行施工，并随时接受行业安全检查人员依法实施的监督检查，采取必要的安全防护措施，消除事故隐患。由于劳务分包人安全措施不力造成事故的责任和因此而发生的费用，由劳务分包人承担。

工程承包人应对其在施工场地的工作人员进行安全教育，并对他们的安全负责。工程承包人不得要求劳务分包人违反安全管理的规定进行施工。因工程承包人原因导致的安全事故，由工程承包人承担相应责任及发生的费用。

3. 安全防护

劳务分包人在动力设备、输电线路、地下管道、密封防震车间、易燃易爆地段以及临街交通要道附近施工时，施工开始前应向工程承包人提出安全防护措施，经工程承包人认可后实施，防护措施费用由工程承包人承担。

实施爆破作业，在放射、毒害性环境中工作（含储存、运输、使用）及使用毒害性、腐蚀性物品施工时，劳务分包人应在施工前10天以书面形式通知工程承包人，并提出相应的安全防护措施，经工程承包人认可后实施，由工程承包人承担安全防护措施费用。

劳务分包人在施工现场内使用的安全保护用品（如安全帽、安全带及其他保护用品），由劳务分包人提供使用计划，经工程承包人批准后，由工程承包人负责供应。

4. 事故处理

发生重大伤亡及其他安全事故，劳务分包人应按有关规定立即上报有关部门并报告工程承包人，同时按国家有关法律、行政法规对事故进行处理。

劳务分包人和工程承包人对事故责任有争议时，应按相关规定处理。

2.2 建设工程商务谈判的特点

工程商务谈判的直接原因是参与工程谈判的各方有自己的需求，一方需求的满足可能涉及或影响他方需求的满足，任何一方都不能无视对方的需要。因此，工程商务谈判的双方参加谈判的主要目的不能仅仅以追求自己的需要为出发点，而是通过交换观点进行磋商，寻找双方都能接受的方案。显然双方的目的和需要是既矛盾又统一的，通过工程商务谈判，可以使矛盾在一定条件下达到统一。由此看来，工程商务谈判具有以下五大特点：

(1) 双方通过不断调整各自的需要而相互妥协、接近对方的需求，最终达成一致意见。工程商务谈判不是单纯追求自身利益需要，工程谈判是提出要求，作出让步，最终达成协议的一系列过程。工程商务谈判过程的长短，取决于工程商务谈判双方对利益冲突的认识程度以及双方沟通的程度。工程商务谈判不是“合作”与“冲突”的单一选择，通过谈判达成的协议应该对双方都有利，各方的基本利益从中得到了保障，这是谈判合作性的一面；双方积极地维护自己的利益，力图从工程商务谈判中获得更多的利益，这是谈判冲突性的一面。在制订工程商务谈判策略时，应该防止两种倾向：一是只注重谈判的合作性，害怕与对方发生冲突，对对方的要求一味地退让，导致吃亏受损；二是只注意冲突性的一面，将工程谈判看作是一场争斗，一味进攻，不知妥协，导致工程商务谈判破裂。这两种倾向对于工程商务谈判都是不利的，在工程谈判应尽量避免。

(2) 工程商务谈判的内容和重点均应围绕项目的工程技术问题、商务问题、合同条款进行。工程商务谈判与普通商务谈判的区别就在于限定的谈判对象是工程，而在工程谈判过程中最主要的就是发包方与承包方之间最终确立工程关系，这个关系最终体现在合同上。因此，在谈判过程中对合同条款中的各项问题都应给予重视。建筑业的工程合同是发包方与承包方进行工程承包的重要法律形式，是进行工程进度控制、质量管理、计量支付的依据，施工过程中的一切活动都要按合同办事，是施工的准则和权责纠纷依据。工程合同签订的好坏直接关系到工程建设的成功与否，这就要求合同双方通过成功的合同谈判，在充分交流的基础上，签订一份互利双赢的合同。

(3) 有一定的利益界限。工程商务谈判不是无限制地满足自己的利益，谈判者在追求自己利益的同时，不能无视对方的利益要求，特别是对方的最低需要，否则会迫使对方退出，使自己已经到手的利益丧失殆尽。当对方利益接近“临界点”时，必须保持警觉，毅然决断，以免过犹不及。工程商务谈判不是一场棋赛，不要求决出胜负，也不是战争，不要致对方于死地。工程商务谈判是一项互惠互利的合作事业。

(4) 有一系列综合的价值评判标准。判定一场工程商务谈判是否成功，不是以实现某一方的预定目标为唯一标准，对这个问题很多人认识不清，而习惯于将自己获得了多少利益，对方失去了多少利益作为衡量标准，这是“工程商务谈判近视症”的表现。一场成功的工程谈判，应该是在实现预期目标的过程中，所获收益与所付出成本之比最大，同时也使双方的合作关系得到进一步发展和加强。而且在很大程度上工程谈判的成功与否取决于谈判人员对工程技术知识、经济知识、合同条款的熟悉与掌握程度。

(5) 科学性与艺术性的有机结合。工程商务谈判不能单纯地强调科学性，谈判是双方协调利益关系并达成共同意见的一种行为和过程，人们必须以理性的思维对双方利益进行系统的分析研究，根据一定的规则制订工程谈判的方案和策略，这是工程商务谈判“科学性”的一面。同时，工程商务谈判又是人与人之间的一种直接交流活动，谈判者的素质、能力、经验、心理状态等因素对工程谈判的结果影响极大，这是工程商务谈判“艺术性”的一面。“科学性”能让工程商务谈判者正确地去做，而“艺术性”能让工程谈判者把事情做得更好。

2.3 建设工程商务谈判的流程

工程商务谈判的过程也指工程商务谈判程序。它是指以谈判双方或多方坐在谈判桌前作为开始，最后签订合同或协议为结束，在这期间经历的一个连续的、而又阶段分明的过程。工程商务谈判的各项准备工作就绪以后，就可以进行正式的、连续的、阶段分明的谈判了。一般来说，这样的谈判过程由四个连续的阶段衔接而成，分别是开局阶段、报价阶段、实质性磋商阶段和结束阶段。有经验的工程商务谈判者都十分注意工程商务谈判程序的安排和运用。

2.3.1 谈判的准备阶段

在工程商务谈判开始之前，谈判双方应做好充分的准备以便为最后的谈判成功奠定良好的基础。如果想通过工程商务谈判达到包括质量、成本、工期在内的预期目标，那么首先就要做好充分的准备，对自身状况与对手状况有较为详尽的了解，由此确定合理的工程商务谈判方法和商务谈判策略，才能在工程商务谈判过程中处于有利地位，使各种矛盾与冲突化解在有准备之中，获得圆满的结局。工程项目涉及面广，准备工作的内容也相对较多，大致包括商务谈判者自身的分析、对对手的分析、商务谈判人员的挑选、商务谈判队伍的组织、目标和策略的确定等。

1. 自身分析

工程商务谈判准备阶段的自身分析主要指项目的可行性分析。如果对项目只进行定性的分析或机械地按照上级领导的意志进行分析，是难以保证决策的正确性的。

(1) 技术选型

人们总是容易被先进技术的“光环”所迷惑，以为先进的技术一定具有良好的经济性和可靠性，其实，先进的技术不一定能带来良好的经济效益。若要通过采用先进的技术取得良好的经济效益，往往需有雄厚的资金实力、优良的技术素质、先进的管理水平相配套，而这些要素却常常不同时具备。因此在技术选型上要有战略眼光，不能盲目崇拜先进技术。

(2) 市场分析

技术选型确定之后，就要对市场原材料的行情及变化、资金需求量、融资条件、汇率风险等因素进行定性的、定量的、静态和动态的经济效益分析。只有通过量化的经济分析证明是收益明显的项目，才是可行的。

(3) 资金来源

资金来源是工程项目首当其冲的问题。工程项目投入资金量大，占用周期长，业主可能会遇到融资的困难，有的国内项目还出现业主要求承包商垫资的情况，这就需要考虑利用银行贷款等多种融资形式的可行性。因此，如何及时融到足够的资金，在项目的可行性分析中应该非常谨慎。

以上都是工程商务谈判准备阶段对自身情况作全面分析的基本内容。在完成上述各项工作之后，基本可以确定项目是否可行，以及供应商、承包商（也就是今后潜在的商务谈判对手）的选择方向。

2. 对工程商务谈判对手的分析

孙子曰：“知己知彼，百战不殆”。要取得工程商务谈判的主动性，必须对工程商务谈判对手进行全面细致的分析研究。只有掌握了对手的阵容和成员的权限、谈判风格、生活习惯和好恶等相关特点，才能最大限度地发挥自身的优势，掌握工程商务谈判的主动性，使工程商务谈判成为满足双方利益的媒介。

工程项目的业主始终处于“买方市场”的有利地位，他可以利用这个有利形势，在选择承包商之前，就能够以“潜在承包商资格预审”的名义，调查和了解承包商的各种资料，包括人员组成、技术实力、商务情况，甚至承包商近几年的财务报表，以了解对手的基本情况。

对未来的工程商务谈判对手了解得越详细越深入，估计得越准确越充分，就越有利于掌握工程商务谈判的主动性，把握商务谈判的进程。

3. 工程商务谈判队伍的组织

(1) 确定首席工程商务谈判代表

首席工程商务谈判代表必须责任心强，心胸开阔，全局意识坚定，知识广博，精通商务和其他业务知识，工程商务谈判经验丰富，有娴熟的策略技能，思维敏捷，善于随机应变，同时富有创造力和组织协调能力，具有上通下达的信息沟通渠道，善于发挥工程商务谈判队伍的整体力量，最终实现预期目标。工程商务谈判队伍的其他成员则可各具所长，擅于从思想上、行动上紧密配合，协调一致。

(2) 谈判分组

工程商务谈判大多分技术、商务等若干商务谈判小组分别进行。各工程商务谈判小组成员应具有明确的分工，职责分明，人员不宜过多。必要时，专业小组还可细分质量保证、信息化管理等，以形成专业化的工程商务谈判力量。这样不仅专业对口，工程商务谈判深入，而且有利于提高工程商务谈判效率，节省时间。

(3) 谈判角色确定

就像一支足球队需要前锋、后卫、守门员一样，工程谈判小组需要一些"典型"角色来使商务谈判顺利进行。见表2-1，这些角色一般包括工程商务谈判首席代表、白脸、红脸、强硬派、清道夫。配合每一个商务谈判特定的场合还需要配备其他角色。理想的工程商务谈判小组应该有3～5人，而且所有关键角色都要有。一般来说，一个人担当一个角色，但常常是一个工程商务谈判者身兼几个相互补充的角色。

工程商务谈判小组不同成员的角色及任务　　表2-1

角　色	作　用
首席代表：任何商务谈判小组都需要首席代表，由最具专业水平的人担当，而不一定是职位最高的人	指挥、协调商务谈判，及时汇报；裁决与专业知识有关的事；精心安排小组中的其他人
白脸：由被对方大多数人认同的人担当。对方非常希望仅与白脸打交道	对对方的观点表示同情和理解；看起来要作出让步；给对方安全的假象，使其放松警惕
红脸：白脸的反面就是红脸。这个角色就是常常提出一些尖锐的问题，使对手感到如果没有他或她，会比较容易达成一致	需要时中止商务谈判；削弱对方提出的任何观点和论据；胁迫对方并尽力暴露对方的弱点
强硬派：这个人在每件事上都采取强硬立场，使问题复杂化，并要其他组员服从	用延时战术来阻挠商务谈判过程；允许他人撤回自己提出的未确定报价，观察并记录商务谈判的进程，使商务谈判小组的讨论集中在商务谈判目标上
清道夫：这个人将所有的观点集中，作为一个整体提出来	设法使商务谈判走出僵局，防止讨论偏离主题太远；提出对方论据中自相矛盾的地方

如何正确地分配商务谈判小组人员，做到人尽其才，也是工程商务谈判的战略之一。作为首席代表必须仔细地为每个组员分配角色和责任，以使工程商务谈判小组能够应付对手的任何行动。

4. 目标与策略的确定

建立工程商务谈判的目标是对主要工程商务谈判内容确定期望水平，包括技术要求、验收标准和办法、价格水平等。当其他条件确定后，价格就是工程商务谈判的重点目标。工程商务谈判目标要有弹性，通常可分为最优期望目标、可接受目标和最低限度目标。最优期望目标是指在谈判桌上，对谈判者最有利的一种理想目标，它在满足某方实际需求利益之外，还有一个"额外的增加值"。最低限度目标是指在谈判中对某一方而言，毫无讨价还价余地，必须达到的目标。换言之，最低限度目标即对某一方而言，宁愿离开谈判桌，放弃合作项目，也不愿接受比这更少的结果。可接受的目标是谈判人员根据各种主要因素，通过考察种种情况，经过科学论证、预测和核算之后所确定的谈判目标。可接受的目标是介于最优期望目标与最低限度目标之间的目标。具体确定某个工程商务谈判的目标是一件复杂的事情，它依据对许多因素的综合分析和判断。

首先要分析工程商务谈判双方各自的优势、劣势。如果对方是唯一的合作伙伴，则对方处于有利地位，我们的目标就不能定得太高；反之，我们若有若干类似项目可供选择，那么我们的目标可以定得适当高些。

其次，应考虑与工程商务谈判对手是否有大范围、长期合作的可能性。如果这种可能性很大，那么就应该着眼于更大范围、更加长期的合作空间，而对于其中某个商务谈判目标就可适当地确定合理的水平，不能过于苛求。目标一旦确定，就可以对工程商务谈判进程做出具体计划。第一，首先要对人员各自的分工和职责予以明确；第二，充分落实各项准备工作，如选定咨询专家、搜集文件资料、分析有关的数据；第三，确定工程商务谈判过程的进度，向对方表明最后期限的方式也应该是策略性的，不能随意或不明确；第四，合理地分解工程商务谈判目标，并把实现各分项目标作为各工程商务谈判阶段的具体任务；第五，制订每个工程商务谈判阶段的具体策略，充分估计对方的反应和各种可能出现的情况，对各种僵局的化解要有可行的对策。

2.3.2 谈判的开局阶段

工程商务谈判的开局阶段，一般是指从谈判双方坐在谈判桌边起，到开始对谈判内容进行实质讨论之前的一段时间。开局阶段是实质性谈判的第一个阶段。在这一阶段，工程谈判的双方开始进行初步的接触、互相熟悉，并就此次会谈的目标、计划、进度和参加人员等问题进行讨论，在尽量取得一致的基础上就本次谈判的内容分别发表陈述。

1. 开局阶段的主要任务

开局阶段的主要任务包括建立良好的谈判氛围、对谈判通则的协商、开场陈述等三个方面。

（1）建立良好的开局氛围：开局阶段的谈判氛围对整个谈判过程的谈判氛围有着很大影响。良好的开局氛围能够为后续阶段的谈判奠定比较好的基础和氛围。

1）营造轻松的谈判环境；

2）塑造良好的个人形象；

3）保持平和的心态；

4）选择中性话题；

5）流露亲切真诚的表情。

（2）对谈判通则的协商：谈判开局阶段对谈判通则进行协商是对谈判具体问题说明的过程，这一过程通常以“4P”为主，包括：成员 Personalities，目标 Purpose，进度 Pace，计划 Plan。

（3）开场陈述：是指在开局阶段双方就当次谈判的内容，陈述各自的观点、立场及建议。开场陈述应遵守尽量客观、留有余地、选择时机、注意措辞等原则。

结合以上所说工程谈判开局阶段的主要任务，下面主要谈论在工程商务谈判开局阶段的任务中应注意的几个方面。

2. 应掌握正确的开局方式

开局的方式是制订开局策略的核心问题。开局阶段的策略主要包括一致式开局策略、保留式开局策略、坦诚式开局策略、慎重式开局策略、进攻式开局策略和挑剔式开局策略等，各种开局策略介绍详见第4章，以上这些开局策略可供在开局方式中选择和制定。

从谈判内容、程序和谈判人员方面来看，谈判人员的所作所为是左右谈判开局的重要因素。这里所说的谈判人员的所作所为是泛指谈判人员之间相互作用的方式；谈判人员的各自性格融合或冲突的方式；谈判人员影响谈判的方式以及谈判一方对另一方影响的措施等。因此，积极主动地调节对方的所作所为，使其与己方的所作所为相吻合，即主动地对谈判人员这个影响谈判的重要因素施加影响，创造良好的谈判气氛，是顺利开局的核心。

3. 应避免一开局就陷入僵局

商务谈判双方有时会因彼此的目标、对策相差甚远而在一开局就陷入僵局。这时双方应努力先就会谈的目标、计划、进度和人员达成一致意见，这是掌握好开局过程的基本策略和技巧，实践证明适合于各种谈判。若对方因缺乏经验而表现得急于求成即一开局就喋喋不休地大谈实质性问题，这时我们要善而待之，巧妙地避开他的要求，把他引到谈判的目的、计划、速度和人物等基本内容上来，这样双方就很容易合拍了。当然有时候谈判对手出于各种目的在谈判一开始就唱高调，那么我方可以毫不犹豫地打断他的讲话，将话题引向谈判的目的、计划等问题上来。总之，不管出于哪种情况，谈判者应有意识地创造出“一致”感，以免造成开局即陷入僵局的局面，为创造良好的开局气氛创造条件。

2.3.3 谈判的报价阶段

工程商务谈判主要是围绕商品的价格展开的，当谈判进入报价阶段，也就意味着实质性谈判的开始。这里所说的报价不仅指对于价格的要求，还泛指业主方对承包方提出的所有要求，包括谈判标的物的数量、质量、价格、支付条件、包装、责任条款等各方面的交易条件。

所以，报价阶段在工程商务谈判全过程中具有非常重要的作用。报价的合理与否、成功与否，关系到整个价格谈判的成败，从而也关系到整个商务谈判的成败。

1. 工程商务谈判报价的含义和特点

由于报价对于整个商务谈判过程和结果都具有相当重要的影响，而且报价本身包含对于商品价格、数量、质量等多种因素的确定，所以，报价是一项非常复杂的工作。在报价前后，需要做很多准备，并了解相关的注意事项。

工程商务谈判的报价不同于其他经济活动中的商品价格，这种报价是后面价格磋商的前提工作。工程商务谈判有很多特别的类型，不同类型的工程商务谈判报价的含义都有所差别，下面将介绍几种主要类型的工程商务谈判的报价含义。

(1) 工程承包谈判报价

工程承包谈判，主要是工程建筑企业通过投标或接受委托等方式，与发包人进行谈判以达成承包的协议。其报价的核心是承包的费用，此外还包括工程的性质、质量、数量、材料成本、支付方式等条款。

(2) 租赁业务谈判报价

租赁业务谈判与货物买卖谈判类似，只不过形式从买卖交易变成了租赁交易。其报价核心是租赁的价格即租金，此外还包括商品的质量、数量、租用时间、支付方式、服务等其他条款。

(3) 合资经营谈判报价

合资经营谈判报价与劳务合作谈判类似，合资经营谈判也是目前愈益常见的一种商务谈判形式，只不过其谈判的对象从劳务的合作变为了资金的合作。其核心也是双方利益的分配，此外还包括双方合作方式、义务、责任等条款。

(4) 加工装配业务谈判报价

加工装配业务主要出现在国际贸易中，也就是常说的“三来一补”中的“三来”：来料加工、来样加工和来件装配。在加工装配业务谈判中，报价的核心是加工费或装配费，同时还包括质量、数量、包装、交货、支付方式等其他条款

(5) 劳务合作谈判报价

随着市场开放程度的不断扩大，劳务合作的机会也越来越多，劳务合作谈判也日益成为一种常见的工程商务谈判形式。劳务合作谈判报价的核心在于双方利益的分配，即利润的分配，此外还包括双方的合作方式、义务、责任等条款。

2. 工程商务谈判报价模式的选择

只有掌握了正确的报价程序，才能够有效地发挥报价阶段的作用，在价格谈判中占据有利的地位。工程商务谈判报价的程序问题，包括报价的先后顺序和报价模式的选择这两个主要方面。

报价的先后顺序在后面的工程商务谈判策略技巧中将阐释，此不详述。这里主要谈谈报价模式的选择。

国际上有两种通用的报价模式，即所谓的西欧式报价和日本式报价，两种报价模式在原则和方法上有着本质的差别，具体在实际操作中也有各自的用途和适用范围。

(1) 工程商务谈判报价模式

1) 西欧式报价

西欧式报价的一般模式是：首先报出一个对己方有利、对对方不利的交易条件，并留出较大的余地；然后通过双方的磋商，以让步的形式，使对方最终接受交易条件，达成最后的交易。西欧式报价也是平时谈判中惯常使用的报价模式，一般这样的模式也能够为谈判双方默认，以利于顺利开展价格磋商。

2) 日本式报价

日本式报价的一般模式是：先报出一个对对方有利、对己方不利的交易条件，以引起对方的兴趣；但是，在正式进行价格谈判时，表示这个交易条件无法满足对方的全部要求，如果想要满足，需要逐步改变交易条件，并向着有利于报价方的方向发展。所以，就卖方提出日本式报价的价格谈判来说，最后达成的交易条件往往高于开始提出的交易条件；相应的，如果是买方提出的，最后的交易条件会低于开始提出的交易条件。

(2) 怎样选择工程商务谈判报价模式

在工程商务谈判中，通常采用的是西欧式报价，有利于双方在一个比较熟悉的谈判模式基础上开展价格谈判，并且有利于达到双方都期望的谈判结果。而日本式报价容易在一开始就出乎对方的意料，打乱对方的战略部署。但是，随着谈判的深入，后报价方会有一种被欺骗的感觉，往往不利于后面的谈判在一个友好的气氛中继续展开，要达到一个令双方都满意的结果也比较困难，而且谈判结果往往都是有利于先报价一方的。

所以，如果谈判的气氛是友好的，双方的态度是合作的，一般都应该采取西欧式报价。只有在那些特定的情况下，需要用一定手段来完成谈判目标，那么可以考虑采用日本式报价。同时，在谈判时，如果是后报价的一方，应该尽量避免落入日本式报价的圈套。

为了避免落入日本式报价的圈套，谈判人员应注意以下几个问题：首先，应仔细检查对方报价的内容，看其是否符合己方的需要；其次，如果同时与多个客商进行谈判，应将他们不同的报价进行比较，比较各自交易条件的异同；最后，不要轻易信任较优惠报价的

客商，而终止其他的谈判，以避免陷入被动的局面。

2.3.4 谈判的磋商阶段

在谈判双方做出明示并报价之后，工程商务谈判就进入了对于实质性内容谈判的阶段，也就是工程商务谈判的磋商阶段。磋商阶段是工程商务谈判的中心环节，是谈判的关键阶段，也是最困难、最紧张的阶段，同时也是在整个过程中占时间比重最大的阶段。在这一阶段，谈判双方就价格问题展开激烈的讨论。经过多次磋商，最终达成协议。

工程商务谈判的实质性磋商，主要还是围绕价格展开的，也就是一个讨价还价的过程。在此期间，将会出现的问题有谈判双方的价格争论、冲突甚至僵局，也包括双方为了最后达成交易而各自作出的让步。不论是讨价抑或是还价都需要注意方式、条件、起点等，以利于谈判的成功。

1. 关于交易条件的磋商

工程商务谈判中关于交易条件的磋商，就是平常说的讨价还价。讨价还价的内容，不单单是指商品的价格，而是指全部的交易条件，包括商品的数量、质量、价格、支付条件、包装、责任条款等各方面的交易条件。整个讨价还价的过程，就是对谈判中所涉及的交易条件的讨论和确定。

(1) 讨价

讨价，是指在谈判中一方首先报价之后，另外一方认为该价格离己方的期望价格比较远，从而要求报价方改善其报价的行为。讨价是一种谈判策略，可以误导对方对于己方价格期望的判断，并改变对方的价格期望，为己方还价做准备。作为讨价阶段的第一步工作，应让对方就报价作出一定的解释，即价格解释。

在某些时候，对于对方不合理的报价甚至是漫天要价，及时地要求对方作出合理价格解释也可以起到适当的提醒和警告作用，甚至可以用一些比较强硬的问题来直接拒绝对方的报价。此时，无论对方回答或不回答这一连串的问题，也不论对方承认或不承认，都已经使他明白他提出的要求太过分了。

在对方对报价做出解释之后，就可以对对方报价作出评论了。价格评论是进行讨价的基础。在对方报价之后，己方讨价之前，首先应对对方的报价进行评论，这种评论一定是消极的，并据此提出讨价的要求。价格评论明确提出对对方报价的不满意之处，以获得足够的理由进行随后的讨价。

(2) 讨价的阶段和方式

在进行评价之后，就可以进行讨价，要求对方修正其报价，以更加接近己方的价格期望。具体说来，讨价一般分为三个阶段，下面以业主方讨价为例，分别说明这三个阶段的讨价方式。

1) 讨价刚开始的阶段。此时对承包方价格的具体情况尚比较模糊，缺乏清晰的了解，所以，该阶段的讨价方式是全面讨价，即要求承包方从总体上改善其报价。需要注意的是，该阶段的讨价不一定是一次性的，可以视具体情况，进行多次讨价，以获得更加接近己方期望价格的报价。

2) 讨价的实质内容阶段。此时己方对承包方价格内容已经有了一个大致的了解，该阶段的讨价便是有针对性的讨价。即在承包方报价的基础上，找出明显不合理、水分较大的项目，有针对性地进行讨价。目的是通过讨价，将这些项目中的不合理部分和水分挤掉，从而获得更有利的报价。

3）讨价的最后阶段。此时己方对承包方价格已经有了比较清晰地了解，该阶段可以在第二阶段有针对性讨价的基础上，进行最后的全面讨价，要求承包方给出最终改善后的报价。这一阶段的讨价同样可以视具体情况进行多次讨价，以获得最终最优化的报价。

就讨价的次数来说，并没有一个定数，主要是看对方对讨价的回应以及对方报价的改善程度而定。一般来说，承包方在一开始，为了实现其利润目标，不会暴露其底价，一般不会作出大的让步。这个时候，就要求业主方多次讨价，并通过向承包方不断施加压力，来迫使对方让步。而在承包方调整报价过程中，一般不会作较大幅度的让步，这个时候，就说明还有相当大的降价空间，此时就要求业主方增加讨价次数，并不断地增加压力，以迫使对方作出较大的让步。而一旦承包方作出了较大幅度的让步，就说明已经开始接近其报价底线，此时，业主方再进行几次适当的讨价便可完成讨价的目标。

（3）还价

还价是指谈判中一方根据对方的报价，结合己方的谈判目标，提出己方的价格要求的行为。在谈判中，还价是一个比较关键的阶段，因为还价是谈判双方真正针对价格进行正面交锋的阶段，还价策略运用得成功与否，直接关系到能否达成最后协议以及己方谈判目标是否能够实现。

为了使谈判进行下去，一方在进行了数次的价格调整后，会要求另一方还价；而另一方在讨价目标实现后，为了表示己方的诚意，也应该接受还价的邀请，进行还价。此时，价格谈判就结束了讨价阶段，而进入了还价阶段。所以，在进行还价时，作为任何一方都应该谨慎，以避免还价不当而影响谈判的进程或损害己方的利益。

在工程商务谈判中，具体按照什么样的方式来进行还价，首先取决于谈判标的建设工程以及其相关商品的特征。例如材料、机械的规格、数量、市场供求状况以及替代品现状等。此外，还取决于谈判当时的一些其他具体情况。例如谈判双方的实力对比、己方所掌握信息量的多少、己方的谈判经验等。总之，在确定还价方式时，要本着哪一种方式更有说服力，更容易为对方所接受的原则来选择。

在还价时，另一个需要决定的重要因素是还价的起点，也就是业主方第一次提出的希望成交的条件。还价起点的确定，从原则上讲要低，但是又不能太低，要接近谈判的成交目标。因为讨价还价的基本原则之一便是还价要尽可能地低，如果还价高了，会使得己方必须在还价之上成交，从而损害了己方的利益；如果还价过低了，又会引起对方的不满，认为己方无谈判诚意，从而影响谈判的顺利进行。所以，还价的起点不宜过高也不宜过低，要接近己方所期望的成交目标。

2. 工程商务谈判磋商中的叫停

工程商务谈判是高度紧张的智力活动，要求谈判者自始至终都保持高度地精神集中，在谈判中及时作出最合理的反应，即采用避免和化解冲突的种种策略。但是任何谈判人员，哪怕能力再强、经验再丰富，也难免会遇到由于注意力无法集中、个人能力不够或者对方的突然发难等原因产生的一时难以应付的问题。在这个时候，需要采取对谈判叫停策略，来获得一段时间的缓冲和喘息，同时在己方和对方之间创造出一定的距离，以求缓解一时的不利局面，寻找有利的解决途径。在工程商务谈判中，叫停作为一项相当有效的策略性机制，被广泛使用。

在工程商务谈判中，虽然叫停战术被大多数谈判对手所认同，但是，为了尽快达到己方的目的，每一个谈判对手都不希望在局面有利于己方的时候暂停谈判。所以，在谈判时提出暂停，往往会受到谈判对手的阻挠或者反对，此时，利用何种方式、何种借口叫停谈判就成为非常重要的问题。选择一个合理的方式或借口叫停谈判，使得谈判对手找不出反对或者阻碍的理由，是圆满完成谈判叫停策略的关键。

2.3.5 谈判的结束阶段

在工程商务谈判的结束阶段，谈判双方会签订合同或者协议。在有些工程商务谈判中，谈判双方可能在谈判期限内无法达成协议，就可能选择中止谈判或者使谈判破裂来结束谈判。

随着磋商的深入，谈判双方在越来越多的方面的差异会逐步缩小，交易条件的最终确立已经成为双方共同的要求，由此，工程商务谈判进入结束阶段。

结束阶段是指完成正式谈判之后，谈判双方最终缔结协议的特定时期。判断工程商务谈判是否进入结束阶段，可从以下几点进行判定：①交易条件：比如交易条件中是否存在尚未解决的分歧，谈判对手交易条件是否进入己方成交线，双方交易条件是否存在一致性等。②谈判时间：从双方约定的谈判时间、单方限定的谈判时间、形势突变的谈判时间等判定。③谈判策略：若谈判中应用了最终立场策略、折中进退策略、总体条件交换策略，则可视为已进入谈判结束阶段。

结束阶段的主要任务：①向对方发出成交信号；②最后一次报价。注意让步幅度的大小，以及让步的条件等；③对一些重要条件进行必要的检索和复查。

在结束阶段谈判结果可能有以下几种：①达成交易，并改善了关系；②达成交易，但关系没有变化；③达成交易，但关系恶化；④交易未达成，但改善关系；⑤交易未达成，关系也没有变化；⑥交易未达成，但关系恶化。

1. 建设工程商务谈判结束的方法

在实际的工程商务活动中，并不是所有的工程商务谈判都是以签约或者成交作为结束的，很多谈判会由于双方无法取得一致而暂时中止，甚至最终破裂。成交、中止和破裂是谈判结束的三种主要方式。

(1) 成交

商务谈判的磋商不是无止境的，随着磋商的不断深入，双方经过了多个回合的讨价还价以及各自的让步。各自的利益和观点逐渐趋于一致，此时谈判也接近了最后的成交和签约。这时谈判各方需要进行最后的努力，使得彼此的观点完全达成一致，促成谈判的成交。

成交的标志体现为签约。虽然谈判双方就交易的主要条款达成一致便可视为谈判成交，但是为了明确这种一致，并明确谈判后双方各自的权利和义务，谈判的结果还应形成书面文件，即商务合同或协议。签订商务合同或协议的过程就是商务谈判的签约阶段，一般把签约作为工程商务谈判成交的标志，同时签约也标志着工程商务谈判的正式结束。

(2) 中止谈判

谈判的中止是指由于谈判外部或者内部的原因，造成谈判短期内无法继续，双方协议暂时停止谈判进程的行为。因为是中止，所以在一段时间后，谈判还是有继续进行的可能，而且双方此前为谈判所作的努力以及谈判中止前所获得的成果还是基本能够得到保留的，这也就为谈判的恢复提供了可能。

(3) 谈判的破裂

谈判的破裂是指谈判双方由于无法弥合的分歧，无法就交易条款达成一致而提前结束谈判的行为。与谈判的中止不同，谈判的破裂意味着谈判的失败，而且今后再无继续的可能。

一般来说，谈判破裂的原因比较单一，即双方利益的根本对立，且这种对立没有调和的可能。所以，虽然谈判的破裂是谈判双方都不愿意看到的，但是一般无法避免。在实际情况中，如果谈判有破裂的迹象，谈判双方应首先仔细分析双方利益的差距是否有弥合的可能；如果矛盾可以调和却被误认为无法调和而导致谈判破裂，是非常可惜的。

2. 工程商务谈判结束后的谈判总结

谈判的签约虽然意味着整个工程商务谈判过程的终结，但是，谈判人员的工作并不是就到此为止了。谈判结束后，无论谈判成功与否，都应该对谈判工作进行全面地、系统地总结，以对将来的谈判进行指导。

在整个谈判过程中，应有专门的人员对谈判过程进行记录，并在每一场谈判后及时整理。这一方面可以对谈判的继续开展进行指导，另一方面也为最后的谈判总结提供材料。在对谈判进行总结之后，应该将谈判总结的内容，结合对于谈判的总体评价和对今后谈判的建议，写成书面总结报告，作为谈判的成果之一，为今后的谈判工作作出指导。

(1) 成绩与教训

谈判的总结从很大意义上来说就是对于谈判得失的总结，这种得失不单单指谈判结果的得失，也包括谈判全过程中的各种经验和教训。对于工程商务谈判过程的总结包括从谈判准备阶段开始到谈判结束阶段的整个过程，分析其中的成功经验和失误教训。

总结谈判的成绩和教训，目的在于为今后的工程商务谈判积累经验、提供参考，从而为今后谈判的成功增加价码。

(2) 对谈判对手的评价

对谈判对手的评价也是商务谈判总结中的一个重要方面，这涉及以后双方的长期合作以及与类似客户打交道时需要注意的问题。对谈判对手的评价指标包括对谈判对手的整体印象、对方的工作效率及风格、对方的好恶以及对方的优劣势。客观合理地对谈判对手评价也有利于己方取长补短。

2.4 建设工程商务谈判的模式

工程商务谈判是一个连续的过程，谈判成功模式是因循谈判成功的评价标准而产生的，它遵循的是客观公正的原则。目前，谈判成功模式有两种观点，一种是以刘园为代表的“PRAM”谈判模式。认为“成功模式”由四部分组成，即计划（Plan）、关系（Relationship）、协议（Agreement）、维持（Maintenance）；一种是以朱国定、武斌为代表的“APRAM”谈判模式，认为“成功模式”由五部分组成，也是国际通行的APRAM模式，即评估（Appraisal）、计划（Plan）、关系（Relationship）、协议（Agreement）、维持（Maintenance）。

1. “PRAM”谈判模式

“PRAM”谈判模式是指谈判是一个从计划（Plan）—关系（Relationship）—协议

(Agreement)—维持(Maintenance)这样四个步骤不断循环的过程。这一模式的真谛在于，不仅可以使某项具体的工程交易谈判获得成功，而且也为今后继续同对方成功地进行交易谈判奠定基础。四个步骤相互联系，前一步为后一步打基础，后一步是前一步的延续，从而可以循环运转，形成一个连续不断的交易谈判过程，以本次交易的成功为基础继续争取今后的交易。

"PRAM"谈判模式作为一种谈判过程，包括以下几个方面：

(1) 树立正确的谈判意识，是"成功模式"设计与实施的原则和指导思想。

(2) 制定洽谈计划。首先要明确己方与对方的谈判目标分别是什么。在确定了两者目标之后，通过比较找出其中利益一致的地方，对此加以确认，以提高和保持双方的谈判兴趣和成功信心；对利益不一致的地方，要发挥思维创造力，以缩小甚至弥合双方的分歧，探索双方都能满意的解决办法。总之，坚持求同存异，成功的谈判应当使双方的利益都得到兼顾。

(3) 沟通感情。建立关系，谈判正式开始之前，双方都应该做好感情沟通，一是双方在谈判协商过程中都能感受到舒畅、轻松、融洽的气氛。从而大大降低谈判协商的难度。所以，如果还没有与各方建立起足够好的信任关系，就不应匆忙进入实质性事物协商的正题，否则很难达到预期的结果，而一旦有利情感投入，即使较为困难的问题，也能迎刃而解。为此，在谈判中应当表现出对各方事业和个人的关心、礼仪上的周到、己方的诚意等。

(4) 求同存异，努力达成协议。首先确认共同利益点，在此基础上充分磋商，造就一个双方都能接受的方案。

(5) 信守协议，严格履行坚持维护。必须认识一个严肃的问题：协议签订结束，事情并没有结束，维持协议并确保良好的实施，一方面是企业诚信的展示，另一方面是双方利益需求得到满足的保证。为促使对方履行协议必须做好以下两件事：一是本方积极信守协议，认真履行合同，并及时把有关实施情况通告对方；二是对对方遵守协议约定的行为给予适时良好的情感反应。

(6) 维持双方的良好关系。对一项具体工程商务谈判来说，确保协议能够履行就可以画上一个圆满的句号了；对于一个具有长远眼光的谈判者来说，则还需要维持同对方的关系，这部分工作有很大一部分需要谈判业务员来维持，谈判后，尽力保持和维护同本次工程交易谈判中开发出来的同对方的关系，如保持同对方的接触和联络，特别是个人之间的关系，以避免今后同对方进行交易时再花费力气重新开发这种关系。

2. "APMAR"谈判模式

商务谈判"APMAR"模式将工程商务谈判过程视为一个连续的过程，即要经过评价、计划、关系、维持和协议五个环节，把本次谈判看作是要解决的内容，成功的谈判模式才能促使谈判在利益磋商分配过程中，既实现最佳期望目标，又促进双方良好关系。这种谈判需要建立在互惠双赢原则基础上。

(1) 进行科学的项目评估(Appraisal)

谈判项目评估主要是对谈判双方需求进行评估，并对评估结果作可行性分析，找出双方利益的契合点，评估的目的就是根据双方的需求状况，估量谈判项目的意义所在，作出一个谈判总体部署安排。

工程商务谈判是否取得成功，过去认为取决于工程商务谈判者能否正确地把握谈判进程，能否巧妙地运用工程商务谈判策略。然而，工程商务谈判能否成功往往不取决于谈判桌上的你来我往、唇枪舌剑，更重要的是工程商务谈判前的准备工作，其中主要是项目评估工作。

工程商务谈判成功的前提，必须是项目经过科学的评估证明是可行的；否则，若草率评估，盲目上阵，虽然在谈判桌上花了很大力气，达成了令人满意的协议，但若最终项目失败，再“成功”的商务谈判也是自欺欺人。所以说，“没有进行科学评估就不要上谈判桌”，这应该成为工程商务谈判的一条戒律。

(2) 制订正确的商务谈判计划（Plan）

任何工程商务谈判都应有一个谈判计划。一个正确的工程商务谈判计划首先要明确自己的工程谈判目标，分析对方的工程商务谈判目标是什么，并且将双方的目标进行比较，找出双方利益的共同点与不同点。对于双方利益的共同点，应该仔细罗列出来，在工程商务谈判中予以确认，以便提高和保持双方工程商务谈判的兴趣和争取成功的信心，也为解决双方的矛盾奠定一定基础。对于双方利益的不同点，要发挥创造性思维，根据“成功的商务谈判应该使双方的利益都得到保障”的原则，积极寻找使双方都能接受的解决方法。

制定明确的科学可行的谈判计划，关注的不仅是己方谈判目标，还要探求对方谈判目标。既要明确双方相同利益部分，又要找出双方需要协调的另一部分，满足双方所需。

(3) 建立双方的信任关系（Relationship）

在任何工程商务谈判中，建立双方的信任关系是至关重要的。建立这种关系的目的，是为了改变“一般情况下，人们不愿意向自己不了解、不熟悉的人敞开心扉、订立合同”的心态。相互信任的关系会使谈判的进程顺利很多，降低工程商务谈判的难度，增加成功的机会。建立双方相互信任关系，适应在进行实质阶段之前，与对方建立良好的相互信赖关系。信任是人际关系的基础，一个人是否值得信任也是其是否拥有影响力和说服力的前提。谈判冲突存在是必然的，由于彼此观点、需要或者要求的利益不同，对待冲突的反应和处理方式其实要比冲突本身更加重要，如果冲突不能得到很好的处理，很可能导致谈判终止的结果。只有寻找创建性的方案，找到各方都能接受的解决办法，则可以实现将冲突转化为积极的成果。所以，工程商务谈判双方的互相信任是商务谈判成功的基础。

(4) 达成协议（Agreement）

许多谈判的结局并不理想的原因在于谈判者更多地注重追求单一的结果，谈判不是零和游戏，坚持固守自己的立场，不考虑对方获得多少，很难达成双方满意的协议。双方满意的协议一定是创造性地寻求双方各有所获的解决方案，将谈判双方的利益实现最大化。

这个阶段的工作重点是通过实质性的工程商务谈判达成使双方都能接受的协议。在工程商务谈判中应该弄清对方的工程商务谈判目标，及时确认双方的共识，寻找解决分歧的各种办法。需要强调的是，工程商务谈判的最终目标不是达成令人满意的协议，而是使协议的内容得到圆满的贯彻落实，完全合作的事业，使双方的利益目标得以最终实现。

(5) 协议的履行与关系的维持（Maintenance）

达成协议并非万事大吉。要知道，协议签订得再严密，仍然要靠人来履行。为促使双方履行协议，要做好两件事情：①要别人信守合同，自己首先必须信守合同；②对于对方遵守合同的行为应给予适当的反应。另外，良好的合作关系如果不及时加以维持，就会淡化、疏远甚至恶化。而要重新恢复原有的关系，就要花费更多的精力和时间。因此，维持良好的合作关系，对合同的履行乃至新的合作都是必不可少的。

总的来说，不论是"PRAM"谈判模式还是"APMAR"模式，作为工程商务谈判的成功模式应当满足工程商务谈判成功的评价标准。

2.5 建设工程商务谈判的双赢观

工程商务谈判从一定程度上来说是人与人之间的交流活动。谈判的结果不只是体现在签订合同价格的高低、利益分配的多少、风险和收益的关系上，还应考虑工程谈判是否促进了双方的友好合作关系。工程商务谈判者应该具有战略眼光，不应只计较一场工程谈判的得失，更应着眼于长远和未来。"生意不成交情在"应该是谈判桌上普遍适用的规则。

工程商务谈判是每一笔工程交易的必经路程。大多数情况下，目的一致（为了盈利）而方式各异的谈判双方最终都要通过工程商务谈判来达到交易。众所周知，工程商务谈判实际上是一个艰难的沟通和相互认可的过程，特别是一项 EPC 项目的商务谈判，其中交杂着大量的冲突和妥协。在各类商务谈判中，总有一方占上风。这种优势产生于供需关系的不平衡、谈判人员能力水平的差异。工程商务谈判的结果是否令人满意，取决于谈判者是否具备高超的商务谈判技巧、准确的判断力和英明的策略。

工程商务谈判方式不是孰是孰非的问题，而是为了达到最好的结果，如何使两者有机地结合起来的问题。通过初步的合作，双方可以建立起良好的相互信任的关系，创造出令双方受益的附加值。

具体实践中可以采取更好的做法。即在设定里程碑的同时，一方面按照国际上的通行惯例，从合同价格中提取一部分金额分配到各个里程碑中，作为违约赔偿金；另一方面，业主还准备了等额的奖金，同样分配到这些里程碑中。承包商一旦按时完成了某个里程碑，将会得到双倍的支付，反之若未能按时完成某个里程碑，则不仅得不到合同价格内的违约赔偿金，同时还将失去一笔数量不菲的奖金。通过各种方式，可以激发了承包商积极合作、保质保量完成工程的热情，使工程进度提前，创造极其可观的附加值，为业主提前运营、提前取得效益、提前偿还贷款利息都带来极大的好处。为此，业主也会额外向承包商增发一笔可观的奖金。

双赢是建设工程商务谈判的最高境界。双赢的宗旨体现在业主与承包商之间风险合理分担的精神，倡导合同各方以一种坦诚合作的精神去完成各自的工作，建立长期战略合作伙伴。因此，我们在建设工程商务谈判中应该以双赢为宗旨，以双赢作为我们追求的目标。

本章小结

本章主要对建设工程商务谈判的基本理论作了详细介绍，主要包括建设工程商务谈判的基本内容、特点、谈判流程以及建设工程商务谈判的模式。其中重点介绍了建设工程商务谈判从准备、开交易、报价、磋商到结束五个阶段的详细过程，进而清晰地叙述了建设工程商务谈判的基本模式，最后阐述了建设工程商务谈判的双赢观。

思 考 题

1. 工程贸易谈判的主要内容包括哪些?
2. 工程商务谈判的基本流程是什么?
3. 工程商务谈判中价格解释和价格评论的含义?
4. 工程商务谈判报价模式有哪些?
5. 工程商务谈判的基本模式是什么?

3 建设工程招标投标谈判

【本章学习重点】

建设工程招标投标是建设工程项目开始前十分重要的一个阶段，此阶段关系到业主、承包商等利益相关者的直接利益，也为后续工程能否顺利开展起到承上启下的作用，所以对建设工程招标投标谈判相关知识进行学习是十分必要的。因此，本章的重点是对建设工程招标投标谈判的知识的介绍及相关的投标文件的编制和投标策略与技巧的运用。

3.1 建设工程招标投标概述

3.1.1 招标投标的概念和特点

招标是指招标人根据货物购买、工程发包以及服务采购的需要，提出条件或要求，以某种方式向不特定或一定数量的投标人发出投标邀请，并依据规定的程序和标准选定中标人的行为。

投标是指投标人接到招标通知后，响应招标人的要求，依据招标公告和招标文件的要求编制投标文件，并将其送交给招标人，参加投标竞争的行为。

招标投标活动具有以下特点。

(1) 规范性。招标投标活动的规范主要指程序以及标准的规范。招标投标双方之间都有相应的具有效力的规则来限制；招标投标的每一个环节都有严格的规定，一般不能随意改变；在确定中标人的规定中，一般都按照目前各国通行的做法及国际惯例的标准进行评标。

(2) 投标人公开性。招标投标活动在整个过程中都是以一种公开的态度来进行的。从邀请潜在的投标人开始，招标人要在指定的报刊或其他媒体上发布招标公告；招标投标活动全过程被完全置于社会的公开监督之下，这样可以防止腐败行为的发生。

(3) 公平性。投标活动中，招标人一般处于主动地位，而投标人则处于响应的地位，所以公平性就显得尤为重要。招标人发布招标公告或投标邀请书后，任何有能力或有资格的投标人均可参加投标，招标人和评标委员会不得歧视某一个投标人，对所有的投标人应一视同仁。

(4) 竞争性。招标投标活动是最富有竞争的一种采购方式。招标人的目的是使采购活动能尽量节省开支，最大限度地满足采购目标，所以在采购过程中，招标人会以投标人的最优惠条件（如报价最低）来选定中标人。投标人为了中标，就必须竞相压低成本，提高标的物的质量。而且在遵循公平的原则下，投标人只能进行一次报价，并确定合理的投标方案，因此投标人在编写标书时必须考虑成熟和慎重。

基于以上特点可以看出，招标投标活动对于规范采购程序，使参与采购的投标人获得公平的待遇，提高采购过程的透明度和客观性，促进招标人获取最大限度地竞争，节约采购资金和使采购效益最大化以及杜绝腐败和滥用职权，都起到至关重要的作用。

3.1.2 招标投标的方式与程序

1. 招标投标的方式

招标投标制度在国际上有了数百年的实践，也产生了许多招标方式，这些方式决定着招标投标的竞争程度。总体来看，目前世界各国和有关国际组织通常采用的招标方式大体分为两类：一类是竞争性招标，另一类是非竞争性招标。

（1）竞争性招标

竞争性招标主要分为公开招标和邀请招标，这也是《中华人民共和国招标投标法》规定的两种招标方式。

1）公开招标

公开招标亦称为无限竞争性招标。采用这种招标方式时，招标人在国内外主要报纸、有关刊物、电视、广播等新闻媒体上发布招标公告，说明招标项目的名称、性质、规模等要求事项，公开邀请不特定的法人或其他组织来参加投标竞争。凡是对该项目感兴趣的，符合规定条件的承包商、供应商，不受地域、行业和数量的限制，均可申请投标，购买资格预审文件，合格后允许参加投标。公开招标方式被认为是最系统、最完整及规范性最好的招标方式。

公开招标的优点是：可为所有的承包商提供一个平等竞争的机会，广泛吸引投标人，招标投标程序的透明度高，容易赢得投标人的信赖，较大程度上避免了招标投标活动中的贿标行为；招标人可以在较广的范围内选择承包商或供应商，竞争激烈，择优率高，有利于降低工程造价，提高工程质量和缩短工期。

公开招标的缺点是：由于参与竞争的承包人数较多，准备招标、对投标申请者进行资格预审和评标的工作量大，招标时间长，费用高；同时，参与竞争的投标人越多，每个参加者中标的机会越小，风险越大；在投标过程中也可能出现一些不诚实、信誉又不好的承包商为了“抢标”，故意压低投标报价，以低价挤掉那些信誉好、技术先进而报价较高的承包商。因此采用此种招标方式时，业主要加强资格预审，认真评标。

2）邀请招标

邀请招标也称有限竞争性招标或选择性招标，是指招标人不公开发布公告，而是根据项目要求和所掌握的承包商的资料等信息，以投标邀请书的方式邀请特定的法人或者其他组织投标。

邀请招标的优点是：邀请的形式使投标人的数量减少，这样不仅可以使招标投标的时间大大缩短，节约招标费用，而且也提高了每个投标人的中标机会，降低了投标风险；由于招标人对于投标人已经有了一定的了解，清楚投标人具有较强的专业能力，因此便于招标人在某种专业要求下选择承包商。

邀请招标的缺点是：投标人的数量比较少，竞争就不够激烈。如果数量过少，也就失去了招标投标的意义，因为《中华人民共和国招标投标法》规定，招标人采用邀请招标方式的，应当向3个以上具备承担招标项目的能力、资信良好的特定的法人或者其他组织发出投标邀请书。而投标人数的上限，则根据具体招标项目的规模和技术要求而定，一般不超过10家。同时，由于没有公开发布招标公告，某些在技术上或报价上有竞争力的供应商、承包商就收不到招标信息，在一定程度上限制了这部分供应商参与竞争的机会，也可能使最后的中标结果标价过高。

由于邀请招标在竞争的公平性和价格方面仍有一些不足之处，因此《中华人民共和国招标投标法》规定，国家重点项目和省、自治区、直辖市的地方重点项目不宜进行公开招标的，经过批准后才可以进行邀请招标。但是如果拟招标项目只有少数几个承包商能承接，如果采用公开招标，会导致开标后仍是这几家投标或无人投标的结果，此时如改为邀请招标，就会影响招标的效率。因此对于工程规模不大、投标人的数目有限或专业性比较强的工程，邀请招标还是十分适宜的。

(2) 非竞争性招标

非竞争招标主要指议标，也称谈判招标或指定性招标。这种招标方式是指招标人只邀请少数几家承包商，分别就承包范围内的有关事宜进行协商，直到与某一承包商达成协议，将工程任务委托其去完成为止。

谈判性招标的灵活性较强，其谈判的时间、地点、要求、方法都比较灵活，投标方的主动权较大，在实际谈判过程中，投标方与招标方能够协商工程项目每个预算款项，从而保护双方的利益，实现互利共赢；其次，谈判招标的工作效率较高，其可合理简化核验投标单位资格的程序，并省略公布招标信息的相关环节。

(3) 其他招标方式

1）两阶段招标

两阶段招标也称两步法招标，是公开招标和邀请招标相结合的一种招标方式。它是在采购物品技术标准很难确定、公开招标方式无法采用的情况下，为了确定技术标准而设计的招标方式。采用这种方式时，先用公开招标，再用邀请招标，分两段进行。具体做法是先通过公开招标，进行资格预审和技术方案比较，经过开标、评标，淘汰不合格者，然后合格的承包商提交最终的技术建议书和带报价的投标文件，再从中选择合乎业主理想的投标人，并与之签订合同。

2）排他性、地区性和保留性招标

排他性、地区性和保留性招标术语限制招标的范畴。排他性招标是指在利用政府贷款采购物资或者工程项目时，一般都是规定必须在借款国和贷款国同时进行招标，且该工程只向贷款国和借款国的承包公司招标，第三国的承包者不得参加投标，有时甚至连借款国承包商和第三国承包商的合作投标也在排除之列。地区性招标是指由于项目资本金来源于某一地区的组织，例如阿拉伯基金、沙特发展基金、地区性开发银行贷款等，因此招标限制只有属于该组织成员国的公司才能参加投标。保留性投标是指招标人所在国为了保护本国投标人的利益，将原来适用于公开招标的工程仅允许由本国承包商投标，或保留某些部分给本国承包商的招标形式。这种方式适合于资金来源是多渠道的，如世界银行贷款加国内配套投资的项目招标。

3）联合招标

联合招标是现代增值采购中的一种新兴方式，是指有共同需求的多个招标人联合起来或共同委托一个招标代理人，对合计数量的单个或多个相同标的进行一次批量招标，从而获得更多市场利益的行为。联合招标的好处具体表现在以下几个方面：集中采购带来规模效益；有利于推动完全竞争市场的形成；提高采购效率，节省采购费用。

2. 招标投标的程序

招标投标程序都是类似的，一般都经过三个阶段：第一阶段为招标准备阶段，从成立招标机构开始到编制招标有关文件为止；第二阶段为招标投标阶段，从发布招标公告开始到投标截止为止；第三阶段为定标签约阶段，从开标开始到与中标人签订承包合同为止。整个过程是有步骤、有秩序进行的，无论业主还是招标商，都要进行大量的工作。其中招标是以业主为主体的活动，投标是以承包商为主体的活动，在投标活动中，两者是不可分开的，它们既有各自单独完成的工作，也有双方合作完成的工作。招标投标程序流程如图3-1所示。

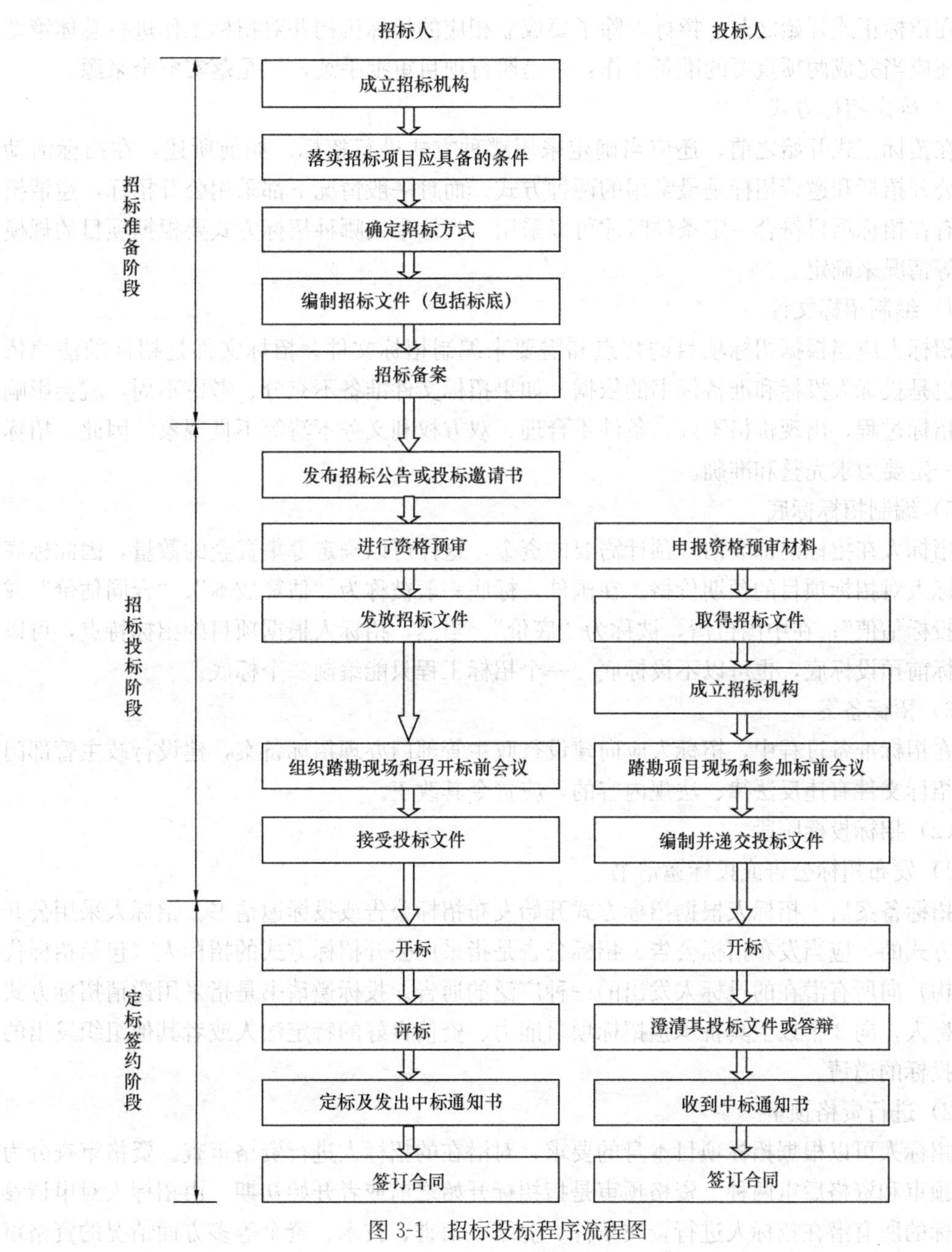

图 3-1 招标投标程序流程图

下面就从招标方的角度具体介绍一下招标投标过程中各阶段工作的主要内容。

(1) 招标准备阶段

1) 成立招标机构

业主在决定进行某项目的采购以后，为了使招标工作得以顺利进行，达到预期的目的，需要成立一个专门的机构，负责招标工作的整个过程。具体人员可根据采购项目的具体性质和要求而定。按照惯例，招标机构至少要由3名成员组成。招标机构的职责是审定招标项目；拟定招标方案和招标文件；组织投标、开标、评标和定标；组织签订合同。

2) 落实招标项目应当具备的条件

在招标正式开始之前，招标人除了要成立相应的招标机构并对招标工作进行总体策划外，还应当完成两项重要的准备工作：一是履行项目审批手续，二是落实资金来源。

3) 确定招标方式

在招标正式开始之前，还应当确定采用哪种方式进行招标。如前所述，在招标活动中，公开招标和邀请招标是最常用的两种方式。而且一般情况下都采用公开招标，邀请招标只有在招标项目符合一定条件时才可以采用。具体采用哪种招标方式要根据项目的规模要求等情况来确定。

4) 编制招标文件

招标人应当根据招标项目的特点和需要来编制招标文件。招标文件是招标的法律依据，也是投标人投标和准备标书的依据。如果招标文件准备不充分、考虑不周，就会影响整个招标过程，出现价格不好、条件不合理、双方权利义务不清等不良现象。因此，招标文件一定要力求完整和准确。

5) 编制招标标底

招标人在招标前都会估计预计需要的资金，这样可以确定筹集资金的数量，因此标底是招标人对招标项目的预期价格。在国外，标底一般被称为“估算成本”、“合同估价”或者“投标估值”；在中国台湾，被称为“底价”。当然，招标人根据项目的招标特点，可以在招标前预设标底，也可以不设标底。一个招标工程只能编制一个标底。

6) 招标备案

在招标准备过程中，招标人应向建设行政主管部门办理招标备案，建设行政主管部门发现招标文件有违反法律、法规内容的，应责令其改正。

(2) 招标投标阶段

1) 发布招标公告或投标邀请书

招标备案后，招标人根据招标方式开始发布招标公告或投标邀请书。招标人采用公开招标方式的，应当发布招标公告。招标公告是指采用公开招标方式的招标人（包括招标代理机构）向所有潜在的投标人发出的一种广泛的通告。投标邀请书是指采用邀请招标方式的招标人，向3个以上具备承担招标项目能力、资信良好的特定法人或者其他组织发出的参加投标的邀请。

2) 进行资格预审

招标人可以根据招标项目本身的要求，对潜在的招标人进行资格审查。资格审查分为资格预审和资格后审两种。资格预审是指招标开始之前或者开始初期，由招标人对申请参加投标的所有潜在招标人进行资质条件、业绩、信誉、技术、资金等多方面情况的资格审查。只有在资格预审中被认定为合格的潜在投标人，才可以参加投标。如果国家对投标人的资格条件有规定的，依照其规定。资格后审是在投标后（一般是在开标后）进行的资格审查。评标员会在正式评标前先对投标人进行资格审查，再对资格审查合格的投标人进行评标，对不合格的投标人，不进行评标。两种审查的内容基本相同，通常公开招标采用资格预审，邀请招标则采用资格后审。资格预审委员会结束评审后，即向所有申请投标并报送价格预审资料的承包商发出合格或者不合格的通知。

3）发放招标文件

经过资格预审之后，招标人可以按照合格投标人名单发放招标文件。采用邀请招标方式的，直接按照投标邀请书发放招标文件。招标文件是全面反映业主建设意图的技术经济文件，又是投标人编制标书的主要依据，因此招标文件的内容必须正确，原则上不能修改或者补充。如果必须修改或者补充的，需报相关主管部门备案。同时招标文件要澄清、修改或补充的内容应以书面形式通知所有招标文件收受人，并且作为招标文件的组成部分。招标人发放招标文件可以收取工本费，对其中的设计文件可以收取押金，这也是投标人应当负担的投标费用。在宣布中标人后，招标人对设计文件可以进行回收，可为投标人退还押金，但投标人购买招标文件的费用不论中标与否都不予退还。

4）组织踏勘现场

组织踏勘现场是指招标人组织投标人对项目实施现场的经济、地理、地址、气候等客观条件和环境进行的现场调查。其目的在于让投标人了解工程现场场地情况和周围环境情况，收集有关信息，使投标人能够结合现场条件编制施工组织设计或施工方案以及提出合理的报价。同时也是要求投标人通过自己的实地考察确定投标的原则和策略，避免合同履行过程中出现以不了解现场情况为由推卸应承担的合同责任的情况。但踏勘项目现场并不一定是必需的，是否进行要根据招标项目的具体情况。

按照惯例，对于大型采购项目尤其是大型工程的招标，招标人通常在投标人购买招标文件后安排一次投标人会议，即标前会议，也称为投标预备会。标前会议的目的在于招标人解答投标人提出的招标文件和踏勘现场中的疑问或问题，包括会议前由投标人书面提出的和在答疑会上口头提出的质疑。标前会议后，招标人应当整理会议记录和解答内容，并以书面形式将所有问题及解答向所有获得招标文件的投标人发放。这些文件常被视为招标文件的补充，成为招标文件的组成部分。

5）接受投标文件

投标人应当按照招标文件的要求编制投标文件。投标文件应当对招标文件提出的实质性要求和条件作出响应。投标人必须在投标截止时间之前，将投标文件及投标保证金或保函送达指定的地点，并按规定进行密封和做好标志。投标担保的方式和金额，由招标人在招标文件中作出规定。在招标文件要求提交投标文件的截止时间后送达的投标文件，招标人应当拒收。投标人在要求提交投标文件的截止时间前，可以补充、修改或者撤回已经提交的投标文件，并书面通知招标人。补充、修改的内容为投标文件的组成部分。

（3）定标签约阶段

1）开标

开标就是招标人按照招标公告或投标邀请书规定的时间、地点将投标人的投标书当众拆开，宣布投标人名称、投标报价和投标文件的其他主要内容等的过程。这是定标签约阶段的第一个环节。

2）评标

投标文件一经拆开，即转送评标委员会进行评价，以选择最有利的投标，这一步骤就是评标。评标是审查确定中标人的必经程序，是一关键性的而又十分细致的工作，它直接关系到招标人是否能得到最有利的投标，是保证招标成功的重要环节。

在资格预审后，评标工作主要对投标书进行以下几个方面的评审：投标文件的符合性鉴定、技术性和商务标评审，以及综合评审。

3）定标及发出中标通知书

定标又称决标，即在评标完成后确定中标人，是业主对满意的合同要约人作出承诺的法律行为。招标人可以根据评标委员会提出的书面评标报告和推荐的中标候选人确定中标人，也可以授权委托评标委员会直接确定中标人。中标人确定后，招标人就可以以电话、电报、电传等快捷的方式通知中标人，发出中标通知书。中标通知书对招标人和中标人都具有法律约束力。中标通知书发出后，招标人改变中标结果的，或者中标人放弃中标项目的，应当依法承担法律责任。招标人对未中标的投标人也应当及时发出评标结果。

4）签订合同

中标人接到中标通知书以后，按照国际惯例，应当立即向招标人提交履约担保，用履约担保换回投标保证金，并在规定的时间内与招标人签订承包合同。如果中标人拒绝在规定的时间内提交履约担保和签订合同，招标人报请招标管理机构批准后取消其中标资格，并按规定没收其投标保证金，并考虑与另一参加投标的投标人签订合同。同时招标人若拒绝与中标人签订合同的，除双倍返还投标保证金以外，还需赔偿有关损失。招标人应及时通知其他未被接受的投标人按要求退回招标文件、图纸和有关技术资料；收取投标保证金的，招标人应当将投标保证金退还给未中标人，但因违反规定被没收的投标保证金不予退回。

至此，招标投标工作全部结束，中标人便可着手准备工程的开工建设。招标人应将开标、评标过程中的有关纪要、资料、评标报告、中标人的投标文件副本报招标管理机构备案。

3.1.3 资格预审的概念和作用

1. 资格预审的概念

资格预审时招标人在发出投标邀请书或者发售招标文件前，按照事先确定的资格条件标准对申请参加投标的投标候选人进行审查，选择合格投标人的活动。

2. 资格预审的目的和作用

(1) 资格预审的目的

为了创建一份具有适当的经验、资源、能力和愿意承建该工程的候选承包人名单。从工程业主/招标代理来说：可以筛选出少数确有实力和经验的承包商参加投标；对潜在的中标者心中有数；简化评标工作。对于承包商来说：可以减少一批投标竞争对手；免去花费一大笔投标费用，去参加徒劳无获的投标竞争。

(2) 资格预审的作用

1）能够确保招标投标活动的竞争效率；

2）可以有效降低招标投标的社会成本；

3）提高招标投标工作效率。

3.1.4　资格预审文件的内容和评审

1. 资格预审文件的内容

一般地说，资格预审文件应当明确合格申请人的条件、资格预审的评审标准和评审方法、合格申请人过多时将采用的选择方法和拟邀请参加投标的合格申请人数量等内容。

（1）招标公告。

（2）投标申请人资格预审须知。包括项目概况、招标范围、资金来源及落实情况、资格预审合格条件、资格预审申请文件的编制要求和提交方式、资格预审结果的通知方式等。

（3）资格要求。包括对投标人的企业资质、业绩、技术装备、财务状况、现场管理和拟派出的项目经理与主要技术人员的简历、业绩等资料和证明材料等方面的要求。

（4）投标申请人资格预审申请书。

（5）资格审查的评审标准和方法。

资格预审文件发出前，必须经招标主管部门备案，经备案后发出的资格预审文件不得随意修改，确需修改的必须提出书面修改意见及修改理由，重新到原备案机关进行备案。若资格预审文件已发出，招标人须在资格预审申请截止之前至少3个工作日以书面形式将修改后的资格预审文件发放给所有投标申请人。

2. 资格预审文件的评审

建设部《关于加强房屋建筑和市政基础设施工程项目施工招标投标行政监督工作的若干意见》（建市［2005］208号）文件明确规定：实行资格预审的，提倡招标人邀请所有资格预审合格的潜在投标人（以下简称合格申请人）参加投标。

依法必须公开招标的工程项目的施工招标实行资格预审，并且采用经评审的最低投标价法评标的，招标人必须邀请所有合格申请人参加投标，不得对投标人的数量进行限制。

依法必须公开招标的工程项目的施工招标实行资格预审，并且采用综合评估法评标的，当合格申请人数量过多时，一般采用随机抽签的方法，特殊情况也可以采用评分排名的方法选择规定数量的合格申请人参加投标。其中，工程投资额1000万元以上的工程项目，邀请的合格申请人应当不少于9个；工程投资额1000万元以下的工程项目，邀请的合格申请人应当不少于7个。

在实际工作中，常见的做法是：

（1）合格的投标申请人少于3个时，延长一个公告期，重新接受投标报名；经重新组织投标报名后，合格的投标申请人仍少于3个时，经招标主管部门核实后，在报名的投标人资质合格的条件下，招标人可直接进行投标文件的评审；

（2）合格的投标申请人为3～7个（含7个）时，申请人全部参与投标；

（3）合格的投标申请人为7个以上时，招标人可以选择以下方式之一确定投标申请人：

1）记分排序确定资格预审合格申请人。依据招标公告要求和资格预审文件约定的审查办法，对所有报名的投标申请人以优胜劣汰原则，由高分到低分确定7家以上资格预审合格的投标人；

2）部分随机摇号确定资格预审合格名单。在全部的合格投标申请人中，由招标人确定 1/3 的投标申请人，随机摇号确定 2/3 的投标申请人；

3）全部随机摇号确定资格预审合格名单。对全部的合格投标申请人进行摇号，随机摇出不少于 7 家的投标申请人；

4）按施工资质从高到低选择。当同等资质投标申请人较多时，资格初审合格的同等资质投标申请人以随机摇号确定。

随机摇号方式虽然公开，但不科学。记分排序方式避免了随机性，达到了招标人择优选择投标人的目的，但应避免大部分项目集中由十几家实力强劲的单位投标，而挫伤新兴建筑企业积极性的现象。

3.2 建设工程招标投标阶段谈判

3.2.1 招标方的谈判目的

在招标活动中投标人处于弱势地位，因此，在签订合同前的谈判对承包人来说是十分关键的。但在有些情况下，业主并不安排谈判，仅按投标须知规定，在发出中标通知后的规定期限内，投标人必须与业主签订合同，否则视为放弃中标，投标保证金将被没收。

业主参加谈判的目的：

（1）了解投标者报价的构成，进一步审核和压低报价。

（2）进一步了解和审查投标者的施工规划和各项技术措施是否合理，以及负责实施的项目班子力量是否足够雄厚，能否保证工程的质量和进度。

（3）听取参加谈判的投标者的建议和要求，可以根据其建议，对设计方案、图纸、技术规范进行某些修改，估计可能对工程报价和工程质量产生的影响。

3.2.2 投标方的谈判目的

投标者参加谈判的目的：

（1）争取中标。在中标前，投标人参加谈判能够宣传自己的优势，包括技术方案的先进性，报价的合理性，所提建议方案的特点，许诺优惠条件等。

（2）争取合理的价格。既要准备应付业主的压价，又要准备当业主拟增加项目、修改设计或提高标准时，适当增加报价也是中标前投标人需要着重考虑的。

（3）争取改善合同条款。包括争取修改过于苛刻的和不合理的条款，澄清模糊的条款和增加有利于保护承包商利益的条款。

3.2.3 资格预审前多方会谈与谈判

建设工程项目招标前，业主都会设立评审委员会对投标者进行资格预审，以便选择优秀的投标人。评审委员会一般都要求邀请参加或报名参加投标的承包商按项目招标投标资格预审的要求，以书面编制的资格预审文件，并辅以必要的口头澄清和答疑。从而确定入选的投标者或投标者的短名单。如果承包商不能入选或没有通过资格预审，则承包商就完全失去了投标和获取项目的机会。一般情况下，在业主收到承包商资格预审文件之后，有疑点需要承包商澄清和答疑时，承包商则有机会与业主就项目的有关问题进行商谈。因此，在这一过程中，承包商除了要按业主项目招标投标资格预审的要求，填报好资格预审文件，保证资审文件的完备性、正确性和有效性之外，还要利用各种场合，创造机会主动和业主及其代表、咨询公司或评审委员等进行直接的、非直接的多方位的接触和会谈，赢得他们的信任和好感。许多大型的工程承包商形象地描述这个阶段的谈判任务是："销售"自己，"推销"自己。这是现代管理理论与实践在工程承包领域的实际应用。目前，在我国以中建为代表的大型工程承包企业就是按照这样的思路，在企业内部设立"工程营销中心"，从而实现工程产品的销售与服务。

对一些规模大、较复杂的工程项目而言，业主往往会在资格预审阶段，在接到承包商报送的资格预审文件之后，要求承包商当面陈述工程的施工组织安排和施工方案，以便使一些真正有技术能力的承包商能够参与投标，从某种意义上讲这就是"技术投标"，也是技术谈判，这就为承包商"销售"自己提供了千载难逢的机会。国际上知名的承包商都十分重视这种"销售"自己的技术谈判，而这种谈判正是需要把专业知识和创造性思维运用到谈判活动中去。他们往往由公司主要领导人或负责人亲自出马，或派出熟谙该类型项目，知名的技术专家、权威人士去"销售"自己的技术与施工方案，有的甚至提出技术建议。通过与业主的交流、会谈、答辩或出席技术谈判，从而赢得业主的好感，以期在入选投标资格或进入短名单上取得优先权和特权，这方面成功的经验和案例比比皆是。

3.2.4　对招标文件的分析与谈判

在建设工程项目招标与投标阶段，业主对所有入选的投标者都要按照招标文件的要求和规定的日期，组织和安排投标者对所投标的项目进行现场考察，并结合现场考察召开标前会议或投标人会议。有的还在招标文件中规定投标人需在召开会议 7 日内以书面或传真形式向业主提交质疑文件，并规定投标人可在现场考察中，或在业主召开的标前会议或投标人会议上作出补充质询。业主对投标人提出的质疑，都将用会议记录、会议纪要形式答复，递交每个入选的投标者，并作为招标文件的一部分或对招标文件遗漏问题的补充及存在的不完善之处的修改。因此，建设工程项目的招标与投标阶段的项目现场考察与标前会议是承包商作为投标人的关键性工作。

工程项目招标与投标阶段的项目现场考察实际上是一个调查的过程，是对招标文件的一次考证，为承包商分析质询，澄清问题提供了一次信息收集的机会，也是承包人参加标签会议或标前谈判活动的一个重要环节，无论是投标者，还是谈判者都应当重视这个机会，事前一定要做好充分的准备。通过现场踏查，认真做好记录，分析整理资料，为参加业主召开的标前会议做好准备，与此同时，进一步阅读、消化、分析招标文件，力争有针对性地提出质疑，澄清事实结合招标文件对投标项目的技术要求与商务条件进行认真地研究与分析。

项目的技术要求包括项目的性质与规模、执行的规范和标准、地质水文资料、设计文件（包括图纸）、标书要求的施工方法等。研究的内容及研究的目的和意义见表 3-1，研究的对象是招标文件的技术规范和图纸等。

研究项目技术要求　　　　**表 3-1**

科目	研究内容	研究的目的和意义
标准和规范	使用何种标准和规范	了解这一科目的意义在于公司以前是否做过相同标准的类似项目，从而决定报价时所考虑的成本和费用
地质水文资料	是否有地质水文资料，是哪家咨询公司提供的，是否正确	决定报价时的投标策略及不可预见费

续表

科目	研究内容	研究的目的和意义
设计文件	是否有设计文件，深度如何，是谁做的设计文件	决定投标时对设计工作的安排
标书要求的施工方案	是否是合理的、最佳的施工方案	有无更好的施工方案，从而能缩短工期或降低造价
实验室	项目对检验或试验的规定	承包商是否要自备实验室，当地实验室情况（设备状况、收费标准等）

项目的商务条件包括项目的资金来源、支付方式、各类保函格式和保额、工程保留金、违约罚款、税收规定、保险要求、人员入境限定等。项目商务条件见表 3-2。研究的对象是招标文件的投标须知和商务条款等，必要时要实地考察研究。研究项目的商务条件，主要是研究资金来源是否可靠、是否支付外汇等。

项目商务条件　　表 3-2

科目	研究内容	研究的目的和意义
合同形式	纯施工的单价合同，或设计加施工的总价合同	单价合同和总价合同的风险
资金来源	国际金融组织（世行、亚行、非行）贷款，国际组织（联合国、欧盟、日本协力基金）贷款或赠款，当地政府的预算，外国公司、当地公司、私人的投资等	确定资金来源是否可靠，支付是否有保证
支付方式	支付币种（外汇、当地币）、支付时间（及时、延期）及支付方式（现金、实物）	研究现金流，研究项目是否需要贷款，贷多少
保函	可以是保证金、银行保函、保险公司的担保等。如果是银行保函，投标保函的保额为一个固定的数额或标价的 2%左右，履约保函为合同额的 10%～15%。是否允许保函由投标人所在国银行直开，还是必须由项目所在国银行转开	研究保函的保额是否在合理范围之内，是否符合国际惯例。无论在何种情况下，保函的保额都必须封顶。如保函不能直开，必须由当地银行转开时，要弄清楚转开费用
工程保留金	设置工程保留金是业主为了确保承包商能提供合格工程的保证，也是为了保证项目的缺陷能够及时地维修。通常在每笔中期支付时扣除 5%或执行其他规定，在工程结束时，有时可以用保留金保函代替扣留的现金	工程保留金是国际项目的惯例，但保留金必须有上限。在项目竣工后、维修期间，保留金能否由银行出具的保留金保函替换，也是立项时要考虑的一个重要的因素
违约罚款	违约罚款主要是指工期延误罚款	研究每延误一日罚款额以及罚款额的上限，通常上限在 10%。如违约罚款是不封顶的，将非常危险
保险	工程险、材料险、第三方责任险、机械车辆险、人身意外伤害险等	了解当地保险公司的费率、手续及赔付情况，了解业主是否可以接受外国保险公司的保单，再保险的规定

续表

科目	研究内容	研究的目的和意义
工作许可	对外籍员工有无限制。如有，限制条件是什么，如只允许有专业技能的外国员工获得工作许可，或要求外国员工和当地员工的比例	由于劳动力成本是中国公司的竞争优势之一，项目所在国对人员入境的限制程度是十分重要的因素
砂石来源	当地砂石料源的情况，是否允许承包商自采砂石料	根据对砂石料的需求，决定是否自采，合作开采或购买

综上，归结起来作为投标人的承包商在此阶段，对招标文件的分析及与业主的商务会谈（谈判）的主要形式与内容见表 3-3。

对招标文件的分析及与业主的商务会谈（谈判）的主要形式与内容一览表　　表 3-3

分析的内容	谈判的形式	谈判的目的	谈判的成果
1. 招标条件（资金来源、业主情况表）等 2. 合同与商务条件（必须条款、苛刻条款）等 3. 工程与技术条件（工程范围、业主资料）等 4. 自身条件（资金、优劣势、迫切性）等 5. 竞争对手（对手现状、可能与策略）等 6. 风险（地区、工程、自然、联营与分包）等	与业主进行函件沟通	澄清招标文件	业主回函书面答复
	利用业主召开的招标前会议，采取会谈与谈判形式，进行选择性提问		业主当面答复或形成会议记录

3.2.5 投标文件编制过程中谈判

在建设工程项目投标文件编制的过程中，谈判的主要形式与内容见表 3-4。

投标文件编制过程中谈判的主要形式与内容一览表　　表 3-4

谈判的内容	谈判的对象与形式	谈判的目的	谈判的成果
市场询价	建材、设备供应厂商，采用书面询价单或会谈	货比三家	编制价格清单
代理条件洽谈	项目所在国代理人会谈或谈判	签订本项目代理协议	代理协议
合同条件洽谈	项目所在国承包商拟联合合作的企业	签订本项目的联营协议	联营协议
合同条件洽谈	项目所在国分包商	签订本项目的联营协议	分包合同
保函、保险条件洽谈	银行保险公司	选定银行、保险公司	办理保函签订保单
竞争者洽谈	竞争对手；面谈	交换信息	
其他会谈	海关、税务等；面谈	确认费用	

1. 市场询价谈判

在编制投标文件期间的市场询价谈判是指在此阶段作为投标人的工程承包商，通过约见或致函建材、设备供应商，进行产品、设备的价格询问或达成一致意向的活动。往往这是一项比较繁重的谈判任务。谈判的形式主要是约见谈判或以信函、传真方式进行确认。由于设备和材料的总价往往要占项目合同总价的 60%～70%，而设备、材料的性能优劣又是保证工程项目进度与质量的关键，因此不仅要根据施工图、项目施工方案和技术规范的要求选定适宜的设备和材料，而且要十分重视主要设备和材料的价格，只有货比三家，才能达到价廉质优，降低成本的目的。所以，询价谈判不只是商谈价格、付款条件和交货方式等，而且要通过商谈弄清楚设备、材料的技术规格、性能以及设备所需的配套条件，同时要争取到较好的技术培训、售后服务和零配件供应等条件。如果只是重视供货，不重视选型，只安排物资人员从价格上货比三家去谈判，往往会带来严重的后果。对设备来说，选型不当、质量不合格、设备不配套或零配件供应不及时，都会严重影响项目的进度、质量和成本。在建设工程承包项目的实践中，由于材料质量不合格业主或工程师不验收、不接受，因而引起的工程返工、延误工期的实例屡见不鲜。

另外，在进行询价谈判时，承包商的市场地位发生了根本性地变化，已不是卖方，而是买方，建材、设备供应商则是卖方。因此，承包商要运用自己手中的采购权，为获取和增加工程项目的经济效益，在市场询价谈判中可以适当采用进攻型谈判方式，使用些压力迫使卖方降低，特别是在几个供货商进行竞争时，这种方式往往是有效的。但是也要注意防止滥用权力，绝不要强迫卖方让利多，甚至让利至极限或超过极限，这样会导致物极必反，迫使供货商在供货的质量和时间上采用暗中反攻的手法，使承包商在项目实施过程中遭受一定损失。此外，更需要防止中了供应商的“糖衣炮弹”，导致供应商或生产厂家以次充好，质量难达标造成项目的惨重损失。这方面的教训也是深刻的。

在编制投标文件期间，作为投标人的承包商与建材、设备供应厂商通过市场询价谈判，一般会达成产品或设备的购买意向，为投标人编制投标文件提供了支撑，为投标人在取得项目中标通知书后，与建材、设备供应厂商签署采购合同奠定了基础。所以，许多建材、设备供应厂商会在此阶段积极配合承包商的投标工作，提供产品、设备的技术资料与信息。因此，有经验的承包商会邀请建材、设备供应商参加一些必要的投标会谈与活动。至于购货合同或订货合同，已经比较成熟，一般都有通用的模式可供参考。通常包括货物产地、技术规格和标准、质量保证、检验证书、包装方式、装运标志、装运条款、价格、支付方式、技术文件、交货日期、延期交货赔偿、不可抗力、税费、违约、索赔等条款。

2. 代理条件谈判

在编制投标书期间，为了充分发挥和利用当地代理人的作用，要经常和代理人商谈，鼓励和敦促其随时和业主的沟通联系，提供编制投标书所需的一切咨询服务，包括法律、税收、银行、保险、海关、当地物资、劳力、市场行情、竞争对手、分包商等信息和资料。

为了稳妥地获取投标的机会或中标，还要求代理人开展多方位的活动，力争项目中标。在和代理人的商谈中，可以适当增加代理条件，坚持按劳付酬，论功行赏的原则，如果项目中标并和业主签约后，按协议分期支付代理费，如果项目没有中标，也需要支付给代理人一定的报酬。

3. 合作伙伴谈判

在编制投标书期间与合作伙伴的谈判，是在市场开发与项目承揽阶段双方达成的共同合作资审、共同投标的基础上更进一步的商谈。商谈的主要内容有：如何组织共同投标；项目施工组织安排、采用的技术方案和施工方法；各方拟投入的资源，包括资金、设备、材料和人员等；编制投标文件的依据、程序、方法和策略以及各种原始资料，包括工效定额、各项费用和费率等。

一般情况下，对大型项目来说，根据工程联营的经验，如果双方都是同行业的企业，则以投资入股方式组成联营体，由联营各方分别编制投标文件，然后用综合分析、比较的方法进行对比评审，形成最终文本。这种方法，比组成联合投标小组共同编标的方法要好。如果双方是来自不同行业组成的联营体，可以各自派出专家或技术、经济人员共同研究、编制投标文件，也可以各方分开编标，然后再综合在一起。但是，一般大型项目的合作伙伴，都来自不同国家和地区，制度各异，方法不同，组成联合投标小组后，在初始阶段，合作精神是很弱的。即使强调合作气氛，各方的意见和想法还是有一定的分歧和冲突的，而各方往往都坚信自己的工作方法和工作制度是最好的，因此可能在每个单项的计算方法和结果上都会相差悬殊，因而争论不休。例如：机械设备的使用费构成，人工等方面的费率规定和设备台班定额都不相同，在运杂费的摊销方法上也不一样，间接费的比例与构成上差异更大。要避免不必要的争论和冲突，就需要耗费很多精力去了解对方的计算方法和依据，并进行相互关系的协调。如果在一些问题上双方成员都各抒己见，喋喋不休地争论，就可能导致合作气氛的长期破坏，产生灾难性的不协调和不合作。因此，通常联营体投标的商谈，应主要集中在技术方案、施工方法、资源分配、投标策略等方面，提倡运用创造性思维提出高质量的建议，达成一致认识后，各方分开编标，完成后再通过双方的专家专题会议讨论、评审进行综合比较，先按工程量表比较每项单价，再比较分类大项的汇总价和合同总价。对双方出入较大的单价、汇总价再由各方对费用构成作出解释和分析，并选取双方确认的合理价。由于联营谈判是为了共同利益而结成伙伴关系之间的商谈，所以，双方的谈判应该是建设型谈判方式，自始至终开诚布公、相互信任、亲密合作。至于联营体协议，在市场开发与项目承揽阶段已达成过原则性的协议，则本阶段没有必要进行商谈，需在项目中标后进行商洽。

4. 分包商谈判

如前所述，在市场开发和项目承揽阶段，承包商已经和分包商进行了商谈，并就分包工程的范围、方式和要求达成过一致意向。在编制投标书阶段，承包商作为投标人就是在达成一致意向的前提下，与分包商就投标工程的具体情况，进行实质性谈判，从而为中标后的分包合同谈判奠定基础。谈判的主要问题是：

(1) 分包价格

承包商与分包商应就投标项目的分包范围、分包方式进行商谈，分包商做出报价。如果是劳务分包，双方则进一步就工资标准和工资其他各项费用、津贴等进行具体商谈，并落实分包所需的职别、工种和总人数等。如果是工程分包，在商谈中要注意确认分包商用以报价的前提，即分包商的施工方案、施工方法、设备和人员配备、质量保证体系和措施等。如果技术方案不可靠，设备、人员配备不足，报价再低也不可取。这样的分包商无疑没有必要进行详细报价。分包商在报价时必须按照招标文件中工程量表所列要求报出单价和总价，必要时要附有单价分析。然后，综合评估分包商的报价和其他条件，最终选定分包商，签订正式的分包合同或协议。

(2) 分包商风险的防范

承包商在选择分包商时必须考虑在项目实施过程中分包商可能违约或破产，导致整个工程进展受到影响的风险。如果一个项目有多个分包商分担工程，则容易引起互相攀比、干扰和连锁反应，在进度和工序的安排和配合上讨价还价。因此，在商谈中要特别注意分包商的资信度和经济实力，近年来的工作业绩和经验，防止选定没有实力、缺乏经验的分包商。即使是有经验、有实力的分包商，也要在分包合同或协议中规定分包商违约的处罚和赔偿条款。其中，商谈的主要条款是：

1）规定承包商有权通知和督促分包商加快工程进度。

2）规定分包工程延期违约损失赔偿金。

3）规定如承包商发现因分包商开工不足或管理人员无法弥补其拖延的工期时，承包商有权雇佣其他分包商或工人施工，而由原分包商支付发生的费用，甚至还可没收分包商的履约保函而终止分包合同或协议。

当然，在有多个分包商存在的情况下，还要规定各分包商都必须服从承包商的合理协调和组织管理等。

（3）转移部分风险

承包商将工程项目中有风险的部分工程，通过分包方式发包给分包商，这是建设工程承包商通用的转移风险的方式。在分包合同或协议中，一般都要求分包商接受承包商与业主签订的工程项目的承包合同（也称主合同）中业主对承包商的所有制约条款，使分包商分担一部分风险。有的承包商则把业主和承包商签订的项目主合同中的有关履约担保、保留金、误期损害赔偿费等全部或至少按分包比例的金额，或较大的比例分摊加给分包商。有的承包商则在业主对承包商规定有预付款的情况下，却对分包商规定无预付款。有的还直接把技术含量大、施工工艺复杂、风险大的部分工程分包给分包商，再将业主规定的投标保函、履约担保、保留金、误期损害赔偿费全部打入分包合同或协议中。然后，在谈判中再适当让步，将风险尽量转给分包商。

（4）对分包商的管理措施

承包商对分包商的管理措施主要有两类，一是采用鼓励的措施，鼓励分包商更好地履行合同义务；二是采取限制措施，部分限制分包商的权利，例如：拟定分包商提前竣工的奖励条款以及限制分包商索赔权利，在承包商拿到业主相应的工程款后才支付给分包商等条款。这些都需要通过谈判商定后在分包合同或协议中明确，并由双方签字确认。根据以往建设工程谈判经验，和询价谈判一样，由于承包商已处于买方地位，分包商是卖方，承包商可以利用手中的权利适当采用进攻型谈判方式，施加一些压力，迫使分包商降价，接受条件和签约。一般的做法是先狠狠压价，并提出苛刻条件，再板起面孔采用拖延策略和策略性休会等施加压力，迫使对方让步。然后通过几轮谈判，在双方让步已基本可接受的情况下，从双方现存的差异中，谋求折中方案。但是，在与分包商商洽时，采用进攻型谈判需适当，只是利用强有力的地位去谋取较大的利益，绝不能滥用权力，强迫对方弃利而就范，作出根本不公平合理的让步。这样做的后果可能有两条，一是分包商无利可图，放弃分包；另一是分包商先接受“压迫”，以后在项目实施过程中打“反击”，采用种种手段找回补偿，使承包商陷于困扰，蒙受难以预料的损失。因此，承包商即使在有利的情况下，也宜尽量采用建设型谈判方式，讲清利害关系，创造良好的合作气氛，既可达到预期的目的，又有利于今后互惠互利，搞好工程建设与施工。

5. 银行和保险公司商谈

建设工程在项目投标和项目实施过程中经常要和银行和保险公司进行业务交往。按照招标文件规定，银行和保险公司通常均需业主的确认和批准。而银行和保险公司的信誉及其各种费率、利息或保险金额的规定常有差异，需要通过承包商的商谈获得较优惠的条件，以便在编制投标书时合理地计算各种费用，减少风险系数。这往往可以通过谈判或以会议纪要、备忘录形式双方签署确认，项目中标后再签订正式协议。

通常需要和银行商谈的问题有：

（1）保函的手续费

一般都按业主要求的保证金额的比例提取手续费。例如：投标保函为1‰～3‰，履约担保为2‰～5‰，由于各个银行提取手续费费率有差异，而且由于履约担保的保证金额较大，各个银行开具保函的条件也不同，往往要求承包商有相应的抵押金，按保证金额的比例50％～100％存入银行后才出具保函。承包商需要通过商谈，争取减少手续费，压低抵押金比例。

（2）贷款和贷款利息

承包商往往由于资金不足或资金周转不灵要用银行贷款组织施工，或是由于业主资金紧张，有时也要求承包商先行垫付资金，这就需要在报价时考虑贷款的可能性，并记入部分贷款利息。需要承包商通过商谈落实贷款的可能性，争取较优惠的贷款条件，据以计算报价。

（3）银行透支的可能性

承包商在项目实施过程中往往会发生由于业主没有及时支付工程款，或承包商的银行存款不足，需要临时支付一些急需款项，而又因金额不大或时间不长，没有办理银行贷款手续，只要银行允许透支一定数量的金额，资金便可得到周转或缓解。由于不同国家、不同银行、不同项目、不同信誉的承包商，银行透支的可能性和允许透支的额度是不同的，这就需要通过谈判建立和提高银行和承包商之间的信任度和增加银行透支的可能性，同时可以在编标时适当减少风险度系数。

（4）及时提供国际外汇市场行情和动态信息

通过商谈，请求银行能够同意定期和及时地向承包商提供国际外汇市场行情和动态信息，这样承包商可避免和减轻因汇率风险而产生的外汇收支过程中的汇兑损失，或利用汇率的变化在金融市场上增加收益。这样，在报价时可以较少地考虑汇率风险。

需要和保险公司会谈的主要问题有：

（1）保险项目和保险费

根据招标文件合同条款的规定，需要投保的保险项目一般有工程一切险（或称工程和承包商装备的保险）、第三方保险、人身意外险、事故致伤医疗保险、施工机械保险，还有其他根据项目实际情况需要投保的保险项目，如货物运输险、汽车保险以及战争保险等。由于保险费率往往与项目的性质、风险程度的大小和项目所在地的地理条件、自然条件、工期的长短、免赔额的高低、工程所在国的劳动法和社会安全法以及货物运输的方式、货物的性质、运距等不同因素有关。因此，需要承包商向保险公司说明本项目的具体情况，并根据合同文件和法律规定的最低限额与保险公司商谈分别确定合理的保险费率，以及保险公司承担赔偿责任的保单明细表。谈判的好坏反映在承包商能否以较小的保险费换取在受损失的时候，能够得到较大补偿费的保障。这样，在报价时就可列入较小的保险费和风险系数。

(2) 根据需要参加汇率保险

如果招标文件合同条款中没有防止外汇风险的保值条款，而承包商对国际金融市场的汇率浮动趋势又缺乏预见的能力时，承包商往往需要参加汇率保险，以免在项目实施过程中因汇率变化急剧而导致项目巨额亏损。在报价时就要将汇率保险计入工程成本。

6. 竞争者商谈

在招标和投标阶段，通过调查已经购买招标投标文件的信息，就可以进而获悉竞争者。当然，在研究分析招标文件和投标书后，有的竞争者放弃投标的可能性也是存在的。根据工程项目投标的经验，本阶段承包商与承包商之间即竞争者之间的接触和商谈也是比以前频繁，不仅是相互摸底，而且是交换信息。因此，在与竞争者商谈中，必须讲究谈判策略，注意保密，争取主动，防止中计或上当。

7. 其他会谈

其他方面的会谈，主要包括海关、税务等部门的商谈。由于各个国家的海关法规、清关手续和税收法以及涉及工程承包业务的其他税务条例都不同，特别是有关所得税、营业税、合同税、关税、转口税、印花税等的规定有着较大的差别，有的国家对外国承包商还常常索要税法以外的费用或实行种种摊派。这些都将影响投标报价的准确性。因此，必要时承包商要在充分调研的基础上，提出问题和海关、税务等有关部门进行商谈并确认，有的还可以通过有力的商谈获得一些可能的免税证书。

3.3 建筑招标投标市场竞争性谈判

3.3.1 建筑招标投标市场竞争性谈判的优势

建筑行业招标投标的主要有公开竞标、邀请招标、谈判招标等方式，当前谈判招标方式较为广泛地运用于建筑招标投标市场中，尤其出现在房地产集团企业工程和国际工程之中。相对其他招标方式，谈判招标具有灵活性、高效性、经济性等特点，能节省招标企业和投标企业的时间和经济成本，有效促成企业的合作，越来越受各建筑企业的喜爱。但是对谈判招标的研究在我国起步较晚，尚未建立完善的谈判招标模式，谈判招标模式中存在不少问题。改进这些问题，将有效提高建筑招标投标市场的灵活性，在较短的时间内促成建筑企业合作，使招标、投标企业共同获得较大的利益。

1. 灵活性

相对程序复杂、竞争激烈的公开竞标和邀请招标而言，谈判招标具有很大的灵活性。谈判的方式、时间、地点也相对灵活，招标和投标的双方都具有较大的主动权，在谈判过程中能针对各个款项进行协商，使双方都能获得较大的利益。再者，投标人可以充分展示自己的优势，招标方可以通过比较，选择更适合合作的企业。

2. 高效性

公开竞标的过程最为复杂，周期也最长，往往需要50天左右；邀请招标相对公开竞标来说，效率较高，竞争投标企业相对较少，招标评标工作量相对较小，整个过程时间较短。但是招标企业在邀请招标企业之前，首先需要对目标企业作较全面的调查，再对这些企业进行筛选，投入的人力、物力、时间较多。选择、邀请相关招标对象后，邀请竞标的程序与模式类似于公开竞标方式。谈判招标可简化审查投标资格环节，省略公布招标信息等环节，周期一般只有20天，可以满足一些紧急性需要，有效提高招标投标效率。

3. 经济性

采用谈判竞标方式，投标企业有比较充分的时间对工程项目或产品进行较为真实、准确地评估，避免价格方面的串标、围标现象。在报价方面，投标企业可以根据评估结果和自身的预算，降低报价，与招标企业或单位直接谈判，使得双方获利。针对技术的复杂、不合理的价格、时间的含糊性，双方都可以通过谈判及时解决问题，避免不必要的成本支出。

3.3.2 建筑招标投标市场竞争性谈判存在的问题

1. 缺乏充分的市场调查研究工作

建筑招标投标市场竞争性谈判想要在发展中获得成功需要有关人员进一步加强对市场操作的充分调研。市场调研工作也是建筑招标投标市场竞争性谈判的基础性工作，为此需要投标企业安排专业性的技术人员来针对既定的竞争项目准备相关的材料，包含建筑材料、设备材料等，做好相应的产品成本估算和有关估算，提升建筑招标投标市场竞争性谈判的成功率，为企业领导和谈判人员的决策工作提供可靠性、科学性的数据支持。但是，现阶段建筑招标投标市场竞争性谈判的实际情况下，缺乏充分的市场调查，导致一些工作人员对项目作出了不符合实际的错误判断，对最终谈判人员的工作带来了影响，也制约了项目在市场发展中的竞争优势。

2. 存在暗箱操作的现象

建筑招标投标市场竞争性谈判一般是招标企业和招标单位之间进行的一种单独性活动，在谈判的过程中信息不会完全进行公开，具有很大的局限性。建筑招标投标市场竞争性谈判存在暗箱操作的现象主要是指招标人员故意向某个招标企业或者单位进行操作，这种暗箱操作很容易在具体的投标过程中出现较高的报价，使得招标人难以得到一个合理的价格。同时，在招标投标信息不公开的情况下，一些招标投标的中间操作环节较为模糊，在很大程度上制约了企业之间的公平性竞争。

3. 招标投标工作人员的谈判能力和技巧较差

建筑招标投标市场竞争性谈判最终效果受谈判人员的能力水平、谈判技巧的影响。在现阶段，建筑行业招标企业和投标企业单位之间的谈判人员大多是企业的领导，他们对项目的最终结果具有决策权利，但是他们普遍缺乏系统性的谈判训练，在具体谈判工作开展之前没有做好相应的准备工作，在谈判工作进行的过程中只是从自己的利益出发，没有对对方的发展需要进行考虑，缺乏必要的建筑招标投标市场竞争性谈判技巧，在很大程度上制约了最终谈判的成功率。

4. 谈判合约签订问题

基本建设工程实行竞争性谈判采购方式，在谈判时实行二轮报价或三轮报价，后一轮的报价总是比上一轮的报价低出一部分，这时的报价与投标文件的报价有了一个差额，无法与投标文件的工程量清单及报价相衔接，因计算工程量清单及报价工作量比较大，如果在谈判现场重新做二次或三次工程量清单及报价，既不现实，又不严肃。竞争性谈判采购方式表面上缩短了招标投标时间，实际上给施工变更、合同履行留下了隐患。发生图纸变更，就涉及合同价款结算，投标文件的工程量清单及计价与谈判总价之间存在差额，必然引起资金结算（合同履行）纠纷。一旦发生合同价款计算纠纷，采购人、国家有关部门都会对监管部门的采购方式审批工作表示不满。

5. 竞争性谈判采购方式的问题

竞争性谈判采购方式的具体操作程序在《政府采购非招标采购方式管理暂行办法》中作出了明确的规定，但由于一直未出台，致使竞争性谈判采购方式的中标原则在理解和执行中存在较大分歧。

3.3.3 建筑招标投标市场竞争性谈判的策略

1. 选择适合建筑招标投标市场竞争性谈判的采购方式

建筑招标投标工作中，如果工程情况符合公开招标的条件，需要在具体的招标方式选择上优先考虑公开招标方式。对这种公开招标方式，不能为了对工作环节的盲目简化、节省工作时间而采取一种较为牵强的竞争性谈判的采购方式，在具体的建筑招标投标市场竞争性谈判中要根据相关的法律规定，依法选择适合的竞争性谈判方式。

2. 充分做好建筑招标投标市场竞争性谈判的市场调研工作

建筑招标投标市场竞争性谈判之前需要做好充分的市场调研工作。市场调研工作做得好就能为谈判招标的成功提供更多的可能性。为此，需要专业的调研人员对事先统计好的项目进行更为全面的、数据化地调研，加强对项目发展所需要投资成本费用的估算，并要了解项目发展中可能遇到的各种成本问题和项目风险，对项目最终可能获得的经济效益进行科学化、准确化、合理化的评估，并根据评估的结果做出具体的数据化报表，为企业领导人的决策提供具体的决策依据，同时还能够有效减少相关谈判人员在谈判中容易出现的被动局面。为此，在进行谈判文件编制工作之前，需要安排专门的人员来对特殊性的采购项目进行全面的市场调研，对相关建筑设备和材料应用情况摸清楚情况，弄清楚具体的市场发展行情，了解采购项目本身的品牌、价位和档次，保证采购文件的充分落实，提高采购工作的最终成功率。

3. 实现采购合理信息的公开化

建筑招标投标市场竞争性谈判招标是一种充分吸收借鉴公开竞标方式的信息公开化形式，对于招标企业单位的发展来讲，公开一定的招标投标信息能够吸引更多的企业加入招标投标的市场发展中，帮助招标企业获得更多的市场选择空间。对于招标企业来讲，一些公开化的信息一方面能够帮助有关人员更好地了解招标企业的发展项目，做好市场调研工作，对竞争对手的实力和发展问题进行充分的估计，提升本身的竞争意识，减少一些不必要的不公平性竞争。另外，发布采购信息应该注意的问题具体表现如下：在应用竞争性谈判的采购方式来发布有关采购信息时，需要考虑公开招标形式，减少在采购过程中一些不能公开信息对最终采购带来的局限性影响。

4. 提升谈判人员的谈判能力和谈判技巧

建筑招标投标市场竞争性谈判人员需要根据市场调查、预算等工作在谈判之前做好充分的谈判准备工作，并要对谈判中可能出现的各种问题做好积极的应对对策。在具体的谈判中，谈判人员要能够掌握最基本的谈判原则，在保障企业效益实现的同时对谈判双方的利益和心理进行全面的揣摩，应用一种明退实进的心理战术让谈判对象放心地将项目交给自己，实现双方的利益。另外，言语技巧也是招标投标市场竞争性谈判中的一种重要技巧，想要对自己企业实力的充分展现就需要具有良好的语言表达能力。在具体的交易谈判中，如果出现双方意见不一致，需要协商的情况需要应用言语技巧来帮助自己赢得谈判的优势。

3.4 建设工程招标投标商务谈判策略分析

3.4.1 谈判人员的准备

我们知道，商务谈判是由谈判人员完成的，谈判人员的素质、谈判班子的组成情况对谈判的结果有直接的影响，决定着谈判的效益与成败。因此，选好谈判人员和组织好谈判班子是谈判准备工作的首要内容。

1. 谈判人员的配备

在一般的商务谈判中，所需的知识大体上可以概括为以下几个方面：有关技术方面的知识；有关价格、交货、支付条件等商务方面的知识；有关合同法律方面的知识；语言翻译方面的知识。

根据谈判对知识方面的要求，谈判班子应配备相应的人员。

(1) 技术精湛的专业人员

熟悉生产技术、产品性能和技术发展动态的技术员、工程师，在谈判中负责有关产品技术方面的问题，也可以与商务人员配合，为价格决策作技术参谋。

专业人员是谈判组织的主要成员之一。其基本职责是：

1) 同对方进行专业细节方面的磋商；

2) 修改草拟谈判文书的有关条款；

3) 向首席代表提出解决专业问题的建议；

4) 为最后决策提供专业方面的论证。

(2) 业务熟练的商务人员

商务人员是谈判组织中的重要成员，商务人员由熟悉贸易惯例和价格谈判条件、了解交易行情的有经验的业务人员或公司主管领导担任。

其具体职责是：

1) 阐明己方参加谈判的愿望和条件；

2) 弄清对方的意图和条件；

3) 找出双方的分歧或差距；

4) 掌握该项谈判总的财务情况；

5) 了解谈判对手在项目利益方面的期望指标；

6) 分析、计算修改中的谈判方案所带来的收益变动；

7) 为首席代表提供财务方面的意见和建议；

8) 在正式签约前提供合同或协议的财务分析表。

(3) 精通经济法的法律人员

法律人员是一项重要谈判项目的必需成员，如果谈判小组中有一位精通法律的专家，将会非常有利于谈判所涉及的法律问题的顺利解决。法律人员一般是由律师，或由既掌握经济又精通法律专业知识的人员担任，通常由特聘律师或企业法律顾问担任。

其主要职责是：

1) 确认谈判对方经济组织的法人地位；

2）监督谈判在法律许可范围内进行；

3）检查法律文件的准确性和完整性。

（4）熟练业务的翻译人员

翻译人员一般由熟悉外语和企业相关情况、纪律性强的人员担任。翻译是谈判双方进行沟通的桥梁。翻译的职责在于准确地传递谈判双方的意见、立场和态度。一个出色的翻译人员，不仅能起到语言沟通的作用，而且必须能够洞察对方的心理和发言的实质，既能改变谈判气氛，又能挽救谈判失误，增进谈判双方的了解、合作和友谊。因此，对翻译人员有很高的素质要求。

（5）首席代表

首席代表是指那些对谈判负领导责任的高层次谈判人员。他在谈判中的主要任务是领导谈判组织的工作。这就决定了他们除具备一般谈判人员必须具备的素养外，还应阅历丰富、目光远大，具有审时度势、随机应变、当机立断的能力，有善于控制与协调谈判小组成员的能力。因此，无论从什么角度来认识他们，都应该是富有经验的谈判高手。其主要职责是：监督谈判程序；掌握谈判进程；听取专业人员的建议和说明；协调谈判班子成员的意见；决定谈判过程中的重要事项；代表单位签约；汇报谈判工作。

（6）记录人员

记录人员在谈判中也是必不可少的。一份完整的谈判记录既是一份重要的资料，也是进一步谈判的依据。为了出色地完成谈判的记录工作，要求记录人员要有熟练的文字记录能力，并具有一定的专业基础知识。其具体职责是准确、完整、及时地记录谈判内容。这样，由不同类型和专业的人员就组成了一个分工协作、各负其责的谈判组织群体。

2. 谈判人员的分工和合作

当挑选出合适的人组成谈判班子后，就必须在成员之间，根据谈判内容和目的以及每个人的具体情况作出明确适当的分工，明确各自的职责。此外，各成员在进入谈判角色，尽兴发挥时，还必须按照谈判目的与其他人员彼此相互呼应、相互协调和配合，从而真正赢得谈判。

（1）洽谈技术条款的分工与合作

在洽谈合同技术条款时，专业技术人员处于主谈的地位，相应的经济人员和法律人员则处于辅谈人的地位。

技术主谈人要对合同技术条款的完整性、准确性负责。在谈判时，对技术主谈人来讲，除了要把主要的注意力和精力放在有关技术方面的问题上外，还必须放眼谈判的全局，从全局的角度来考虑技术问题，要尽可能地为后面的商务条款和法律条款的谈判创造条件。对商务人员和法律人员来讲，他们的主要任务是从商务和法律的角度向技术主谈人提供咨询意见，并适时地回答对方涉及商务和法律方面的问题，支持技术主谈人的意见和观点。

（2）洽谈商务条款时的分工与合作

很显然，在洽谈合同商务条款时，商务人员和经济人员应处于主谈人的地位，而技术人员与法律人员则处于辅谈人的地位。

合同的商务条款在许多方面是以技术条款为基础的，或者是与之紧密联系的。因此在谈判时，需要技术人员给予密切的配合，从技术角度给予商务人员以有力的支持。比如，在设备买卖谈判中，商务人员提出了某个报价，这个报价是否能够站得住脚，首先取决于该设备的技术水平。对卖方来讲，如果卖方的技术人员能以充分的证据证明该设备在技术上是先进的、一流水平的，即使报价比较高，也是顺理成章、理所应当的。而对买方来讲，如果买方的技术人员能提出该设备与其他厂商的设备相比在技术方面存在的不足，就会动摇卖方报价的基础，而为本方谈判人员的还价提供了依据。

(3) 洽谈合同法律条款的分工与合作

事实上，合同中的任何一项条款都是具有法律意义的，不过在某些条款上，法律的规定性更强一些。在涉及合同中某些专业性法律条款的谈判时，法律人员则以主谈人的身份出现，法律人员对合同条款的合法性和完整性负主要责任。由于合同条款法律意义的普遍性，因而法律人员应参加谈判的全部过程。只有这样，才能对各项问题的发展过程了解得比较清楚，从而为谈判法律问题提供充分的依据。

3.4.2 情报的搜集和筛选

谈判前收集了有关的情报（信息和资料），才能采用相应的谈判策略、方法，有针对性地制定相应的谈判方案和计划。否则，对对方的情况一无所知，或者知之不多，就会造成盲目谈判。这样即使不是“每谈必败”，至少也是“每谈获利甚少，甚至无利可获”。

1. 信息情报搜集的主要内容

商务谈判中所涉及的信息情报收集主要包括以下一些内容：

(1) 有关商务谈判环境方面的信息

1) 政治状况

政治和经济是紧密相连的，政治对于经济具有很强的制约力。商务谈判中的政治因素是指与商务谈判有关的政府管理机构和社会团体的活动，主要包括政局的稳定、政府之间的关系、政府对进口商品的控制等。政治因素对商务谈判活动有着非常重要的影响，它直接决定了商务谈判的行为。当一个国家政局稳定，政策符合本国国情，它的经济就会发展，就会吸引众多的外国投资者前往投资。否则，政局动荡，市场混乱，人心惶惶，就必然产生相反的结果。这一点，在我国的政治及经济发展历程中已得到了印证。因此，贸易组织在进行经济往来之前，必须对谈判对手的政治环境作详尽的了解。

2) 法律制度

商务谈判不仅是一种经济行为，而且是一种法律行为，因此在商务谈判中，首先必须要求符合有关的法律规定，才能成为合法行为或有效行为，才能受到国家有关法律的承认和保护。在商务谈判中，只有清楚地了解其法律制度，才能减少商业风险。

3) 宗教信仰

宗教是社会文化的一个重要组成部分，当前，在世界各地宗教问题无不渗透到社会的各个角落。宗教信仰影响着人们的生活方式、价值观念及消费行为，也影响着人们的商业交往。对于宗教的有关问题，商务谈判人员必须了解，如宗教的信仰和行为准则、宗教活动方式、宗教的禁忌等，这些都会对商务活动会产生直接的影响，如果把握不当，则会给企业带来很大的影响。如麦当劳曾经进入印度失败，当地人讥讽麦当劳“用13个月的时间才发现印度人不吃牛肉”。

4) 商业习俗

在商务谈判中，商业习俗对谈判的顺利进行影响很大。谈判当事人由于各自所处的地理环境和历史的种种原因，形成了各具特色的商业习惯。作为谈判人员，要促使谈判顺利进行就必须了解各地的风俗习惯、商业惯例，否则双方就很有可能会产生误会和分歧。比如，日本的文化是把和谐放在首位，日本人日常交往中非常注重礼节，和日本人进行谈判时千万不要在这方面开玩笑，这是日本人最忌讳的。而美国文化则比较强调进取、竞争和创新，美国有句名言："允许失败，但不允许不创新。"所以，多数美国人交往中性格外露、热情自信、办事干脆利落、谈判时开门见山，很快进入谈判主题，并喜欢滔滔不绝地发表自己的看法，谈判中善于施展策略，同时也十分赞赏那些讨价还价和善于施展策略的谈判对手。和沙特阿拉伯人谈判时千万不能问及对方的妻子，因为沙特阿拉伯男子歧视女性。相反，和墨西哥人谈判时问及对方的妻子则是必需的礼貌。有位谈判人员说过"和东方人做生意，应多做解释少争执，这样会伤面子；对英国人则应有礼貌地慢慢说服等。"

(2) 掌握市场行情

在谈判中，只有及时、准确地了解与标的对象有关的市场行情，预测分析其变化动态，才能掌握谈判的主动权。这里所讲的市场行情是广义的，不仅仅局限于对价格变化的了解，还应包括市场同类商品的供求状况，相关产品与替代产品的供求状况，产品技术发展趋势，主要竞争厂家的生产能力、经营状况、市场占有率，市场价格变动比例趋势，有关产品的零配、供应，以及影响供求变化显现与潜在的各种因素。

1) 供求状况

一般而言，在买方市场条件下，卖方居劣势；反之亦同理。但不同地区、不同时间的市场供求也会发生某种变化，简单地说，甲地的滞销商品在乙地并非肯定滞销，特别是时尚品，它与消费地域密切相关，不可一概而论。

2) 供求动态

即市场供求变化的提前量，有些新产品、新时尚在市场投入期往往不被人看好，但一旦被消费者知晓，就会形成消费热潮，对此商务人员要做好充分论证。

3) 竞争者的情况

竞争者的情报主要包括市场同类产品的供求状况；相关产品与替代产品的供求状况；产品的技术发展趋势；主要竞争厂家的生产能力、经营状况和市场占有率；有关产品的配件供应状况；竞争者的推销力量、市场营销状况、价格水平、信用状况等。

(3) 有关谈判对手的情报

谈判对手的情报主要包括该企业的发展历史，组织特征，产品技术特点，市场占有率和供需能力，价格水平及付款方式，对手的谈判目标和资信情况，以及参加谈判人员的资历、地位、性格、爱好、谈判风格、谈判作风及模式等。这里我们主要介绍谈判对手的资信情况、合作欲望情况及谈判人员情况。

1) 资信情况

一是要调查对方是否具有签订合同的合法资格；二是要调查对方的资本、信用和履约能力。包括对手商业信誉及履行能力情报，如对手的资本积累状况，技术装备水平，产品的品种、质量、数量及市场信誉等。对对方的资本、信用和履约能力的调查，资料来源可以是公共会计组织对该企业的年度审计报告，也可以是银行、资信征询机构出具的证明文件或其他渠道提供的资料。

2) 合作欲望情况

这包括对手同我方合作的意图是什么，合作愿望是否真诚，对我方的信赖程度如何，对实现合作成功的迫切程度如何，是否与我国其他地区或企业有过经济往来等。总之，应尽可能多地了解对方的需要、信誉等。对方的合作欲望越强，越有利于谈判向有利于我方的方向发展。

3）谈判人员情况

这包括谈判对手的谈判班子由哪些人组成，成员各自的身份、地位、年龄、经历、职业、爱好、性格、谈判经验如何，另外还需了解谁是谈判中的首席代表。其能力、权限、特长及弱点是什么，此人对此次谈判抱何种态度，倾向意见如何等，这些都是必不可少的情报资料。

2. 信息情报搜集的方法和途径

在日常的经贸往来中，企业都力求利用各种方式搜集大量的信息资料，为谈判所用，这些方法及其途径主要包括：

（1）实地考察，搜集资料

即企业派人到对方企业，通过对其生产状况、设备的技术水平、企业管理状况、工人的劳动技能等各方面的综合观察和分析，以及当地人员的走访，获得有关谈判对手各方面的第一手资料。当然，在实地考察之前应有一定的准备，带着明确的目的和问题，才能取得较好的效果。实地考察时应摆脱思想偏见，避免先入为主，摆正心态。

（2）通过各种信息载体搜集公开情报

企业为了扩大自己的经营，提高市场竞争力，总是通过各种途径进行宣传，这些都可以为我们提供大量的信息。如企业的文献资料、统计数据和报表、企业内部报刊、各类文件、广告、广播宣传资料、用户来信、产品说明和样品等。我们从对这些公开情报的搜集和研究当中，就可以获得我们所需要的情报资料。因此，平时应尽可能地多订阅有关报刊，并分工由专人保管、收集、剪辑和汇总，以备企业所需。

（3）通过各类专门会议

比如各类商品交易会、展览会、订货会、博览会等。这类会议都是某方面、某组织的信息密集之处，是了解情况的最佳时机。

（4）通过对与谈判对手有过业务交往的企业和人员的调查了解信息

任何企业为了业务往来，都必然搜集大量的有关资料，以准确地了解对方。因此，同与对手有过业务交往的企业联系，必然会得到大量有关谈判对手的信息资料。而且向与对手打过官司的企业与人员了解情况，会获得非常丰富的情报，他们会提供许许多多有用的信息，而且是在普通记录和资料中无法找到的事实和看法。

3. 信息情报的整理和筛选

通过信息搜集工作，我们获得了大量来自各方面的信息，要使这些原始信息情报为我所用，发挥其作用，还必须经过信息的整理和筛选，信息情报的整理和筛选要经过以下程序：

（1）筛选。初步进行筛选。

（2）分类。即将所得资料按专题、目的、内容等进行分类。

（3）比较和判断。比较即分析，通过分析了解和判断资料之间的联系、资料的真实性和客观性，以做到去伪存真。

(4) 研究。在比较、判断的基础上，对所得资料进行深化加工，形成新的概念和结论，为我方谈判所用。

(5) 整理。将筛选后的资料进行整理，做出完整的检索目录和内容提要，以便检索查询，为谈判提供及时的资料依据。

3.4.3 商务谈判计划的制订

谈判的最终目的是双方达成平等互利的协议。而要达到这一目的，我们在正式谈判前，不仅需要了解谈判环境、谈判对手和自身状况，初步了解双方的实力，而且为取得较好的谈判结果，还需要制订一个周全、明确的谈判计划。

所谓谈判计划，是指谈判者在谈判开始前对谈判目标、议程、对策等预先所作的安排。其主要内容有：确定谈判主题，规定谈判期限，拟定谈判议程，安排谈判人员，选择谈判地点，确定谈判时间，制定谈判的具体执行计划等。其中，比较重要的是谈判目标的确定、谈判策略的布置和谈判议程的安排等内容。

1. 谈判目标的确定

制定谈判计划的核心问题是建立确定谈判目标。所谓谈判目标就是期望通过谈判而达到的目标。它的实现与否，对企业总体目标意义重大，是判定谈判是否成功的标志。谈判目标的制定，既要考虑企业的总体目标，也要考虑企业的实际状况、谈判对手的实力、双方力量对比以及市场供求变化因素。谈判目标的制定，要在综合多方信息、资料的基础上，反复研究确定。确定谈判目标一般包括以下几个要素：交易额、价格、支付方式、交货条件、运输、产品规格、质量、服务标准等。但是，仅仅列出单一的谈判目标还是很不够的，它只是具体的指标，我们还要从总体上综合考虑谈判可能出现的结果，并制定相应的目标，这就是谈判的最优期望目标、可接受目标和最低限度目标。因为在实际谈判中，谈判的双方都会遇到这样的问题：我方应该首先报价吗？如果首先报价，开价多少？如果是对方首先报价，我方应还价多少？倘若双方就价格争执不下，那么，在什么条件下我方可接受对方的条件？在什么情况下，我方必须坚守最后防线？要更好地解决这些问题，就必须认真研究、制定谈判的最优期望目标、可接受目标和最低限度目标。

(1) 最优期望目标

它是指在谈判桌上，对谈判者最有利的一种理想目标，它在满足某方实际需求利益之外，还有一个“额外的增加值”。

需要说明的是，谈判实践中，最优期望目标带有很大的策略性，往往很难实现，因此，真正较为老练的谈判者在必要时可以放弃这一目标。但这并不是说这种最优期望目标在谈判桌上没有积极意义，它不仅仅是谈判进程开始时的话题，而且在某种情形下，最优期望目标也不是绝对达不到的。比如：一个信誉度极高的企业和一家资金雄厚、信誉良好的银行之间的谈判，达到最优期望目标的机会是完全可能存在的。

(2) 最低限度目标

它是指在谈判中对某一方而言，毫无讨价还价余地，必须达到的目标。换言之，最低限度目标即对某一方而言，宁愿离开谈判桌，放弃合作项目，也不愿接受比这更少的结果。最低限度的确定主要考虑价格因素，价格水平的高低是谈判双方最敏感的一个问题，是双方磋商的焦点。它直接关系到获利的多少或谈判的成败。影响价格的因素有主观与客观之分。主观因素包括营销的策略、谈判的技巧等可以由谈判方决定或受谈判方影响的因素，而影响价格的客观因素主要有成本因素、需求因素、竞争因素等。

（3）可接受目标

可接受的目标是谈判人员根据各种主要因素，通过考察种种情况，经过科学论证、预测和核算之后所确定的谈判目标。可接受的目标是介于最优期望目标与最低限度目标之间的目标。在谈判桌上，一开始往往要价很高，提出自己的最优目标。实际上这是一种谈判策略，其目的完全是为了保护最低目标或可接受目标，这样做的实际效果往往超出了谈判者的最低限度要求，通过双方讨价还价，最终选择一个最低与最高之间的中间值，即可接受目标。

实际业务谈判中，往往双方最后成交值是某一方的可接受目标。可接受目标能够满足谈判一方的某部分需求，实现部分利益目的。它往往是谈判者秘而不宣的内部机密，一般只在谈判过程的某个微妙阶段挑明，因而是谈判者死守的最后防线，如果达不到这一可接受的目标，谈判就可能陷入僵局或暂时休会，以便重新酝酿对策。

可接受目标的实现，往往意味着谈判的胜利。在谈判桌上，为了达到各自的可接受目标，双方会各自施展技巧，运用各种策略。

2. 谈判目标可行性分析

具体某个商务项目的谈判目标确定后，我们还要对其进行经济效益分析及实现的可行性研究。

（1）商务谈判目标可行性研究的主要内容

1）本企业的谈判实力和经营状况；

2）对方的谈判实力和经营状况，资信情况和交易条件、态度、谈判风格等；

3）竞争者的状况及其优势；

4）市场情况，即商品的供求关系；如果对方是我方唯一选择的合作伙伴，则对方处于十分有利的地位，我们的目标水平就不要定得太高；反之，如果我方有许多潜在的买主（或卖主），那么对方显然处在较弱的地位，我们的目标水平就可相应定高些；

5）影响谈判的相关因素，如政治形势、宗教信仰、文化习俗、法律制度、财政金融、地理气候等；

6）以往合同的执行情况。

（2）商务谈判目标的经济效益分析

就是在客观上对企业经济利益和其他利益（如新市场区域的开拓，知名度）的影响及所谈交易在企业经营活动中的地位等所作的分析、估价和衡量。

3. 明确谈判的地点和时间

（1）谈判地点

谈判总是要在某一个具体的地点展开。商务谈判地点的选择往往涉及一个谈判环境心理因素的问题，它对于谈判效果具有一定的影响，谈判者应当很好地加以利用。有利的地点、场所能够增强己方谈判地位和谈判力量。

商务谈判的地点选择与足球比赛的赛场安排有相似之处，一般有四种选择：一是在己方国家或公司所在地谈判；二是在对方所在的国家或公司所在地谈判；三是在双方所在地交叉谈判；四是在谈判双方之外的国家或地点谈判。不同地点对于谈判者来说，均各有其优点和缺点，谈判者要根据不同的谈判内容具体问题具体分析，正确地加以选择，充分发挥谈判地点的优势，促使谈判取得圆满成功。

1）在己方地点谈判

谈判的地点最好选择在己方所在地，因为人类与其他动物一样，是一种具有“领域感”的高级动物，谈判者才能的发挥程度、能量的释放和自己所处的环境密切相关。在己方地点谈判的优势表现在：谈判者在自己领地谈判，地点熟悉，具有安全感，心理态势较好，信心十足；谈判者不需要耗费精力去适应新的地理环境、社会环境和人文环境，可以把精力集中地用于谈判；可以利用种种便利条件，控制谈判气氛，促使谈判向有利于自己的方向发展；可以利用现场展示的方法向对方说明己方产品水平和服务质量；在谈判中“台上”人员与“台下”人员的沟通联系比较方便，可以随时向高层领导和有关专家请示、请教，获取所需资料和指示；利用东道主的身份，可以通过安排谈判之余的各种活动来掌握谈判进程，从文化习惯上、心理上对对方产生潜移默化的影响，处理各类谈判事物比较主动；谈判人员免除旅途疲劳，可以以饱满的精神和充沛的体力去参加谈判，并可以节省去外地谈判的差旅费用和旅途时间，降低谈判支出，提高经济效益。对己方的不利因素表现在：在己方公司所在地谈判，不易与公司工作彻底脱钩，经常会有公司事务分散谈判人员的注意力；离高层领导近，联系方便会产生依赖心理，一些问题不能自主决断，而频繁地请示领导也会造成失误和被动；己方作为东道主主要负责安排谈判会场以及谈判中的各项事宜，要负责对客方人员的接待工作，安排宴请、游览等活动，所以己方负担比较重。

商务谈判最好争取安排在己方所在地点谈判。犹如体育比赛一样，在主场获胜的可能性大。有经验的谈判者，都设法把对方请到本方地点，热情款待，使自己得到更多的利益。

2）在对方地点谈判

在对方地点谈判，对己方的有利因素表现在：己方谈判人员远离家乡，可以全身心投入谈判，避免主场谈判时来自工作单位和家庭事务等方面的干扰；在高层领导规定的范围，更有利于发挥谈判人员的主观能动性，减少谈判人员的依赖性；可以实地考察一下对方公司及其产品的工具情况，能获取直接的、第一手的信息资料；当谈判处于困境或准备不足时，可以方便地找到借口（如资料欠缺、身体不适、授权有限需要请示等），从而拖延时间，以便作出更充分的准备；己方省去了作为东道主所必须承担的招待宾客、布置场所、安排活动等事务的繁杂工作。

对己方的不利因素表现在：与公司本部的距离遥远，某些信息的传递以及资料的获取比较困难，某些重要问题也不易及时与本公司磋商；谈判人员对当地环境、气候、风俗、饮食等方面会出现不适应，再加上旅途劳累、时差不适应等因素，会使谈判人员身体状况受到影响；在谈判场所的安排、谈判日程的安排等方面处于被动的地位；己方也要防止对方过多安排旅游景点等活动而消磨谈判人员的精力和时间。因此，到对方地点去谈判必须做好充分的准备，比如摸清领导的意图要求，明确谈判目标，准备充足的信息资料，组织好谈判班子等。

3）在双方所在地交叉轮流谈判

有些多轮大型谈判可在双方所在地交叉谈判。这种谈判的好处是对双方来说至少在形式上是公平的，同时也可以各自考察对方的实际情况。各自都担当东道主和客人的角色，对增进双方相互了解、融洽感情是有好处的。它的缺点是这种谈判时间长、费用大、精力耗费大，如果不是大型的谈判或是必须采用这种方法谈判，一般应少用。

4）在第三地谈判

在第三地谈判对双方的有利因素表现在：在双方所在地之外的地点谈判，对双方来讲是平等的，不存在偏向，双方均无东道主优势，也无作客他乡的劣势，策略运用的条件相当，可以缓和双方的紧张关系，促成双方寻找共同的利益均衡点。对双方的不利因素表现在：双方首先要为谈判地点的确定而谈判，而且地点的确定要使双方都满意也不是件容易的事，在这方面要花费不少时间和精力。第三地点谈判通常被相互关系不融洽、信任程度不高，尤其是过去是敌对、仇视，关系紧张的双方的谈判所选用，可以有效地维护双方的尊严。

（2）谈判时间

谈判总是在一定的时间内进行的。这里所讲的谈判时间是指一场谈判从正式开始到签订合同时所花费的时间。在一场谈判中，时间有三个关键变数：开局时间、间隔时间和截止时间。

1）开局时间。也就是说，选择什么时候来进行这场谈判。它的得当与否，有时会对谈判结果产生很大影响。例如，如果一个谈判小组在长途跋涉、喘息未定之时，马上便投入紧张的谈判中去，就很容易因为舟车劳顿而导致精神难以集中，记忆和思维能力下降而误入对方圈套。所以，我们应对开局时间的选择给予足够的重视。

一般说来，我们在选择开局时间时，要考虑以下几个方面的因素：

① 准备的充分程度。俗话说："不打无准备之仗"，在安排谈判开局时间时也要注意给谈判人员留有充分的准备时间，以免到时仓促上阵。

② 谈判人员的身体和情绪状况。谈判是一项精神高度集中，体力和脑力消耗都比较大的工作，要尽量避免在身体不适、情绪不佳时进行谈判。

③ 谈判的紧迫程度。尽量不要在自己急于买进或卖出某种商品时才进行谈判，如果避免不了，应采取适当的方法隐蔽这种紧迫性。

④ 考虑谈判对手的情况。不要把谈判安排在让对方明显不利的时间进行，因为这样会招致对方的反对，引起对方的反感。

2）间隔时间。一般情况下，一场谈判极少是一次磋商就能完成的，大多数的谈判都要经历过数次，甚至十数次的磋商洽谈才能达成协议。这样，在经过多次磋商没有结果，但双方又都不想中止谈判的时候，一般都会安排一段暂停时间，让双方谈判人员暂作休息，这就是谈判的间隔时间。

谈判间隔时间的安排，往往会对舒缓紧张气氛、打破僵局具有很明显的作用。常常有这样的情况：在谈判双方出现了互不相让，紧张对峙的时候，双方宣布暂停谈判两天，由东道主安排友好、轻松的活动，双方的态度和主张都会有所改变，在重新开始谈判以后，就容易互相让步，达成协议。当然，也有这样的情况：谈判的某一方经过慎重的审时度势，利用对方要达成协议的迫切愿望，有意拖延间隔时间，迫使对方主动作出让步。可见，间隔时间是时间因素在谈判中又一个关键变数。

3）截止时间。也就是一场谈判的最后限期。一般来说，每一场谈判总不可能无休止地进行下去，总有一个结束谈判的具体时间。而谈判的结果却又往往是在结束谈判前才能出现。所以，如何把握截止时间去获取谈判的成果，是谈判中一种绝妙的艺术。

截止时间是谈判的一个重要因素，它往往决定着谈判的战略。首先，谈判时间的长短，往往迫使谈判者决定选择克制性策略还是速决胜策略。同时，截止时间还构成对谈判者本身的压力。由于必须在一个规定的期限内作出决定，这将给谈判者本身带来一定的压力。谈判中处于劣势的一方，往往在限期到来之前，对达成协议承担着较大的压力。他往往必须在限期到来之前，在作出让步、达成协议、中止谈判或交易不成之间作出选择。一般说来，大多数的谈判者总是想达成协议的，为此，他们唯有作出让步了。

4. 确定谈判的议程和进度

谈判的议程是指有关谈判事项的程序安排。它是对有关谈判的议题和工作计划的预先编制。谈判的进度是指对每一事项在谈判中应占时间的把握，目的在于促使谈判在预定的时间内完成。这方面，重点应解决以下几个问题：

(1) 议题

凡是与本次谈判有关的，需要双方展开讨论的问题，都可以成为谈判的议题。我们应将与本次谈判有关的问题罗列出来，然后再根据实际情况，确定应重点解决哪些问题。

(2) 顺序

安排谈判问题先后顺序的方法是多种多样的，应根据具体情况来选择采用哪一种程序：其一，可以首先安排讨论一般原则问题，达成协议后，再具体讨论细节问题；其二，也可以不分重大原则问题和次要问题，先把双方可能达成协议的问题或条件提出来讨论，然后再讨论会有分歧的问题。

(3) 时间

至于每个问题安排多少时间来讨论才合适，应视问题的重要性、复杂程度和双方分歧的大小来确定。一般来说，对重要的问题、较复杂的问题、双方意见分歧较大的问题占用的时间应该多一些，以便让双方能有充分的时间对这些问题展开讨论。

在谈判的准备阶段中，我方应率先拟定谈判议程，并争取对方同意。在谈判实践中，一般以东道主为先，经协商后确定，或双方共同商议。谈判者应尽量争取谈判议程的拟定，这样对己方来讲是很有利的。谈判议程的拟定大有学问，首先，议程安排要根据己方的具体情况，在程序上能扬长避短，即在谈判的程序安排上，保证己方的优势能得到充分的发挥。其次，议程的安排和布局，要为自己出其不意地运用谈判手段埋下契机，对一个经验丰富的谈判者来讲，是绝不会放过利用拟定谈判议程的机会来运筹谋略的。最后，谈判议程的内容要能够体现己方谈判的总体方案，统筹兼顾，还要能够引导或控制谈判的速度以及己方让步的限度和步骤等。

典型的谈判议程至少包括以下三项内容：

1) 谈判应在何时举行，为期多久。

若是一系列的谈判，则分几次谈判为好，每次所花时间大约多少，休会时间多久等。

2) 谈判在何处举行。

3) 哪些事项列入讨论，哪些不列入讨论。

讨论的事项如何编排先后顺序，每一事项应占多少讨论时间等。谈判议程的安排与谈判策略、谈判技巧的运用有着密切的联系，从某种意义上来讲，安排谈判议程本身就是一种谈判技巧。因此，我们要认真检查议程的安排是否公平合理，如果发现不当之处，就应该提出异议，要求修改。

5. 制定谈判的对策

谈判桌上风云变幻，任何情形都会发生，而谈判又是有时间限制的，不容许无限期地拖延谈判日程。这就要求我们在谈判之前应对整个谈判过程中双方可能作出的一切行动作正确的估计，并选择相应的对策。谈判的对策是指谈判者为了达到和实现自己的谈判目标，在对各种主客观情况充分估量的基础上，拟采取的基本途径和方法。

谈判对策的确定应考虑下列影响因素：

(1) 双方实力的大小。

(2) 对方的谈判作用和主谈人员的性格特点。

(3) 双方以往的关系。

(4) 对方和己方的优势所在。

(5) 交易本身的重要性。

(6) 谈判的时间限制。

(7) 是否有建立持久、友好关系的必要性。

以上谈判方案的制定，有赖于对双方实力及其影响因素的正确估量和科学分析，否则，谈判计划就没有什么意义。

3.4.4 模拟谈判

虽然，我们可以为谈判制定详细的计划，但这还不能成为谈判成功的充分保证，因为计划不可能是尽善尽美的。为了更直观地预见谈判前景，对一些重要的、难度较大的谈判，可以采取模拟谈判的方法来改进与完善谈判的准备工作。所谓模拟谈判，是指正式谈判开始之前，将谈判小组成员一分为二，一部分人扮演谈判对手，并以对手的立场、观点和作风来与另一部分扮演己方的人员交锋，预演谈判的过程。

1. 模拟谈判的主要任务

检验本方谈判准备工作是否到位，各项安排是否妥当，计划方案是否合理。寻找本方被忽略的环节，发现本方优劣势，提出如何发挥优势、弥补劣势的策略。

准备各种应变对策。在模拟谈判中，需对各种可能发生的变化进行预测，并在此基础上制定各种相应的对策。在以上工作的基础上，制定出谈判小组合作的最佳组合及其策略等。

2. 模拟谈判的方法

(1) 全景模拟法

这是指在想象谈判全过程的前提下，企业有关人员扮成不同的角色所进行的实战性排练。这是最复杂、耗资最大，但也往往是最有效的模拟谈判方法。这种方法一般使用于大型的、复杂的、关系到企业重大利益的谈判。

在采用全景模拟法时，应注意合理地想象谈判全过程，要求谈判人员按照假设的谈判顺序展开充分的想象，不只是想象事情发生的结果，更重要的是事物发展的全过程，想象在谈判中双方可能发生的一切情形。并依照想象的情况和条件，演绎双方交锋时可能出现的一切局面，如谈判的气氛、对方可能提出的问题、我方的答复、双方的策略和技巧等问题。合理的想象有助于谈判的准备更充分、更准确。所以，这是全景模拟法的基础。

(2) 讨论会模拟法

这种方法类似于“头脑风暴法”。它分为两步：第一步，企业组织参加谈判人员和一些其他相关人员召开讨论会，请他们根据自己的经验，对企业在本次谈判中谋求的利益、对方的基本目标、对方可能采取的策略、我方的对策等问题畅所欲言。不管这些观点、见解如何标新立异，都不会有人指责，有关人员只是忠实地记录，再把会议情况上报领导，作为决策参考。第二步，请人针对谈判中种种可能发生的情况，以及对方可能提出问题等提出疑问，由谈判组成员一一加以解答。

讨论会模拟法特别欢迎反对意见。这些意见有助于己方重新审核拟定的方案，从多种角度和多重标准来评价方案的科学性和可行性，并不断完善准备的内容，以提高成功的概率。国外的模拟谈判对反对意见加倍重视，然而这个问题在我国企业中长期没有得到应有的重视。讨论会往往变成“一言堂”，领导往往难以容忍反对意见。这种讨论不是为了使谈判方案更加完善，而是成了表示赞成的一种仪式。这就大大地违背了讨论会模拟法的初衷。

3. 模拟谈判时应科学地作出假设

模拟谈判实际就是提出各种假设情况，然后针对这些假设，制定出一系列对策，采取一定措施的过程。因而，假设是模拟谈判的前提，又是模拟谈判的基础，它的作用是根本性的。按照假设在谈判中包含的内容，可以分为三类：一是对客观环境的假设；二是对自身的假设；三是对对方的假设。为了确保假设的科学性，首先应该让具有丰富谈判经验的人提出假设，相对而言，这些人的假设准确度较高，在实际谈判中发生的概率大；其次，假设的情况必须以事实为基础，所依据的事实越多、越全面，假设的精度也越高，假设切忌纯粹凭想象主观臆造；再次，假设必须按照正确的逻辑思维进行推理，遵守思维的一般规律；最后，我们应该认识到，再高明的谈判也不是全部假设到谈判中都会出现的，而且这种假设归根结底只是一种推测，带有或然性，若是把或然性奉为必然去指导行动，那就是冒险。

4. 参加模拟谈判的人员选择

对参加模拟谈判的人员应该是具有专门知识、经验和较强角色扮演能力的人，而不是只有职务、地位或只会随声附和、举手赞成的老好人。一般而言，模拟谈判需要下列三种人员：

（1）知识型人员

这种知识是指理论与实践相对完美结合的知识。这种人员能够运用所掌握的知识触类旁通、举一反三，把握模拟谈判的方方面面，使其具有理论依据的现实基础。同时，他们能从科学性的角度去研究谈判中的问题。

（2）预见型人员

这种人员对于模拟谈判是很重要的。他们能够根据事物的变化发展规律，加上自己的业务经验，准确地推断出事物发展的方向，对谈判中出现的问题相当敏感，往往能对谈判的进程提出独到的见解。

（3）求实型人员

这种人员有着强烈的脚踏实地的工作作风，考虑问题客观、周密，不凭主观印象，一切以事实为出发点，对模拟谈判中的各种假设条件都小心求证，力求准确。

5. 模拟谈判的总结

模拟谈判结束后要及时进行总结。模拟谈判的目的是为了总结经验，发现问题，弥补不足，完善方案。所以，在模拟谈判告一段落后，必须及时、认真地回顾在谈判中我方人员的表现，如对对手策略的反应机敏程度、自身班子协调配合程度等一系列问题，以便为真正的谈判奠定良好的基础。

模拟谈判的总结应包括以下内容：

（1）对方的观点、风格、精神。

（2）对方的反对意见及解决办法。

（3）自己的有利条件及运用状况。

（4）自己的不足及改进措施。

（5）谈判所需情报资料是否完善。

（6）双方各自的妥协条件及可共同接受的条件。

（7）谈判破裂与否的界限等。

3.5 建设工程招标投标谈判的主要内容

3.5.1 建设工程招标投标谈判的流程

建设工程承包合同，投资数额大，实施时间长，而且合同内容涉及技术、经济、管理、法律等广阔的领域。因此谈判准备工作一般包含如下内容：

1. 谈判的组织准备

（1）谈判组成员组成

1）充分发挥每一个成员的作用；

2）组长便于在组内协调；

3）要使每个成员的专业知识面组合在一起能满足谈判要求；

4）工程谈判时还要配备业务能力强，特别是外语写作能力强的翻译。谈判组成员以3～5人为宜。在谈判的各个阶段所需人员的知识结构不一样，根据谈判需要，可调换成员。谈判组也不宜少于两人，一人主谈，另一人观察情况，考虑对策。

（2）谈判组长的人选

具有较强的业务能力和应变能力，即需要有比较广阔的业务知识面和工程经验，最好还具有合同谈判的经验，对于合同谈判中出现的问题能够及时作出判断，主动找出对策；不一定都要由职位高的人员担任；由35～50岁的人员担任；思路敏捷，体力充沛，连续谈判几个小时思维不会混乱；具有较丰富的工作经验。

2. 谈判的方案准备和思想准备

（1）谈判前准备好自己一方想解决的问题和解决问题的方案，同时确定对谈判组长的授权范围。

（2）整理出谈判大纲，将希望解决的问题按轻重缓急排队，对要解决的主要问题和次要问题拟定要达到的目标。

（3）对谈判组成员进行训练，分析我方和对方的有利、不利条件，制定谈判策略；还应确定主谈人员，组内成员分工；并明确注意事项。

（4）若有翻译参加则应让翻译参加全部准备工作，了解谈判意图和方案，特别是有关技术问题和合同条款问题。

3. 谈判的资料准备

自己一方谈判使用的各种参考资料，准备提交给对方的文件资料以及计划向对方索取的各种文件资料清单。

注：准备提供给对方的资料一定要经谈判组长审查，以防与谈判时的口径不一致，造成被动。如果有可能，可以在谈判前向对方索取有关文件和资料，以便分析准备。

4. 谈判的议程安排

一般由业主一方提出，征求投标者意见后再确定。

注：根据拟讨论的问题来安排议程，可以避免遗漏要谈判的主要问题。议程要松紧适宜，既不能拖得太长，也不宜过于紧张。一般在谈判中后期安排一定的调节性活动，以便缓和气氛、进行必要的请示以及修改合同文稿等。

3.5.2 建设工程招标投标谈判的内容

1. 关于工程范围

承包商所承担的工作范围，包括施工、物资采购、装饰装修等。在签订合同时要做到明确具体，范围清楚，责任分明。

2. 关于合同文件

(1) 将双方一致同意的修改和补充意见整理为正式的“补遗”或“附录”，并由双方签字作为合同的组成部分。在“补遗”或“附录”中写明原标书哪些条件由“补遗”或“附录”中相应的条款替代。

(2) 应当由双方同意将投标前业主对各投标人质疑的书面答复或通知，作为合同的组成部分。这些答复或通知，既是标价计算的依据，也可能是今后索赔的依据。

3. 承包商提供的施工图纸是正式的合同文件内容。不能只认为“业主提供的图纸才是合同文件”。

应该表明“合同协议同时由双方签字确认的图纸均属于合同文件”。以防业主借补充图纸的机会增加工程内容。

4. 对于作为付款和结算工程价款依据的工程量及价格清单，应该根据谈判阶段作出的修正重新整理和审定，并经双方签字。

5. 签字前必须全面检查，对于关键词语和数字反复核对。必要时，最后的合同文件，包括“补遗”、“附录”向律师或咨询机构咨询，使其正确无误。使用严谨、周密的法律语言，不能使用日常通俗语言或“工程语言”。

此外，谈判的内容也应该包括双方的义务、劳务问题、材料和操作工艺、工程的开工和工期、工程的变更和增减、施工机具、设备和材料的进口、不可抗力和特殊风险、争端、法律依据和付款等与本工程息息相关且十分重要的问题。

3.5.3 评标和决标前的谈判

承包商要求向业主或招标人递交投标书后，业主或招标人即在规定的日期、地点、时间当众开标，宣布所有投标者送来的投标书中的投标者名称和报价，使全体投标者了解各家的标价和顺序。根据招标投标顺序，业主或招标人往往会通过评审委员会的初步评选(或称评标)，当众公布最有可能被接受的几个投标者(一般为2～3家)。如果投标者进入最有可能被接受的投标者行列，则说明投标者已经具有了进一步谈判和取得项目的可能。业主往往会采用以个别邀请或约见的方式，要求承包商进行澄清或商谈。从工程谈判的基本阶段来说，此时就进入了讨价还价、磋商或称竞争性谈判阶段。对承包商来讲，这个阶段是通过谈判手段力争拿到项目的阶段，谈判工作是本阶段的主要任务。有时由于评标阶段长达四、五个月或半年，这种个别约见和商谈往往要进行多次。澄清或商谈的问题主要是技术答辩以及价格、合同条件等问题的会谈和磋商。对一些大型项目，业主很少能接受获胜标重的全部内容和承包商另外提出的一些条件和要求。通过商谈，双方讨价还价，反复磋商，逐步达成谅解和一致。必要时业主在发出中标通知函前，双方还要先达成谅解备忘录。这种评标和决标阶段的竞争性谈判，也称标前谈判。

标前谈判是工程承包项目决标前业主与承包人举行的谈判。通常，在评标结束后，评标机构或业主推荐或确定评标价较低的前1～3名投标人依次作为中标候选人然后由业主通过谈判，作出授标决定并报请业主决策层或投资机构批准。由此类谈判将决定评标价较低的投标人能否中标，以及业主能否选定满意的承包商，因此对于合同的任一方都至关重要。对于规模较大的项目，除了各方的授权代表外，当事方还可能邀请相关的合同、法律专家与会，业主方一般还会邀请咨询工程师（如果已确定的话），政府主管官员、甚至投资方的代表参加谈判。

从理论上讲，标前谈判与一般的合同谈判一样，是当事双方在平等、自愿的基础上协商一致的过程，其谈判内容也往往会超出评标期间“澄清问题”的范围。在工程承包实践中，标前谈判还往往被认为是业主和投标人在签约之前互相讨价还价的一个机会，而业主凭借自己相对优势地位，利用投标人急于得标的心理，迫使投标人在正式签约前在某些方面作出让步，比如：要求投标人提供施工机械以增强履约能力；缩短关键工程的工期；提高履约保函的比例；增加投标人单价相对较低部分的工作量等。由于标前谈判形成的谅解备忘录或补充协议都将构成合同文件的组成部分，且其优先顺序仅次于中标函和合同协议书。因此，投标人应予以足够的重视。对于业主方提出的无理要求，投标人应据理力争，不宜轻易作出让步。如果是国际金融机构贷款的项目，投标人还可根据相关“工程采购指南”的规定，在必要情况下向该机构投诉。尽管在授标之前，银行方不会与投标人直接接触，但无论是开标前还是开标后，银行并不禁止投标人就与投标相关的问题直接向银行反映。如果银行认为投标人提出的问题正当，会就此类问题与业主交涉，要求业主作出反应或答复。事实上，包括世界银行在内的国际金融机构都有类似的规定，以保护投标人的合法权益不受损害以及整个招标投标过程的公平与公正性。

建设工程承包项目标前谈判，经常遇到的问题是：

1. 工期

工期谈判是标前谈判的重要内容之一。一般情况下，业主在谈判时会要求投标人重申某施工机械的配备、物资采购、人员进场计划及施工设施的修建、拟采用的施工方法和技术措施的适用性和充分性等，以确保合同工期的实现。投标人如无成熟的经验和充分的证据，证明自己拟投入的设备及采取的措施是适当的，就可能为了得标而屈就于业主的要求，贸然承诺增加设备及其他资源的投入，甚至接受实质上缩短了工期。

例如：世界银行贷款建设的E国某工程项目的投标过程中，F公司作为评标后的最低标受邀与业主进行标前谈判。在谈判过程中，业主抛出了一个与招标文件迥然而异的关键工期表，并威胁投标人必须给出“令业主满意的答复”，否则就终止谈判。初看来，在修改后的关键工期表中，总工期由招标文件中的1200天延长为1400天，但工程实施过程中的几个关键阶段（即与误期损害赔偿有关）的工期却分别提前了60～180天。如果接受这个条件，不仅意味着承包商在施工过程中必须加大资源投入以加快进度，而且在工程的中期就要承担高额误期损害赔偿的风险（招标文件规定：如果承包商在施工过程中无法满足某个关键工期所要求的形象进度，承包商就应支付相应的误期损害赔偿费）。据事后了解，业主之所以这么做，是由于他所委托的咨询公司拖延了评标时间，因此欲将损失的时间转嫁到承包商头上。尽管这一要求违背了世界银行"采购指南"的相关规定，但由于F公司曾长期在该国从事承包业务，自以为占尽了天时、地利、人和之便，因此在工期问题上抱有侥幸心理，在几乎没有任何抗争的情况下接受了工期的重大改变，并与业主签署了相应的合同补充文件。结果，给工程的顺利实施造成了极大的隐患。

这里值得讨论的问题是，在标前谈判的过程中，尤其是在激烈竞争的背景下，业主以终止谈判相威胁，要求投标人接受超出招标文件要求及投标书承诺的实质性内容时，投标人应当采取什么样的对策呢？在实践中，由于工程项目的背景、工程所在国的政治、社会、法律及经济环境，为项目提供贷款的金融机构对招标评标过程的监督力度及投标人在技术、经验、价格、公共关系等方面拥有的比较优势各不相同，因此不可能找到一招制胜的万应良药。投标人应根据自身对项目的预期及得标对本企业具有的现实和长远意义综合各方面的情况进行权衡，以制定相应的谈判策略。即使投标人认为业主的要求是可以接受的，也应向业主提出相应的对价要求（例如较为优惠的支付条件，业主向投标人提供某些方面的便利等）。如前所述，对于世界银行或其他大型国际金融机构的贷款项目，如果业主要求超过了该机构采购指南的规定范围，投标人可直接向该机构提出交涉。如果业主没有正当理由而终止谈判，转而与其他评标价较高的投标人谈判并授标，那么评标后最低标的投标人可向业主提出异议，并可向贷款机构投诉，以求得到一个公平合理的结果。

2. 价格

在标前谈判过程中，价格是否可以修改或谈判，这是一个非常敏感的问题。按照世行的规定：价格修改在标前是不允许的。

在工程项目的投标过程中，投标人的报价是投标书的核心组成部分。它既是投标人竞争能力的重要体现，也是评标过程中被关注的焦点。在开标后的澄清问题及标前谈判过程中，与投标价格相关的问题有两种情况是可以谈判的：

(1) 算数错误

报价中出现算数错误有两种可能：一种是疏忽所致，另一种可能是投标人为开标时能够先声夺人而有意为之。无论何种原因造成，业主均可在评标过程中予以修正，并要求投标人书面确认。如果投标人拒绝修正，则可能导致业主索赔投标保函的情况发生，投标人也因此失去中标的机会。当然，投标人出于某种原因有意放弃则另当别论。

(2) 不平衡报价

在工程实践中，不平衡报价作为一种报价策略被承包商广泛采用。不平衡报价一般有两种表现形式：

1) 将那些必定发生的工作项目的内容填报较高的价格，而将那些发生可能性不大的工作项目填报较低的价格以增加承包商的收益水平。

2) 将那些在前期发生的工作项目的内容填报较高的价格，而对后期实施的项目填报较低的价格，以有利于承包商的资金周转。在标前谈判过程中，业主往往会要求投标人对其报价的不平衡性作出解释。

对于第一种情况，业主会要求投标人对那些被认为是明显偏高或明显偏低的项目单价（或项目包干价）提出单价分析。如果投标人能够作出令人信服的解释，比如说有闲置的设备，有现成的临时设施或可供利用的库存材料，或拥有特别优惠的采购渠道，或拟采用的施工工艺可使相关的单项工程的成本大幅度降低等，业主一般不会在此类问题上过分计较。虽然目前大多数业主或招标人都未将不平衡报价作为废标的理由，但如果个别单项工程的成本在整个工程项目中所占比重较大，其投标价严重背离市场价格，而投标人又无法自圆其说时，不排除业主以投标人未正确理解招标文件的内容为由判定投标书“未作出实质性响应”。

对于第二种情况，如果价格分布的不平衡表现出严重的头重脚轻，业主在评标过程中也可能将所有投标人的报价按预计的付款进度折算为同一时间点的现值，将不平衡报价可能给业主带来的建设成本的增加计入投标人的评标价，从而在客观上削弱不平衡报价者的价格竞争优势。此外，业主还可能在标前谈判过程中要求投标人提高履约保函的比例，以保护业主的利益。尽管这种做法有违世界银行贷款采购手册的相关规定，但对于非世界银行贷款项目或政府出资项目，业主方完全可能提出此类要求。

例如：在某国际金融机构资助的 G 国的一个工程项目的开标过程中，H 公司的报价仅相当于业主标底的 60%，且评标后仍为最低价。虽然 H 公司的报价对于业主具有较大的吸引力，但业主担心该公司因价格过低可能在履约过程中出现问题，因此在决定是否向该公司授标时颇费踌躇。在标前谈判过程中，H 公司陈述了自己的经验优势和报价低于其他投标人的原因，同时认为业主的标底编制的不合理，不能作为评估价格的依据。业主就此请示贷款银行，提出了如下两个问题：

1）根据银行的工程采购程序，标底是否可以作为评标的依据？

2）如果投标人的标价偏低，中标后不能正常履约，业主如何防范由此产生的风险？

银行主管项目的官员对此做出了明确答复：

1）在招标过程中设置的标底，仅作为业主方的概算参考，而不能作为评标的依据；超过标底某百分比就作为废标的做法不符合银行“采购指南”的规定；

2）如果中标价过低可能给业主带来履约风险的话，业主可在标前谈判中，要求投标人提高履约保证金的比例，作为对业主的进一步保障。

可见，对于投标人来说，当这种情况出现时，他可根据前述的相关因素对谈判形式作出综合判断，决定是否接受业主的要求。一般来说，如投标人对自身的履约能力有充分把握，且享有良好商业信誉的话，履约保函比例的有限提高并非不可接受，则可以作出降价的决定。

在开标前夕临时决定降低投标价格是建设工程承包过程中的一种常见情况。虽然降价的方式多种多样，但在评标过程中，评标机构一般从有利于业主利益的角度计算降价的结果。比如：投标人在投标降价函中笼统宣称将投标总价降低某一个百分比，在标前谈判过程中，业主就可能要求投标人接受这样的降价结果：即先以投标总价乘以降价百分比得到降价的绝对金额，然后再乘以合同净价（即总标价减去税金、不可预见费、暂定金额等）。这样一来，在以后的合同履行过程中所执行的实际降价百分比将高于投标降价函中所承诺的百分比。为防止此类情况发生，投标人在降价函中最好述明降价的对象，如仅限于计算工程等。

当开标结果全部高出业主预算时，业主将面临如下两种选择：一是重新招标，二是与最低标的投标人进行谈判。

尽管世界银行不允许在开标之后改变投标书的实质性内容或投标价格，但当所有合格投标书的标价都大大超过业主的标前费用估算，且业主出于时间和其他方面的考虑，不愿重新招标时，世界银行容许业主与最低评标价的投标人进行谈判，以尝试通过调整合同范围或重新分配风险和责任的途径来换取合同的签订。但此类做法要事先征得银行的同意。

3. 额外利益

在标前谈判过程中，投标人为了增加胜算的把握，往往会向业主作出提供优惠条件的承诺。

例如：某国家电力公司，输变电线路安装工程招标。招标文件规定，钢芯铝绞线铝的纯度不得低于95%。评标结束后，业主欲将合同授予评标后第二最低标的投标人。虽然该投标人的评标价比最低标高出3%，但由于其所报铝线的纯度为97%，业主认为其价格高出的部分可以被减少的输电损失所抵消。然而，银行方面却对此提出了异议，其理由是招标文件只规定了对纯度的最低要求，而没有规定对较高纯度的评标标准。银行认为，在招标文件中缺乏具体规定，对超过具体标准的参数缺乏评标权重的情况下，满足和超过最低标准的投标人应受到同等对待，超过招标文件要求的最低标准而带给业主的额外利益在评标时不应考虑，因此合同仍应授予评标价最低的投标人。

在评标时不予考虑的优惠条件，在标前谈判时是否要考虑呢？可以认为：在实践中，不排除业主在不影响按正常程序选择承包商的情况下顺水推舟，接受投标人承诺的优惠条件，并将其纳入合同，从而演变为承包商的一种额外合同义务的做法。只要此类做法不违背招标文件确定的基本原则，对合同当事方的义务不产生实质性影响，银行方面一般会予以默许。

又如：某国家公路工程项目招标，来自B国的某公司为使自己的投标更具竞争力，在投标书中声明：一旦中标，将免费修补该国首都城市道路上的坑洞。开标后，尽管该公司标价最低且在评标后仍为最低。但在标前谈判时，业主仍要求该公司确认投标时所承诺的额外优惠条件，并以书面形式写进“合同补充协议”。

由于建设工程承包工程（尤其是复杂的大型工程建设项目）的标前谈判可能涉及合同、法律、技术、金融及贸易等方方面面的内容，因此要求谈判者应具备相关的业务知识，丰富的实践经验、良好的心理素质及灵活的应变能力，时刻保持清醒的头脑，不可因夺标心切而轻易在重大问题上作出让步或承诺，避免或减少因合同“先天不足”导致承包商利益受损的情况发生。

总之，建设工程承包项目评标和决标前谈判的主要内容与应对方法见表3-5。

评标和决标前谈判的主要内容与应对方法一览表　　　表3-5

谈判的准备	谈判的内容与目的	应对方法
1. 确定谈判的目标（最佳目标与底线） 2. 分析对方情况（条件、要求与策略等） 3. 预估谈判结果与拟定谈判策略 4. 技术、经济与工程资料、数据的准备	1. 价格（潜在价、调整价、变更价） 2. 工期（总工期、单位工程与单项工程工期等） 3. 确认技术文件与图纸等（与设计、施工方案相对应） 4. 改善合同条件 5. 其他	安全答语，耐心说服，投石问路，曲线求利，以逸待劳，车轮战术，限制权力，慎重让步

3.5.4 建设工程中标签约谈判

定标也称决标、中标，是指招标人根据评审委员会的评标报告，在推荐的中标候选人（一般为1～3个）中确定最后中标人；在某些情况下，招标人也可以授权评标委员会直接确定中标人。

1. 推荐中标候选人

除了“投标人须知前附表”授权直接确定中标人外，评标委员会在推荐中标候选人时，应当遵照以下原则：

（1）评标委员会对有效的投标按照评标价由低到高的次序排列，根据“投标人须知前附表”的规定推荐中标候选人。

（2）如果评标委员会根据本章的规定作否决投标处理后，有效投标不足3个，且少于“投标人须知前附表”规定的中标候选人数量的，则评标委员会可以将所有有效投标按评标价由低至高的次序作为中标候选人向招标人推荐。如果因有效投标不足3个使得投标明显缺乏竞争的，评标委员会可以建议招标人重新招标。

（3）投标截止时间前递交投标文件的投标人数量少于3个或者所有投标被否决的，招标人应当依法重新招标。

2. 中标人的确定

“投标人须知前附表”授权评标委员会直接确定中标人的，评标委员会对有效的投标按照评标价由低至高的次序排列，并确定排名第一的投标人为中标人。

3. 中标人的条件

（1）《中华人民共和国招标投标法》的相关规定。《中华人民共和国招标投标法》规定，中标人的投标应当符合下列两个条件之一：一是能够最大限度地满足招标文件中规定的各项综合评标标准；二是能够满足招标文件的实质性要求，并且经评审的投标价格最低；但是投标价格低于成本的除外。评标委员会应按照招标文件中规定的定标方法，推荐不超过3名有排序的合格的中标候选人。

（2）具体认定：

1）实行低标价法评标时，中标人的投标文件应能满足招标文件的各项要求，且投标报价最低。但评标委员会可以要求其对保证工程质量、降低工程成本拟采用的技术措施作出说明，并据此提出评价意见，供招标单位定标时参考。

2）当实行专家评议法或打分法评标时，以得票最多或者得分最高的投标人为中标人。排名第一的中标候选人放弃中标，因不可抗力不能履行合同、未在规定的期限内提交招标文件要求的履约保证金的、被查实存在影响中标结果的违法行为等情形，不符合中标条件的，招标人可以按照评标委员会提出的中标候选人名单排序依次确定其他中标候选人。依次确定其他中标人候选人与招标人预期差距较大，或者对招标人明显不利的，招标人可以重新招标。

中标候选人的经营、财务状况发生较大变化或者存在违法行为，招标人认为可能影响其履约能力的，应当在发出中标通知书前由评标委员会按照招标文件规定的标准和方法审查确认。

4. 发出中标通知书

在评标委员会提交评标报告后，招标人应在招标文件规定的时间内完成定标。中标人确定后，招标人将于15日内向工程所在地的县级以上人民政府建设行政主管部门提交施工招标情况的书面报告。建设行政主管部门自收到书面报告之日起5日内，未通知招标人在招标投标活动中有违法行为的，招标人将向中标人发出《中标通知书》，同时将中标结果通知所有未中标的投标人。

本 章 小 结

建设工程招标投标过程中所涉及的各种谈判是招标过程中十分重要的环节，直接关系到招标投标活动能否顺利进行，能否依法择优评出合格的中标人及投标单位能否顺利中标等，使项目招标获得成功。要确保招标投标谈判的成功，必须要有一个科学合理的谈判技巧和谈判知识储备。本章讲述了建设工程招标投标的基本概念及招标投标文件在编制过程中的工作程序及主要工作，重点分析了建设工程招标投标谈判的知识的介绍和投标策略与技巧的运用，并进行了相关工程的案例分析，以此来增加读者的感性认识。

思 考 题

1. 简述建设工程招标投标活动应遵循的原则。
2. 简述公开招标与邀请招标的区别。
3. 简述建设单位招标应具备的条件。
4. 在标前谈判的过程中，尤其是在激烈竞争的背景下，业主以终止谈判相威胁，要求投标人接受超出招标文件要求及投标书承诺的实质性内容时，投标人应当采取什么样的对策呢？

4 建设工程合同签约谈判

【本章学习重点】

本章叙述了工程合同谈判前的准备工作；介绍合同谈判程序及谈判策略技巧；工程合同订立程序及工程合同的主要条款；工程合同的行政监管；工程合同的审查、谈判与签订。本章的学习目标是了解工程项目在合同签约之前的谈判的整个过程和细节，重点掌握承包商合同谈判的目的和双方合同谈判的内容，了解作为一名合同谈判人员在合同签约之前应做好哪些准备工作，具备哪些素质。

4.1 建设工程合同谈判的标书与答辩

招标文件明确规定投标文件应实质性地响应招标文件的要求，虽然招标投标过程有现场勘察以及答疑和澄清的安排，但是刚性很大，不允许对投标文件和合同条件有实质性地修改，导致评标和决标常常是不科学和不完善的。而且答疑和澄清受到时间的限制，难以面面俱到，合同文件中的双方还存在着单方面的要求和设想，这需要招标投标者在合同谈判时进行协商以达到各方面的均衡和协调，使双方的责权利更加趋于平衡。承包商应利用这个机会进行认真的合同谈判，对招标文件分析中发现的合同问题和风险，如不利的、单方面约束性的、风险型的条款，争取调整和修改。可以通过向业主提出更为优惠的条件，以换取对合同条件的修改，争取利润最大化，同时使风险最小化。由于这时已经确定承包商中标，其他的投标人已被排斥在外，所以承包商在一定程度上握有主动权，承包商应积极主动，争取对自己有利的妥协方案。但在实际工程项目合同签约谈判过程中，这一过程只是停留在理论上，这一谈判过程常常被工程项目的实践工作者所忽略。

1. 标书澄清

这里我们首先阐明标书澄清的概念。标书澄清，笔者认为有三种：第一种是招标阶段的业主对招标书澄清。即在招标文件发出后，投标人根据招标文件要求准备投标文件，在准备投标文件过程中，投标方如对招标文件中的技术和商务问题有疑问，可以通过信函的方式同招标人澄清，为了给投标人充足的时间准备投标文件，招标人应在投标截止日前7天回复投标人的问题，如果招标人回复投标人的问题离投标截止期不到7天，招标人应向所有投标人发出澄清公告以延迟投标截止期。第二种是评标阶段的投标人对投标书的澄清。即在技术、商务评标期间，对于标书中模糊不清的内容应安排时间进行澄清。澄清应以书面文字的方式经商务组组长签发后对外发出，不得以电话或其他方式进行澄清，进行价格澄清时，只允许投标人对其错、漏项进行调整和补充，不得进行实质性涨/降价。第三种是合同谈判时的标书澄清，即在定标之后签约之前，业主和承包商对技术以及商务等问题和条件进行澄清和谈判协商。有时在招标投标时第二种和第三种会结合起来一起进行。

在评标过程中，招标方可能邀请投标者进行商务和技术问题澄清，有时也邀请有授标可能的投标者进行技术答辩与问题澄清谈判。在澄清的基础上选择和最终评出商务、技术条件均满足招标文件要求，施工技术方案合理，价格上可以接受（一般是符合技术要求的最低标）的投标，向该投标者发出中标通知书。

在评标过程中，根据评标标准进行技术和商务评审会淘汰一些投标者，这时业主的招标机构可能分别约见过关的投标者，特别是潜在的中标人，要求他们澄清一些评标过程中发现的问题或疑问。

2. 技术与商务答辩

前面已经阐述，不同于评标过程的标书澄清，合同谈判阶段的标书澄清，不仅只应业主的要求回答问题，也可提出自己的要求进行谈判。其谈判的双方是业主与中标的承包商，发生时间是在定标之后签订合同之前，谈判的性质是谈判协商，谈判的内容是有关技术、商务的条件，效力是成为合同的组成部分，具有合同效力。那么在标书澄清过程中的技术与商务等的答辩就成了承包商最重要的工作。

（1）创造性地进行技术答辩

技术方案，价格和合同条件是签约谈判的主题。而技术方案的先进性和可靠性则是其他谈判的前提，也是项目能否成功的前提。因此，签约谈判一般总是先集中于技术谈判，或业主要求承包商技术答辩，在技术谈判取得满意结果后再进行商务谈判。技术答辩，一般可能会包含以下内容：使业主了解施工组织设计如何实施，如何保证按时完工保证工期，对技术难度大的部位将采取什么重要技术措施，并相应详细阐述投标书中的比较方案或备选方案，对施工材料、设备、人员进行进一步的澄清；业主会要求承包商对其具有某些特点的设计方案、施工方案、采购管理等作出进一步的解释，证明其可靠性和可行性，澄清各方案对工程价格可能产生的影响；也可能要求补充其选用设备的技术数据和说明书；要求承包商补充说明其设计、施工经验及执行项目的能力，包括提供有关的操作程序，相关规范及项目执行计划的补充说明；部分工程技术上的专业分包介绍等。

（2）商务答辩以确保满意合理的报价

对于价格方面，业主可能会要求承包商补充的内容包括：补充报送某些报价计算的细节资料；补充说明履约保证金的缴纳、付款方式、付款节点和比例；解释说明专业或租赁等包含的具体细节费用；确定因为分包原因导致工期延后的违约金及违约金缴纳等。承包商对此也要积极地准备，准确地说明价格所包含的内容和范围，全面地描述出价格的明细。此外，承包商还要能够清楚地分解出各种开支的性质，以便按照税法的要求，缴纳有关的税费，防止因未能分清不同性质的项目而以最高税率纳税，增加额外支出。

4.2 建设工程合同谈判的目的

根据《中华人民共和国合同法》的规定，合同当事人的法律地位平等，一方不得将自己的意志强加给另一方，当事人应当遵循公平原则确定各方的权利和义务。合同谈判一般已经非常明确的目的有三个：①为合同的执行减少阻力；②使风险分配更为合理；③争取合理的合同权利及经济利益。但是尽管招标文件与投标文件已很全面地确定了承包合同的内容，但在工程承包中，很少直接以这些文件为合同文本内容直接就签订合同，业主通常还要与中标的承包商进行合同谈判，敲定最后合同文本，签订合同。因此双方尽管是合作关系，但双方的直接经济利益是相反的，合同谈判双方各自的目的是不一样的。本节将分别站在业主和承包商两者的角度介绍各自的合同谈判目的。

4.2.1 业主的谈判目的

站在业主的角度，业主要为自己争取最大的权利和经济利益。因此，业主希望进一步就合同内容与承包商进行谈判的原因可能有以下几点：

(1) 确认承包商实力。业主通过谈判与已经中标的承包商代表和有关技术人员进行接触和交谈，这让业主能够进一步确信和了解承包商在技术、经验、资金、人力资源、物力资源和管理能力等方面的实力，并确保承包商能够令人满意地圆满实施承包合同所规定的内容，能够有能力顺利完成工程项目的施工。

(2) 对局部变更的确认。在合同签约之前，承包商和业主会讨论并共同确认某些局部变更，包括设计的局部变更、技术条件或合同条件的变更等；业主也可能会采用中标承包商的建议方案；或业主有意改变一些商务和技术条款，这样可能导致合同基本条件即价格、质量标准和工期的变动，为此有必要与承包商通过谈判达成一致。

(3) 对标价进一步确认。在评标以及标书澄清或商务答辩过程中，承包商可能会对有关标价进行修订。对于承包商在评标过程中有关标价的修订，业主需要承包商正式的书面确认。

(4) 对报价不合理的价格进行核查与调整。对投标书中业主认为报价不合理的价格进行核查和合理地调整，使标价合理地降低。

(5) 对双方过去已达成一致的条款进一步确认与具体化。

(6) 要求承包商进一步降价。业主为了自己的经济利益，可能会在允许的情况下提出要求承包商降价，做到在双方自愿的基础上就价格进行调整。

4.2.2 承包商的谈判目的

对于双方来说，合同谈判不同于评标过程中的问题澄清，一问一答，承包商不能向业主提出什么要求。这时不同了，双方都可以提出要求。

承包商谈判的目的，即为承包商通过谈判希望解决的问题。要达到目的，对谈判形势要有一个清醒的认识。要做到认清谈判形势，承包商首先就要做到以下三点：

(1) 认清自己的地位变化。这时谈判局面已有所改变，承包商已由过去的处于被人裁定的卖方地位转变为可以与业主及其咨询人员或未来的工程师同桌谈判的项目合伙人的地位。

(2) 把握谈判的基础。对于承包商来说，无论投标还是谈判，其最终目的都是要拿到这个项目，并且一旦合同签约，这种有法律约束的合同关系将会保持很长时间，无论是承包商还是业主都要把握的谈判基础就是保持和以前谈判的连续性，谋求共同利益，建立合作伙伴关系，使双方能够在较好的气氛下保证项目的顺利实施和建设成功。

(3) 了解自己在谈判过程中受到的限制。尽管承包商在此时地位改变，承包商可以利用这一有利的地位，对合同文件中的关键性条款，尤其是一些不合理的条款，进行有理、有利、有节的谈判。认清了谈判形势后，这时承包商就有了一定的心理准备和信心，进而进一步确定谈判的目标。一般来说，承包商的主要谈判目的有以下几点：

1) 澄清投标文件中尚未澄清的一些商务、技术条款、质量条款和竣工验收条款。

2）争取尽可能地改善合同条件，谋求公正，使自己的合法权益得到保障。

3）对项目实施过程中可能遇到的问题（如关税、劳务进口、支付期限、图纸审查和批准周期等）提出要求，力争将这些内容确定为合同条款，以避免或减少今后实施过程中的风险。

4）对业主提出的商务、技术条件的变更，应争取相应地调整价格，以争取更为有利的合同价格。

此时，承包商需要明确的问题是中标后的合同谈判不同于议标的合同谈判。业主和承包商都希望通过谈判签订一份对自己一方更为有利的合同，双方要进行讨价还价。但双方都要受招标文件、投标文件中的商务条款与技术条款的约束，这些条款是谈判的基础，任何一方都有权拒绝对方超出原招标与投标文件内容的要求。

4.3 建设工程合同谈判准备

在开始谈判前，一定要做好准备工作，只有这样才能在谈判中争取主动。为此，要想获得满意的谈判结果，承包商就应充分重视谈判的前期准备工作，对谈判人员、对手情况、项目信息等方面进行充分调研和分析，确定谈判目标及内容，制定合理的谈判方案和策略，并安排模拟谈判。谈判准备对双方都重要，本节是从承包商的角度来介绍谈判的准备工作。

4.3.1 组建谈判小组

有力的谈判团队是合同谈判的首要保障。广义来讲，工程合同谈判一般可由三部分人员组成：一是懂建筑方面法律法规与政策的人员。二是懂工程技术方面的人员。三是懂建筑经济方面的人员。谈判小组团队的组建应本着需要原则，不求人多，只求紧凑合理、各司其职。

根据以上三类人的理论，谈判小组一般由3～5人组成，首先小组中要有一位有着丰富的谈判经验、能驾驭整个谈判过程的谈判小组组长，谈判小组成员一般由参加投标书编制的经验丰富的技术人员、熟悉合同条款的商务人员、律师和在国际工程项目中熟悉项目所在地情况及了解一定专业知识的翻译人员组成。谈判小组选定之后，就要进行内部分工，派定谈判角色，以便在谈判桌上角色分明、相互配合、各有重点、进退自如。小组成员的大致分工一般为：

（1）商务人员或律师，负责一般合同条款、特别行政条款、招标行政资料的研究。

（2）技术人员，阅读和熟悉当地规范和针对本工程的特殊规范。

（3）翻译人员，负责当地有关信息的收集，了解当地市场、项目特殊情况的一些资料。

（4）组长，负责对业主要求资料的响应或反对，并作为谈判发言人。

此外，除了谈判小组成员还应配备后方支持小组，后方支持小组随时给前方谈判小组提供有利的信息，提供针对相应问题状况等的策略方法等，只有前后方共同努力才能使谈判成功。

4.3.2 信息资料收集分析

这些资料的内容包括对方的资信状况、履约能力、发展阶段、已有成绩等，还包括工程项目的由来、土地获得情况、项目目前的进展、资金来源等。这些资料的体现形式可以是承包商或业主通过合法调查手段获得的信息，也可以是前期接触过程中已经达成的意向书、会议纪要、备忘录、合同等，还可以是对方对己方的前期评估印象和意见，双方参加前期阶段谈判的人员名单及其情况等。

了解对方的同时也要进行自我分析，即对自身的信息进行分析整理。比如考虑自身的优势特长，项目资金是否充足，技术是否先进，从而能够使己方在谈判中清楚地利用自己的优势来争取更多的利益，规避更多的风险，所以谈判中最重要的制胜因素还是己方自身的实力，实力才是谈判的基础。

项目背景的材料不仅包含项目本身，还包括项目所处的外部环境信息。尽量在谈判中争取对己方有利的条件，有效地规避风险。

4.3.3 谈判主体情况分析

信息资料收集完全后就可以进行谈判主体的全面分析，包括自我分析和对手分析。

首先是自我分析，孙子兵法有云："知己知彼，百战不殆"。因此，谈判的准备工作就要做好，既要做好自身分析，也要做好对手分析。

1. 对己方的分析

签订工程施工合同之前，首先要确定工程施工合同的标的物，即拟建工程项目。在发包实践中，发包方往往单纯考虑承包方的报价，不全面考察承包方的资质和能力，这只会导致合同无法顺利履行，受损害的还是发包方自己。因此，全面考察选择一个合适的承包方，是发包方最重要的准备工作。

对于承包方而言，在获得发包方发出的招标公告或通知的消息后，不应一味盲目地投标，首先应该做一系列调查研究工作，承包方需要了解下列问题：工程建设项目是否确实由发包方立项？项目的规模如何？是否适合自身的资质条件？发包方的资金实力如何等？这些问题可以通过审查有关文件，譬如发包方的法人营业执照、项目可行性研究报告、立项批复、建设用地规划许可证等加以解决。

2. 对对方的分析

对对方的基本情况的分析主要从以下部分入手：

对对方谈判人员的分析，即了解对手的谈判组由哪些人员组成，了解他们的身份、地位、权限、性格、喜好等，以注意与对方建立良好的关系，发展谈判双方的友谊。

对对方实力的分析，指的是对对方资信、技术、物力、财力等状况的分析。在当今信息时代，很容易通过各种机构和组织以及信息网络，对我国公司的实力进行调研。

实践中，对于承包方而言，一要注意审查发包方是否为工程项目的合法主体。发包方作为合格的施工承发包合同的一方，对拟建项目地块应持有立项批文、建设用地规划许可证、建设用地批准书、建设工程规划许可证、施工许可证等证件，这在《中华人民共和国建筑法》第七条、第八条、第二十二条均作了具体的规定。二要注意调查发包方的资信情况，是否具备足够的履约能力。对于无资质证书承揽工程、越级承揽工程、以欺骗手段获取资质证书或允许其他单位或个人使用本企业的资质证书、经营执照的，该施工企业须承担法律责任；对于将工程发包给不具有相应资质的施工企业的，《中华人民共和国建筑法》亦规定发包方应承担法律责任。

3. 对谈判目标进行可行性分析

分析工作中还包括分析自身设置的谈判目标是否正确合理、是否切合实际、是否能为对方接受，以及对方设置的谈判目标是否正确合理。

【案例 4-1】

2010 年印度提出在未来 10 年内将把加快基础设施建设放在突出位置，这为我国承揽印度工程项目总承包提供了机遇。在涉印工程总承包合同谈判的整个过程中，我国承包商于印度业主就工程相关的一系列问题进行了一轮又一轮、非常艰辛的谈判。我国承包商在此过程中冷静地分析出我方在语言、综合能力、心理素质以及在谈判地位上的劣势：

语言上，涉印工程总承包谈判的语言是英语，而英语作为印度的官方语言，其民众普及度远高于中国，尤其是受过教育的印度人，无论是交流、谈判及合同条款的编写，都可谓流畅自如，而这是相当多的国内承包商进入印度市场的首要障碍。而大多数印度人说的英语带有很强的地方特色，不易听清。这些都是我方的劣势，我方在谈判前通过谈判人员自身素质的修炼或借助外界的力量努力克服语言上的障碍。

综合能力上，印度的大部分谈判人员都属于复合型人才，精通商务、法律、外贸相关专业，同时还擅长电脑、财务等知识，其成员的谈判能力都堪称一流。此时，我方的各谈判人员就不能只精通自身的专业，而是要对其他领域都要有所涉猎。应对对方高效的人员，我方也要组成一支精简高效的谈判队伍。

心理素质上，印度业主的团队在自己的国家谈判，对环境很熟悉，心理上有更大的优势。中西文化的差异，印度当地的用餐时间相对较晚，印度的业主人员大多数习惯夜间作业，面对谈判很可能会采取疲劳战术，我方团队心理上就要做好充分的准备，具备坚强的意志力。

案例 4-1 说明承包商在进行国际工程投标时，更要进行自身的劣势分析，并提前想出一定的解决办法，更要考虑到解决问题和劣势的成本，否则就会导致承包商亏损。一般来说，在谈判地位上，不论什么工程项目，业主的优势都是显而易见的。谈判桌上业主方盛气凌人，动辄就拿你与其他竞争者作比较，细数他们的种种优势尤其是价格。这时承包商就要用自己的实力证明自己的技术过硬，足够先进，和项目匹配，力争业主的信任。

4.3.4 制定谈判开局策略

谈判的开局阶段是指谈判双方见面后，在进入具体交易内容之前，相互介绍、寒暄以及就谈判内容以外的话题进行交谈的那段时间和过程。开局的唯一目的就是为了谈判创造一个适宜的氛围。谈判的开局是整个商务谈判的起点，开局的效果很大程度上决定着整个谈判的走向和发展趋势。因此一个良好的开局将为谈判成功奠定基础，谈判人员应给予高度重视。

在开局阶段，谈判人员的主要任务包括：

1. 创造良好的谈判气氛

根据互惠谈判模式的要求，谈判双方应共同努力，寻求互惠互利的谈判结果。经验证明，在非实质性谈判阶段所创造的气氛会对谈判的全过程产生重要的影响。为创造一个良好、合作的气氛，谈判人员应当注意以下几点：

第一，谈判前，谈判人员应安静下来，设想谈判对手的情况。第二，谈判人员应径直步入会场，以开诚布公、友好的态度出现在对方面前。第三，谈判人员在服饰仪表上要塑造符合自己身份的形象。第四，在开场阶段，谈判人员最好站立说话，最好自然地把谈判双方分成若干小组，每组都有各方的一两名成员。第五，行为和说话都要轻松自如。第六，注意手势和触碰行为。总之，谈判气氛对谈判进程极为重要，谈判人员要善于运用灵活的技巧来影响谈判气氛的形成。只有建立起诚挚、轻松的合作洽谈气氛，谈判才能获得理想的结果。

2. 交换意见

开局阶段应明确以下几点，即“4P”：

（1）目标（Purpose）：所谓谈判的目标是指双方所明确表述出来的对此次谈判所期望达到的目的和意图，明确双方为什么要进行此次谈判。

（2）计划（Plan）：所谓计划是指谈判的议程安排表。在计划中具体涉及在整场谈判活动中，双方所要涉及的议题以及双方必须遵守的规程。

（3）进度（Pace）：所谓进度是指双方在会谈过程中进展的速度。

（4）个人（Personalities）：这里讲的个人是指谈判各代表中每个成员的具体情况，包括姓名、业务职衔以及在此次谈判中的权力、地位和作用。

3. 开场陈述

在报价和磋商之前，为了摸清对方的原则和态度，可作开场陈述和倡议。开场陈述即双方分开阐明自己对有关问题的看法和原则，重点是己方的利益，但不是具体的，而是原则性的。

开场陈述的方法：从表达效果区分，可分为明示和暗示；从表达形式上区分，可分为书面形式、口头形式、书面表达并作口头补充。

开场陈述应注意的问题：不要忙于自己承担义务；不要只看中眼前利益；不管心里如何，都要表现的镇定自若；要随时纠正对方的某些概念性错误。

陈述内容通常包括：己方对问题的理解，即己方认为这次应涉及的问题；己方的利益，即己方希望通过谈判取得的利益；哪些方面对己方是至关重要的；己方可向对方作出的让步和商谈事项；己方可采取何种方式为双方共同获得利益作出贡献等。

对于对方的陈述，己方一是倾听，二是明确对方陈述内容，三是归纳。双方分别陈述后，需作出一种能把双方引向寻求共同利益的陈述，即倡议。倡议时，双方提出各种设想和解决问题的方案。

4. 开局阶段的影响因素

不同内容和类型的谈判，需要有不同的开局策略与技巧与之对应。为了结合不同的谈判项目，采取恰当的策略与技巧进行开局，需要考虑以下几个因素：

（1）看谈判双方的业务关系

根据谈判双方之间的关系来决定建立怎样的开局气氛、采用怎样的语言以及何种交谈姿态。具体包括以下4种情况：

1）谈判双方有很好的业务合作。在这种情况下，开局阶段的气氛应该是热烈、友好、真诚、轻松愉快的。

2）谈判双方有过业务往来，但关系一般。那么，开局的目标仍要争取创造一个比较友好、随和的气氛，但谈判人员在语言上的热情程度应有所控制，内容上可以简单地说说双方过去的业务往来，在适当的时候，自然地将话题引入实质性谈判。

3）谈判双方有过不尽如人意的业务往来。语言上在注意礼貌的同时，应比较严谨，甚至带一点冷峻；内容上可以对过去双方业务关系表示遗憾，以及希望通过本次磋商来改变这种状况，在适当的时候，可以慎重地将话题引入实质性谈判。

4）谈判双方从未有过业务往来。那么，开局应力争创造一个友好、真诚的气氛，以淡化和消除双方的陌生感，以及由此带来的防备甚至略含敌对的心理，为实质性谈判奠定良好基础。

（2）看谈判双方的个人感情

谈判是人们相互交流思想的一种行为，个人感情会对交流的过程和效果产生很大的影响。如果双方谈判人员过去有过交往和接触，并结下了一定的友谊，那么开局即可畅谈友谊。实践证明，一旦谈判双方建立了良好的个人感情，则对谈判的妥协、让步、成交会有所促进。

（3）看谈判双方的实力

就双方的谈判实力而言，分为以下三种情况：

1）双方谈判实力大致均衡。为防止一开始就强化对方的戒备心理和激起对方的敌对情绪，以致使这种气氛延伸到实质性阶段而使双方互不买账、一争高低从而造成两败俱伤的局面，开局阶段要注意创造一个友好、轻松的气氛。谈判人员的语言和姿态要做到轻松而不失严谨、礼貌而不失自信、热情而不失沉稳。

2）己方谈判实力明显强于对方。为使对方清醒地认识到这一点，并在谈判中不抱过高的期望值，从而产生威慑作用，同时又不致将对方吓跑。开局阶段的谈判，己方在语言和姿态上，既要表现得礼貌友好，又要充分显示出己方的自信和气势。

3）己方谈判实力弱于对方。为不使对方在气氛上占尽上风而影响实质性谈判，开局阶段己方在语言和姿态上，既要表示友好和积极合作，也要充满自信、举止沉稳、谈吐大方，而使对方不至于轻视己方。

开局阶段的策略主要包括：

（1）一致式开局策略

一致式开局策略的目的在于创造取得谈判成功的条件。运用一致式开局策略的方式还有很多，比如，在谈判开始时，以一种协商的口吻来征求谈判对手的意见，然后对其意见表示赞同和认可，并按照其意见开展工作。运用这种方式应该注意的是，用来征求对手意见的问题应该是无关紧要的问题，对手对该问题的意见不会影响我方的利益。另外在赞成对方意见时，态度不要过于献媚，要让对方感觉到自己是出于尊重，而不是奉承。

（2）保留式开局策略

保留式开局策略是指在谈判开始时，对谈判对手提出的关键性问题不作彻底地、确切地回答，而是有所保留，从而给对手造成神秘感，以吸引对手步入谈判。

应注意的是，在采取保留式开局策略时不要违反商务谈判的道德原则，即以诚信为本，向对方传递的信息可以是模糊信息，但不能是虚假信息。否则，会将自己陷于非常难堪的局面之中。

（3）坦诚式开局策略

坦诚式开局策略是指以开诚布公的方式向谈判对手陈述自己的观点或想法，从而为谈判打开局面。

例如，某市一位市领导在同外商谈判时，发现对方对自己的身份持有强烈的戒备心理，这种状态妨碍了谈判的进行。于是，这位市领导当机立断，站起来对对方说道："我是市领导，但也懂经济、搞经济，并且拥有决策权。我们摊子小，并且实力不大，但人实在，愿意真诚与贵方合作。咱们谈得成也好，谈不成也好，至少你这个外来的'洋'先生可以交一个我这样的'土'朋友。"寥寥几句肺腑之言，打消了对方的疑惑，使谈判顺利地向纵深发展。

坦诚式开局策略比较适合有长期合作关系的双方，以往的合作双方都比较满意，双方彼此比较了解，不用太多的客套，减少了很多外交辞令，节省时间，直接坦率地提出自己的观点、要求，反而更能使对方对己方产生信任感。采用这种策略时，要综合考虑多种因素，例如，自己的身份、与对方的关系、当时的谈判形势等。

坦诚式开局策略有时也可用于谈判力弱的一方。当己方的谈判力明显不如对方，并为双方所共知时，坦率地表明己方的弱点，让对方加以考虑，更表明己方对谈判的真诚，同时也表明对谈判的信心和能力。

(4) 慎重式开局策略

慎重式开局策略是指以严谨、凝重的语言进行陈述，表达出己方对谈判的高度重视和鲜明的态度。其目的在于使对方放弃某些不适当的意图，以达到把握谈判的目的。

慎重式开局策略适用于谈判双方过去有过商务往来，但对方曾有过不太令人满意的表现的情形。己方要通过严谨、慎重的态度，引起对方对某些问题的重视。例如，可以对过去双方业务关系中对方的不妥之处表示遗憾并希望通过本次合作能够改变这种状况。

当然，慎重并不等于没有谈判诚意，也不等于冷漠和猜疑，而是为了通过慎重的态度来给对手施加压力或者观察对手，这种策略正是为了寻求更有效的谈判成果而使用的。

(5) 进攻式开局策略

进攻式开局策略是指通过语言行为来表达己方强硬的姿态，从而获得对方必要的尊重，并借以制造心理优势，使得谈判顺利地进行下去。采用进攻式开局策略一定要谨慎，因为，在谈判开局阶段就设法显示自己的实力，使谈判开局就处于剑拔弩张的气氛中，对谈判进一步发展极为不利。

进攻式开局策略通常在以下情况下使用：发现谈判对手在刻意制造低调气氛，这种气氛对己方的讨价还价十分不利，如果不把这种气氛扭转过来，将损害己方的切身利益。

(6) 挑剔式开局策略

挑剔式开局策略是指开局时，对于对手的某项错误或礼仪失误严加指责，使其感到内疚，从而达到营造低调气氛，迫使对方让步的目的。

4.3.5 制定谈判方案

制定谈判方案是合同谈判准备工作的核心。谈判方案是建立在知己知彼的基础上制定的，因此制定谈判方案的工作要排在自我分析和对手分析之后。谈判方案的内容包括：确定谈判程序，包括谈判目标、议程和进度；确定谈判范围，谈判范围是指由谈判的上限和下限构成的空间范围或是理想目标和"最低底线"目标构成的范围；谈判过程中的协调与控制，包括程序的协调与控制和过程的协调与控制；谈判的思维准备，其中包括三种角色的思维准备：发话人、受话人、控制人；谈判类型选定，比如建设性谈判、进攻性谈判等。其中后三项内容里就涵盖了一些谈判的策略和技巧，如能够打破僵局控制进程的休会策略、高起点策略、最后期限策略等。制定谈判方案后，应进行实战演练，组织模拟谈判，使己方争取更大的成功。

1. 确定谈判程序

谈判程序可以说是合同谈判的流程，承包商或业主在确定谈判程序时，需要确定谈判目标、谈判议程以及谈判进度。

(1) 确定谈判目标

谈判目标就是谈判双方对谈判的期望，想从对方手里得到的目标。根据收集的资料及谈判主体双方的全面分析，以及认真对招标资料及合同条款等的研读，找出容易出现缺陷、漏洞及风险的地方，比如应审查编制的每一条特殊合同条款，高度关注有关付款比例、付款方式、付款时间、质保金扣除与返还时间、业主风险等条款。承包商还应再次认真研读项目的技术规范，防止疏忽与遗漏。由于投标过程时间紧迫，可能未能发现业主在技术规范中的要求，影响投标报价，对于大型工程这可能是致命的。承包商发现这类问题后要主动作为，采取补救措施，认真准备，在合同谈判时争取将损失降到最小。无论是承包商还是业主都应认真分析技术方案，并推测对方可能提出的问题，承包商在谈判前要准备一系列相似案例证明方案的可行性。推测出对方提出的问题后，就能够列出需要解决的问题清单以及谈判的目标。确定谈判目标时要有这样的概念：既然是谈判就不可能事事符合自己的意愿，一定就能实现理想的目标。因而可以根据问题的轻重缓急，确定要据理力争的理想目标，又要设置有逐步妥协“退而求次之”的目标，和“最后底线”目标的思想准备。

(2) 确定谈判议程

谈判议程即谈判计划，就是先讨论什么，后讨论什么。在制定议程时，就要根据谈判策略，来谨慎地制定。如先讨论比较难解决的问题或比较高的谈判目标，会使对方高估己方的“最低底线”，从而使得对方在谈判中作出更多的让步。如果没有议程，谈判会议就会缺乏导向，谈判或是讨论就是无次序或紊乱的，会议也将成为难以控制的自由论坛，也会滋生各种不必要的争论和分歧，同时也会造成己方的谈判目标或问题出现遗漏，而且会浪费时间。

(3) 确定谈判进度

谈判进度即谈判议程的时限。如果谈判者没有时间概念，讨论就会拖延，谈判的时间越长，就越会导致谈判者精神不集中，甚至会导致谈判失败。

2. 确定谈判范围

一个有经验的谈判者会给自己的谈判限定一个合理、明确的谈判范围。用理论术语来表达就是要限定谈判的空间和时间。即给上文中谈判程序的三个方面都限定一个合理的范围，并赋予适当的弹性，设置一定的可调整空间，这样一方面在谈判时可以具有一定的回旋余地，不致在出现一些分歧时导致谈判的僵局和谈判失败。另一方面又有明确的妥协和让步界限，不致失控。谈判空间一旦确定后，在谈判时就要根据谈判空间，力争达到目标的最高限，即“理想目标”，在和对方讨价还价时，最低不能超过最低限。但是有时也要视情况而定，既要考虑谈判目标的重要性，又要考虑双方今后合作关系的发展前景。但是如果此时，承包商或是业主想打开某一领域的市场或想和对方合作共同完成后续还会有很多类似的潜在的工程项目时，这时就可能适当地故意压低最低限或降低投标报价，以获得今后更多的合作机会和利益。

谈判时间限制就是谈判议程和进度所需时间的限制，无论是从谈判的协调和控制的角度或是从谈判的策略和技巧的运用角度，对谈判时间的控制都是必需的。拖延时间的谈判和“马拉松”式的谈判只有从战略或是一定的谈判技巧或策略上有特殊要求才是作为一种策略来采用的。

3. 谈判过程中的协调与控制

在建立谈判程序和限定范围以后，还需要拟订一些谈判过程中的协调和控制措施，以便使谈判能够按照建立的程序和限定的范围较顺利地进行。首先在谈判程序上协调一致，不是强加于人。这不仅会使从会谈一开始就增强了会谈的亲切气氛，而且可减少谈判者头脑的超负荷和不确定性，避免心理上的怀疑和困惑，建立彼此的信任感。因此，谈判程序的协调一致是控制谈判进展的基本措施。另外，在谈判过程中的协调和控制措施还需要包括两个方面，即议程的协调和控制以及时间的协调和控制。一个老练的谈判者总是试图使谈判按议程中双方协调一致的重要点逐项进行，而且要竭力抑制一些没有用的讨论，并防止把很多时间消耗在琐事上。但是，要做到这一点是不容易的，因为谈判者在谈判桌上往往会情不自禁地把全部精力集中在问题的讨论上，而不会把精力集中在钟表和时间上。因此，通常的做法是，如果是以小组形式谈判，就可以指定一个小组成员专门关心和负责议程和时间的控制，及时提醒小组领导。也可以由小组领导主要起协调和控制作用，掌握议程和时间，细节讨论则发挥小组成员专长去进行。协调和控制议程和时间对谈判双方都有好处，可以有力地驾驭谈判的进程，提高谈判的效率，抓住主要事项，按照预定的进度进行谈判，并能限制琐事的讨论，堵塞不相干的事项。

4. 谈判的思维准备

谈判的思维准备是合同谈判知识的基础和依据。因为思维是人类运用知识的一种运动。苏联心理学家认为：“思维是对依据提出的任务的内容和形式而选择出来的那些知识的运用……知识是思维的最初动力、基本手段和最后结果。”每场谈判都是知识、技巧和经验的较量。任何谈判需要按 3 种角色事先组织和准备谈判思维，当然这也涉及了谈判策略里的角色分工，即一场谈判中需要 3 种角色，分别发挥 3 种功能：发话人或发言人、受话人或聆听人以及控制人或主持人，这 3 种角色分别有各自不同的谈判思维。

发话人的谈判思维是集中体现我方作为发话人进行发言的谈判思维。它要求头脑十分清晰、条理十分清楚地反映出己方的观点和设想。这就要事先准备好发言提纲，将谈判思维简化、深化后提炼成言简意赅的发言稿，并列出关键词。

受话人的谈判思维是要根据谈判目标和问题，能够集中反映需要谈判对手回答和提供的信息和意见。经验表明，人们在反应客观事物时，都有自己独特的心理活动方式和思维方式。决不会有两个人在谈判过程中接受完全同等的信息。因此，在激烈的争论中，经常发生这样的情况：有的谈判者竟然会全然听不到对手的重要信息；有的谈判者则完全误解了对方的信息，导致谈判的思想混乱，增加问题的不确定性和谈判双方的不信任度。因此，受话人就要做到精神高度集中，必要时要记录对方传达的重要信息，及时提供给发话人和控制人，使三种角色密切配合。

5. 谈判类型选定

关于谈判的基本类型，主要有两种划分方法。一种是按照谈判目标或谈判任务和内容进行划分的，例如合资企业谈判、联营体谈判、融资谈判、技术引进谈判、进出口贸易谈判、建设项目谈判、BOT项目谈判、国际劳务合作谈判、索赔谈判等。另一种是按照谈判双方所采取的态度和方法进行划分的，例如软式谈判、硬式谈判、原则式谈判、友好型谈判、立场型谈判、建设型谈判、进攻性谈判等。

根据项目谈判经验，我们把工程合同谈判主要分为建设型谈判和进攻型谈判两种基本类型。

(1) 建设型谈判。这是工程谈判在基本阶段的各个阶段所要采用的主要类型，是本书主要推荐的谈判类型，也是从事工程谈判工作的大部分专家、学者都竭力主张采用的主要类型。目的不仅在于通过建设型谈判，能够达成协议，签订合同，而且在于签订合同后，能够进行友好合作，取得项目的成功。建设型谈判的主要特征如下：

1) 基本态度和行为都应是建设型性的，希望通过谈判建立起建设型关系，相互尊重、相互信任，为共同利益建设性地工作。

2) 谈判的气氛应该是亲切、友好、合作、诚心诚意和讲求实效。

3) 在谈判过程中注意运用创造性思维去开发更多的可行性设想和选择性方案以期创造共同探讨的局面，达成双方都能接受的协议。

4) 不强加于人、不伤害对方，避免相互指责或谩骂攻击，防止冲突或破裂。

当然，采用建设型谈判不意味着要无原则地迁就或委曲求全，而是要坚持说理斗争，以理服人。

(2) 进攻型谈判。在工程谈判领域里，有些国家的谈判者习惯或喜欢采用进攻型谈判。本书不推荐把这种谈判类型作为主要类型。从事工程谈判的大部分专家、学者也不主张把它作为主要的谈判类型，而是主张在以下两种情况下有限度地使用：

1) 面对强权和无情的对方，或是对方无克制地采用进攻型谈判，为了进行有效地防卫和反击，维护本身利益时，可以适当采用，迫使对方在付出代价的基础上获取可能的回报的方法。

2) 当本身的地位或谈判力度有了变化、已由卖方转为买方或是明显处于优势时，为了谋求更好地利益，可以有限度地采用，但应注意不要滥用权力和地位，强迫对方弃利就范，以防对方以后伺机反击或报复。

进攻型谈判的主要特征如下：

1) 基本态度和行为都是进攻性的。不是相互信任，而是谈判的每项接触都对对方抱有怀疑态度。

2) 谈判的气氛是紧张的，有时看来也是热烈的，但不是亲切、真诚的，而是武断、固执、进攻和咄咄逼人的。

3) 行为准则所依据的“得/给”哲学是：基本目的是“得”，对另一方提出的要求总是小心留神地“给”。首先是“得”，先“得”后“给”，“得”的越多越好，“给”的越少越好。有时例外先“给”一点，只是为了获得谈判的凝聚力，是为了“吃小亏占大便宜”。

4) 在谈判过程中从不开诚布公，而是深藏不露。按照设定的谈判界限不妥协、不出界，施加压力，迫使对方让步。

每个谈判阶段的谈判，由于谈判者身份、地位的变化，或是由于面对强势的对手，也可以根据需要适当改变谈判类型。在制定谈判方案时就需要有针对性进行考虑和选择。一般来说，没有特殊的情况和要求，一个老练的、有经验的谈判者总是选用建设型谈判，但是，采用建设型谈判绝不意味着无原则地迁就，委曲求全或甘拜下风，任人主宰。当对方在无克制地进攻你时，你就必须起来自卫，运用知识和技巧给以有力的回击。另一方面，如果你已处于买方地位，当然也可以适当采用进攻型谈判。但是，在采用进攻型谈判时，务必注意不要滥用权力和地位，恃强凌弱，强迫卖方退让至无法忍受的地步。这是项目中标后业主与供应商和分包商的谈判中需要注意的。因此，一个有经验的谈判老手通常都是采用建设型谈判。同时，大家还应有这样的共识，即一个优秀的建设型谈判者从不想打败一个进攻型的对手，而是着眼于谈判目标的实现，还往往擅于利用心理诱导等方法将进攻型对手转化为建设型。

6. 模拟谈判

在制定谈判方案以后，还可以进行模拟谈判。模拟谈判被很多工程实践者所忽视，这是国内企业普遍存在的问题。但实际上，实际谈判中难免出现未能预料的突发问题和状况，而模拟谈判是谈判前的“彩排”，它能够通过“换位思考”来检验准备工作是否充分，诊断出谈判方案中存在的问题，供谈判人员及时修正，以保证正式谈判的顺利进行。

4.3.6 谈判心理准备工作

在谈判正式开始之前谈判者除了上述实质性准备外，还需进行必要的、足够的心理准备，尤其是对于缺乏经验的谈判者来说。要知道不论是哪种谈判，它都是一个艰苦的过程，不会是一帆风顺的。对此一定要有充分的心理准备，为达到自己的既定目标要有力争成功的执着信念，还要有足够的“韧性”准备。

首先，谈判者要树立谈判的勇气，要敢于谈判。既然谈判时业主和承包商双方的地位是对等的，自己要按照“有理、有利、有节”的原则，在不破坏谈判气氛的前提下据理力争，通过解释自己的理由说服对方，不能企图强加于人。反之，当对方采用强制的态度强加于人时，又要敢于拒绝，婉言提醒对方，按照公平合理的原则进行谈判。

其次，谈判者要明确双方已有谈判成功的基础，不要过分担心失败。业主已经授标说明业主无论是在价格上还是在其他条件方面都认为这个承包商是比较理想的，他才会确定授标并进行合同谈判，因此承包商是具有有利地位的。所以要有充分的信心和耐心，既坚持原则又灵活处置，采取各种方式和渠道，会内会外相结合，因势导利解决谈判中的问题和矛盾，争取对自己尽可能有利的条款，获得一个公正的合同，为顺利地实施项目奠定可靠的基础。

最后，对于承包商来说，不要有过分的希望。虽说授标后承包商的地位已经改变，但是说目前的工程承包市场基本还属于买方市场，因此业主还是处于较为有利的地位。而且合同谈判也只能是在原招标文件的基础上进行，因此承包商通过谈判很难获得超过招标文件确定的合同条件更多更好的条件，因此不要有不切实际的希望，承包商企业也应予以理解，避免给谈判小组规定过高的期望目标。

4.3.7 其他准备工作

除了上面提到的谈判准备工作，还有一些需要注意的细节问题不能忽视首先是要注意认真准备需要提交的文件。一般情况下，如果业主方首先提出了谈判的要点，列出了谈判问题的提纲，那么承包商一般也要准备一份相应的书面材料，根据提纲中的问题逐条进行答复。书面材料要包括详实的表格和图表，能够清楚的解释问题。

还有一点需要注意的是代理人的协调。有的工程项目业主和承包商会雇佣代理人来协调各种招标投标和合同签约谈判等过程。无论是承包商还是业主在合同谈判阶段都应和代理人保持密切的联系，进行及时的沟通。尽管在谈判过程中代理人一般不参加承包商与业主之间的合同谈判，但业务能力强的代理人可以在谈判场外进行周旋。好的代理人通过在场外进行适当的周旋，能起到良好的协调作用，使业主和承包商两方建立良好的、和谐的和相互信任的关系，对谈判的成功是极其有益的。

【案例 4-2】

某承包工程，是由当地政府提供资金的项目。在履行合同过程中，经常出现业主拖欠工程款的情况。承包人为此组织了专门的催款小组，采取各种办法进行催款，但均无实效。承包人运用合同条款与业主谈判，强调在承包人提出月报表后的 56 天（包括监理接到月报表 28 日内签发证书，以及在该证书送交业主后 28 日内业主受理并支付）内业主应支付给承包人。如果再过 28 日仍未支付，则属业主违约。但是，业主在谈判中并不重视，反复强调由于没有收到政府的拨款，无力支付。于是，谈判陷入困境。在此情况下，承包人认为有必要向业主施加一定压力。会后，承包人立即发出通知，在通知中明确以下两点。

(1) 由于业主长期拖欠付款，并已超出合同规定时限，根据合同条件第 69 条，已属业主违约。而且较长时期以来，由于资金周转的严重困难，承包人不得不放慢施工进度。为此，承包人有权按照合同条件第 60.10 分条款要求业主从应付之日起按当地中央商业银行对外贷款利率支付全部未付款项的利息。与此同时，由于资金困难使工程进度减慢而造成的延长工期，其责任在业主方面，承包人有权索赔，业主理应批准并给予补偿。

(2) 如果业主在接到本通知后 14 天内不能作出有效答复，承包人将不得不按照合同条件第 69.2 和第 69.3 分条款停止施工，并终止合同。为此发生的一切费用和后果由业主负责。

业主收到通知后，改变了原来敷衍塞责的态度。一方面表示正准备付款，只是在付款时间和方式上建议由双方进一步面谈；一方面主动提出将在一周内通知谈判的地点和时间。恢复谈判后，双方都着眼于长远的利益，采取克制和谅解的态度。业主反复解释了很多拖欠付款的理由，承包人也说明了由于支付延误所带来的经济损失，希望业主能在一个月内付清所有的欠款和利息，承包人将尽一切努力加快工程进度。业主表示同意付款，但按承包人的时限要求确有很大困难，提出改为半年内付清所有欠款，并支付部分利息。由于双方期望水平差距很大，承包人提出暂时休会，建议双方再作慎重考虑。休会后的再次谈判，双方各自作了让步，承包人要求 3 个月内付清欠款和利息，业主表示仍有困难，但同意支付全部利息。第三次谈判双方终于在互谅互让的气氛中达成了一致。业主同意在 6 个月内用信用证形式将所有欠款分 6 次支付给承包人，并同时支付相应的欠款利息。业主还同意给予承包人由于业主拖欠影响工程进度所造成的 2 个月延长工期。

案例分析：

根据建设工程项目合同谈判的理论研究和实践经验，前面已经总结出了几十种的“谈判技巧”。作为一个好的合同谈判人员，应该清楚地认识到，谈判技巧的应用，是为实现谈判目标而服务的，是谈判的战略和谈判策略在谈判实务中的具体应用。因此，应该坚决避免故弄玄虚、巧言令色，盲目的为了使用技巧而弄巧成拙。

合同谈判，是谈判人员专业素养、知识水平、处世之道和气质涵养等综合素质的集中体现，只有在明晰谈判目标的基础之上，审时度势，客观冷静，才能有效地综合利用各种谈判手段、技巧实现预定的谈判策略。本例中，承包人就合理地使用了策略休会、最后通牒、引证法律、板起面孔、据理力争、诉求策略等多种谈判技巧。

4.4 建设工程合同谈判的内容

合同谈判的内容因项目情况和合同性质、原招标文件规定、业主的要求等各种因素而有所不同，但是有关合同的商务条件、技术条件肯定会在谈判中涉及，工程承包合同的核心问题是工程款的问题，因为这涉及价格、货币与支付方式等问题，都需通过谈判进一步确定。一般来讲合同谈判会涉及的主要内容分为以下几个方面：工程范围和内容、技术要求和施工技术方案、合同价格条款、合同价格调整条款、合同支付货币的选择条款、合同支付条款、工期和竣工验收条款以及其他特殊条款的完善等8个方面。本节将详细介绍这8个方面的内容。

4.4.1 工程范围和内容

承包商和业主需要针对招标文件和投标文件中的某些具体工作内容进行讨论、修改、明确或细化，最终确定合同中工程承包的具体内容和范围，即合同的“标的”。合同的“标的”是合同最基本的要素，工程承包合同的标的就是工程承包的内容和范围。因此，在签订合同前的谈判中，必须首先共同确认合同规定的工程内容和范围。承包商应当认真重新核实投标报价的工程项目内容和范围。在谈判中双方达成一致的内容，包括在谈判讨论中经双方确认的工程内容和范围方面的修改或调整，应以文字方式确定下来，并以“合同补遗”的方式作为合同附件，并明确它是合同组成的一部分。另外，承包商和业主对于为监理单位提供的建筑物、家具、车辆以及其他各项服务，也应逐项详细地予以明确。因此可见，双方对合同的工程范围和内容都应该非常明确，并且毫无遗漏的在谈判中进行讨论，具体的工程范围和内容可分为以下几点：

明确合同的工程内容和范围。承包商应当认真重新核实投标报价的工程项目内容与合同中表述的内容是否一致，合同文字的描述和图纸的表达都应当准确和一致，不能模糊含混。内容和范围准确与否对承包商的利益影响重大，通过谈判力争删除或修改诸如“除另有规定外的一切工程”，“承包商可以合理推知需要提供的为本工程实施所需的一切辅助工程”等含糊不清和均由承包商承担的工程内容或工程责任的说明词句。

对新增减的工程项目、内容或工程量的确认，务必要以书面的形式给予确定。业主提出增减的工程项目或要求调整部分的工程量和工程内容时，承包商务必要在技术和商务等方面重新核实，确有把握方可应允。同时以书面文件、工程量表或图纸等材料的形式予以确认，其价格亦应通过谈判确认并填入工程量清单。

对技术方案改进、变动的确认。业主提出的改进方案、业主提出的某些修改和变动或业主接受承包商的建议方案等，首先业主和承包商都应认真对其技术合理性、经济可行性以及在商务方面的影响等进行综合评价分析，权衡利弊后方能表态接受、有条件的接受或者是拒绝。对于原招标文件中的“可供选择项目”和“临时项目”的确认。承包商在谈判时应力争说服业主在合同签订前对“可供选择项目”、“临时项目”或是类似于这类描述的工程施工部分予以确认，或商定一个最后的确认期限。否则，如果业主拖到工程后期才明确，就会造成承包商工作的被动。

对于为监理工程师等监理或其他人员提供的建筑物、家具、车辆以及各项服务，业主委托承包商负责的部分，承包商也应和业主逐项详细地予以确认。

对于单价合同的工程量"增减幅度"的确定。对于一般的单价合同，如业主在原招标文件中未明确工程量变更部分的限度，则谈判时承包商应要求与业主共同确定一个"增减量幅度"（FIDIC合同第四版建议为15%），当工程量变动超过该幅度时，承包商有权要求对工程单价进行调整。

4.4.2 技术要求和施工技术方案

在合同谈判时，承包商和业主可对技术要求、技术规范和施工组织设计等作进一步讨论和确认，必要的情况下甚至可以通过采用新技术、新材料、新工艺、新设备等变更技术方法，优化施工方案。

技术要求是业主极为关切的问题，它直接关系到工程项目的工程质量，承包商也应更加注意。技术要求体现为技术规范。由于我国采用的技术规范与国外的往往有一定差异，因此对于业主提出的规范应熟悉，并核实能否达到规范的要求，特别是在合同谈判之前要认真核实投标报价编制过程所采用的施工方法、质量控制条件、所采用的规范是否与招标文件规定的技术规范内容相符。如果不相符，可争取合法情况下的变通措施，如采用其他规范，或是在合同谈判与业主协商，力争采用承包商熟悉而不会影响质量的其他规范，如中国规范。并且一定要积极主动地提出商讨，以免将来造成施工困难或贻误工期。

施工技术措施和技术方案也是合同谈判的主要问题，特别是施工工序比较复杂的项目更是如此。如水坝工程，道路工程，隧道工程和技术要求高的工业与民用建筑工程等，业主和咨询工程师除了在评标阶段对工程技术方案进行认真评定和研究外，在合同谈判阶段还会与承包商进行讨论，因此承包商在合同谈判阶段应组织工程技术人员认真进行答辩，对投标书中的施工组织设计方案及施工方法提交特别说明，以求得业主对承包商提出的方案理解和赞同，以显示公司的实力和实施该项工程的能力。

对业主提供的技术基础资料不充分时，尤其是对于大型项目，当业主不能够提供足够的水文资料、气象资料、地质资料时，除在投标报价时做好相应的技术措施外，也应考虑足够的不可预见费用，还应在谈判时力争让业主承担由于资料不足或不准确而产生的风险。

4.4.3 合同价格条款

由于计价方式的不同，建设工程施工合同可以分为固定总价合同、固定单价合同和成本加酬金合同。一般在招标文件中都会明确合同将采用的计价方式，往往在合同谈判阶段没有讨论的余地。但在条件允许的情况下，中标的承包商在谈判过程中可以提出针对不同类型合同的降低风险的改进方案。

首先来介绍一下工程承包合同的计价方式，大体分三类：

1. 固定总价合同

固定总价合同比较适合交钥匙工程或一些小型单项工程。除个别情况外，其工程总价是固定的。由于固定总价合同的几乎一切风险都由承包商承担，因此对于这类合同，承包商在谈判中的主要任务和内容是：

(1) 争取索赔权利。承包商需要充分考虑不可预见费用和特殊风险以及业主原因导致工程成本增加的情况，争取和业主确认当不可抗力或业主原因造成的成本增加时承包商具有索赔的权利。

(2) 争取在特殊条件下价格可调整或部分调整。这种条款也非常容易被业主接受，由于承包商在总价合同的报价过程中必须充分考虑通货膨胀、工程量变化等各种各样的风险，有时甚至会超出实际需要，因此承包商报价往往会比较高，这对业主未必有利，这时业主比较愿意同意在特殊条件下价格可调整或部分可调整，可减少承包商风险而降低价格。反之，对承包商来说，在各种风险情况出现时，也可以有效规避，避免损失。因此采用总价合同时在一定幅度内增加价格调整条款，对业主和承包商都不失为有利的选择。

2. 固定单价合同

固定单价合同是根据业主提供的材料，双方在合同中确定每一项分项工程的工程单价，结算则按实际完成工程量乘以每项工程单价计算。这种合同承包商需要承担单位工程价格变动的风险，业主基本承担了工程量变动的风险，由于固定单价合同的风险特点，在合同谈判时，承包商的主要任务和内容是：

(1) 争取当实际工程量超过工程量表中的工程量一定幅度时，部分单价可以调整。有时招标文件和投标文件提供的工程量表中的工程量和实际工程量会相差较大或很大，这也同样会对承包商在投标阶段预算的单价，尤其是在单价中包含的设备折旧摊销以及间接费用如管理费和利润，有相当大的影响。因此，采用固定单价合同时，应该确定一个实际工程量与工程量表中的工程量（合同工程量）之间变动幅度的限制（例如±15%，或不超过25%），当实际工程量与合同工程量之差大于规定限制时，工程单价应允许协商调整。

(2) 对工程量表中的工程内容界定不准，计量不准时，通过谈判达到理解一致。

3. 成本加酬金合同

成本加酬金合同即成本费按承包商的实际支出由业主支付，业主同时另外向承包商支付一定数额或百分比的管理费和商定的利润。通常某些存在许多不确定因素且具有较大风险的项目，由于承包商单独无法承担或是事先难以估价的风险，才在国家或有相当实力的大金融财团的支持下采用这种计价方式。对于成本加酬金合同在签订合同时，承包商和业主谈判的主要内容是：

(1) 承包商要和业主认真澄清成本的含义及范围。

(2) 酬金与成本的划分。成本与酬金的划分尽管有工程承包的惯例，对它们有一定的划分标准，但就具体合同而言，承包商和业主应当在该项目的合同文本中加以具体化和确认。

报价的高低对整个谈判进程会产生实质性影响，因此，要成功进行价格谈判，谈判人员应遵守以下几点价格谈判的原则：

1. 掌握行情是报价的基础

报价策略的制定基础是谈判人员根据以往和现在所搜集掌握的商业情报和市场信息，对其进行比较、分析、判断和预测。

2. 报价的原则

卖方希望卖出的商品价格越高越好，而买方则希望买进的商品价格越低越好。但一方的报价只有在被对方接收的情况下才能是买卖成交。因而，谈判一方向另一方报价时，不仅要考虑报价的所获利益，还要考虑该报价能否被对方接受，通过反复权衡，找到最佳的结合点。

3. 最低可接纳水平

报价之前，最好为自己定一个“最低接纳水平”。有了这个底线，谈判人员可以避免拒绝有利条件或接受不利条件，也可用来防止一时的鲁莽行为。

4. 确定报价策略

一方开盘报价之后，对方立即接受的例子极为少见。一般情况下，一方开价后，对方通常是要还价的。报价策略对卖方来说要报出最高价，而买方则是要报出最低价。报价总是会有一定的虚头，但是必须合情合理。若价格高到讲不出道理的地步，对方必然会认为你缺少诚意，从而中止谈判；或以其人之道还治其人之身，来个无限杀价。

5. 报价过程

卖方主动开盘报价叫报盘，买房主动开盘报价叫递盘。在正式谈判中，开盘都是不可撤销的，叫实盘。开盘时，报价要坚定而果断地提出，没有保留，毫不犹豫，这样才能给对方留下己方是认真而诚实的印象。开盘必须准确清楚，必要时应向对方提供书面开价单，或对相关问题作出解释。

一般情况下，当谈判一方报价之后，另一方不会无条件地接受对方的报价，而要进行一场谈判，也是双方实力、智力和技术的具体较量，这是谈判双方求同存异、合作、让步的阶段。因此，这一阶段是谈判双方为实现其目的而运用各种策略的过程。

1. 准备阶段报价策略

己方在清楚了解了对方报价的全部内容后，就要透过其报盘的内容，判断对方的意图，在此基础上可分析出怎样能使交易既对己方有利又能满足对方的某些要求。

谈判双方的分歧可分为实质性分歧和假性分歧。实质性分歧是原则性的涉及根本利益的真正分歧；假性分歧是由于谈判中的一方或双方为达到某种目的人为设置的难题或障碍，是人为制造的分歧，目的是使自己在谈判中有较多的回旋余地。

通过对方报价的初步分析应得出：若己方还盘，还价的幅度应如何掌握；在其他各项交易条件上所作的针对原报盘的变动、补充和删减中，估计能为对方所接受，或对方给予讨论的问题。然后以此为基础，设想出对方最终可能签订合同的大致结果，并据此把握谈判总体方向和讨论范围。

2. 己方的让步策略

谈判中讨价还价的过程就是让步的过程，它是一种侦查手段，是一步步弄清对方期望的过程。让步的方式灵活多样，无论是以价格的增减换取原则条款的保留，放弃次要条款，还是以次要条款或要求的取舍换取主要条款或要求的取舍，都要掌握好尺度和时机。如何把握好尺度和时机，没有固定的公式和程序可以遵循，只能凭借谈判人员的经验、直觉和机智来处理。磋商中的每次让步，不但是为了追求己方的满足，也要充分考虑到对方的满足。谈判双方在不同利益问题上相互让步，以达成谈判和局的最终目标。通常的让步策略有以下几种：

(1) 互利互惠的让步策略

谈判不是仅利于某一方的洽谈，一方作出让步，必须期望对方对此有所补偿，获得更大让步。争取互惠式让步，谈判人员需要有开阔的视野。除某些己方必须得到的利益外，不要太固执于某一个问题的让步。应纵观全局，分析利弊，避重就轻，灵活地使已方的利益在其他方面得到补偿。为了顺利的争取让步，可以采取以下两种技巧：

1）当已方提出让步时，应向对方表明作出的让步是与公司政策相悖的。已方只同意这样一个让步，同时贵方也必须在某个问题上有所回报。

2）把已方的让步与对方的让步联系起来。表明已方可作出这次让步，只要在已方要求对方让步的问题上能达成一致。

（2）予远利、谋近惠的让步策略

商务谈判中，各方均持有不同的愿望和需要，对有些谈判人员，可通过给予其期待的满足而避免给予其现实的满足，即为避免现实的让步而给予对方远利。

（3）丝毫无损的让步策略

丝毫无损的让步，只当谈判的对方就某一个交换条件要求已方作出让步，其要求确实有理，而对方又不愿意在这个问题上作出实质性的让步时，可采取这样一种处理办法，即首先认真地倾听对方，并向对方表示，已方充分理解对方的要求，也认为对方的要求有一定的合理性，但就已方目前的条件而言，难以接受对方的要求，同时保证在这个问题上已方给其他客户的条件，绝对不比给对方的好，希望对方能够谅解。

3. 迫使对方让步的策略

谈判中没有适当的让步，谈判就无法进行。而一味地让步，有时根本不现实，也有害于已方利益。所谓“最好的防守就是进攻”，在谈判磋商中，迫使对方让步也是达到最终谈判目的的手段之一。迫使对方让步的策略主要有以下几种。

（1）利用竞争，制造和创造竞争条件是谈判中迫使对方让步的最有效的武器和策略。当一方存在竞争对手时，其谈判的实力就大为减弱。

（2）软硬皆施，谈判中对方在某一问题上应让步或可让步却坚持不让步时，谈判便难以继续。这种情况下谈判人员可利用软硬皆施的策略。

（3）最后通牒，在谈判双方争执不下，不愿做出让步来接受交易条件时，为使对方让步，已方可向对方发出最后通牒，即如果对方在某个期限内不能接受已方交易条件并达成协议，已方就宣布谈判破裂并退出谈判。

4. 阻止对方进攻的策略

谈判中，除了需要一定的进攻以外，还需要有效的防守策略。

（1）限制策略

商务谈判中，经常运用的限制因素有以下几种：

1）权利限制，上司的授权、国家的法律和公司的政策及交易的惯例限制了谈判人员所拥有的权利。一个谈判人员的权利受限后，可以淡然地对对方的要求说“不”。因为未经授权，对方无法强迫他超越权限作出决策。对方若选择终止谈判，寻找有此权限的上司重新开始谈判，都会受到人力物力等方面的损失。

2）资料限制，商务谈判中，当对方要求已方某一问题作进一步解释和让步时，已方可用抱歉的口气告诉对方，资料不齐或属于本公司的商业秘密，因此暂时不能作出答复。

3）其他方面的限制，如自然环境、人力资源、生产技术要求、时间等因素在内的其他方面的限制。

（2）示弱以求怜悯

一般情况下，人们总是同情弱者，不愿将其置于死地。有些国家和地区的商人多利用人性的这个特点，把它作为谈判中阻止对方进攻的一种策略。示弱者在对方就某一问题提出让步，而其又无法以适当理由拒绝时，就装出一副可怜的样子乞求。这些策略都取决于对方谈判人员的个性及对示弱者坦白内容的相信程度。

(3) 以攻对攻

只靠放手无法有效地阻止对方的进攻，有时需采取以攻对攻的策略。当对方就某一问题逼己方让步时，己方可将这一问题与其他问题联系在一起考虑，在其他问题上要求对方作出让步。要么双方都让步，要么双方都不让步，从而避免对方的进攻。

5. 按照开局，中局和终局进行价格谈判的策略安排

(1) 开局

开局报价要高过你所预期的底牌，为你的谈判留有周旋的余地。谈判过程中，你可以降低价格，但绝不可能抬高价格。因此，你应当要求最佳报价价位，即你所要的报价对你最有利，同时对方仍能看到交易对自己有益。

你对对方了解越少，开价就应越高，理由有两个。首先，你对对方的假设可能会有差错。如果你对对方或其需求了解不深，或许他愿意出的价格比你想的要高。第二个理由是，如果你们是第一次做买卖，若你能作很大的让步，就显得更有合作诚意。你对对方及其需求了解越多，就越可能调整你的报价。这种做法的不利之处是，如果对方不了解你，你最初的报价就可能令对方望而生畏。如果你的报价超过最佳报价价位，就暗示一下你的价格尚有灵活性。如果对方觉得你的报价过高，而你的态度又是模棱两可，那么谈判还未开始结局就已注定。

在确定要提出高于预期的要价后，接下来就应考虑：应该多要多少？答案是：以目标价格为支点。对方的报价比你的目标价格低多少，你的最初报价就应比你的目标价格高多少。当然，并不是你每次都能谈到折中价，但如果你没有其他办法，这也不失为上策。

(2) 中局

当谈判进入中期后，要谈的问题变得更加明晰。这时谈判不能出现对抗性情绪，这点很重要。因为此时对方会迅速感觉到你是在争取双赢方案，还是持强硬态度事事欲占尽上风。如果双方的立场南辕北辙，你千万不要力争，力争只会促使对方证明自己立场是正确的。

在中局占优的另一方法是交易法。任何时候对方在谈判中要求你作出让步时，你也应主动提出相应的要求。如果对方知道他们每次提出要求，你都要求相应的回报，就能防止他们没完没了地提更多要求。

(3) 终局

赢得终局圆满的有效方法是最后时刻作出一点小让步。强力销售谈判高手深知，让对方乐于接受交易的最好办法是在最后时刻作出小小的让步。尽管这种让步可能小得可笑，例如付款期限由 30 天延长为 45 天，但这招还是很灵验的，因为重要的并不是你让步多少，而是让步的时机。但是注意不能一开始就直接给予买方最低报价，如果你在谈判结束之前就全盘让步，最后时刻你手中就没有调动对方的砝码了。交易的最后时刻可能会改变一切，就像在赛马中，只有一点最关键，那就是谁先冲过终点线。

【案例 4-3】关于施工合同价款约定不明的案例

某高校体育训练馆项目，建筑面积达 12868m^2，框架结构，约定合同工期为 9 个月，质量标准是准备参加评审东北四市优化工程。工程计价方式为工程清单报价，中标合同金额为 2398 万元人民币。其中由承包单位自行完成的部分合同价格为 1800 万人民币，而由业主自行发包的专业工程，包括基础工程、钢结构屋面工程、电梯工程和门窗安装工程的价格为 598 万元人民币。双方以现行《建设工程施工合同（示范文本）》为合同条件，在专用条件中对于合同价款有如下约定：①合同价款由建设单位按月进行支付；②工程通过竣工验收后，建设单位扣留施工单位"造价的 5%"作为质量保修金；③施工单位"让利 14%"。

案例分析：

通过阅读以上案例，我们不难发现该项目施工合同在关于合同价款的约定上存在严重缺陷。首先，我国没有像 FIDIC 系列合同条件一样确立"制定分包"制度，工程项目的分包是由承包人自行决定，并经过业主批准的。而且《中华人民共和国建筑法》明确了"提倡对建筑工程实行总承包，禁止将建筑工程肢解发包"的内容。在本项目中，建设单位将项目当中的一些专业工程拿出来，由专业承包队伍进行施工，其应该与发包方订立施工合同，而且其工程价款应该由发包人与专业施工单位之间协商确定并支付，而不应该在与土建工程施工单位签订的合同当中开列。其次，由于合同价款本身约定不明，直接导致了案例中第②、③项的约定不明，容易产生混淆、可操作性不强。由于本项目采用工程量清单计价的方式进行投标，比如必然产生实际结算的工程价款，由于实际工程量的变化、工程变更、索赔等原因而与双方在协议书当中所约定的中标合同款额不一致。因此，质量保修金扣除比例，约定为"造价的 5%"，必然在承发包双方产生理解上的差异；而关于施工单位"让利 14%"的约定，则更不能明确是在什么基础上的所谓"让利"了。

合同价款是承包人确保实现工程承包项目价值目标的最重要因素。由于我国工程量清单计价模式推行的时间还不长，而且在我国建设工程领域普遍还存在"带资施工"、"拖欠工程款"等损害建筑市场运行的现象。因此，建设工程合同双方当事人，尤其是承包人应该对于合同当中工程价款的确定、付款和违约责任进行明确的约定。

4.4.4 合同价格调整条款

对于工程工期较长的建设工程项目，容易受到货币贬值或通货膨胀等因素影响，给承包商造成巨大损失。合同价格调整条款可以比较公平公正地解决承包商无法预测的风险损失。无论是单价合同还是总价合同，都可以确定价格调整条款，具体就是是否调整以及怎样调整等方面内容。其实合同计价方式和价格调整方式共同确定了建设工程承包合同的实际价格，决定着承包商的经济利益。在实际施工过程中，由于各种原因导致成本增加的几率往往远大于成本减少的几率，最终的合同价格调整金额会很大，远超过原来确定的合同总价，因此承包商在投标过程中，特别是在合同谈判阶段务必十分重视对合同价格调整的条款。

国际上通用的 FIDIC 合同条件（新红皮书，1999 年第一版）第 13.8 条规定了价格调整方法和调价计算公式。调整的范围是投标函附录中所列明的各项目，一般包括人工、材料、施工设备及其他。需要注意的是，调价公式中包含了固定部分，即不调价部分。世界银行规定，对交货或完工期超过 18 个月的合同可进行价格调整。亚洲开发银行规定对于交货或完工期长的合同（通常超过 12 个月），包括大型土建工程合同，可允许进行价格调整。

价格调整方法概括起来大致分为3类：一是根据人工或材料价格指数调整，二是根据实际的人工或材料成本调整，三是根据约定价格调整。

1. 价格指数调整法

价格指数调整法又称调价公式法，即根据在合同中列明的标准或指数的变化进行调整。价格指数调整法是国际工程招标投标中最常用采用的方法，也是FIDIC合同条件中明确规定的方法，且推荐采用的方法。使用价格指数法的前提是，需要得到合适且完备的价格指数，通常需要在合同中约定发布价格指数的机构名称和资料来源，以此作为调价基础。

常见的调价公式形式，即物价指数加权平均公式如下：

$$P_1 = P_0/100[a + b(W_1/W_0) + c(S_1/S_0) + d(C_1/C_0) + e(F_1/F_0) + f(E_1/E_0) + \cdots\cdots]$$

式中 P_1，P_0——分别是调整后和调整前的价格，对单价合同即指调整后和调整前之单价；

W_1——事先确定采用的工资指数或标准工资在进行价格调整时的值；

W_0——事先确定采用的工资指数或标准工资在合同中规定的原始值；

S_1，C_1，F_1，E_1——进行价格调整时的限定材料（例如：钢材、水泥、设备、油料等等）的价格或事先确定的资料来源的价格指数；

S_0，C_0，F_0，E_0——事先确定资料来源的限定材料（例如：钢材、水泥、设备、油料等）的合同指定初始时间的价格或价格指数；

a，b，c，d，e，f——价格调整的权重系数值，其总和为100，该权重系数值由承包商在投标期间，根据自己对人员工资和各项材料在该项目上对价格的影响所作为的判断提出，在合同谈判期间与业主共同确定后作为将合同条款之一确定。其中a为业主在投标书中事先确定，成为一个不变的常量，该值越大则可调部分越小。

采用此价格调整公式进行价格调整时，除双方确定（或业主指定）可调材料种类和权重系数b、c、d、e、f外，还要确定W、S、C、E、F等价格来源或价格指数的来源和初试时间、初始指数值以及调整价格的频度（每月，每季度或每半年）。总的来说，合同谈判的合同价格调整的谈判内容要包括：可调材料的种类、各加权系数、数据来源、初始时间、初始指数值和调整的频率。

2. 实际价格调整法

实际价格调整法又称基本价格调整法、文件证据法。即根据承包商在履约期间实际的人工或材料成本进行价格调整。人工或材料等的成本价格信息通常需要承包商提供采购各种材料的实际支付的原始发票，经负责管理合同等资料的咨询工程师对基本价格进行审核和比较后予以调价。

3. 约定价格调整法

约定价格调整法，即根据业主和承包商约定的价格系数水平增减。究其实质，约定价格调整法仍是价格指数调整法或实际价格调整法。

4.4.5 合同支付货币的选择条款

国际工程承包时需要跨国界并使用（或部分使用）非本国货币的项目，它属于国际间服务贸易的范畴，产生国际间的资金转移或本国货币与其他货币之间的兑换。在合同谈判中也要特别注意，在这里进行简单的介绍外汇和合同支付货币的选择。

1. 外汇

国际工程所使用的货币有3种：承包商所属国的货币、工程项目所在国的货币（业主所属国即东道国货币）、第三国货币，一般为世界货币。由于工程工期长，各国货币的汇率都是处于浮动中，承包商收入和支出的货币汇率也处于浮动中，而浮动就可能带来风险。

在国际工程承包中，有的招标文件对支付的货币已有明确的规定，无谈判的余地，也有的对此没有作出规定，要求投标人自己提出意见，并在签订合同时双方进行讨论确定。

为此，承包商要调查以下情况：项目所在国外汇管制制度，包括是否允许外汇汇出，手续是否复杂；项目所在国货币与世界主要货币的汇率变化情况；实施工程项目需要的外汇金额和占合同总金额的比例。承包商根据这些工程外汇支付情况，提出自己对支付货币的要求。

2. 国际工程承包合同中货币支付

关于货币支付条款，承包商和业主谈判时要涉及的问题必然包括无外汇支付、是否限定外汇币种、是否限定外汇币种数量、是否限定外汇比例（金额）限额、是采用固定汇率还是采用浮动汇率以及汇率如何确定等问题。这些问题业主和承包商都要详细的讨论清楚，否则可能因为汇率等问题双方都会产生亏损的风险。

世界银行和FIDIC条款关于投标人投标报价采用的货币，规定有两种方式，一种是全部采用项目所在当地货币报价，另一种是采用当地货币和外币两种货币综合报价。不论采用哪种方式，投标人在其投标书中都要表明所需的外币数量、外币需求占总报价的百分比、所需外币的种类（不得超过3种世行成员国的货币）以及采用的外汇汇率。如果招标文件对上述问题没有作出明确的规定，承包商投标报价的内容则是谈判的基础。

3. 承包商选择外币的原则

承包商可以根据施工中的外币支出选择币种和比例，如预计在德国采购设备和材料则选用马克，尽量避免货币之间的兑换；如果承包商在外汇管制严格，货币贬值较快的国家承包工程项目，可以尽量多收外币，少收当地货币；承包商还可以尽量选用在合同期升值潜力较大的外币，少收汇率波动较大的币种。

4.4.6 合同支付条款

在工程项目承包实践中，国际工程承包项目一般施工时间长，占用资金金额大，大多数承包商是负债经营，资金周转的快慢决定着项目的经济效益的好坏。即使合同价格基本符合行情甚至有较大的预期效益，但可能会由于支付条款、支付方式、支付条件等不合理而造成承包商不能达到预期效益，或产生亏损甚至使合同无法继续执行下去的实例也有很多。

因此，承包商除了在投标过程中，以及通过合同谈判力争能得到一个合适的价格或一定的价格调整条款外，还要注意在合同中保证合理的支付条款，即何时支付、如何支付、支付方式以及如何确保支付的条款等问题，业主也同样对这些支付问题极为重视。这也是合同谈判中的重要谈判内容之一。

商业经营中“早收迟付”的黄金原则对国际工程承包也适用，但是对于业主方面来说则是“早做晚付”更为有利，对于承包商方面来说则是“早收晚做”，双方是对立的。这时就需要通过合同谈判，在招标文件所规定的付款条款基础上进行协商，力争达到一个双方都可接受，能顺利实施项目的合同支付条款。

承包商在项目实施过程中要有资金意识，除非另有规定，承包商在部分工程完工时应力争及时地收取各项工程款，避免被动地成为实际的项目贷款人，增加自己的负担，甚至造成亏损。

施工合同的付款分四个阶段进行，即工程预付款、进度款、最终付款和退还质保金。关于支付时间、方式、条件和支付审批程序等有很多种可能的选择，不同的选择可能对承包商的成本、进度等产生很大的影响，因此合同支付方式有关条款的谈判一定要予以重视。

1. 各类付款

(1) 预付款

1) 含义：预付款是在承包合同签字后，以预付保函为担保条件，由业主无息地向承包商预先支付的项目初期准备费。预付款一般在合同签订之日起一个月内支付，付款比例一般不少于合同总价的10%。

2) 偿还方式：预付款的偿还因业主要求和合同规定而异，一般有以下三种方式：①从工程进度付款开始支付就分期分批开始扣还；②工程进度付款达到合同总金额的一定比例后开始偿还；③双方约定到一定的期限后开始偿还。偿还的速度一般是有协商余地的。

综合以上预付款的含义和偿还方式，在谈判时，承包商就需要和业主确定预付款支付时间和预付款的扣还方式。

(2) 工程进度付款

1) 含义：工程进度款是指随着工程的实施，按一定时间（通常以月计）完成的工程量支付的款项，有时简称“进度款”。

2) 谈判的内容：

付款方式：

① 按确定的时间（一般为一个月）完成的工程量或到达现场的材料、设备（一般支付合同价格的50%～80%）付款。适用于单价合同；

② 按双方商定的特定条件付款，如形象进度、完成整个工程的比例付款。适用于总价合同。

业主付款的依据：

① 业主或工程师签发的工程量认定单；

② 承包商签发的索付账单。

收到付款凭证到实际付款的时间限制：超过规定的时间内付款，业主应支付利息，并在合同中规定，当承包商得不到及时付款时可以终止施工，并且有索赔的权利。

以上这些都是谈判的内容，承包商和业主都要对这些内容达成一致。

(3) 最终付款

1) 含义：最终付款属于最后的结算性付款，是指工程完工后，经业主代表验收并签发最终竣工验收证书后进行付款。

2) 最终付款要求：业主向承包商付清其应该得的款项（包括保留金），同时还清理承包商应还付和应缴纳的款项，如各种应缴纳的税，有些国家的业主会要求承包商出示完税证明才进行最终付款。

最终付款会涉及保留金，承包商应通过谈判尽力说服业主，最好是以保函而不是以保留金作为维修责任担保。

(4) 有关保留金

1) 含义：保留金即为质量担保金，是工程承包历史的一种"习惯"。保留金与履约保函同时存在似乎是不甚合理的双重担保。

2) 保留金的扣留和偿还方式：保留金一般是业主从付给承包商工程进度款中按一定比例（一般为5%～10%）扣留，直至达到双方商定的保留金限额为止（一般不应超过5%）。国际惯例通常是工程完工后付给承包商50%的保留金，剩下的在维修期结束后，如没有发现属于承包商责任的质量问题再付给承包商。

在合同中想取消保留金的规定还不是太容易，国际惯例的FIDIC条款和世界银行合同范本中都有保留金条款的规定。尽管提交了维修保函，还要扣留担保金。很不合理。保留金一般占合同总金额的5%，数额很大，因此承包商最好说服业主接受仅以维修期保函作为担保维修期承包商的责任和义务，不要扣留保留金。与保留金相比，维修保函对承包商更有利，主要原因是可提前取回被扣留的现金，而保函是有时效的，期满将自动作废。同时，它对业主并无风险，如果真正发生维修费用，业主可凭保函向银行索回款项。因此，这一做法是比较公平的。维修期满后，承包商应及时从业主处撤回保函。

2. 业主付款的信用

(1) 业主付款信用的风险

在国际工程承包中，除了世界银行、非洲开发银行、亚洲开发银行等有信誉的国际金融机构贷款的项目外，对于私人企业主和经济条件很差的国家政府自筹资金的项目，尤其是工业成套项目和出口信贷项目，业主的付款信用问题时有发生。项目业主的付款信用问题是承包商不可忽视的问题。如我国某承包公司曾与P国签订了一座大型火力发电站的合同，但该电站业主根本未筹集到足够的资金，一直拖延了三年之久，迟迟未能得到预付款而不能开工最后以终止合同而告吹，但承包商三年里为此项目花费了大量的人力和物力。因此，对这类项目，承包商应当从得到项目信息开始就要随时通过项目所在国银行、商会、我国驻外使馆等调查业主付款的信用，以决定是否参与项目的议标或投标。

(2) 防范业主付款信用风险的措施

如果得到一个合同，在合同谈判中既要设法落实其资金情况，又要摸清其信用程度。特别是私营项目或承包商组织贷款的项目，应在合同谈判中要求业主同意由一家有信誉的银行开出，在必要的期限内有效的、不可撤销的银行信用证明和付款保函，以保证工程进度款和贷款的支付和偿还。必要时甚至可要求对一般银行出具信用证明由另一家国际知名的一流银行保兑或担保。例如，我国一家公司曾为泰国一家大酒店带资承包，业主通过一家当地银行开出还款保函，由于我国公司坚持要求有另一家国际银行再担保，当地银行只好请美国一家银行保兑。后来该当地银行果然出现问题，幸亏有一家著名的国际银行再担保，在当地银行出现问题后，我国公司及时追索担保的国际银行，很快收回了垫付本金和利息。即便如此，签订合同之后及实施项目期间仍要时时注意业主资信的变化情况，当其拖欠工程进度款时，应根据情况采取必要的措施，做到防患于未然。对进行信用贷款的项目进行“业主信用保险”也不失为明智之举。我国目前从中国进出口银行贷款承担国外买卖信贷项目时，仿效经济合作发展组织（OEDC）的规程，要求对项目业主的信用进行保险作为进出口银行贷款的条件之一，这是合理的也是必要的。

在案例4-1中，印度业主提出合同的预付款比例为合同额的5%～10%，但在国际工程总承包合同中，预付款比例应不低于合同额的10%。在预付款比例上，印度业主会最大限度地降低这部分金额，这样不仅化解了印度业主自己的资金风险，提高了资金流动率，同时也减少了相关的银行费用。但对于承包商而言，不利之处，显而易见。此外，印度业主认可的合同尾款质保金比例通常为合同额的10%～20%，而实际贸易中该比例约为合同额的5%～10%。这些都是不公平的付款条件，我方承包商由于急于求成，迫于其他竞争者的压力，被迫接受。但不管是预付款、质保金或是进度款，业主在支付前，都需要我们开具相应的银行预付款保函、履约保函和质保金保函，保函的起止时间决定了我们承担责任期的长短，故在谈判中，我们应尽可能缩短保函的有效期。

4.4.7 工期和竣工验收条款

中标的承包商与业主需要根据招标文件中要求的工期，或者承包商在投标文件中承诺的工期，并考虑工程范围和工程量变动而产生的影响来商定一个确定的工期。同时，还需明确开、竣工日期等。双方可根据待建项目准备情况、施工季节与环境因素等条件洽谈合适的开工时间。因为在标书澄清过程中和合同谈判过程中，工程量会发生变化，因而会发生工期的变动。工期与工程内容、工程质量、工程成本一样，都是工程承包的重要内容，都需在合同明确。

工期涉及的内容包括合同期、准备期、施工期以及维修期等内容。

合同期：合同期指合同协议双方经过协商共同达成约定的合同协议有效时效而言的，即合同具有法律约束力的时间范围，因此合同期应该是从业主和承包商签订合同那一天开始到维修期截止的整个时间范围。

准备期：FIDIC条款第4版“应用指南”中阐述：在送交开工通知前“业主一定要对现场拥有占有权，并且清理好通往现场的通道，同时根据已确定的计划完成其他的法律或财务手续。尤其重要的是业主应能够履行向承包商支付预付款的义务。”因此，承包商开工之前，业主的准备时间即为施工准备期。

施工期：即承包商从开工日期到竣工日期之间的时间范围。

维修期，即缺陷责任期：2005年1月12日建设部与财政部联合发布《建设工程质量保证金管理暂行办法》（以下简称《暂行办法》）规定，缺陷责任期从工程通过竣工交付验收之日起计。由于承包商原因导致工程无法按规定期限进行竣工交付验收的，缺陷责任期从实际通过竣工交付验收之日起计。由于业主原因导致工程无法按规定期限进行竣工交付验收的，在承包人提交竣工交付验收报告90d后，工程自动进入缺陷责任期。缺陷责任期一般为6个月、12个月或24个月（国际工程使用FIDIC条款时，一般要求为12个月），具体可由发、承包双方在合同中约定。

对于工期，承包商在与业主进行合同谈判时需要争取的主要内容有以下三点：

第一，缩短自己的责任期。建设工程项目具有较多单项工程的，最好在合同中明确允许按部位或分批提交业主验收（例如成批的房屋建筑工程应允许按栋验收；分段的公路工程应允许按段验收；分片的大型灌溉工程应允许按片验收等），并从该批验收日起开始计算该部分的维修期，以缩短承包人的责任期限，争取自己的最大利益。

第二，合理延长施工准备期和施工期。

第三，争取工期索赔权，请求合理延长工期的权利。由于工程变更（在实际施工中业主增减工程或设计改变等）、不可抗力因素等影响，以及种种原因对工期产生不利影响时的解决办法，双方应通过谈判明确在上述情况下应该给予承包人合理顺延工期的权利。

建设工程施工合同文本中应当对维修工程的范围、维修责任及维修期起止时间有明确的规定，承包人应只承担由于材料、施工方法和施工工艺等不符合合同规定而产生的缺陷。前面已经阐述，承包人应尽力争取以维修保函来代替业主扣留的质保金。对于竣工验收条款，是全面考核建设工作，检查是否符合设计要求和工程质量的重要环节。

(1) 竣工工程必须符合的基本要求。竣工交付使用的工程必须符合下列基本要求：

1) 完成工程设计和合同中规定的各项工作内容，达到国家规定的竣工条件。

2) 工程质量应符合国家现行有关法律、法规、技术标准、设计文件及合同规定的要求，并经过质量监督机构核定为合格或优良。

3) 工程所用的设备和主要建筑材料、构件应具有产品质量出厂检验合格证明和技术标准规定的必要进场试验报告。

4) 具有完整地工程技术档案和竣工图，已办理工程竣工交付使用的有关手续。

5) 已签署工程保修证书。

(2) 竣工验收程序。国家计委《建设项目（工程）竣工验收办法》规定，竣工验收程序为：

1) 根据建设项目（工程）的规模大小和复杂程度，整个建设项目（工程）的验收可分为初步验收和竣工验收两个阶段进行。规模较大、较复杂的建设项目（工程）应先进性初验，然后进行全部建设项目（工程）的竣工验收。规模较小、较简单的项目（工程），可以一次进行全部项目（工程）的竣工验收。

2) 建设项目（工程）在竣工验收之前，由建设单位组织施工、设计及使用等有关单位进行初验，初验前由施工单位按照国家规定，整理好文件、技术资料，向发包方提交竣工报告。建设单位接到报告后，应及时组织初验。

3) 建设项目（工程）全部完成，经过各单位工程的验收，符合设计要求，并具备竣工图表、竣工决算、工程总结等必要文件资料，由项目（工程）主管部门或建设单位向负责验收的单位提出竣工验收申请报告。

4) 竣工验收中承包方双方的具体工作程序和责任。工程具备竣工验收条件，承包人按照国家工程竣工验收有关规定，向发包人提供完整地竣工资料及竣工验收报告。双方约定由承包人提供竣工图，应当在专用条款内约定提供日期和份数。

发包人收到竣工验收报告后28天内组织有关单位验收，并在验收后14天内给予认可后提出修改意见。承包人按要求修改。由于承包人原因，工程质量达不到约定的质量标准，承包人承担修改费用。

因特殊原因，发包人要求部分单位工程或者工程部位须甩项竣工时，双方另行签订甩项竣工协议，明确各方责任和工程价款的支付办法。

工程未经竣工验收或竣工验收未通过的，不得交付使用。发包人强行使用的，由此发生的质量问题及其他问题，由发包人承担责任。

【案例 4-4】

在世界银行贷款建设的E国某工程项目的投标过程中，F公司作为评标后的最低标受邀与业主进行标前谈判。在谈判过程中，业主抛出了一个与招标文件迥然相异的关键工期表，并威胁投标人必须给出"令业主满意的答复"，否则就终止谈判。初看来，在修改后的关键工期表中，总工期由招标文件中的1200天延长为1400天，但工程实施过程中的几个关键阶段（即与误期损害赔偿相关）的工期却分别提前了"60～180"天。如果接受这个条件，不仅意味着承包商在施工过程中必须加大资源投入以加快进度，而且在工程的中期就要承担高额误期损害赔偿的风险（招标文件规定，如果承包商在施工过程中无法满足某个关键工期所要求的形象进度，承包商就应支付相应的误期损害赔偿费）。据事后了解，业主之所以这么做，是由于他委托的咨询公司拖延了评标时间，因此欲将损失的时间转嫁到承包商头上。

如果F公司接受工期的重大改变，并与业主签署了相应的合同补充文件，就会给工程的顺利实施造成极大的隐患。这种情况下，F公司就要和业主据理力争，说明难处，或在工程实施过程中尽量争取到工期的索赔。否则，还可以向世界银行提出求助，对于世界银行或其他大型国际金融机构的贷款项目，如果业主要求超出了该机构采购指南的规定范围，投标人可直接向该机构提出交涉。如果业主没有正当理由而终止谈判，转而与其他评标价较高的投标人谈判并授标，那么评标后最低标的投标人可向业主提出异议，并可向贷款机构投诉，以求得到一个公平合理的结果。对于世界银行或其他大型国际金融机构的贷款项目，如果业主要求超出了该机构采购指南的规定范围，投标人可直接向该机构提出交涉。

4.4.8 其他特殊条款

其他特殊条款包括合同变更，争端的解决等，例如争端的解决方式有双方协商或调解、提交争端解决委员会或通过第三者调解，通过公断仲裁或诉讼等法律程序解决以及通过谈判决定争端解决等方式。一般最终解决争议的方式通常选择仲裁，但是这也需要承包商和业主商议决定。而具体的其他特殊的合同条款的完善主要是有关以下几个方面：

合同图纸、合同的某些含糊的措辞；合同的图纸与工程量表和相应的文字说明，三者内容应该一致，避免出现矛盾。合同中类似"承包商的工作必须使工程师满意"之类的措辞，承包商应通过谈判明确这"满意"的范围只能是施工技术规范和合同条件范围内的满意。

违约罚金和工期提前奖金；对于合同中的违约金的条件、金额、计算方法等应予以注意，同时要有违约罚金的最高限额。承包商应力争说服业主违约金和工期提前奖金的比例一致。

工程保险和各类保险；承包商应当争取业主同意由中国人民保险公司承担各类保险（交通用车辆保险必须由当地保险公司承担者除外）。

图纸、材料设备报批时间；对于包括设计工作的项目，一般业主要对承包商的设计（图纸和计算书）进行事先审批后方可加工或施工，对此合同中应规定业主批复时间。由于业主审批延误造成的经济和工期损失承包商应有权提出索赔，或写明"默认原则"，即在规定时间内不予审批即被认为批准。

不可预见的自然人为障碍；这一问题由于其不可预知的原因在合同条款中往往写的比

较含混，承包商应对此予以注意，还要采取适当的措施为今后可能发生的情况奠定好增加额外费用以及索赔的基础。

工程量验收以及衔接工序，隐蔽工程施工的验收程序；按一般的结算程序，对承包商完成的工程量应报请工程师代表检查和签字验收方可结算。业主代表如拖延签字，就会对承包商造成被动和付款的延误。合同中通常还规定施工过程中的隐蔽工程覆盖前或有些衔接性工序，应由业主代表或工程师检查和见证。对这些涉及业主方配合的工作程序，应对业主有一定的约束。防止出现权力在业主手中，而责任却在承包商身上的被动现象。

关于施工占地、向承包人移交施工现场和基础技术资料、工程交付、预付款保函的自动减额条款及税收条款等。施工占地中取料场占地问题是土建工程施工的大难题，一般应由业主方解决，否则承包商就要直接面对土地所有者，这是极为复杂和难缠的问题，应明确规定由业主负责处理。合同中应规定工程现场移交时间，移交现场的概念应包括现场资料（测量图纸、测量标志等）。工程交付的方式，如业主不能及时验收业主应支付照管费。预付款一般是在项目实施过程中逐渐向业主偿还的，其金额随工程进度款中的扣还逐渐减少，因此应注意业主提出的预付款保函格式是不是自动减额的。承包商还要注意税收问题，对项目的各项税收进行资料收集和税务咨询，避免在报价时遗漏。

【案例 4-5】

中国水利电力对外公司（以下简称中水电公司）于 1996 年 4 月 30 日在老挝获得了老挝南累克水电项目合同 C1——土建工程的第一标。该项目系由亚行投标项目，业主是老挝电力局，咨询是法国 SOGREAH 咨询公司，工期为 36 个月。在评标过程中，业主和咨询于 1996 年 5 月 21 日来函就该项目提出了一系列问题的澄清要求，中水电公司对其做了认真切题的回答，并如期呈交业主，经过近半年的评标工作，中水电公司在投标评审中最终入围。于 1996 年 10 月 21 日应业主和咨询工程师邀请，我谈判小组赴老挝万象就该项目进行了历时近十天的合同谈判。

本次谈判业主和咨询工程师（以下简称甲方），采用的是开门见山的方式，谈判的序幕一拉开，就进入了主题。谈判的一项主要问题是坝区施工导流问题。我方在编制坝区施工导流方案时，根据招标文件技术规范的有关要求和现场考察，结合我国在大坝施工导流方面多年积累下来的经验，选择了较低的旱季临时导流标准来设计围堰，此种设计较为经济，需要冒的风险亦不太大。对此，甲方认为我方提出的方案不能接受，据他们的经验，旱季时间较短，有时雨季来临会提前一个月，且现在正在实施的老挝腾因邦大坝工程就有两处小建筑物被水淹没，所以甲方坚持其保守方案，此时，我方提出如按甲方方案施工，则需将两个方案之间的差价补偿给我方，并马上将答疑文件中有关两个方案的经济技术比较差价向甲方指明。甲方见我方有理有据，便同意在原标价的基础上将此差价加上，这样分歧最大的问题便圆满地解决了。

对于自由外汇美元和当地币老挝基普（KIP）的比例问题，我方根据自己对外汇的需要提出将外汇部分适当地提高，因考虑当地货币老挝基普（KIP）有一定的贬值趋势，故提高外汇比例对我方有利。同时对甲方而言，由于外汇部分是由亚行支付，而当地货币部分则由业主支付，故提高外汇比例对甲方在某种意义上亦是有利，对此业主欣然接受，同意外汇比例由原来的 85%提高到 93%。关于预付款问题，我方提出将其由合同额的 15%增加到 20%，并力争将标书中有关预付款的还款条件由原规定的从第四个账单就开始扣款，并在连续的10个月中十等分偿还预付款这一较为苛刻的扣款条件减缓到从结算到合同额的40%开始扣款，到结算到合同额的90%时结束还款，每次扣结算款的30%。甲方不同意增加预付款，但在预付款的还款问题上作出了让步，同意将还款减缓到从结算到合同额的40%开始扣款，到90%时结束还款，每次扣结算款的30%的要求。这样，我方就争取到了较好的资金周转条件。

对于履约保函问题，甲方为了保护其自身的利益，要求将原标书中规定的履约保函为合同额的10%，增加到12.5 %，对此我方阐述了自己的观点，强调公司从未违约，一直有良好的声誉，多次力争维持原比例不变，最后甲方对此妥协，同意履约保函保持原标书规定的合同额的10 %不变。这样既节省了履约保函的手续费，也维护了中水电公司的声誉。

对于工期问题，我方提出有些项目的关键工期要求太紧，并提出切合实际的工期安排，理论根据充分，业主表示接受。在谈判期间，甲方还就电话和无线电通信系统、空调和通风系统、电站厂房的接地系统、施工材料、混凝土等方面进行了进一步的澄清，对环境问题进行了进一步的说明，并提供了有关资料，甲方对我方在技术方面的答辩表示满意，双方无大分歧，此时谈判已进入尾声，双方最终达成共识，于1996年10月29日在老挝万象老挝电力局签订了合同谈判备忘录。1996年11月4日由业主决定并经亚行批准，老挝电力局给中水电公司发出了该项目的授标通知书。这样中水电公司在老挝成功地夺得了老挝南累克水电工程C1合同——土建工程标，本项目于1996年11月26日正式签订合同并开工，总合同额为3600万美元，这是目前中国公司在老挝签订的承包工程合同额最大的项目。

4.5 建设工程合同的文本确定及签订

双方最终签署的合同文件是在招标文件的基础上，加上承包商在标书澄清阶段确认的内容及合同谈判阶段双方达成一致的内容，而形成的正式合同文件。工程合同的订立也是发包人和承包人之间为了建立承发包合同关系，通过对工程合同具体内容进行协商而形成合意的过程。

承包商和业主都应有一个概念，在投标之后，合同内容的任何变动，除了工程量表需要重新核定编制外，其他内容都是以合同补遗的形式确定下来，与原合同文件一起构成一个完整的工程承包合同。

合同补遗是合同谈判阶段形成的结果，按法律上的解释，它的效力优先于其他合同文件，因此对合同补遗的起草、定稿都应相当重视。

4.5.1 订立工程合同的基本原则

（1）平等、自愿原则

《中华人民共和国合同法》第三条规定："合同当事人的法律地位平等，一方不得将自己的意志强加给另一方。"所谓平等是指当事人之间在合同的订立、履行和承担违约责任等方面都处于平等的法律地位，彼此的权利、义务对等。

《中华人民共和国合同法》第四条规定："当事人依法享有订立合同的权利，任何单位和个人不得非法干预。"所谓自愿原则，是指是否订立合同、与谁订立合同、订立合同的变更以及变更不变更合同，都要由当事人依法自愿决定。订立工程合同必须遵守自愿原则。实践中，有些地方行政管理部门如消防、环保、供气等部门通常要求发方、总包方接受并与其指定的专业承包商签订专业工程分包合同，发包方、总包方如果不同意，上述部门在工程竣工验收时就会故意找麻烦，拖延验收、通过。此行为严重违背了在订立合同时当事人之间应当遵守的自愿原则。

（2）公平原则

《中华人民共和国合同法》第五条规定："当事人应当遵循公平原则确定各方的权利和义务。"所谓公平原则是指当事人在设立权利、义务、承担民事责任方面，要公正、公允、合情、合理。贯彻该原则最基本的要求即是发包人与承包人的合同权利、义务、承担责任要对等而不能显失公平。实践中，发包人常常利用自己在建筑市场的优势地位，要求工程质量达到优良标准，但又不愿优质优价；要求承包人大幅度缩短工期，但又不愿支付赶工措施费；竣工日期提前，发包人不支付奖励或奖励很低，竣工日期延迟，发包人却要求承包人承担逾期竣工一倍、有时甚至几倍于奖金的违约金。上述情况均违背了订立工程合同时承、发包方应该遵循的公平原则。

（3）诚实信用原则

《中华人民共和国合同法》第六条规定："当事人行使权力、履行义务应当遵循诚实信用原则。"诚实信用原则，主要指当事人在订立、履行合同的全过程中，应当抱着真诚的善意，相互协作，密切配合，言行一致，表里如一，说到做到，正确、适当地行使合同规定的权利，全面履行合同规定的义务，不弄虚作假、尔虞我诈，不做损害对方和国家、集体、第三人以及社会公共利益的事情，在工程合同的订立过程中，常常会出现这样的情况，经过招标投标过程，发包方确定了中标人，却不愿与中标人订立工程合同，而另行与其他承包商订立合同。发包人此行为严重违背了诚实信用原则，按《中华人民共和国合同法》规定应承担缔约过失责任。

（4）合法原则

《中华人民共和国合同法》第七条规定："当事人订立、履行合同，应当遵守法律、行政法规……"所谓合法原则，主要是指在合同法律关系中，合同主体、合同的订立形式、订立合同的程序、合同的内容、履行合同的方式、对变更或者解除合同权利的行使等都必须符合我国的法律、行政法规。实践中，下列工程合同，常常因为违反法律、行政法规的强制性规定而无效或部分无效：没有从事建筑经营活动资格而订立的合同；超越资质等级订立的合同；未取得《建设工程规划许可证》或者违反《建设工程规划许可证》的规定进行建设，严重影响城市规划的合同；未取得《建设工程规划许可证》而签订的合同；未依法取得土地使用权而签订的合同；必须招标投标的项目，未办理招标投标手续而签订的合同；根据无效中标结果所订立的合同；不符合分包条件而分包的合同；违法带资、垫资施工的合同等。

4.5.2 订立工程合同的形式和程序

（1）订立工程合同的形式

《中华人民共和国合同法》第十条规定："当事人订立合同，有书面合同、口头形式和其他形式。法律、行政法规规定采用书面形式的，应当采用书面形式。当事人约定采用书面形式的，应当采用书面形式。"书面形式是指合同书、信件和数据电文（包括电报、传真、电子数据交换和电子邮件）等可以有形地表现所载内容的形式。

工程合同由于涉及面广、内容复杂、建设周期长、标的的金额大，《中华人民共和国合同法》第二百七十条规定："建设工程合同应当采用书面形式"。

（2）订立工程合同的程序

《中华人民共和国合同法》第十三条规定："当事人订立合同，采取要约、承诺方式。"

1）要约

要约是希望和他人订立合同的意思表示，该意思表示应当符合下列规定：内容具体、确定；表明经受要约的人承诺，要约人即受该意思表示约束。

要约邀请不同于要约，要约邀请是希望他人向自己发出要约的意思表示。寄出的价目表、拍卖公告、招标公告、招股说明书、商业广告等为要约邀请。要约可以撤回与撤销。

2）承诺

承诺是受要约人同意要约的意思表示。承诺应当具备的条件：承诺必须由受要约人或其代理人作出；承诺的内容与要约的内容应当一致；承诺生效时，合同成立。

根据《中华人民共和国招标投标法》对招标、投标的规定，招标、投标、中标实质上就是要约、承诺的一种具体方式。招标人通过媒体发布招标公告，或向符合条件的投标人发出招标文件，为要约邀请；投标人根据招标文件内容在约定的期限内向招标人提交投标文件，为要约；招标人通过评标确定中标人，发出中标通知书，为承诺；招标人和中标人按照中标通知书和中标人的投标文件等订立书面合同时，合同成立并生效。

4.5.3 工程合同达成阶段的策略

近几年，随着市场经济的发展，我国陆续出台了相当数量的法律法规，当事人面临着怎样尽快熟悉和使用这些法律法规，来维护自己的合法权益的问题。在进行谈判、签订合同、确定合同当事人双方的权利和义务时，要求谈判人员除具备相关专业知识以外，还必须具备相关法律知识的储备。如合同法中关于订立合同应遵循的原则问题、订立合同的方式问题、缔约过失责任问题、格式条款与格式合同问题、免责问题、合同无效问题、合同效力待定问题、合同条款规定不明应遵循的原则问题、合同风险转移问题、承担违约责任问题等合同法中的新变化，还要熟悉勘察、设计、施工、监理合同示范文本的规定。这样才能适应现代化社会发展变化，才能在合同谈判中依法合理确定双方的权利和义务，使合同的履行风险降到最低。

1. 注重法律依据

注重法律依据是合同条款谈判需要遵循的第一个原则。合同的法律依据不仅要强调本国的法律，还应考虑国际公约及国际惯例。首先，工程商务谈判者要注意我国合同法、招标投标法的基本要求，同时也应注意我国有关外汇管理、国家安全、公共健康、社会治安、税收等法律法规。其次，如果对方是外国企业，还应充分考虑对方所在国的有关法律法规要求。另外应恰当地运用国际组织，如联合国、国际商会、国际商务机构所颁布或推荐的一些国际公约、国际惯例等内容，这样不仅可简化商务谈判的过程，使合同条款更加符合国际惯例，更重要的是，这样做可使合同容易得到双方政府的批准。

2. 追求条件平衡

合同条款必须体现权利和义务对等的原则。合同条款对双方的义务和权利的规定不是偏向于某一方的，而是公正地根据其所得到的利益而赋予其应尽的义务。只有以“公平”为宗旨，合同才能为双方所接受，并甘心履行，否则在特定背景下得到的利益，可能会在另一个不同的背景下失去，造成合同履行的不顺利。另外，如果脱离了“公平”的原则而签订的合同，一旦因出现争议而提交仲裁，仲裁委员会也会根据“公平”的原则进行裁决。因此，合同条件的“公平”、“平衡”是谈判者必须遵循的又一个基本原则。

3. 条款明确严谨

合同条款中用词造句要力求明确、专业，法律方面的术语应力求标准、规范，如对合同涉及的工作量、完成时间、技术标准、成本和费用、支付方式等应该尽可能表达清楚，避免出现理解上的歧义，形成合同争议。举个最简单的例子，合同经常出现“乙方负责××工作”，在履行合同中乙方可据此提费用问题，因为乙方可理解为：他只负责完成此项工作，费用应由甲方支付。而甲方可理解为：此事是乙方的责任，当然费用由乙方承担。双方就会为此发生争议。严格的提法是：乙方须自费在多少天内按照某国标，完成××工作。这样就不会出现理解上的歧义。

另外，如果合同条款是用英语编写的，更应弄清所使用单词的确切含义，必要时可用多个类似的单词加以具体的叙述，避免理解上的不一致。

4. 以我为主起草

在可能的情况下，合同条款应自己直接起草，这样做有诸多好处：第一，可以正确地反映本方的观点，使自己的要求更加明确；第二，可以使本方在商务谈判中更加主动，避免因反复的修改而使商务谈判变得冗长和艰难；第三，可以避免对方在合同条款中埋下“伏笔”。

对于EPC工程总承包项目的合同，通常的做法是选择一个标准合同范本（如FIDIC合同条款第四版的《EPC/交钥匙项目合同条件》），在该版的基础上根据本工程的特点进行适当的修改。这样做的好处是，既节省了对通用条件的商务谈判工作量，也可充分结合本工程情况，制订出符合实际要求的合同条款。

关于合同条款的工程商务谈判应注意5个方面的问题：

(1) 字斟句酌：对文字、用词要力求准确，避免误解；合同条款用词用语要前后一致。

(2) 前后呼应：合同条款在内容上必须保持前后呼应。这种呼应包括前后关联的条款必须说法一致：对某专门的问题应该只限在一个章节描述，其他章节需要时只需引用，不要在多处对同一个问题进行重复的叙述。

(3) 公正实用：“公正”是指双方的权利、义务要对称均衡，“实用”是指条件实惠、文字实用、可操作性强。

(4) 随写随定：这也是合同商务谈判的一项基本功，对于双方谈定的事宜，应该当即形成文字，放入合同。这样可以防止在事后形成文字时，有人做小动作，“偷梁换柱”的事情即使是在有声望的大公司之间的商务谈判中也是屡见不鲜的。

(5) 贯通全文：EPC工程总承包项目的合同往往是由多个部门的不同人员负责商务谈判、起草的，由于合同内容繁杂，接口很多，一旦某个部分在商务谈判中出现变化，就可能会影响到相关条款的一致性，对此需要在工程商务谈判前制定一个协调制度，及时反映相关合同内容的变化，确保合同的完整性、协调性、准确性。

4.5.4 工程合同的文件组成及主要条款

(1) 工程合同文件的组成及解释次序

不需要通过招标投标方式订立的工程合同，合同文件常常就是一份合同或协议书，最多在正式的合同或协议书后附一些附件，并说明附件与合同或协议书具有同等的效力。

通过招标投标方式订立的工程合同，因经过招标、投标、评标、中标等一系列过程，合同文件不单单是一份协议书，而通常由以下文件共同组成：

1) 本合同协议书；

2) 中标通知书；

3) 投标书及其附件；

4) 本合同专用条款；

5) 本合同通用条款；

6) 标准、规范及有关技术文件；

7) 图纸；

8) 工程量清单；

9) 工程报价书或预算书。

当上述文件间前后矛盾或表达不一致时，以在前的文件为准。

(2) 工程合同的主要条款

一般合同应当具备如下条款：当事人的名称或姓名和住所，标的数量、质量价款或者酬金，履行期限、地点和方式，违约责任，争议的解决方法。工程施工合同应当具备的主要条款如下：

1) 承包范围。建筑安装工程通常分为基础工程（含桩基工程）、土建工程、安装工程、装饰工程，合同应明确哪些内容属于承包方的承包范围，哪些内容发包方另行发包。

2) 工期。承发包双方在确定工期的时候，应当以国家工期定额为基础，根据承发包双方的具体情况，并结合工程的具体特点，确定合理的工期；工期是指自开工日期至竣工日期的期限，双方应对开工日期及竣工日期进行精确的定义，否则，日后易起纠纷。

3) 中间交工工程的开工和竣工时间。确定中间交工工程的工期，其需与工程合同确定的总工期相一致。

4) 工程质量等级。工程质量等级标准分为不合格、合格和优良，不合格的工程不得交付使用。承发包双方可以约定工程质量等级达到优良或更高标准，但是，应根据优质优价原则确定合同价款。

5) 合同价款。又称工程造价，通常采用国家或者地方定额的方法进行计算确定。随着市场经济的发展，承发包双方可以协商自主定价，而无需执行国家、地方定额。

6) 施工图纸的交付时间。施工图纸的交付时间，必须满足工程施工进度要求。为了确保工程质量，严禁随意性的边设计、边施工、边修改的“三边”工程。

7) 材料和设备供应责任。承发包双方需明确约定哪些材料和设备由发包方供应，以及在材料和设备供应方面双方各自的义务和责任。

8) 付款和结算。发包人一般在工程开工前，支付一定的备款料（又称预付款），工程开工后按工程形象进度按月支付工程款，工程竣工后应当及时进行结算，扣除保修金后应按合同约定的期限支付尚未支付的工程款。

9）竣工验收。竣工验收是工程合同重要条款之一，实践中常见有些发包人为达到拖欠工程款的目的，迟迟不组织验收或者验而不收。因此，承包人在拟定本条款时应设法预防上述情况的发生，争取主动。

10）质量保修范围和期限。对建设工程的质量保修范围和保修期限，应当符合《建设工程质量管理条例》的规定。

11）其他条款。工程合同还包括隐蔽工程验收、安全施工、工程变更、工程分包、合同解除、违约责任、争议解决方式等条款，双方均要在签订合同时加以明确规定。

需特别说明的是，应当对所有的在招标投标过程及合同谈判中各方发出的文件、文字说明、解释性资料进行清理，凡是与上述合同文件构成矛盾的都应宣布作废，以《合同补遗》的方式作出规定。

4.5.5 合同协议书与合同补遗拟定

1. 合同协议书

合同协议书是关于整个合同的总结归纳，是一个纲领性的文件，其内容包括术语定义，合同文件的构成，合同要约原因等。

2. 合同补遗

由于合同补遗的效力优先于其他合同文件，是极为重要的。合同补遗一般是由业主或工程师草拟，承包商要对其内容进行核实，是否与双方谈判达成的内容一致，表述是否准确。

4.5.6 合同的正式签订

工程承包合同的签订一般分为两步，先草签合同，然后再正式签署合同。

第一步，草签合同。承包商对业主或工程师草拟的合同文本进行审核，如合同的内容与双方协商的内容一致，且准确无误时，由双方代表草签。合同的草签，代表着双方合同谈判阶段结束。

第二步，正式签署合同。在双方草签了合同文本之后，承包商提交了履约保函，双方就准备正式签署合同。正式合同文本也是由业主或工程师准备的，在正式签署之前，承包商还要仔细审核，是否与草签文本一致，千万不能偷懒。正式签署合同之后，应要求业主按时退回投标保函。

4.6 优劣势条件下的建设工程商务谈判策略

4.6.1 优势条件下的谈判策略

1. 不开先例

是指在谈判中，握有优势的当事人一方为了坚持和实现自己所提出的交易条件，以没有先例为由来拒绝让步促使对方就范，接受自己条件的一种强硬策略。是拒绝对方又不伤面子的两全其美的好办法。

2. 先苦后甜

是指在谈判中先用苛刻的条件使对方产生疑虑压抑心理，以大幅度降低对手的期望值，然后在实际谈判中逐步给予优惠或让步，使对方的心理得到了满足而达成一致的策略。

3. 价格陷阱

是指谈判中的一方利用市场价格预期上涨的趋势以及人们对之普遍担心的心理，把谈判对手的注意力吸引到价格问题上来，使其忽视对其他重要条款的讨价还价的一种策略。这一策略，是在价格虽看涨，但到真正上涨还需要较长时间的情况下运用的。

4. 期限策略

是指在谈判中，实力强的一方向对方提出的达成协议的时间期限，超过这一期限，提出者将退出谈判，以此给对方施加压力，使其尽快作出决策的一种策略。

5. 声东击西

是指我方在谈判中，为达到某种目的和需要，有意识地将磋商的议题引导到无关紧要的问题上，故作声势，转移对方注意力，以求实现自己的谈判目标。

6. 先声夺人

是指在谈判开局中借助于己方的优势和特点，以求在心理上抢占优势，从而掌握主动的一种策略。

7. 挤压策略

这种策略应用起来非常简单，你只要告诉对方："你们必须做得更好，就可以了"。

4.6.2 劣势条件下的谈判策略

1. 吹毛求疵

是指谈判中对于对方的器械或相关问题，再三故意挑剔毛病使对方的信心降低，从而作出让步的策略。使用的关键点在于提出的挑剔问题应恰到好处，把握分寸。

2. 以柔克刚

是指在谈判出现危难局面或对方坚持不相让步时，采取软的手法来迎接对方硬的态度，避免正面冲突，从而达到制胜目的的一种策略。

3. 难得糊涂

是防御性策略，指在出现对谈判或己方不利的局面时，故作糊涂，并以此为掩护来麻痹对方的斗志，以达到蒙混过关的目的的策略。

4. 疲惫策略

是指通过马拉松的谈判，逐渐消磨对手的锐气，使其疲惫，以扭转己方在谈判中的不利地位和被动的局面，到了对手精疲力竭，头脑昏胀之时，本方则可反守为攻，抱着以理服人的态度，摆出本方的观点，促使对方接受己方条件的一种策略。

5. 权力有限

是指在谈判中，实力较弱的一方的谈判者被要求向对方作出某些条件过高的让步时，宣称在这个问题上授权有限，无权向对方作出这样的让步，或无法更改既定的事实，以使对方放弃所坚持的条件的策略。

6. 反客为主

是指谈判中处于劣势的一方，运用让对方为谈判付出更大的代价的方法，从而变被动为主动，达到转劣势为优势的目的的策略。

4.6.3 均势条件下的谈判策略

1. 投石问路

即在谈判的过程中，谈判者有意提出一些假设条件，通过对方的反应和回答，来琢磨和探测对方的意向，抓住有利时机达成交易的策略。

2. 先造势后还价

是指在对方开价后不急于还价，而是指出市场行情的变化态势，或是强调本方的实力与优势，构筑有利于本方的形势，然后再提出本方要价的一种策略。

3. 欲擒故纵

是指在谈判中的一方虽然想做成某笔交易，却装出满不在乎的样子，将自己的急切心情掩盖起来，似乎只是为了满足对方的需求而来谈判，使对方急于谈判，主动让步，从而实现先“纵”后“擒”目的的策略。

4. 大智若愚

是指谈判的一方故意装得糊里糊涂，惊慌失措，犹豫不决，反应迟钝，以此来松懈对方的意志，争取充分的时间，达到后发制人目的的策略。

5. 走马换将

是指在谈判桌上的一方遇到关键性问题，或与对方有无法解决的分歧，或补救己方的失误时，借口自己不能决定或其他理由，转由他人再进行谈判的策略。“他人”或者是上级、领导，或者是同伴、合伙人、委托人、亲属和朋友。

6. 浑水摸鱼

是指在谈判中，故意搅乱正常的谈判秩序，将许多问题一股脑儿地摊到桌面上使人难以应付，借以达到使对方慌乱失误的目的的策略。

7. 红白脸术

“白脸”是强硬派，在谈判中态度坚决，寸步不让，咄咄逼人，几乎没有商量的余地。“红脸”是温和派，在谈判中态度温和，拿“白脸”当武器来压对方，与“红脸”积极配合，尽力撮合双方合作，以致达成于己方有利的协议。

8. 休会策略

是谈判人员为控制、调节谈判进程，缓和谈判气氛，打破谈判僵局而经常采用的一种基本策略。

其应用的情形如下：谈判出现低潮、会谈出现新情况、出现一方不满、进行到某一阶段的尾声。

9. 私下接触

是指通过与谈判对手的个人接触，采用各种方式增进了解、联络感情、建立友谊，从侧面促进谈判顺利进行的策略。

10. 润滑策略

是指谈判人员为了表示友好和联络感情而互相馈赠礼品，以期取得更好的谈判效果的策略。但是要考虑文化的差异、礼品价值的大小、送礼的场合及礼仪。

11. 情感转移

是指当正式谈判中出现僵局或碰到难以解决的谈判障碍时，谈判组织者就应该有意识地通过转换谈判的环境、气氛及形势，使谈判对手的情感发生转移的一种策略。

本 章 小 结

本章内容对建设工程合同谈判的诸多方面展开了详细论述，目的在于让读者对合同谈判的不同阶段、不同对象、不同方面有全方位的了解。着重介绍三种标书澄清类型，商务答辩目标和技巧，并且分别从业主和承包商的角度分析谈判目的，分析谈判对双方的重要性。接着从组建谈判小组、收集分析资料、把握双方情况、制定谈判方案等方面作好相应心理准备，作为合同谈判过程较为重要的部分，需要读者认真了解每一部分内容，熟悉掌握各阶段用到的谈判策略和技巧以便从容应对合同谈判过程出现的问题。针对合同谈判内容主要包括几大方面：工程范围、质量条款和技术条款、价格及价格调整条款、支付条款、工期和竣工验收条款，均需通过谈判进一步确定。最后关于合同文本的敲定和签订部分，由于该阶段形成最终谈判结果，因此需要读者仔细理解文章内容，高度重视合同补遗的起草和定稿。

思 考 题

1. 谈判小组人员组成及分工是什么？
2. 合同谈判准备工作的核心内容是什么？
3. 建设工程合同谈判包括哪些内容？
4. 工程合同的主要条款是什么？

5 建设工程变更与索赔谈判

【本章学习重点】

通过本章的学习，要对工程变更和索赔及其谈判原则有所了解。掌握工程变更的一般程序、变更谈判的要点；对工程索赔形成一个系统的知识体系，包括从索赔的概念、索赔谈判的要点、索赔的程序、计算、索赔报告的形式到索赔谈判策略，并学会在实践中应用。

5.1 工程变更、索赔谈判概述

5.1.1 工程变更含义与分类

1. 工程变更的含义

工程变更（EC，Engineering Change），即在工程项目施工过程中，由于施工条件的变化，按照合同约定的程序，监理工程师根据工程需要，下达指令对招标文件中的原设计或经监理工程师批准的施工方案进行的在材料、工艺、功能、功效、尺寸、技术指标、工程数量及施工方法等任一方面的改变，统称为工程变更。FIDIC 条款对工程变更的内容作了如下规定：

(1) 增加或减少合同中任何一项工作内容。

(2) 增加或减少合同中任一项目的工程量超过合同规定的百分比，其值一般在 15% ～ 25%范围内；FIDIC 条款规定要同时满足三个条件，即工程量变化超过 10%、变化的金额超过合同价的 0.01%和工程量变化使单价变化超过 1%。

(3) 改变合同中任一项工作的标准或性质。

(4) 取消合同中任一项工作。

(5) 改变工程建筑物的形式、基线、标高、位置或尺寸。

(6) 改变合同中任一项工程的完工日期或已批准的施工进度计划。

(7) 追加为完成工程所需的任何额外工作。

工程变更必须坚持高度负责的精神与严谨的科学态度，在确保工程质量标准的前提下，变更应有利于降低工程造价、节约成本、加快施工进度、节省土地等；工程变更，事先应周密调查，备有图文资料，其要求与现设计相同，以满足施工需要，并填写"变更设计报告单"，详细申述变更设计理由、变更方案、与原设计的技术经济比较，按照本办法的审批权限，报请审批，未经批准的不得按变更设计施工；且工程变更的图纸设计要求和精度等与原设计文件相同。

2. 工程变更的分类

一项建设工程，无论投资性质如何、建设规模大小，在其建设的各个阶段，尤其是施工阶段，往往要对原工程设计文件、施工方案等进行必要的变更。按照不同的标准，工程变更有多种分类方法。

(1) 按工程变更形式分类

根据指令变更的不同形式，工程变更分为以下三种：

1) 指令性变更

这一类工程变更通常是业主或监理工程师通过规范化的程序指令的工程变更，规范化的程序是根据合同规定的变更确认程序，通过发布一个正式的“工程变更令”形式来修改合同条款、设计图纸和施工技术规范。由于变更令是按一定程序被确认认可，因此此类变更一旦被变更令确认即成为合同工作范围内的任务，所以也成为正式的变更。指令性变更的条件为：

① 明确指令承包商对合同工作范围内规定的工程进行变更；

② 书面形式确认工程变更；

③ 符合合同有关变更处理条款。

2) 推定性变更

推定性变更是指由于变更令的确认缺乏规范化的手续，承包商在业主或监理工程师的口头指示或默认要求下进行的工程变更。推定性变更可通过业主或监理工程师的行为来推定。推定性变更同指令性变更一样，承包商可以获得变更费用和工期补偿，但是由于推定性变更都是事后进行补偿，业主不能清楚认识到推定性变更对合同价格和工期及其他工程的影响，因此业主经常会拒绝承包商提出的变更补偿或容易引起项目的投资和进度失控，承包商会对补偿继续申辩，从而增加了变更引起索赔和纠纷的机会。

因此业主方的工程变更管理应尽量避免推定性变更的发生，明确变更的书面确认重要性：承包商也应保护自己的利益，在没有书面变更令的条件下不执行变更工作。发生推定性变更的情况如下：

① 业主或监理工程师没有按合同规定的变更程序要求进行修改与变动而引起的附加工程；

② 业主或监理工程师不适当的拒绝；

③ 业主或监理工程师非正式的认可合同范围外的工作。

3) 核心变更

当指令性变更与推定性变更的内容很广泛、很深远以至于完全改变了原合同条件下的工作内容时，合同管理者认为变更已完全改变了原合同工作范围，原合同失效，这种完全改变合同内容的变更认为是核心变更。核心变更可以被认为是原合同的违约，因为工程变更的量和影响已完全超出了承包商在投标时的预测与估计，改变了投标的经济目的。

判断核心变更的标准有：

① 累计发生的变更费用占合同价格的比重范围超过一定范围；

② 工程变更的工程量和变更的内容超出了承包商预计的工程变更范围；

③ 签约后业主更改合同，变更内容完全改变了承包商的报价计算方法和施工组织设计；

④ 根本改变合同条件的变更，如合同签订后业主改变了工程位置等。

(2) 按工程变更内容分类

1) 合同变更

合同变更是在合同执行的过程中对原合同提供的内容与条款的修改与补充，目的是为了更好地执行合同、完成合同规定的义务，包括工作范围变更、不同的现场条件变更和质量、技术规范要求提高变更、支付条件的改变和业主应该自身完成并交付承包商的工程延误等。最大的合同变更是发生合同终止。

2）设计变更

设计错误、遗漏和设计缺陷在此被认为是属于对合同、完成合同规定的义务，包括工作范围变更、相异的现场条件变更、质量和技术规范要求等的提高变更、支付条件的改变和业主应该自身完成并交付承包商的提供的条件变更。由于设计师忽略了对某一部分的设计、设计有瑕疵或由非设计方引起的设计缺陷，这些常常需要在施工的过程中进行修改。设计的修改会影响承包商的施工工作流程、施工工艺、施工成本和工作时间等，因此对设计修改导致指令变更和推定性变更的产生。

3）施工变更

施工变更主要是在施工作业过程中由于业主要求的加速施工、咨询工程师现场指令的施工顺序改变和对施工顺序的调整或承包商进行价值工程分析后提出的有利于工程目标实现的施工建议等。业主要求的施工作业调整必须通过书面指令的方式进行，承包商的费用和工期调整可以得到补偿，但对由于承包商自身原因造成的施工技术、顺序改变或加速施工，业主不以变更的程序进行确认，费用由承包商自己承担。

(3) 按变更申请者分类

1）设计单位提出的工程变更

设计单位提出的设计变更往往是想对原设计中存在的缺陷或错误进行必要的修改和完善。在现行监理规范中，没有规定在施工阶段监理工程师应对设计单位提出的工程变更进行审查的要求，但监理人员不能因此对设计单位的变更就盲目执行，应根据施工现场的实际情况，对设计的变更文件进行审核，若有异议或与现场情况不符的，应及时与业主汇报或直接与设计部进行沟通，使设计变更加经济合理，既满足工程安全和基本使用功能需要，又能减少对工程进度和工程投资的影响。

2）业主提出的工程变更

业主对工程提出的变更，一般是因为在决策阶段对工程建设方案考虑不够周全或投资控制的需要，在施工过程中需要增加建设内容或调整功能布局。一般情况下，对业主提出的变更要求，设计、监理、施工单位都要认真执行，但是作为监理工程师应对业主提出的工程变更给予足够的重视，要结合工程实际，组织有关专业技术人员协助业主对变更内容进行认真研究、仔细分析，必要时进行多方案的比较，主动提出合理化建议，帮助分析这些变更对建设项目的安全功能、使用功能的满足程度，对周边环境的影响，说明工程变更方案的合理性及可行性。

3）承包商提出的工程变更

承包商提出工程变更的原因和目的很多，主要有两方面，一是承包商由于原设计图纸本身存在缺陷，主观上想通过变更设计来增加工程量和工程造价，某分项工程施工质量不合格，又无法全部返工处理等原因，对原设计图纸提出变更；二是承包商对已批准的施工组织设计或施工方案提出修改，主要是由于工程进度滞后、外部施工环境变化、原施工组织设计本身存在缺陷等原因引起。对于承包商提出的变更，必须事先经监理工程师审查确认后，取得设计变更文件后方为有效，承包商自己变更或直接要求设计单位下达的设计变更，监理工程师可视其为无效。

5.1.2 工程变更谈判含义与分类

工程变更谈判是指在工程施工过程中，根据合同的约定对施工的程序、工程的数量、质量要求及标准等的变更所进行的谈判。谈判的目的是在原有合同的基础上签订一个新的补充合同。

由于工程项目的复杂性决定发包人在招标投标阶段所确定的方案往往存在某方面的不足，随着工程的进展和对工程本身认识的加深，以及其他外部因素的影响，常常在工程施工过程中需要对工程的范围、技术要求等进行修改，形成工程变更，工程变更谈判随着工程变更的出现而产生且贯穿于工程变更的整个过程。

工程变更会造成合同价格和工期的调整，这种影响不但表现在变更工程本身直接发生额外费用和工期的补偿以及实施变更工程导致的效率下降，并且还间接地影响其他未变更工程的顺利实施，这种影响具体表现为变更干扰、加速施工和生产效率降低等。因此变更的间接影响成本可定义为：由工程变更间接引起的额外成本的增加，额外成本的增加主要是由于效率下降所导致的。由于对效率损失的证明和定量化计算比较困难，因此造成业主和承包商在变更谈判中对间接影响成本的合理补偿很难取得一致意见，从而使得工程变更谈判失败，最终使工程变更演变为索赔事件。对承包商而言，使用工程索赔的方式来解决工程变更是很不明智的，因为，本来变更工程款的很大一部分可以通过工程变更的正常途径获得支付，却因走了施工索赔的路径，使索赔额大打折扣，而且，业主往往对承包商的施工索赔很反感，使索赔很难成功。因此，处理好工程变更谈判对业主和承包商而言都尤为重要。

根据谈判者的态度可以将变更谈判分为建设型谈判和进攻型谈判。

建设型谈判的主要特征是：基本态度和行为是建设性的，希望通过谈判建立起相互尊重、相互信任的建设性关系，希望双方为共同利益进行建设性的工作；谈判的气氛是亲切、友好、合作的，谈判者诚心诚意和讲求实效；在谈判过程中注意运用创造性思维去开发更多的可行设想和选择性方案，以期创造共同探讨的局面，适当妥协，以达成双方都能接受的协议；绝不强加于人，谈判中避免相互指责或谩骂攻击，防止冲突和破裂。当然，采用建设型谈判并不意味着无原则地迁就对方或委曲求全，而是坚持以理服人，通过有理有据的分析，从而使对方改变立场，以达到谈判的目的。

进攻型谈判的主要特征是：基本态度和行为都是进攻性的。谈判时持有怀疑或不信任的态度，千方百计压服或说服对方退让或放弃自己利益；谈判的气氛是紧张的。固执、进攻和咄咄逼人是采用这种方式的谈判者的典型特征；在谈判过程中，谈判者从不开诚布公，而是深藏不露；按照设定的谈判界限不妥协不出界，施加压力，迫使对方让步。

发生工程变更时，交易环境和工程开工前招标阶段的情况有了很大地改变，这时承包商占据了有利地位，通常承包商宜采用建设型谈判，并适当采用进攻型谈判，以维护本身利益。业主和工程师常常采用进攻型谈判。

5.1.3 工程索赔含义与分类

1. 工程索赔的含义

工程索赔（Construction Claims），是指在工程合同履行过程中，合同双方根据法律、合同规定及惯例，当事人一方对并非由于自己的过错，而是属于应由对方承担责任的情况造成的，而且实际发生了损失，通过一定的合法程序向对方提出给予补偿的要求的行为。索赔是一种正当的权利要求，是工程承包中经常发生的现象。它是业主、监理工程师和承包人之间一项正常的、大量发生而且普遍存在的管理工作，是一种以法律和合同为依据的、合情合理的行为。

工程索赔具有以下特点：

（1）索赔是双向的，不仅承包人可以向发包人索赔，发包人同样可以向承包人索赔，对于发包人向承包人提出的因承包人的违约所造成的发包人各项损失的索赔请求，常称为“反索赔”。由于实践中发包人向承包人索赔发生的频率相对较低，而且在索赔处理中，业主始终处于主动和有利地位，他可以直接从应付工程款中扣除或没收履约保函、扣留保留金甚至留置承包人的材料设备等来实现自己的索赔要求。因此，在工程建设中，承包人向发包人提出索赔的情况更为常见，也更为复杂，我们常说的工程索赔主要是指工程施工的索赔。

（2）只有实际发生了经济损失或权利损害，一方才能向另一方索赔。经济损失是指因对方原因造成了合同外的额外支出，如人工费、材料费、机械费、管理费等额外开支；权利损害是指虽然没有经济上的损失，但造成了一方权利的损害，如由于恶劣气候条件对工程进度的不利影响，承包人有权要求工期延长等。因此发生了实际的经济损失或权利损害，是一方提出索赔的一个基本前提条件。

（3）索赔是一种未经确认的单方行为。它与我们通常所说的工程签证不同。在施工过程中签证是承包方双方就额外费用补偿或工期延长等达成一致的书面证明材料和补充协议，它可以直接作为工程款结算或最终增减工程造价的依据。而索赔则是单方面行为，对对方未形成约束力。这种索赔要求能否得到最终实现，必须要通过确认（如双方协商、谈判、调解或仲裁、诉讼）后才能实现。或者说只有获得了索赔的工期或经济补偿，索赔才算成功。

（4）索赔的成败，取决于是否获得了对自己有利的证据。索赔的关键在于“索”，你不“索”，对方就没有任何义务主动地来“赔”。同样，“索”得乏力、无力，即索赔依据不充分、证据不足、方式方法不当，也是不可能成功的。索赔的成败常常不仅在于事件的实情，而且取决于能否找到有利于自己的证据，能否找到为自己辩护的法律或合同条文。

2. 工程索赔的分类

（1）按索赔事件的性质分类

按索赔事件的性质可以将工程索赔分为工程延误索赔、工程变更索赔、合同被迫终止索赔、工程加速索赔、意外风险和不可预见因素索赔和其他索赔。

1）工程延误索赔。因发包人未按合同要求提供施工条件，如未及时交付设计图纸、施工现场、道路等，或因发包人指令工程暂停或不可抗力事件等原因造成工期拖延的，承包人对此提出索赔。这是工程中常见的一类索赔。

2）工程变更索赔。由于发包人或监理人指令增加或减少工程量或增加附加工程、修改设计、变更工程顺序等，造成工期延长和费用增加，承包人对此提出索赔。

3）合同被迫终止的索赔。由于发包人或承包人违约以及不可抗力事件等原因造成合同非正常终止，无责任的受害方因其蒙受经济损失而向对方提出索赔。

4）工程加速索赔。由于发包人或监理人指令承包人加快施工速度，缩短工期，引起承包人的人、财、物的额外开支而提出的索赔。

5）意外风险和不可预见因素索赔。在工程实施过程中，因人力不可抗拒的自然灾害、特殊风险以及一个有经验的承包人通常不能合理预见的不利施工条件或外界障碍，如地下水、地质断层、溶洞、地下障碍物等引起的索赔。

6）其他索赔。如因货币贬值、汇率变化、物价上涨、政策法令变化等原因引起的索赔。

（2）按索赔目的分类

按索赔目的划分，索赔有工期索赔和费用索赔两种。

1）工期索赔。由于非承包人责任的原因而导致施工进程延误，要求批准顺延合同工期的索赔，称之为工期索赔。工期索赔形式上是对权利的要求，以避免在原定合同竣工日不能完工时，被发包人追究拖期违约责任。一旦获得批准合同工期顺延后，承包人不仅免除了承担拖期违约赔偿费的严重风险，而且可能提前得到工期奖励，最终仍反映在经济收益上。

2）费用索赔。费用索赔的目的是要求经济补偿，也称经济索赔。当施工的客观条件改变导致承包人增加开支，要求对超出计划成本的附加开支给予补偿，以挽回不应由他承担的经济损失。

（3）按索赔的处理方式分类

1）单项索赔。它是指在工程实施过程中，出现了干扰原合同规定的事件，承包商为此事件提出的索赔。如业主发出设计变更指令，造成承包商成本增加、工期延长，承包商为此提出索赔要求。应当注意，单项索赔往往在合同中规定，必须在索赔有效期内完成，即在索赔有效期内提出索赔报告，经监理工程师审核后交业主批准。如果超过规定的索赔有效期，则该索赔无效。因此对于单项索赔，必须有合同管理人员对日常的每一个合同事件跟踪，一旦发现问题即应迅速研究决定是否提出索赔要求。

单项索赔由于涉及的合同事件比较简单，责任分析和索赔值计算不太复杂，金额也不会太大，双方往往容易达成协议，获得成功。

2）一揽子索赔，又称总索赔。它是指承包商在工程竣工前后，将施工过程中已提出但未解决的索赔汇总在一起，向业主提出一份总索赔报告的索赔。

这种索赔在合同实施过程中，一些单项索赔问题比较复杂，不能立即解决，经双方协商同意留待日后解决。有的是业主对索赔迟迟不作答复，采取拖延的方法，使索赔谈判旷日持久。或有的承包商对合同管理的水平差，平时没有注意对索赔的管理，忙于工程施工。在工程快完工时，发现自己亏了本，或业主不付款时，才准备进行索赔，甚至提出仲裁或诉讼。

由于以上原因，在处理一揽子索赔时，因许多干扰事件交织在一起，影响因素比较复杂。有些证据，事过境迁，责任分析和索赔值的计算发生困难，使索赔处理和谈判都很艰难。加上一揽子索赔的金额较大，往往需要承包商作出较大的让步才能解决。

（4）按索赔的主体分类

合同的双方都可以提出索赔，从提出索赔的主体出发，将索赔分为以下两类：

1）承包商索赔。由承包商提出的向业主的索赔。

2）业主索赔。由业主提出的向承包商的索赔。

（5）按索赔的合同依据分类

1）合同中明示的索赔。合同中明示的索赔是指承包人所提出的索赔要求，在该工程项目的合同文件中有文字依据，承包人可以据此提出索赔要求，并取得经济补偿。这些在合同文件中有文字规定的合同条款，称为明示条款。

2）合同中默示的索赔。合同中默示的索赔，即承包人的该项索赔要求，虽然在工程项目的合同条款中没有专门的文字叙述，但可以根据该合同的某些条款的含义，推论出承包人有索赔权。这种索赔要求，同样有法律效力，有权得到相应的经济补偿。这种有经济补偿含义的条款，在合同管理工作中被称为“默示条款”或称为“隐含条款”。默示条款是一个广泛的合同概念，它包含合同明示条款中没有写入但符合双方签订合同时设想的愿望和当时环境条件的一切条款。这些默示条款，或者从明示条款所表述的设想愿望中引申出来，或者从合同双方在法律上的合同关系引申出来，经合同双方协商一致，或被法律和法规所指明，都成为合同文件的有效条款，要求合同双方遵照执行。

（6）按索赔的合同对象分类

索赔时在合同双方之间发生的。按合同对象的不同分为如下几种：

1）承包商与业主之间的索赔。这是施工过程中最常见的索赔形式，也是本书主要探讨的内容，也称是发包人向承包人索赔。

2）总包商与分包商之间的索赔。总承包商向业主负责，分包商向总承包商负责。按照他们之间的合同，分包商只能向总承包商提出索赔要求，如果是属于业主方面的责任，再由总承包商向业主提出索赔；如果是总承包商的责任，则由总承包商和分包商协商解决。

3）承包商同供货商之间的索赔。如果供货商违反供货合同的规定，如设备的规格、数量、质量标准、供货时间等，承包商有权向供货商提出索赔要求；反之亦然。

4）承包商向保险公司的索赔，即承包商基于保险合同提出的索赔要求。

5.1.4 工程索赔谈判含义与分类

建设工程索赔谈判，是指因建设工程合同义务不能履行或不能完全履行而导致索赔事件出现后，在索赔当事人之间进行的协商活动。

索赔谈判是一个充满着纠纷、矛盾、竞争、冲突的过程，值得当事人双方高度重视、认真对待。就索赔谈判实质而言，它又具有如下几个显著的特征：①它是一个“互惠互利”的过程；②它是一个“互相合作”的过程；③它是一个“重视效率”的过程；④它是一个“追求利益”的过程。绝大多数情况下，索赔谈判是由于受损方遭受利益的损失而要求对方当事人予以赔偿的行为。所以，在谈判的初始阶段，双方往往会根据索赔文件摊牌。受损方会提出具体的索赔要求，相对方则进行辩驳。双方的这种较量式谈判是双方试探、摸底，以求最大限度满足双方要求的妥协。

理想的索赔谈判可用三个标准来评价：在可能达到协议的原则下，双方都应作出必要的让步；应是高效率的；应能改善或者不损害承包商和业主之间的关系。有效的索赔谈判建议承包商去发现谈判双方任何可能的共同利益和矛盾所在，坚持不受谈判双方意志支配的公正标准，这种谈判有如下基本要求：

（1）将谈判者与谈判问题分开。承包商应尊重业主的社会心理、价值观念、传统文化和生活习惯，创造一个较为和谐的索赔谈判气氛，把业主的谈判代表视同工作伙伴，一同向谈判问题攻击，绝不把攻击矛头指向对方，因为谈判者的情感很容易与谈判问题的实质纠缠在一起，导致观点争论，使情况变得更糟。

(2) 把谈判注意力集中于双方共同利益，而不集中于各自的观点。索赔谈判以利益为原则，而不是以立场为原则，不以辩明是非为目的。在整个索赔谈判过程中，承包商必须牢牢把握住这个方向，从业主关心的议题或对业主有利的议题入手，充分论述业主感兴趣的共同利益使双方都能满意。

(3) 在达成协议之前，为双方的共同利益设想出多种可供选择的解决办法。成功的索赔谈判取决于业主做出承包商所渴求的决定，承包商应该想方设法使业主容易作出这个决定，而不是难为他们，承包商应把自己置身于业主的位置上去考虑问题，如果没有使业主感兴趣的选择，就根本不可能达成索赔协议。

根据谈判方式的不同可以将索赔谈判分为纵向谈判与横向谈判。

纵向谈判是指在确定谈判的主要问题后，逐个讨论每个问题和条款，讨论一个问题。优点：程序明确，把复杂问题简单化；每次只谈一个问题，解决彻底；避免多头牵制、议而不决的弊病；适用于原则性谈判。缺点：议程确定过于死板；讨论问题时不能相互融通，当某一问题陷于僵局后，不利于其他问题的解决；不能充分发挥谈判人员的想象力、创造力。

横向谈判是指在确定谈判所涉及的主要问题后，开始逐个讨论预先确定的问题，在某一问题上出现矛盾或分歧时，就把这一问题放在后面，讨论其他问题，如此周而复始的讨论下去，直到所有内容都谈妥为止。优点：议程灵活，方法多样；有利于寻找变通的解决方法；利于更好的发挥谈判人员的创造力、想象力。缺点：加剧双方的讨价还价，容易促使谈判双方不作对等让步；容易使谈判人员纠缠在枝节问题上，而忽略了主要问题。

5.2 工程变更、索赔谈判的原因及要点

5.2.1 引发工程变更谈判的原因

由于工程建设的周期长、涉及的经济关系和法律关系复杂、受自然条件和客观因素的影响大，导致项目的实际情况与项目招标投标时的情况相比会发生一些变化，出现工程变更。变更的形式多种多样，引起工程变更的原因较为复杂，它可能来自于发包人、设计方，也可能来自于承包人；既有可以避免的人为原因，也有不可预见难以避免的原因。主要有以下几个方面：

1. 业主原因引起

业主要求工程范围或工程规模的调整、项目使用功能方案的调整、业主对工程项目质量标准的改变、工程施工工艺流程的变化以及业主对工期等原合同内容的更改，这些都会引起工程的变更。特别注意，由业主引起的工程变更，不能片面地追求节约资源，任意变更建筑结构和使用功能，用价格较低、质量较差的材料等，降低原有建设项目的质量标准，给建设项目的质量和安全带来隐患。

2. 设计原因引起

设计文件存在缺陷，需要修改补充完善；设计技术规范、标准的调整，引起设计、施

工的改变，需要按新的规范、标准要求修改设计或调整施工方案；或因自然因素及其他因素而进行的设计改变等。对原设计进行更改后，使建设项目的安全功能更加可靠，使用功能更加合理，与自然环境更加协调。

3. 承包商原因引起

由于承包商技术和管理方面的失误引起工程变更，如未按合同要求施工等；由于工期延误需要采取加速施工措施，需要调整施工方案和施工组织引起变更；承包商为了降低施工成本或提高施工效益，在进行价值工程分析后提出的施工技术和顺序等的施工变更；因施工质量或安全需要变更施工方法、作业顺序和施工工艺等。

4. 监理原因引起

监理工程师出于工程协调和对工程目标控制有利的考虑，而提出优化设计或优化工期引起工程变更；监理工程师为了协调分包商的运作，或者为了协调本工程承包人与地方有关部门、单位的生产关系引起工程变更；监理工程师工作上的失误和协调能力欠缺引起工程变更，如施工图审查不严，未按合同规定对材料质量和技术标准严格把关，现场协调不当等。

5. 合同原因引起

原订合同部分条款因客观条件变化，需要结合实际修正和补充。如标的物种类的更改、数量的增减、品质的改变、规格的更改等，引起合同标的变更；履行期限、履行地点、履行方式以及结算方式的改变等，引起合同履行条件的变更；合同价款或者酬金的增减以及利息的变化等，引起合同价款的变更；租赁合同变为买卖合同，选择之债变为简单之债，原合同债务转变为损害赔偿债务等，引起合同性质的变更；所附条件的除去或者增加，所附期限的延长或者提前等，引起合同所附条件或期限的变更。

6. 环境原因引起

不可预见的现场条件，需要根据现场条件变更设计方案；工程外部施工环境变化需要对原施工方案作相应的补充或调整；承包人无法预见，也无法采取措施加以防范的或自然的破坏作用，如战争爆发、山洪突发、强烈地震、台风正面袭击、百年不遇的暴雨等不可抗力引起变更。

5.2.2 工程变更谈判的要点

工程合同变更是十分复杂的事情，在工程变更谈判过程中，双方必须依据的原则有：

1. 以实施结果确定变更原则

工程变更谈判的首要任务即是确定变更范围，对某项是否属于或构成工程变更，要以具体的实施结果为准则。如果合同环境的变化对工程并未造成实质性的影响，或不应该造成相关的实质性影响，均不能视为变更。

(1) 未造成实质性影响不属于变更

尽管合同的环境有所变化，但这种变化对于工程的实施来讲，没有产生实质性的后果——工期延长与费用的增加，则不能视为变更已经发生。这是十分显而易见的，没有产生实质性的影响，原有合同内容继续有效，也就不需要实行相关的调整。

例如，虽然建筑材料的价格上涨，可以造成工程成本的增加，但是由于施工承包商并没有使用该材料，或使用量极少而并没有使施工成本上升的幅度达到合同约定的需要，就不能将“建筑材料价格上涨”视为工程变更的前提。

(2) 不应该造成相关的实质性影响不属于变更

合同环境虽然有变化，但对于这种变化，合理的选择或调整施工过程、采取必要的施工措施，可以有效地减少或降低变化对于工程的影响。而“必要的措施”是指，对于“合格的有经验的工程技术人员”可以提出施工方案，且具有相应资质的承包人可以依此采取的施工措施。如果工程合同环境发生了一些变化，但这些变化可以通过施工方案的调整来有效地解决，那么也不应该视为工程变更。

例如，在合同签订时，约定工期是指以常规的施工方法，在通常的气候条件下所需要的合理建设期限。在合同中不可能约定雨天的数量，更不可能约定降水量与施工具体环节的关系。当工程施工时，天气的变化也是正常的，只要采取适当的进度调整，就可以避免这种变化对于工程的影响；而承包人也应该在工程合同缔约之前，了解工程建设当地气候变化规律，制定相应的针对性措施。因此，承包人不能以天气的变化为由，提出工程的延期要求。

2. 工程优先的原则

工程建设项目的核心是工程，一切为了工程是所有参与各方各种事务的基本出发点。尽管在工程变更谈判过程中，参与工程各方会有各种相关的利益冲突，但解决问题的出发点只有一个，对于工程是否有利——是否能够保证质量、保证工期、降低成本。质量、工期、成本，先后顺序不能改变。

如果在工程变更谈判进行过程中，参与各方因为工程变更的事宜，仅从各自的利益角度出发，必然形成不可解决的纠纷与矛盾，导致谈判难以进行或以失败告终，工程进度缓慢或工期延后，最终必将损害所有人的利益，这是最不可取的。

3. 技术方案与质量优先原则

工程建设是百年大计，这对任何人都毋庸置疑，不论该工程的所有权性质如何。因此，对于工程变更谈判的所有人，都应该坚持质量第一的原则，在任何情况下均不允许有损害工程质量的做法，以换取工期的缩短、成本的降低或任何一方的某种特殊利益，包括发包人的利益。在这个前提下，技术方案必然是优先的。当然，在技术允许的条件下，或存在多种可行的技术方案的前提下，可以考虑其他目标的实现。

4. 发包人优先的原则

工程的所有者是发包人，工程建设的资金提供方是发包人，工程建设完成后的使用方也是发包人，因此，工程变更谈判时，发包人对工程的要求永远是要被优先考虑的。在工程投标阶段，由于工程没有实际开始，发包人不可能预见工程的许多细节问题。在具体进行过程中，发包人可能根据实际的变化，要求承包人对于工程作相关调整。这时，只要是技术上可行的，或是经过技术上的处理可行的，承包商均要执行；技术上不可行的，承包商要向发包人具体说明原因。当然，也要向承包商提供各种变更费用，补偿承包商的损失。

5. 依据合同约定原则

合同是合同双方行为的准则，是工程建设过程中的基本依据，有“工程宪法”之说。尽管各种工程变更没有在合同签订过程中完全预料到，但变更是必然的，变更处理方法已经在合同中加以阐明。因此，在变更谈判时，双方应按照合同所事先约定的程序、方案与办法进行相关的调整，最终保证各方的利益均衡。

6. 以常规工程背景为原则

所谓工程背景，在实际工程中经常被称为“一名合格的有经验的工程技术人员与管理人员的理论与实践基础”。常规工程背景，是工程技术人员对于工程的惯例性理解。工程变更谈判中，对工程中由于特定的、非常规原因引起的问题，不应简单地视为任何一方工程技术人员的失职。如在某工程中，由于设计师的笔误，在图纸中形成某房间既无窗也无门。此时，按照工程技术人员的一般背景知识，无窗无门的房间是不存在的，承包商不应按此图纸继续施工，而应向发包人指明问题并等待改正。如果承包商简单地按图施工，日后该部分重新改正的责任应由承包商来承担。

7. 适当补偿原则

工程变更对于承包商来讲是不愿接受的，因为承包商在投标报价时所依据的合同状态发生了改变，这必然导致承包商的成本支出增加、工期延长、利润减少等不利的后果。因此，工程变更谈判中，承包商往往提出一系列补偿，这时发包人应根据实际情况，对于因非承包商责任导致的工程变更，酌情考虑补偿承包商的损失。

5.2.3 引起工程索赔谈判的原因

土木工程建设与一般工业产品的生产相比较，具有特殊的技术经济特点，具体表现为工期长、规模大、生产过程复杂、参与建设的单位多、建设的环节多。在建设施工过程中，由于水文地质条件变化影响，设计变更和各种人为干扰等多种原因，都会造成工程项目的实际工期和造价与计划的不一致，从而影响到合同各方的利益，这是由其建筑产品及其生产过程、建筑产品市场的经营方式等方面所决定的。因此，在土木工程建设中，索赔经常发生，分析其原因，可归纳为如下几个方面：

1. 合同缺陷

由于建设工程承包合同是在工程开始建设前签订的，一般来说，是基于对未来建设的预测和历史经验作出的。工程本身和工程环境有许多不确定性，合同不可能对所有的问题作出预见和规定，合同文件中常会出现条款规定不严谨、措辞模棱两可或前后矛盾以及合同中的遗漏及错误等。从而导致合同履行过程中其中一方合同当事人的利益受到损害而向另一方提出索赔。由于合同一般是由业主起草的，因此，合同缺陷常常造成承包商就其缺陷引起的损失向业主提出索赔。

2. 业主或承包商违约

合同规定合同当事人双方权利、义务和责任，由于合同当事人双方中的一方违约，造成合同的另一方损失，则其可以向违约方要求赔偿，即索赔，如业主未按合同规定给承包商提供一般的施工条件、业主未能如期提供各类图纸等，承包商有权就这些业主方的原因引起的施工费用增加或工期延长向业主提出索赔。反之，如果承包商未按合同约定的质量或工期交付工程等情况，则业主可以向承包商索赔。

3. 工程变更

土建工程施工中，工程量的变化是不可避免的。施工时实际完成的工程量超过或少于工程量表中所列的工程量的15%～20%以上时，则会引起很多问题。尤其是在施工过程中，工程师发现设计、质量标准或施工顺序等问题时，往往指令增加新的工作，改换建筑材料、暂停施工或加速施工等。这些变更指令必然引起新的施工费用或需要延长工期。所有这些情况，都迫使承包商提出索赔要求，以弥补自己不应承担的经济损失。

4. 施工条件变化

土建工程施工与地质条件密切相关，如地下水、断层、溶洞、地下文物遗址等，业主不可能将极其准确的施工条件提供给承包商，而承包商也不可能通过现场查勘等方式将施工条件准确无误地确定下来。况且还有很多的自然条件和技术经济条件，不是人力所能控制的。因此，即使有经验的承包商也不可能将所有施工条件的变化情况都预见到，而由于施工现场条件的变化，往往会导致设计变更、暂停施工或工程成本的大幅上升，从而使承包商蒙受损失。因此，承包商只有通过索赔来弥补自己不应承担的损失。

5. 风险分担不均

工程承包施工的风险，对于施工合同的双方——业主和承包商来说，都是存在的。但是，根据客观事实，业主和承包商承担的合同风险并不是均等的，主要的风险落在承包商一方。这是由工程承包事业受“买方市场”规律制约这一客观事实所决定的。在这种情况下，中标的承包商承担着该工程项目施工的主要风险，他只有通过施工索赔来适度地减少风险，弥补各种风险引起的损失。这就是在工程施工索赔方面，承包商的索赔案数远远超过业主反索赔案数的原因。

6. 工程拖期

在土木工程施工中，由于受到气候、水文地质等自然条件，业主资金缺乏或暂时不能到位，各设计图纸重大设计失误或修改等原因，经常造成工程不能按原计划进行，严重时造成工程竣工时间拖延。如果工期拖延的责任在业主一方，则承包商有权就实际支出计划外的施工费提出索赔；如果拖延的责任在承包商一方，则应自费采取赶工措施，抢回延误的工期，否则应承担误期损害赔偿费。

7. 工程所在国法令法规变化

因为国家政策法规是业主编制招标文件、承包商编制报价和最终形成合同文件的重要依据，所以政策法规的变更往往会带来索赔机会。例如一般合同中规定的从投标截止日期前 28 天起，如工程所在地国家法规或地方政府政策变更导致承包商费用增加，则业主应予以补偿此部分增加值；国家法规制度（如物价局颁布的材料涨跌调差文件等）变更，使合同规定的调价公式（如物价指数法调价）中的有关指数变化引起材料调差值增加等。

8. 土木工程特殊的技术经济特点

由于土木工程本身具有工期长、技术结构复杂、露天作业、投资多、材料设备需求量大、设计的单位和环节多，项目建设中参与单位多、关系复杂，影响工程本身和其环境的因素多等特殊的技术经济特点，使得在工程施工过程中，经常会出现工程本身发生变化，如设计变更，或者工程环境发生变化，如自然条件变化或建筑市场物价变化等，这些变化均造成工程费用的变化，因此，都可能引起索赔。

5.2.4 工程索赔谈判的要点

重合同、重证据是索赔谈判的一个基本要求，而索赔的具体处理方式则涉及谈判的成功与失败。索赔方提出索赔时，总要提出索赔的证据和理由。而受索赔方的反应则可能有两种：一种是承认责任，同意赔偿，双方协商赔偿的方式与额度；另一种是否认全部或部分责任。因此，这就要求索赔的证据一定要确实充分。只有在这个前提下，索赔方的索赔谈判才可能走上协商谈判的途径。完整艺术的索赔谈判体系是成功索赔的强有力条件，它至少应该包括索赔谈判的前期准备以及谈判过程中的谈判技巧两方面的内容。

1. 索赔谈判的前期准备

在工程施工过程中，承包商应坚持监理工程师及业主的书面指令为主，即使在特殊情况下必须执行其口头命令，也应在事后立即要求用书面形式予以确认，或者致函监理人员及业主确认。同时，应做好施工日志、技术资料等施工记录。每天应当有专人记录，并请现场监理人员签字。当造成现场损失时，还应做好现场摄像、录像，以求达到资料的完整性。对停水、停电，材料的进场时间、数量、质量等，都应做好详细记录。对设计变更、技术核定、工程量增减等签证手续要齐全，确保资料完整。业主或监理单位的临时变更、口头指令、会议研究、往来信函等应及时收集并整理成文字，必要时还可以对施工过程进行摄影或录像。

如果甲方指定或认可采用特定材料或新材料，这些材料的实际价格高于预算价（或投标价），按合同规定是允许按时补差的，承包商应及时办理价格签证手续。凡采用新材料、新工艺、新技术施工，而没有相应预算定额计价时，应收集有关造价信息或征询有关造价部门意见，作好结算依据的准备。在施工中需要更改设计或施工的，也应及时作好修改，补充签证。施工中发生工伤、机械事故时，应及时记录现场实际状况，分清职责。对人员、设备的闲置、工期的延误以及对工程的损害程度等，都应及时办理签证手续。

此外，要十分熟悉各种索赔事项的签证时间要求，区分 24 小时、48 小时、7 天、14 天、28 天等时间概念的具体含义。特别是一些隐蔽工程、挖土工程、拆除工程，都必须及时办理签证手续。否则时过境迁就容易引起扯皮，增加索赔难度。不能因为监理人员的口头承诺而疏忽文字记录，也不能因为大家都知道就放松签证。这些材料既是工程索赔的原始凭证，又是进行索赔谈判的有利机遇。

2. 索赔谈判的技巧

成功的谈判需要精心和全面的准备，缺乏充分准备的谈判将导致失败。以充足的时间和精力分析建议、收集相关的报价及其他数据，形成一个确定的并颇具防御性的谈判立场，这些对谈判者来说，要比在谈判桌上任何讨价还价的全部技巧更为重要。充分的准备将使谈判者在谈判中显得坚定有力，使己方在整个谈判过程中始终处于主动地位，并在遇到偶发事件时，仍能充满信心，保持自尊和职业道德。

(1) 以合同为准绳、以事实为依据

任何索赔事件的申报必须讲究法律和合同依据，承包商应掌握构成合同文件的全部内容及其优先顺序，并能灵活运用合同“专用条件”和“通用条件”，了解有关索赔案例，开辟视野和思路。同时要实事求是地做好原始记录，并且根据这些记录和有关规定计算造成的损失和额外费用，向工程师提出索赔意向。工程师在确定索赔意向是否成立，确定给予承包商补偿金额以及确定延期的多少都需经过审核承包商的工程记录和计算资料，且在经过具体的考证之后才能确定。通常情况下，承包商提供的这些资料愈接近实际，索赔事件愈容易解决，承包商愈可能得到较多的利益。有些承包商可能为了获得某种利益而不顾事实弄虚作假，谈判中又强词夺理，急于求成，往往容易导致工程师和业主的反感，对承包商的言行举止引起高度戒备，即使你的索赔资料大部分是真实可靠的，也往往由于丢掉了“实事求是”这个根本原则而得不到应该可以获得的补偿，使索赔谈判复杂化。同时可能严重影响到与工程师和业主的合作关系，也可能影响到承包商的市场竞争能力和企业的声誉。所以从索赔意向提出到索赔谈判的最后时刻，都应切记遵循“实事求是”的原则，以得到工程师和业主的理解和信任，由此而达成共识，使谈判工作得以顺利进行。

(2) 设定谈判目标

承包商在谈判之前必须做到心中有数，准确地了解和计算出自己的实际损失、期望得到的结果以及预测达成这种结果的可能性。必须为自己设定两个以上不同层次的目标。这些目标的确认是根据索赔事件的具体情况，按照不同的计算方式来设定的。举例而言，索赔金额的计算一般有三种不同的方式，一是按照国家的工程定额；二是按照合同工程量清单单价并加入其他的相关费用；三是按照承包商实际发生的成本。承包商选用一种最为有利的方式来确定必须达到的目标，再根据与索赔事件相关的多种因素而设定一个可以放弃的目标。必须达到的目标是承包商的实际需要，是一定要达到的。可以放弃的目标是承包商拿来作为让步的筹码，这些筹码的逐步放弃过程，就是换取工程师和业主作出让步的过程。当然，这种放弃是有目的、有步骤和有限度的，一般来说，放弃得越少获得的利益就越多。

(3) 讲究谈判氛围

理想的谈判氛围应该是充满友好、和谐的气氛，本着直爽和坦率的态度和坚持理解与信任的原则。要实现和达到这种状态，要求承包商代表具有诚实、谦虚和顾全大局的个人形象。承包商在有理、有节地将索赔事件陈述后，委婉地提出其具体要求，在一时得不到业主和工程师的认同时也不能急躁，更不要急于求成，应该虚心地听取对方的意见，理解对方的难处，尊重对方。因为谈判本身就是一个充满着纠纷和冲突的过程，有时极易陷入僵局。因参与谈判的具体对象的素质、性格等因素的不同，承包商代表可能会受到某种言语上的挖苦、打击和伤害。这时承包商代表应该能够保持充分的自信心和良好的自制能力，切记不能“以牙还牙”，甚至进行人身攻击，损害对方的人格和尊严。因为承包商进行索赔谈判的最终目的是要获得自己合法的最大利益，而不是为了和某些人进行互相攻击以获得某些所谓面子上的胜利。因此不卑不亢的态度往往能够获得对方的理解与尊重，也是这种情况下的最好的处理方式。

(4) 把握谈判方向

合同双方进行索赔谈判中，往往会出现偏离谈判主题的现象。这种现象的出现一般是对方有意回避事件的主要矛盾或者想将索赔事件引入拖而不决的状态。究其根本原因是，我国按照 FIDIC 合同条件进行工程建设管理的时期不长，一部分人还存在着业主与承包商关系是领导与被领导关系的旧观念，认为承包商只有服从的责任和义务，一提到“索赔”就容易引起其反感。另外一种原因可能是业主对事件还不够了解，缺乏足够的准备而引起自信心不够，暂时回避关键性问题。这种情况下承包商应该确定好自己的谈判策略，把握好谈判方向，力争使己方处于谈判的主导地位。具体的做法有：①善于观察对方的反应和态度，主动和对方进行感情上的沟通；②按照循序渐进和先易后难的原则，先讨论和解决一些较为简单的问题，暂时把争议较大、短时间内不能达到统一认识的问题搁置一旁，让对方在心理上有一个适应的过程；③强调索赔事件有利于对方的一面，巧妙地把索赔事件与整体工程联系起来调动对方的责任感，使对方能够自觉主动地回到谈判的主题，从而有效地把握好谈判的主导方向，提高索赔谈判的工作效率。

(5) 坚持最后一分钟

从索赔事件发生到工程记录的收集，从索赔意向成立到索赔谈判的进行，无论是承包商还是工程师都已完成了许许多多必要的工作，双方经历了一系列反复洽谈、磋商甚至是对抗冲突的过程。也正是因为在这个必经的过程中，双方逐渐了解彼此的想法，慢慢拉近了两者的距离，意见逐步趋于一致。但这个时候，作为业主或监理工程师那方，可能还会对有些已经认定的问题的具体意见深藏不露，以要求承包商进一步放弃一些前面提到的"筹码"。作为一个有经验的承包商，绝对不能有喜形于色和急于求成的表现，应注意保持充分的自信心和坚韧的工作态度，同时又不失以诚待人和谦虚谨慎的风格，坚持到最后一分钟，使谈判在和谐友好的气氛下欣然应诺。

5.3 工程变更、索赔谈判的程序

5.3.1 工程变更谈判的程序

工程变更谈判贯穿整个变更程序过程中，变更令是变更谈判的最终结果的反映。在工程施工过程中，工程变更一般包括以下步骤：

1. 工程变更的提出

无论是业主单位、监理单位、设计单位，还是承包商，认为原设计图纸或技术规范不适应工程实际情况时，均可向监理工程师提出变更要求或建议，提交书面变更建议书。

(1) 承包商提出的工程变更

承包商在提出工程变更时，一般情况是工程遇到不能预见的地质条件或地下障碍。如原设计的某大厦的基础为钻孔灌注桩，承包商根据开工后钻探的地质条件和施工经验，认为改成沉井基础较好。另一种情况是承包商为了节约工程成本或加快工程施工进度，提出工程变更。

(2) 业主提出的工程变更

业主提出的工程变更往往是改变工程项目某一方面的功能或具体做法，但如业主方提出的工程变更内容超出合同限定的范围，则属于新增工程，只能另签合同进行处理，除非承包商同意作为变更。

在FIDIC土木工程施工合同条件中规定，业主要通过工程师才能下达工程变更指令。

(3) 监理工程师提出的工程变更

监理工程师往往根据工地现场工程进展的具体情况，认为确有必要时，可提出工程变更。在工程施工过程中，因设计考虑不周，或施工环境发生变化等原因，工程师应本着节约工程成本和加快工程进度与保证工程质量的原则，提出工程变更。只要提出的工程变更在原合同范围内，一般是切实可行的。若超出原合同范围，新增了很多工程内容和施工项目，则属于合同外的工程变更请求，工程师应和承包商协商后酌情处理。

2. 工程变更建议的审查

无论是哪一方提出的工程变更，均需由监理工程师审查批准。对监理工程师关于工程变更权力的任何具体限制，都应在合同专用条件中具体地加以规定。监理工程师审批工程变更时应与业主和承包商进行适当地协商，尤其是一些费用增加较多的工程变更项目，更要与业主进行充分的协商，征得业主的同意后才能批准。从我国现行推行的施工监理制度来讲，驻地监理工程师每天直接与承包商及其他参加工程建设的人员打交道。因此，应把好对工程变更管理与审批的第一个关口。驻地监理工程师和监理人员应负责有关变更的工程数量的计量与核实，以及提供有关现场的数据资料和证明，并审查提出工程变更方的理由是否充分。

工程变更审批的一般原则为：①考虑工程变更对工程进展是否有利；②要考虑工程变更是否可以节约工程成本；③应考虑工程变更是否兼顾业主、承包商或工程项目之外其他第三方的利益，不能因工程变更而损害任何一方的正当权益；④必须保证变更工程符合本工程的技术标准；⑤工程受阻，如遇到特殊风险、人为障碍、合同一方当事人违约等不得不变更工程。

3. 工程变更估价

根据《中华人民共和国标准施工招标文件》通用条款的规定，除专用合同条款对期限另有约定外，承包商应在收到变更指示或变更意向书后的 14 天内，向监理工程师提交变更报价书，报价内容应根据合同约定的估价原则，详细开列变更工作的价格组成及其依据，并附必要的施工方法说明和有关图纸。监理工程师应在收到承包商提交的变更估价申请书后 7 天内审查完毕并报送发包人，监理工程师对变更估价申请有异议，通知承包商修改后重新提交。发包人应在承包商提交变更估价申请后 4 天内审查完毕。发包人逾期未完成审批或未提出异议的，视为认可承包商提出的变更估价申请。

工程变更估价的原则：

(1) 已标价工程量清单中有适用于变更工作的子目的，采用该子目的单价。

(2) 已标价工程量清单中无适用于变更工作的子目，但有类似子目的，可在合理范围内参照类似子目的单价，由监理工程师与承包商或确定变更工作的单价。

(3) 已标价工程量清单中无适用或类似子目的单价，可按照成本加利润的原则，由监理工程师与承包商商定或确定变更工作的单价。

4. 工程变更令发布与实施

为了避免耽误工作，工程师在和承包商就变更价格达成一致意见之前，有必要先行发布变更指令，变更指令只能由监理工程师发出。变更指示说明变更的目的、范围、内容、工程量及其进度和技术要求，并附有关图纸和文件。承包商收到变更指示后，应按变更指示进行变更工作。一般情况下变更指示分为两个阶段发布：第一阶段是在没有规定价格和费率的情况下直接指示承包商继续工作；第二阶段是在通过进一步协商之后，发布确定变更工程费率和价格的指示。

工程变更指示的发出有两种形式：书面形式和口头形式。一般情况要求工程师签发书面变更通知指示。当工程师书面通知承包商工程变更，承包商才执行变更的工程。当工程师发出口头指令要求工程变更，这种口头指示在事后一定要补签一份书面的工程变更指示。如果工程师口头指示后忘了补书面指示，承包商须在 7 天内以书面形式证实此项指示，交于工程师签字，工程师若在 14 天之内没有提出反对意见，应视为认可。

5. 工程变更计量与支付

承包商在完成工程变更的内容后，按月支付的要求申请进行工程计量与支付。

工程变更流程图如图 5-1 所示。

5.3.2 工程索赔谈判的程序

1. 工程索赔的一般程序

在工程承包施工实践中，施工索赔实质上是承包商和业主之间在分担合同风险方面重

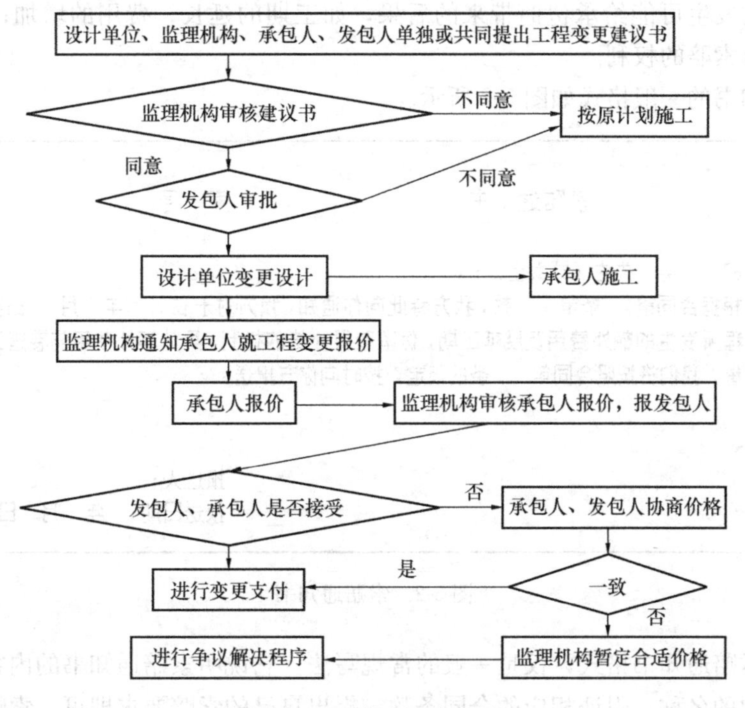

图 5-1 工程变更流程图

新分配责任的过程。在合同实施阶段，当发生政治风险、经济风险和施工风险等意外困难时，施工成本急剧增加，大大超过了承包商投标报价时的计划成本。因而应重新划分合同责任，由承包商和业主分别承担各自应承担的风险费用，对新增的工程成本进行重新分配。在合同实施阶段中所出现的每一个施工索赔事项，都应按照国际工程施工索赔的惯例工程项目合同条件的具体规定，抓紧协商解决，并与工程进度款的月结算制度同时进行支付，做到按月清理。

施工索赔的程序，一般按以下 5 个步骤进行：提出索赔要求；报送索赔资料和索赔报告；协商解决索赔问题；邀请中间人调解；仲裁或诉讼。可归纳为两个阶段，即：友好协商解决和诉诸仲裁或诉讼。友好协商解决阶段，包括从提出索赔要求到邀请中间人调解四个过程。对于每一项索赔工作，承包商和业主都应力争通过友好协商的方式来解决，不要轻易地诉诸仲裁或诉讼。

(1) 提出索赔要求

按照国际通用合同条件的规定，凡是由于业主或工程师方面的原因，出现工程范围或工程量的变化，引起工程拖期或成本增加时，承包商有权提出索赔。当出现索赔事项时，承包商一方面可以用书面信件正式发出索赔通知书，声明他的索赔权利；另一方面，应继续进行施工，不影响施工的正常进展。按照 FIDIC 合同条件（53.1 分条）的规定，这个书面的索赔通知书应在索赔事项发生后的 28 天以内，向工程师正式提出，并抄送业主。否则，逾期再报时，承包商的索赔要求可能遭业主和工程师的拒绝。

索赔通知书没有统一的要求，一般包括的内容有：索赔事件发生的时间、地点；事件发生的原因、性质、责任；承包商在事件发生后所采取的控制事件进一步发展的措施；说明索赔事件的发生可能给承包商带来的后果，如工期的延长，费用的增加；指明合同依据，申明保留索赔的权利。

索赔通知书的一般格式如图 5-2 所示。

索赔通知书　　　　　　第　号

尊敬的　　　先生（或女士）：

根据合同第　条第　款，我方特此向你通知，我方对于在　年　月　日实施的工程所发生的额外费用及展延工期，保留取得补偿的权利。具体额外费用与展延工期的数量，我们将按照合同第　条的规定，按时向你方报送。

报送人：

报送日期：　年　月　日

图 5-2　索赔通知书

上述的索赔通知书格式，仅是一般的常规写法。它说明索赔通知书的内容很简单，仅说明索赔事项的名称，引证相应的合同条款，提出自己的索赔要求即可。索赔工作人员可根据具体情况，在索赔事项发生后的 28 天以内正式送出，以免丧失索赔权。至于要求的索赔款额，或应得的工期延长天数，以及有关的证据资料，以后再报。

(2) 报送索赔资料和索赔报告

在正式提出索赔要求以后，承包商应抓紧准备索赔资料，计算索赔款额，或计算所必需的工期延长天数，编写索赔报告书，并在下一个 28 天以内正式报出。如果索赔事项的影响继续存在，事态还在发展时，则每隔 28 天向工程师报送一次补充资料，说明事态发展情况。最后，当索赔事项影响结束后，在 28 天以内报送此项索赔的最终报告，附上最终账单和全部证据资料，提出具体的索赔款额或工期延长天数，要求工程师和业主审定。

对于大型土建工程，承包商的索赔报告应就工期索赔和经济索赔分别（分册）编写报送，不要混为一体。因为每一种索赔都需要进行大量的合同论证、数量计算和证据资料，分量都相当大，需要工程师分别地审核并提出处理意见。至于小型工程或比较简单的索赔事项，在征得工程师同意后，可将工期索赔和经济索赔合在同一个索赔报告书中。

一个完整的索赔报告书，必须包括 4 个部分：总论部分，概括地叙述索赔事项；合同论证部分，叙述索赔的根据；索赔款额或工期延长的计算论证；证据部分。

对于大型土建工程的施工索赔，或索赔款额很大时，承包商有必要聘请法律顾问（律师）和施工索赔顾问（施工管理专家）指导索赔报告书的编写工作，争取索赔要求得到合理的解决。

按照国际工程施工索赔的惯例，工程师在接到承包商的索赔报告书和证据资料以后，应迅速审阅研究，在不确认责任谁属的情况下，可要求承包商补充必要的资料，论证索赔的原因，重温有关的合同条款；同时，与业主协商处理的意见，争取尽快地做出答复，以免长期拖延而影响双方的协作，或使施工进展受到影响。如果对索赔款额有待核实，难以立即确定时，亦应通知承包商，允诺日后处理。个别的工程师或业主，对承包商的索赔要求，不论合理与否，或一律驳回，或长期置之不理。这样做，不仅违背合同责任，还会加剧业主与承包商之间的矛盾，导致合同争端，甚至严重影响施工进展。

(3) 协商解决索赔问题

当某项施工索赔要求不能在每月的结算付款过程中得到解决，而需要采取合同双方面对面地讨论决定时，应将未解决的索赔问题列为会议协商的专题，提交会议协商解决。这种会议，一般由工程师主持，承包商与业主的代表均出席讨论。

第一次协商一般采取非正式的形式，双方交换意见，互相探索立场观点，了解可能的解决方案，争取达到一致的见解，解决索赔问题。

如果需要举行正式会谈时，双方应做好准备，提出论证根据及有关资料，内定可接受的方案，友好求实地协商，争取通过一次或数次会谈，达成解决索赔问题的协议。如果多次正式会谈均不能达成协议时，则需要采取进一步协商解决措施。

谈判也要讲究技巧。一个谈判能手，不仅要熟悉有关的法律条款，了解工程项目的技术经济情况和施工过程，而且要善于同对方斗智，在不失掉原则的前提下善于灵活退让，最终达成双方满意的协议。

(4) 邀请中间人调解

当争议双方直接谈判无法取得一致的解决意见时，为了争取通过友好协商的方式解决索赔争端，根据国际工程施工索赔的经验，可由争议双方协商邀请中间人进行调停，亦能够比较满意地解决索赔争端。

这里所指的"中间人"，可以是争议双方都信赖熟悉的个人（工程技术专家，律师，估价师或有威望的人士），也可以是一个专门的组织（工程咨询或监理公司，工程管理公司，索赔争端评审组或合同争端评委会等）。中间人调解的过程，也就是争议双方逐步接近而趋于一致的过程。中间人通过与争议双方个别地和共同地交换意见，在全面调查研究的基础上，可以提出一个比较公正而合理的解决索赔问题的意见。这个调解意见，只作为中间人的建议，对争议双方没有约束力。但是，根据施工索赔调停解决的实践，绝大多数的中间人调解都取得了成功，调解失败的仅属个别例外。

中间人的工作方法，对调解的成败关系甚大。首先，中间人必须站在公正的立场上，处事公平合理，绝不偏袒一方而歧视另一方。其次，中间人应起催化剂的作用，善于疏导，能够提出合理的、可能被双方接受的解决方案，而不强加于任何一方。再次，中间人的工作方法要灵活，善于同双方分别地交换意见，但不能将任何一方的底盘或观点透露给对方。

上述四个步骤，都属于友好协商解决索赔争端的范畴。但愿所有的索赔争端，都能到此结束，取得双方均能接受的解决办法。遗憾的是，个别的索赔争端的双方，分歧严重，各执己见，不愿罢休，最后走向法庭或仲裁庭。

(5) 仲裁或诉讼

像任何合同争端一样，对于索赔争端，最终的解决途径是通过国际仲裁或法院诉讼而解决。它虽然不是一个理想的解决办法，但当一切协商和调停都不能奏效时，仍不失为一个有效的最终解决途径。因为仲裁或诉讼的判决，都具有法律权威，对争议双方都有约束力，甚至可以强制地执行。

有的败诉者不服从仲裁机关的仲裁结论，不支付裁决的款额时，通常由胜诉者向败诉者所在国的法院提出诉讼，由该法院再行判决。由于有联合国发布的《承认及执行外国仲裁裁决公约》的约束，不仅是这个公约的缔约国，事实上是世界上绝大多数的国家都承认和执行国际仲裁的裁决。所以败诉者所在国的法院一般都会判决支持国际仲裁的决定，并由该法院强制败诉者执行仲裁机关的裁决结论。国际仲裁机构有它严密的仲裁程序和法律权威，一般均能秉公办事，作出公正的裁决。在国际工程施工索赔的实践中，许多国家都提倡通过仲裁解决索赔争端，而不主张通过法院诉讼的途径。在 FIDIC 合同条件和 ICE 合同条件中，均列有仲裁条款，没有把诉讼列为合同争端的最终解决办法。这一方面是为了减轻法院系统民事诉讼案件数量的压力，更主要的原因是，施工合同争端经常涉及许多工程技术专业问题，案情审理过程甚久。

根据上述的施工索赔的处理过程，结合 FIDIC 合同条件的具体规定，可将其归纳如图 5-3 所示。

2. 工程索赔谈判的程序

一般索赔最终都在谈判桌上解决。索赔谈判是合同双方面对面的较量，是索赔能否取得成功的关键。一切索赔计划和策略都要在此付诸实施，接受检验；索赔文件在此交换、推敲、反驳。双方都派最精明强干的专家参加谈判。索赔谈判属于商务谈判，其包括一般谈判的特征，如：掌握大量信息，充分了解问题所在；了解对手情况以及谈判心理；掌握谈判时机等。但索赔谈判又有它自己的特点，特别是在工程过程中的索赔：业主处于主导地位；承包商还必须继续实施工程；承包商还希望与业主保持良好的关系，以后继续合作，不能影响承包商的声誉。

(1) 索赔谈判一般可分为四个阶段：

1) 进入谈判阶段。如何将对方引入谈判，这里有许多学问。当然，最简单的是，递交一份索赔报告，要求对方在一定期限内予以答复，以此作为谈判的开始。在这种情况下往往谈判气氛比较紧张。因为承包商向业主索赔，要求业主追加费用，就好像债主上门讨债，而承包商索赔又不能像债主那样毫无顾忌，因为索赔最终还得由业主认可才有效。

在索赔谈判中，双方地位往往不平等，承包商处于不利地位。这是由合同条款和合同的法律基础造成的，使谈判对承包商很为艰难。业主拒绝谈判，中断谈判，使谈判旷日持久，一拖几年，最终承包商必须作出大的让步，这在国际承包工程中经常见到。所以在谈判中，谈判的策略和技巧是很重要的。

要在一个友好和谐的气氛中将业主引入谈判，通常从他关心的议题或对他有利的议题入手，按照前面分析的业主利益所在和业主感兴趣的问题订立相应的开谈方案。

这个阶段的最终结果为达成谈判备忘录。其中包括双方感兴趣的议题，双方商讨的大致的谈判过程和总的时间安排。承包商应将自己与索赔有关的问题纳入备忘录中。

2) 事态调查阶段。对合同实施情况进行回顾、分析、提出证据，这个阶段重点是弄清事件真实情况，如工期由于什么原因延长、延长多少、工程量增加多少、附加工程有多少、工程质量变化多大等。这里承包商尚不急于提出费用索赔要求，应该多提出证据，以推卸自己的责任。事态调查应以会谈纪要的形式记录下来，作为这阶段的结果。这个阶段要全面分析合同实施过程，不可遗漏重要的线索。

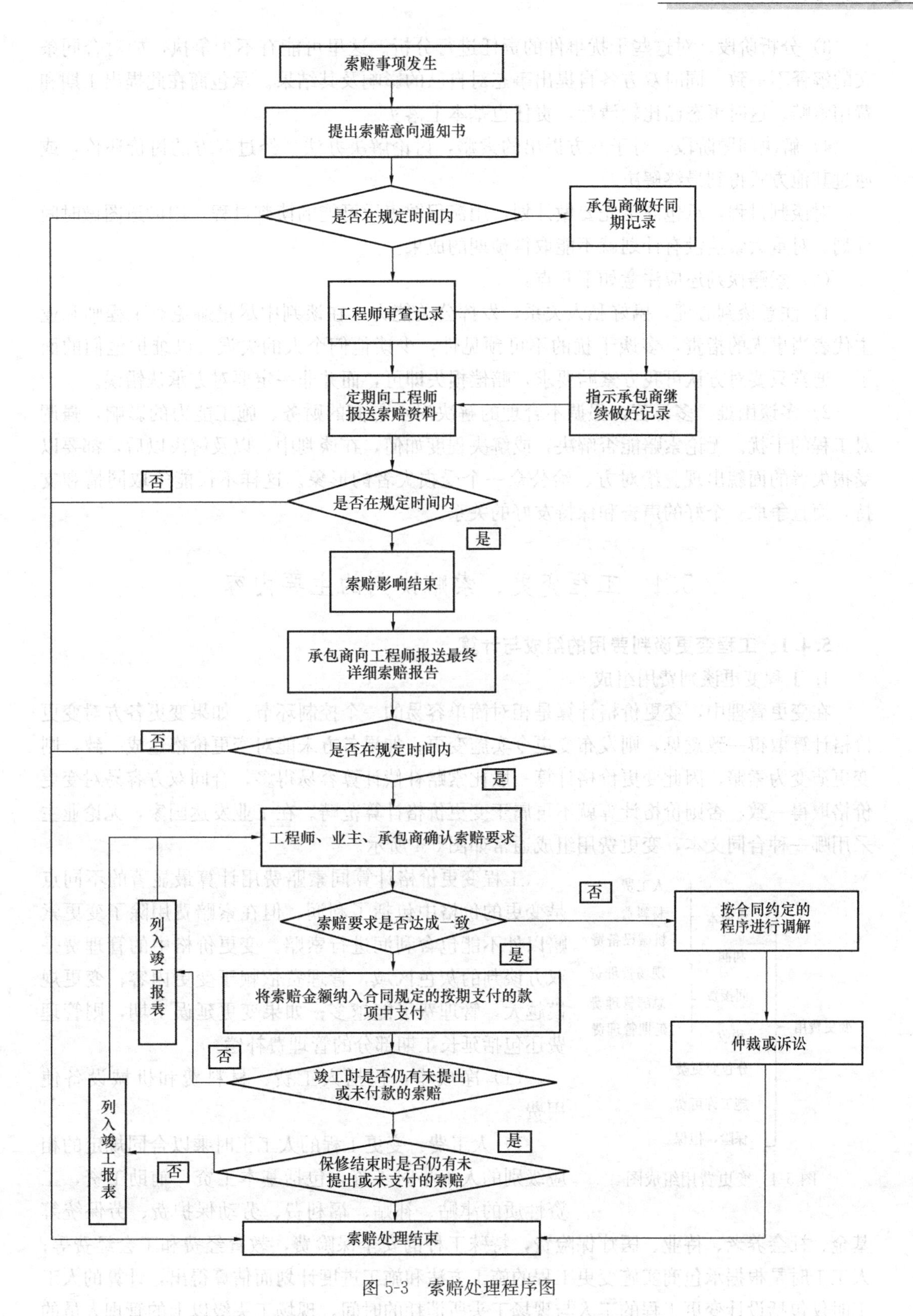

索赔事项发生
提出索赔意向通知书
是否在规定时间内
承包商做好同期记录
工程师审查记录
定期向工程师报送索赔资料
指示承包商继续做好记录
否
是否在规定时间内
是
索赔影响结束
承包商向工程师报送最终详细索赔报告
否
是否在规定时间内
是
工程师、业主、承包商确认索赔要求
否
索赔要求是否达成一致
是
按合同约定的程序进行调解
列入竣工报表
将索赔金额纳入合同规定的按期支付的款项中支付
仲裁或诉讼
否
竣工时是否仍有未提出或未付款的索赔
是
列入竣工报表
否
保修结束时是否仍有未提出或未支付的索赔
索赔处理结束

图 5-3　索赔处理程序图

3）分析阶段。对这些干扰事件的责任进行分析。这里可能有不少争执，如对合同条文的解释不一致。同时双方各自提出事态对自己的影响及其结果。承包商在此提出工期和费用索赔。这时事态已比较清楚，责任也基本上落实。

4）解决问题阶段。对于双方提出的索赔，讨论解决办法。经过双方的讨价还价，或通过其他方式得到最终解决。

对谈判过程，承包商事先要做计划，用流程图表示可能的谈判过程，用横道图做时间计划。对重大索赔没有计划就不能取得预期的成果。

（2）索赔谈判还应注意如下几点：

1）注意谈判心理，搞好私人关系，发挥公关能力。在谈判中尽量避免对工程师和业主代表当事人的指责，多谈干扰的不可预见性，少谈他们个人的失误，以维护他们的面子。通常只要对方认可我方索赔要求，赔偿损失即可，而并非一定要对方承认错误。

2）多谈困难，多诉苦，强调不合理的解决对承包商的财务、施工能力的影响，强调对工程的干扰。无论索赔能否解决，或解决程度如何，在谈判中，以及解决以后，都要以受损失者的面貌出现。给对方、给公众一个受损失者的形象。这样不仅能争取同情和支持，而且争取一个好的声誉和保持友好的关系。

5.4 工程变更、索赔谈判的主要内容

5.4.1 工程变更谈判费用的组成与计算

1. 工程变更谈判费用组成

在变更管理中，变更价格计算是相对简单容易的一个控制环节。如果变更各方对变更价格计算取得一致意见，则发布变更令实施变更；如果各方未能对变更价格达成一致，则变更演变为索赔，因此变更价格计算一般比索赔补偿计算容易得多，合同双方容易对变更价格取得一致；否则价格计算就不再属于变更价格计算范畴。在工业发达国家，无论业主采用哪一种合同文本，变更费用组成通常如图 5-4 所示。

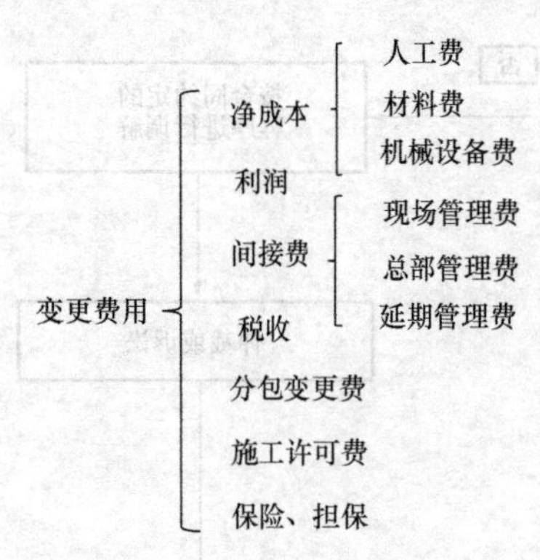

图 5-4 变更费用组成图

工程变更价格计算同索赔费用计算最显著的不同点是变更的价格中包括了利润，但在索赔费用除了变更索赔以外不能包含利润进行索赔。变更价格中的管理费是双方谈判的灰色区域，管理费依赖于变更内容；变更规模越大，管理费可能越多；如果变更延误工期，则管理费还包括延长工期部分的管理费补偿。

（1）净成本：包括人工费、材料费和机械设备使用费。

1）人工费：变更工程的人工工时乘以合同规定的相应级别的人工小时工资，包括基本工资，辅助工资，工资性质的津贴、补贴、福利费、劳动保护费、劳保统筹基金、社会养老、待业、医疗保险费，特殊工种的安全保险费，教育经费和工会经费等；人工工时是根据承包商实施变更工程的施工方法和施工进度计划而估算得出，计算的人工工时仅包括设计变更工程的工人与现场工头所消耗的时间，现场工头级以上的管理人员的

人工费包含在间接费中。

2）材料费：按施工实际消耗的材料量加上一定的浪费率乘以材料单价计算。材料的消耗量及浪费率应根据变更的施工环境和施工方法结合确定；合同中有的材料单价，则参照合同单价，否则根据购买价、运输费、保管费、损耗和税收等计算。

3）机械设备使用费：指用于变更工程的主要机械设备的设备使用费和设备运行所需要的燃料费。在国内工程建设汇总相应类型设备的台班费用可根据定额计算，但在国际工程施工中对设备费的确定没有统一的规定，各承包商根据自己的情况确定投入变更工程的设备折旧年限和相关的其他费用，设备使用费分折旧费和设备运行费。折旧费可根据设备的价值和设备的折旧年限决定，设备价值可参考招标时承包商的设备报价或国际上有关设备的手册；设备折旧年限和运行费用可参考国际上通用的设备手册。

（2）间接费：包括现场管理费和总部管理费。管理费在变更价格中占有重要的地位，管理费的高低决定了变更价格的大小，而且也是变更各方争议最大的地方。业主能采取的有效措施是在投标文件中明确定义承包商的间接费内容范围和费率，为有效地变更控制打下基础。

1）现场管理费：指完成变更工程的工地现场管理费包括管理人员工资、临时设施、办公通信、交通等各项费用。在计算变更工程价格时，变更工程的现场管理费可划分为可变部分和固定部分。可变部分指在延期过程中可以调到其他工程的部分管理设施与人员；固定设施指在施工过程中不易调动的部分设施和人员。现场管理费的计算公式为：

变更工程现场管理费＝（工程的现场管理费总额/该工程的直接成本总额）×变更净成本

2）总部管理费：总部管理费是工程项目部向其公司总部上缴的一笔管理费，作为总部对该项目进行指导和管理工作的费用。包括总部管理人员的工资、办公费用、通信交通费用、财务费用等。总部管理费的计算方法：

总部管理费＝变更净成本×合同规定的费率

3）工期延期的管理费：由于变更导致工期延长，因此变更价格应包括延期管理费。计算如下：

① 延期的总部管理费：

被延期合同的总部管理费＝（被延期的合同价格/该时期所有合同价格总额）×该时期的总部管理费总额

单位时间的总部管理费＝被延期合同的总部管理费/实际工期

变更延误的总部管理费＝单位时间的总部管理费/延误工期

② 延期的现场管理费：

单位时间的现场管理费＝实际（或合同）的现场管理费总额/实际工期

变更延误的现场管理费＝单位时间的现场管理费×延误工期

实际应补偿的延期管理费＝应补偿的管理费－已在变更令中支付的管理费

（3）变更工程分包价格：实施变更工程时，承包商经常通过分包来实施那些工程量大、可独立分包的新增工程，从业主的角度出发，分包变更价格的计算类似于总包变更价格计算，变更工程是否分包与价格计算无关，分包价格的计算是总包与分包之间的事，价格高低及分包风险由承包商承担而不应转移到业主，但总包在变更报价时常以分包价为基础，加上承包商投标报价时确定的管理费构成承包商的变更报价，总包以分包价为直接费而净赚管理费，这种双重计取的方法是不合理的。因为变更工程分包后，一部分变更管理工作由分包商来实施，同承包商直接施工相比，发生的管理费减少；另外分包商的变更报价中也包括管理费，这笔费用并不直接用于变更施工中，故总包不应列入直接费中再进行管理费计算，业主可按以下方式处理：

1）业主不认为是变更分包，仍看作总包的施工任务，按一般的变更价格计算方法确定变更价格；

2）扣除分包价中的管理费，再加上承包商的管理费；

3）以分包价为基础，但降低总包的管理费费率。

（4）施工许可费：如果发生数量大、价格高的工程变更，则需要调整施工许可费。施工许可费调整由当地的政府建设主管部门决定。因此在工程竣工移交前承包商须考虑变更价格内增加的许可费；如果移交后建筑物发生新的变更要求，则与承包商无关。

（5）保险和担保费：在国际工程承包合同中，业主都要求承包商提供担保和保险，但保费和保险费主要根据合同价、工程性质和规模及保费的额度按一定的比例计算，因此保险公司在工程实施的过程中将跟踪项目成本，判断合同价有否随变更令的发布增加。调整保费的原因为：

1）由于工程变更较大，追加保费。如果发生影响大的变更，累计变更价格本质上超过了承包人起初承担的风险，则保险公司需要调整相应的保险费和担保费。

2）变更延长工期导致担保期和保险期延长，于是对保费进行调整。因此一旦变更发生，承包商或业主应及时通知保险公司一起核实累计变更费用是否影响了保费，以便在变更令中正确体现担保或保险成本。

（6）利润：工程变更的价格计算应包括利润。如果变更项目为原合同范围内任务，则参考原利润率；若变更项目超出原合同范围，则变更双方协商确定。

2. 工程变更费用计算方法

在进行变更价格调整时，变更各方可根据不同的合同条件采用下列方法中的一种或同时采用几种方法计算变更价格：

（1）总价形式：双方对变更工程协商后以一个合理的总价形式确定。此类计算方法只适合于变更活动规模小、数量少、容易估计的变更工程，而且变更价格较小，业主要把变更价格的组成划分为各个具体的费用子项，要求承包商提供足够多的说明费用发生原因的相关数据或记录及图纸作为依据。变更价格通常依靠经验和历史数据进行估计计算，或者套同类变更工程的工程价格。

（2）单价形式：如果合同文件有规定的相应变更项目单价或在合同签订后的会议纪要和备忘录中有补充的单价，则变更工程的价格计算应按照已有的单价进行调整。但是当实际实施变更发生的工程量同初始变更申请单中估计的变更工程量相差很大时，或变更工程的性质、施工方法、施工环境发生很大的变化时，如果再按原来的单价进行工程变更调整，则对业主或承包商都是不合理的，因此在这种情况下，变更工程的单价需要重新进行调整。

（3）成本＋报酬形式：业主、工程师和承包商一起协定变更的可补偿成本内容与不可补偿成本内容，并且协定变更工程的管理费、利润的取费费率。当工程变更发生时，工程师、承包商根据可补偿的成本内容计算变更的净成本，并在净成本的基础上计算管理费和利润。由于事先规定了价格的计算内容，因此这种方法有利于各方取得一致意见。

(4) 计时工：对变更规模小、施工分散、采用特殊施工措施和不宜规范计算的工程变更，可采用计日工的计算方法。具体的计算过程是在现场记录承包商实施变更工程投入的人工数和工作时间，根据现场施工记录计算变更工程的人工费，然后增加以人工费为基础计算的管理费和利润。考虑机械设备使用费和材料费，计算出变更工程的价格，这种计算方法要求业主有较强的管理力量，并认真做好详尽的现场施工记录，现场记录是计日工计算的基础。

5.4.2 工程索赔谈判费用的组成与计算

1. 工程索赔谈判费用组成

索赔会增加业主的费用，而且会发生与工程成本无关的一些诉讼、仲裁费用，工程索赔款是超出施工项目合同价的部分。索赔费用一般是承包商实际发生的费用，除了因变更引起的索赔可计利润外其他类型索赔不能计利润。

索赔费用是索赔谈判的重点，施工可索赔的费用应与投标报价的每一项费用相对应。一般索赔费用中主要包括以下几个方面：

(1) 人工费

在建筑工程费用中，人工费是构成工程直接费的主要费用之一，一般包括工人的基本工资、各种津贴、辅助工资、劳保福利费、奖金等。在工程索赔时，索赔中的人工费主要包括由于非承包商的原因致使人员闲置增加的费用、超过法定工作时间加班劳动费用、完成合同计划以外的工作所雇佣的额外人工费用、由于非承包商责任的劳动效率低所增加的费用、人工费的价格上涨等费用等。

(2) 材料费

材料费是建筑工程直接费的主要组成部分，原合同中的材料费含材料原价、材料运输费、采购保管费、包装费等。由于非承包商引起的索赔事项，致使材料费的支出超过原合同中材料费用的计划支出，则可计入索赔费用。索赔中的材料费主要包括由于索赔事项材料实际用量超过计划用量的额外材料费，由于非承包商原因增加的材料运杂费、材料采购及保管费用和由于客观原因造成原材料价格幅度上涨费用等。

(3) 施工机械使用费

索赔事项对施工机械的使用也有一定影响，所造成的施工机械费的增加主要是由于业主或者监理工程师原因导致的机械闲置的费用、在完成超出合同范围的工作时所增加的施工机械使用费、由于非承包商的责任导致的机械作业降低费等。

(4) 管理费

1) 现场管理费。承包商为了完成业主指示的额外工作、合理的工期延长所增加的工作以及各种索赔事项引起的工作，在工地产生的额外费用即为索赔中的现场管理费，主要包括工地人员的工资、办公费、通信费、交通设施费等。

2) 上级管理费。索赔款中的上级管理费是指索赔事项引起的工程延误期间所增加的管理费用，一般包括总部管理人员工资、办公费用、通信费用、差旅费、职工福利费等。

(5) 利润

索赔利润通常是指由于工程变更、工程延期、中途终止合同等使承包商产生的利润损失，在 FIDIC 合同条件中有如下 9 项内容可以允许承包商进行利润索赔：

1）因工程师提供的原始基准点、基准线和参考标高数据错误，导致承包商放线错误，对纠正该错误所进行的工作；

2）工程师指示打钻孔、进行勘探开挖，而这些工作又不属于合同工作范围；

3）修补由于业主风险造成的损失或损害；

4）根据工程师的书面要求，为其他承包商提供服务；

5）在缺陷责任期内，修补由于非承包商原因造成的工程缺陷或其他毛病；

6）特殊风险对工程造成损害（包括永久工程、材料和工程设备），承包商对此进行的修复和重建工作；

7）业主违约终止合同；

8）货币及汇率变化产生的利润损失。

（6）利息

在实际施工过程中，利息索赔主要分为两种情况：一是由于工程变更和工程延期，使承包商不能按原计划收到工程款，造成资金占用，产生利息损失；二是延迟支付工程款产生的利息。

2. 索赔费用的计算

为了便于监理工程师和业主审查索赔事项，承包商在提交的索赔报告中应详细概述索赔的款额，明确自己的计算方法和计算依据。索赔款中具体各种索赔费用可按如下方法计算：

（1）人工费的计算

人工费的计算受人工费的单价和人工消耗量的影响。人工费的单价是按照投标报价单中的人工费标准计算的，但由于物价的上涨、工程拖期、施工效率的降低等情况，会导致人工费单价的变化，此时，在人工费计算时要分别考虑不同情况对人工费的影响，分别进行计算；人工的消耗量，按照现场实际记录、工人的工资单据以及相应定额中人工的消耗量定额来确定，人工的消耗也会受施工效率较低等因素的影响，导致其发生变化，从而影响索赔中人工费的高低。

人工费中的各项费率可按下述方法取值：

人员闲置费费率＝工程量表中适当折减后的人工单价

加班费率＝人工单价×法定加班系数

额外工作所需人工费率＝合同中的人工单价或计日工单价

劳动效率降低索赔额＝(该项工作实际支出工时－该项工作计划工时)×人工单价

人工费价格上涨的费率＝最新颁布的最低基本工资－提交投标书截止日期前第 28 天最低基本工资率

（2）材料费的计算

材料费用的索赔主要包括两个方面：额外材料的费用索赔和价格上涨费用的索赔，即实际材料用量超过计划用量部分的费用。在材料索赔计算中，要考虑材料运输费、仓储费以及合理破损比率的费用。

额外材料使用费＝(实际用量－计划用量)×材料单价

增加的材料运杂费、材料采购及保管费用按实际发生的费用与报价费用的差值计算。

某种材料价格上涨费用＝(现行价格－基本价格)×材料量

基本价格是指在递交投标书截止日期以前第 28 天该种材料的价格。

现行价格是指在递交投标书截止日期以前第 28 天后的任何日期通行的该种材料的价格。

材料量是指在现行价格有效期内所采购的该种材料的数量。

（3）施工机械使用费的计算

施工机械使用费的计算，按照具体机械的情况，有不同的处理方法：

1）由于非承包商的原因导致施工机械窝工闲置，引起施工机械使用费的增加，计算方法为：机械闲置费＝计日工表中机械单价×闲置时间。

2）对于工程量增加引起施工机械费的变化，可以按照报价单中的机械台班费用单价和相应工程增加的台班数量，计算增加的施工机械使用费。

增加的机械使用费＝计日工表或租赁机械单价×持续时间

3）在工程施工中，由于非承包商的原因导致的施工作业效率降低，承包商将不能按照原定计划完成施工任务，导致工程拖期，并增加相应的施工机械费用。

增加的机械台班数量：

$$实际台班数量＝计划台班数量\times\left(1+\frac{原定效率-实际效率}{原定效率}\right)$$

增加机械台班数量＝实际台班数量－计划台班数量

机械降效增加的机械费：

机械降效增加机械费＝机械台班单价×增加机械台班数量

（4）管理费的计算

1）现场管理费。由业主或监理工程师所增加的额外工程，致使施工过程中现场管理费的变化，承包商可按照人工费、材料费、施工机械使用费之和的一定百分比计算确定；由非承包商原因导致现场施工工期延长，因此增加的工地管理费，可以按原报价中的工地管理费平均计取，见下式：

$$索赔的工地管理费总额＝\frac{合同价中工地管理费总额}{合同总工期}$$

2）上级管理费。上级管理费的计算，一般可以有以下几种计算方法：

① 根据工期延长值计算上级管理费索赔值：

$$每周上级管理费＝\frac{投标时计算出的上级管理费总额}{要求工期（周）}$$

要求的工期是指工程师最后批准的项目工期。

上级管理费索赔值＝每周上级管理费×工期延长值

② 根据计算出的索赔直接费款额计算上级管理费索赔值：

该方法是在按照投标报价书中上级管理费占合同总直接费的比例（3%～9%）计算上级管理费索赔值。

上级管理费索赔值＝索赔直接费款额×合同中上级管理费比例

（5）利润的计算

索赔利润款额的计算通常是与原中标合同价中的利润率保持一致，即：

利润索赔额＝合同价中的利润率×（直接费索赔额＋工地管理费索赔额＋总部管理费索赔额）

(6) 利息的计算

无论是工程变更、工期延误，还是业主托付工程款和索赔款引起的承包商的投资增加，都会引起承包商的融资成本增加。

承包商对利息索赔额可以采用以下方法计算：

1) 按当时的银行贷款利率计算。

2) 按当时的银行透支利率计算。

3) 按合同双方协议的利率计算。

无论采取哪一种具体利率，都应在合同文件的专用条款中或者投标书附录中加以明确。

3. 索赔费用的计算方法

当一个索赔事项发生后，承包商要在28天内向业主或工程师提交索赔通知书，并在此后定期报送索赔资料，在索赔事件结束后的28天内提交一份最终的索赔报告。在索赔报告中，承包商要详细计算自己应得的索赔款项，以合同为依据，采用合理的计价方法，尊重事实，以供业主和工程师审查。

索赔费用的计算方法主要由以下三种：

(1) 实际费用法

实际费用法是计算索赔金额时最常用的一种方法，也是最为实用的一种方法。实际费用法是以承包商为某项索赔工作所支付的实际开支为依据，向业主提出经济补偿，即每项索赔工作中，超出合同原有部分的额外费用，也就是该项工程施工中所发生的额外的人工费、材料费、机械费以及相应的管理费，有些索赔事项还可以列入应得的利润。

实际费用法大致分为三步：

1) 分析每个或每类干扰事件所影响的费用项目。这些费用项目一般与合同价中的费用项目一致，如直接费、管理费、利润等。

2) 用适当方法确定各项费用，计算每个费用项目受干扰事件影响后的实际成本或费用，与合同价中的费用相对比，即得到总费用索赔值。

3) 将各项费用汇总，即得到总费用索赔值。

该法计算出的索赔金额客观地反映了承包商的额外开支或实际损失，是承包商经济索赔的主要证据资料。由于实际费用法依据的是承包商在现场的成本记录或者单据等资料，为了准确计算实际的成本支出，一定要在项目施工过程中注意收集和保留。

(2) 总费用法

当发生多次索赔事项以后，这些索赔事项之间相互联系，无法区分，承包商需要采用总索赔的办法维护其正当利益，此时，索赔费用的计算利用总费用法，即重新计算出该工程项目的实际总费用，再从这个实际的总费用中减去中标合同价中的估算总费用，最终得到要求补偿的索赔总款额。公式为：

索赔款额＝实际总费用－投标报价中估算的总费用

因实际发生的总费用中可能包含承包商的原因，投标报价中估算的总费用也可能为中标而过低，所以此计算方法很容易引起纠纷，在实际索赔中，尽量避免使用此方法。当采用总费用法时，需要满足以下几个条件：

1) 在合同实施过程中所发生的总费用是准确的，工程成本核算符合普遍认可的会计原则；实际总成本与合同价中的总成本的内容项目是一致的。

2）承包商对工程项目的报价是合理的，能反映实际情况。如果报价计算不合理，索赔款额是不能用这种方法计算的，因为这里可能包括了承包商为了中标压低报价的成分，而承包商在报价时压低报价，是应该由承包商承担的风险。

3）费用损失的责任，或者干扰事件的责任是属于非承包商的责任，也不是应该由承包商承担的风险。

4）由于该项索赔事件，或者是几项索赔事件在施工时的特殊性质，不可能逐项精确计算出承包商损失的款额。

(3) 修正的总费用法

修正的总费用法是对总费用法的改进，即在总费用计算的原则上，去掉一些不合理的因素，使其变得更加合理准确。修正的内容有以下几个方面：

1）只计算受影响时段内的某项工作所受影响的损失，而不是计算该时段内所有施工工作所受的损失。

2）对投标报价费用重新进行核算。

3）与该项工作无关的费用不列入总费用中。

4）接受影响时段内该项工作的实际单价进行核算，乘以实际完成的该项工作的工程量，得出调整后的报价费用。

按修正后的总费用计算索赔金额的公式如下：

索赔金额＝某项工作调整后的实际总费用－该项工作的报价费用

修正的总费用法与总费用法相比，有了实质性地改进，准确程度大大提高。

【案例 5-1】人工费索赔

某框架结构工程有钢筋混凝土柱 68m³，测算模板 547m²，支模工作内容包括现场运输、安装、拆除、清理、刷油等。

由于发生许多干扰事件，造成人工费的增加。现承包商对人工费索赔如下：

(1) 预算支模用工 3.5h/m²，工资单价为 35 元/d。

模板报价中人工费＝35 元/d×3.5h/m²×547m²/8＝8376(元)

(2) 在实际工程施工中按照工程是测量、用工记录、承包商的工资报表记录：

由于工程师指令工程变更，使实际钢筋混凝土柱为 76m³，模板为 610m²；模板小组 18 人工作了 16 天(8h/d)。

实际模板工资应支出＝35 元/d×16d×18＝10080(元)

实际工作人工费增加＝10080 元－8376 元＝1704(元)

承包商工人等待变更停工 6h，增加人工费如下：

等待变更增加人工费＝18×6/8×35＝472.5(元)

人工费共增加＝1704＋472.5＝2176.5(元)

工程师对承包商的索赔进行分析如下：

由于设计变更和等待变更指令属于业主的责任和风险，所以设计所引起的人工费变化＝35 元/d×3.5h/m²×(610－547)m²/8＝964.7(元)

停工等待变更指令引起的人工费增加＝35 元/d×18×6h/8＝472.5(元)

人工费增加总额＝964.7＋472.5＝1437.2(元)

承包商有理由提出费用索赔的数量为＝1437.2(元)

由于劳动效率降低承包商多用人天数＝18×16－610×3.5/8＝21.13(d)

相应多用人工费＝35元/d×21.13d＝739.55(元)

【案例5-2】工期延误索赔

某分包商承包了某工程土方工程，合同工期28d，一台挖掘机，劳动力计划中显示为每天8个工日。分包商报价单中报施工效率每台挖掘机每天挖土550m³，挖掘机单价850元/台班，人工单价为150元/台班，管理费率取9.5%，利润取5%。

在施工过程中，由于发包方原因引起现场施工场地不足，使分包商的施工效率大为降低，每天只能开挖385m³，而每天出勤的设备和工人并未减少。因此土方施工分包商向发包方提出索赔要求。

(1) 工期索赔

分包商施工效率降低，导致实际台班数量增加：

实际工期＝（28×550）/385＝40（d）

增加工期＝40－28＝12（d）

(2) 费用索赔

增加机械费＝12×850＝10200（元）

增加人工费＝12×8×150＝14400（元）

合计＝10200＋14400＝24600（元）

管理费（9.5%）＝24600×0.095＝2337（元）

利润（5%）＝（24600＋2337）×0.05＝1347（元）

施工效率降低索赔合计＝24600＋2337＋1347＝28284（元）

5.4.3 工程变更、索赔报告的内容

1. 工程变更报告

在工程项目管理中，工程变更通常要经过一定的手续，如申请、审查、批准、通知（指令）等，在工程变更的不同阶段，都需要有不同的文件说明。根据工程变更的流程，工程变更报告的内容包括：工程变更申请表、变更现场会议纪要、工程变更数量及费用估计表、工程变更方案确认单、工程变更令以及工程量清单和依据的设计图纸等其他相关文件。

(1) 工程变更申请表

工程变更申请表为变更的起始表，接续表为工程变更数量及费用估计表、工程变更令以及工程量清单等。当工程变更的提出方为承包商时，变更申请人应由承包商项目经理或总工签署，提出方为监理单位的应由驻地监理工程师或总监签署，提出方为设计单位的应由设计代表组组长或此职务以上人员签署，提出方为业主的应由业主代表处主任或此职务以上人员签署。表5-1为某工程项目的变更申请表。

(2) 工程变更令

工程变更令是在保证合同有效的条件下对合同进行修改与补充的一个书面文件，工程变更令按照合同规定的变更程序进行流转审核，一般需由业主、工程师和承包商三方共同签字确认，主要说明变更理由和工程变更的概况，工程变更估价及对合同价的影响。工程变更令采用标准统一格式，国外的工程变更令通常由项目管理公司根据项目特点与公司的喜好进行设计，尽管格式有所不同，但不同的工程变更令具有一些共同的内容与本质。表

5-2 即为典型案例。

工程变更申请表 **表 5-1**

申请人	申请表编号	合同号
相关的分项工程和该工程的技术资料说明 工程号　　　图号 施工段号		
变更的依据	变更说明	
变更涉及的标准		
变更所涉及的资料		
变更影响（包括技术要求，工期，材料，劳动力，成本，机械，对其他工程的影响等）		
变更类型	变更优先次序	
审查意见： 计划变更实施日期：		
变更申请人（签字）		
变更批准人（签字）		
变更实施决策/变更会议		
备注		

工程变更令表单 **表 5-2**

______工程项目管理部

发送：业主
承包商
设计
监理
其他

工程变更令

发送承包商：________
项目名称：________
合同编号：________

变更令号：________
发布日期：________
本次变更价格：________
合同工期（增加）（减少）（不变）

如果业主和承包商一致同意变更调整并在本令签字认可，则承包商必须无条件实施如下所述的变更内容；变更令作为合同附件。

变更内容描述：

变更费用、工期调整

1）初始合同价格：________
2）已发生并确认的变更费用累计：________
3）本次变更认可前实际的合同价格（3=1+2）：________
4）本次变更合同价格（增加）（减少）（不变）：________
5）变更后的合同价格为（5=3+4）：________
6）本次变更使合同工期（增加）（减少）（不变）：________日历天
7）因本次变更影响，工程全面竣工的日期为：______年______月______日

计算方法	
参考文件和图纸清单	

监理签字：______	承包商签字：______	业主签字：______
日期：	日期：	日期：
备注		

工程变更令的发布表明业主和承包商进入了一个新的合同状态，变更令应充分反映变更各方的谈判内容和结果，具有严密性、公正性和完整性的特点。在变更控制中，合同规定所有的工程变更必须通过变更令来进行变更；没有变更令，承发包的任何一方均不能对任何部分工程作出变更，而且工程变更必须以书面形式进行指示，这是变更控制的原则。因此工程变更令在变更控制中具有举足轻重的作用。变更令一般包含以下内容：

1）完整、简洁的工程变更内容描述：对于原有任务变更，变更令需指出变更的内容和范围、增减的数量或列出工程量清单；对于新增工程，变更令指出新增的内容和范围，列出增加的详细工程量清单和计算方法；

2）陈述工程变更的原因与依据；

3）工程变更引起的合同价格和工期调整：列出变更的费用、合同价的变化、变更工期和合同竣工日期的影响；

4）分析对其他未变更工程的影响；

5）变更令的审核确认签字；

6）参考文件或相关附件：依据的合同条款、图纸、会议记录等；

7）变更价款的支付方式。

（3）工程量清单

工程变更的工程量清单与合同中的工程量清单相同，并需附工程量的计算记录及有关确定单价的资料。

2. 工程索赔报告

按照我国现行《建设工程施工合同（示范文本）》和FIDIC《土木工程施工合同条件》的规定，在每一索赔事件的影响结束以后，承包商应在28天以内写出该索赔事项的总结性的索赔报告书，正式报送给监理工程师和业主，要求审定并支付索赔款。索赔报告书的具体内容，随该项索赔事项的性质和特点而有所不同。但在每个索赔报告书的必要内容和文字结构方面，必须包括以下几个组成部分。至于每个部分的文字长短，则根据每个索赔事项的具体情况和需要来决定。

（1）索赔综述

一般索赔综述部分要简明扼要，对索赔事项作总体概括，主要包括：前言、索赔事项描述、具体的索赔要求等内容。在索赔报告书的开始，要简单说明索赔事件发生的时间、地点和施工过程；说明承包商如何严格履行合同的义务，且在该索赔事项发生后，为了减少其造成的损失，进行了如何的努力；并提出具体的索赔要求；在综述部分最后，要附上索赔报告编写组主要人员及审核人员的名单，注明个人的职称、职务及施工经验，以证明该索赔报告的标准性和权威性。

（2）合同论证

合同论证部分随各个索赔事项的特点而有所不同，一般包括索赔事项处理过程的简要描述；已递交索赔意向书的情况；索赔事项的处理过程；论证索赔要求依据的合同条款；所附的证据资料。

在本部分，承包商必须要充分论证自己的索赔权，主要依据工程项目的合同条件，并参照工程项目雇主所在国有关此项索赔的法律规定，申明自己理应得到工期延长或经济补偿。对于重要的合同条款，如合同范围以外的额外工程，不可预见的物质条件，业主风险，不可抗力，因为法律变化的调整，因为物价变化的调整等，都应在索赔报告书中对其作详细的论证叙述。合同双方为了维护自身的利益，对于同一个合同条款，往往会存在不同的解释方法，因此承包商为了证明自己应获得的正当权益，必须对合同中存在分歧、模糊及缺漏的地方作详细论证，并引用更具说服力的证据资料。

合同论证部分的写法结构上，承包商要按照索赔事项的发生、发展及最终解决的过程以及对工程施工过程的影响编写，并明确地引用相关合同条款，在一些特殊情况下可以援引案例来说明，使雇主和监理工程师能全面、逻辑地了解索赔事件的始末，充分认识该索赔事件的合理性、合法性。在写作中还应遵循客观事实，防止夸大其词或胡编乱造，以免引起业主和监理工程师的怀疑和反感，导致索赔失败。

(3) 计算部分

在论证了索赔权后，就该以具体的计算方法和计价过程，说明自己应得到的具体的经济补偿款额和工期延长时间。如果说合同论证部分是解决索赔能否成立，计算部分则说明了承包商应获得的具体赔偿。前者是定性的，后者是定量的。

索赔款的计算中，承包商可以先列出索赔款的要求总额，再分项论述各组成部分的计算过程，如额外开支的人工费、材料费、设备费、管理费和利润，并详细指明各项开支的计算依据和证据资料，全面论述各项计算的合理性，最后累计出索赔款总额。承包商应根据索赔事件的特点及自己所掌握的证据资料等因素，选择合理的计价方法，其次，应注意每项开支的合理性，并指出相应证据资料的名称和编号，切记采用笼统的计价方法和不实的开支款额。

对于应得的工期延长，承包商在索赔报告中，应对实际工期和理论工期等工期的长短进行详细的论述，说明自己要求工期延长天数的根据及合理性，使自己免除承担误期损害的罚金。通过对索赔款额和工期延长的合理论述，使业主和监理工程师更易接受该索赔事件的真实性，从而更易解决索赔争端。

(4) 证据部分

该部分应该包括索赔事项所涉及的一切有关证据资料以及对这些证据的说明。索赔证据资料的范围很广，可能包括工程项目施工过程中所涉及的有关政治、经济技术、财务等许多方面的资料。这些资料是索赔报告的重要组成部分，承包商应该在整个施工过程中持续不断地搜集整理，分类储存。

在施工索赔工作中可能用到的证据资料很多，主要有：

1) 工程所在国的政治经济资料，包括重要经济政策，重大新闻报道记录，重大自然灾害等。

2) 施工现场记录，如：现场会议记录，业主和监理工程师的指令与来往信件，施工实际进度记录，施工日志，分部分项工程施工质量检查记录，施工图纸移交记录，施工事故的详细记录等。

3) 工程财务报表，包括施工进度款月报表及收款记录，付款收据，收款单据，索赔款月报表，工人劳动计时卡及工资表等。

索赔报告的一般要求：

实践证明，对一个同样的索赔事项，索赔报告书的好坏对索赔的解决有很大的影响。索赔报告书写得不好，往往会使承包商失去在索赔中有利的地位和条件，使正当的索赔要求得不到应有的妥善解决。因此，有经验的承包商都十分重视索赔报告书的编写工作，使自己的索赔报告书充满说服力，逻辑性强，符合实际，论述准确，使阅读者感到合情合理，有根有据。为此，报告书的编写者应注意写作技巧。对于重大的索赔事项，最好在索赔专家或律师的指导下编写。

一份成功的索赔报告书，应注意做到以下几点：

（1）事件真实准确

索赔报告书对索赔事项的事实真相，应如实而准确地描述，不应主观臆造、弄虚作假。对索赔款的计算，或对工期延误的推算，都应准确无误、无懈可击。任何的计算错误或歪曲事实，都会降低整个索赔的可信性，给索赔工作造成困难。

为了证明事实的准确性，在索赔报告书的最后一部分中要附以大量的证据资料，如照片、录像带、现场记录、单价分析、费用支出收据等。并将这些证据资料分类编号，当文字论述涉及某些证据时，随即指明有关证据的编号，以便索赔报告的审阅者随时查对。

（2）逻辑性强，责任划分明确

要清楚明白干扰事件的发展过程，引起索赔事件的原因。承包商对于干扰事件的不可预见性，索赔通知书的按时提交，该事件对承包商工程施工造成的影响，以及相应的合同支持都应明确说明，以使业主和监理工程师接受承包商的索赔要求。

索赔报告要有逻辑性，将索赔要求同干扰事件、影响、责任、合同条款形成明确的逻辑关系。索赔报告的文字论述要有明确的、必然的因果关系，要说明在客观事实与索赔费用损失之间的必然联系。例如：从原因上划分，如果是业主方面的责任，则承包商可以同时得到工期延长和经济补偿；如果是客观原因，则承包商中能得到适当的工期延长；如果是承包商的责任，则承包商不但得不到相应的工期延长、费用补偿，还要自费弥补相应对业主造成的损失。只有合乎逻辑的因果关系才具有法律上的意义。

（3）条理清楚，层次分明

索赔报告通常在最前面对索赔事件进行综述，简要介绍索赔的事项、理由和要求的款额或工期延长，让监理工程师对该项索赔有较为全面的了解。接着再逐步地比较详细地论述事实和理由，展示具体的计算方法或计算公式，列出详细的费用清单，并附以必要的证据资料。这样，业主或监理工程师即可以了解索赔的全貌，又可以逐项深入地审阅索赔报告，审查数据，检查证据资料，较快地对承包商的索赔报告提出自己的评审意见及决策建议。

（4）文字简洁，用词委婉

一般索赔报告的读者，是索赔谈判的决策者，包括业主、监理工程师和业主的上级领导部门。因此，作为承包商，在索赔报告中尤其应避免使用强硬的不友好的抗议式的语言，索赔报告一定要清晰简练，用词婉转有礼，避免文字生硬和不友好的语言。

在索赔报告以及索赔谈判中应着重强调干扰事件的不可预见性，强调不可抗力的原因或应由对方负责的第三者责任，说明自己为了减少损失所作的努力，避免出现对业主代表和监理工程师当事人个人的指责或抱怨等。因为索赔是为了说服对方承认自己索赔要求的合理性，最终获得相应的赔偿，而不是为了损害对方的面子，使对方难看。

5.5 工程变更、索赔谈判策略

5.5.1 工程变更谈判策略

工程变更谈判常用的策略有：

1. 拖延策略

如果工程变更中承包商与业主的期望有明显的差距，双方又急于求成，就往往采用这种策略，放慢它。实际上是挫其锐气，使对方冷静下来考虑现实，然后逐步缩小差距。常规的谈判过程往往是：开始高效率。然后把时间拉长，越来越慢，双方都在摸对方意图，考虑对策，直到最后冲刺。

2.“抹润滑油”的策略

在工程变更谈判中，如果双方对某一问题出现分歧，无法达成一致意见，则可使用抹“润滑剂”策略，包括劝酒、谈心等，从而使问题得到顺利解决。

3. 板起面孔策略

板起面孔，不动声色的做法是防止让人靠身体语言判断信息的一种策略。例如工程变更谈判双方达成协议前，如果对方采用进攻型谈判，可以一本正经地板起面孔，使对方感到难以捉摸，针对对方连珠式地发问，也可板起面孔，不要避而不答，也不要有问必答，给对方摸了底，有时还可以反提问。

4. 深藏不露策略

这是西方谈判权威对进攻型谈判推荐的谈判模式中运用的主要策略，即对谈判议程，对谈判的每项问题都深藏不露，直到摸清对方的意图和信息后再导向进攻型谈判，恰到好处地结束谈判。

5. 疲劳战术策略

实践证明，疲劳的人往往容易犯下愚蠢的错误，有时在谈判时常常遇到锋芒毕露的进攻型对手，企图强加于人时，可以采用以柔克刚的一轮又一轮的疲劳战术，挫其锐气，待对方精疲力竭时再反守为攻，迫使对方让步。

6. 爆发情绪策略

俄罗斯人在谈判时，情绪上有着非常激动的表现，这是他们在谈判中所使用的一项标准战略。迫使对方在谈判过程中难以忍受这种突然的情绪爆发，由此震惊得不知所措，进而怀疑自己的行为，甚至动摇谈判的信心和决心，有时不得不作出妥协和让步。

7. 虚张声势策略

在一些问题和要求上用故意夸大事实和大造声势的手法以吓唬对方、迷惑对方的一种策略。在工程变更谈判过程中，承包商常常利用这种策略，夸大工程量或者施工进度，进而提出不合理要求。业主则需要认真核对工程量，合理确定单价。对待这种策略，有经验的高手是能够保持警惕的，决不会轻易让步，而是镇定自若，用不断质问的策略，让对方逐渐露出马脚，不攻自破。

8. 揪辫子策略

在工程变更谈判中，双方可以采用揪住对方辫子的策略，使对方处于尴尬和被动地位，从而在谈判中处于有利地位。不过这种做法和建设型谈判的行为准则：相互尊重、保护对方面子、避免人身攻击不太相符。

9. 操纵会谈纪要的策略

这种策略是在每天谈判结束后仍然不休息，突击编写会谈纪要，利用文字技巧，塞进一些对自己有利的主观成分，然后打印好，在第二天开始会谈前交给对方签字确认。这是一种强加于人的策略，往往能迷惑对方，使对方误以为自己工作认真，草率接受。工程变更谈判时，业主可以采用此策略。

10. 中途退场的策略

这是一种以中断谈判为由迫使对方让步的策略，使对方在心理上感受承担中止谈判责任的压力，不得不作出妥协以挽留对手继续留在谈判桌上。

11. 不断质问的策略

谈判中不断向对方提出质问，用以考查对方的谈判诚意、谈判力度、期望水平，待充分了解对方后，调整自己的谈判策略，以在谈判中占据主动地位。

12. 是谅解，不是协议的策略

有些谈判者往往利用"以往只是谅解，不是协议"为自己不信守诺言找借口，因此，一个有经验的谈判者应指定专人做好会谈纪要，注重书面确认，在对方推脱签字确认的情况下，可以反复说明"这只是程序和手续问题，不是不信任的问题"以说服对方。这也是一种步步为营的策略。

5.5.2 工程索赔谈判策略

工程索赔谈判常用的策略有：

1. 休会策略

休会策略是指在谈判过程中，当出现低潮、遇到障碍或陷入僵局时，由谈判双方或一方提出休会，以便缓和气氛，各自审慎回顾和总结，避免矛盾和冲突的进一步激化。休会的时机是很重要的，选择合适的时机休会，可以使谈判者利用休会时机，冷静与客观地分析形势，及时调整谈判策略和谈判方案，求同存异，提出明智的选择方案，创造新的谈判氛围，从而可以取得谈判成功。这个策略对于业主方和承包商来说都是一个索赔谈判时可以采用的好策略。

2. 苛求策略

这是利用心理攻势来换取对方妥协和让步的一种策略。采取此策略的谈判者在制定谈判方案时，预先考虑到可以让步的方面，有意识地先向对方提出较苛刻的条件，然后在谈判中逐渐让步，使对方得到满足，产生心理效应。在此基础上以换取对方的妥协与让步。但是此策略要慎用。因为，过高的苛求可能激怒对方，使对方认为谈判无诚意，以至中止谈判，从而导致谈判破裂。

3. 场外谈判的策略

当谈判出现严重分歧或陷入僵局时，请有决策权的高层领导出面协调，有时是缓和矛盾，调解分歧和突破僵局的可行策略。如在索赔谈判陷入僵局时，可请承包商公司经理与监理公司经理进行调停。这种方式常常通过特殊安排在谈判双方高层领导之间进行私下接触或秘密商谈，从而达成妥协、谅解或默许，以推动正常谈判取得突破性进展。

4. 最后通牒策略

最后通牒就是规定一个最后期限。采用这种最后期限的心理压力迫使对手快速作出决定的一种策略。例如，在FIDIC《土木工程施工合同条件》和我国现行《建设工程施工合同（示范文本）》中均确定了许多法定程序及其时限规定的条款。这些条款是索赔谈判人员运用最后通牒策略的有效武器。例如，承包商在与工程师或业主进行工程款长期拖欠的索赔谈判中就可以利用最后通牒策略，利用合同中终止合同权利规定一个最后期限，从而迫使其付款。

5. 以权压人策略

以权压人策略是进攻型谈判时常采用的策略。通过给对方造成自卑心理，以使己方在心理上占上风，在谈判过程中增加控制和垄断力度的一种策略。这是业主或监理工程师在索赔谈判中常用的一种策略。

6. 引证法律策略

引证法律或借口法律限制是谈判中常用的一种策略。在索赔谈判中利用有关法律、国际惯例和合同条款，巧妙地利用法律来达到目的和谋求利益，或以法律限制为借口，形成无法在商议的局面，迫使对方就范，从而达成有利于自己的协议。因此，在大型国际工程索赔谈判中常聘请高级法律顾问。

7. 谋求折衷策略

谋求折衷，即合理妥协。它是一个有经验的谈判者常用的策略。通常，谋求折衷的时间是在争论激烈的关键时刻或谈判的尾声。成功的谈判者不会轻易让谈判破裂，而是寻求双方潜在的共同利益，说服对方共同作出适当的让步，从而达成双方均能接受的协议。这种策略是承包商和业主在索赔谈判中最常用的策略之一。

8. 聘用专家的策略

在谈判时，聘用一些索赔专家、高级顾问参加谈判，利用人们对专家的信服，从而在谈判中处于有利地位的策略。在重大的索赔谈判中，承包商常常采用此种策略。

9. 声东击西的策略

这是在谈判过程中有意识地将会谈议题引到不重要的问题上，从而分散对方对主要问题的注意力，而实现自己意图的一种策略。这种策略的目的不外乎是想在不重要的问题上先作些让步，造成对方心理上的满足，从而为会谈创造气氛；或者想将某一议题的讨论暂时搁置，以便有时间作更深入的了解，查询更多的信息和资料，研究对策；或者作为缓兵之计，延缓对方采取的行动，以便找出更妥善的解决对策。

10. 据理力争的策略

据理力争策略是指当面对对手的无理要求和无理指责时，或者在一些原则问题上蛮横无理时，不能无原则地一味妥协与退让，使对手得寸进尺，在策略上必须针锋相对，据理力争，但方式选用上要合理，从而维护自己的利益。

11. 澄清说明的策略

索赔谈判中，由于工程师或业主与承包商对合同条件或技术规范的理解可能产生差异，特别是在国际工程项目施工中，由于谈判是在不同国家的谈判人员之间进行，其文化背景、习俗和语言障碍等都会导致双方的分歧与误解。这时，如果谈判者能及时地运用澄清说明的策略，就能很快消除分歧与误解，从而推动谈判的顺利进行。

12. 先易后难的策略

先易后难的策略时创造谈判氛围，增强谈判信心和加快谈判进程的一种有效的策略。

它是指谈判时先从双方容易达成一致意见的议题入手，从而双方可以在较短的时间内，在轻松愉快和相互信任的气氛中很快取得谈判成果，为接下来的谈判建立好的基础。

13. 谋求共同利益的策略

谋求共同利益策略是指在谈判时着眼于利益而非立场。谈判双方在谈判过程中虽然有对抗性立场和冲突性利益，但也蕴含着潜在的共同利益。因此，谈判双方以共同利益而不是对抗立场出发去谈判，从而双方作出合理让步，达成双方都可以接受的协议。

14. 假设策略

假设策略是用缓和气氛，探测对方反应和意图的一种策略。在谈判中，谈判双方难免出现分歧和争论。此时，往往谈判的一方主动提出一些妥协条件，提出解决问题的选择性方案，供双方进一步商谈。这是索赔谈判中最常采用的策略之一。这种策略既可避免谈判陷入僵局，又可探出双方意图，确实是一个好的谈判策略。

本 章 小 结

由于建设工程是一个系统的动态过程，参与单位及人员众多，资源消耗大，建设周期长，施工条件复杂，同时受到各种外界因素的影响，使得变更和索赔事件时有发生。实践中，因变更与索赔的复杂性，业主和承包商之间极易产生各种利益纠纷，处理不当就会损害双方的利益，造成工程项目建设失败，因此，处理好建设工程中的变更和索赔事件尤为重要。本章在了解变更、索赔基本概念的基础上，阐述了变更、索赔谈判的要点及策略，对双方处理变更、索赔事件有一定学习指导作用。

思 考 题

1. 如何理解工程变更和索赔?
2. 简要说明工程索赔谈判的一般程序。
3. 如何计算工地管理费和总部管理费?
4. 索赔谈判的策略有哪些?

6 建设工程竣工结算谈判

【本章学习重点】

本章研究的对象是工程竣工阶段结算过程的谈判。谈判的依据主要是国际和国内的法律法规对工程竣工结算的有关规定；除此之外，本章分析了工程竣工结算中产生争端的原因及解决的途径，并且给出了谈判的建议。

6.1 建设工程竣工结算谈判基础

6.1.1 建设工程竣工结算的含义

工程竣工结算是指施工企业按照合同规定的内容完成所承包的工程，经验收质量合格并符合合同要求之后，向发包单位进行的最终工程款结算。

竣工结算按照实际完成工程的量与额来计算。竣工结算对施工企业来说，确定了工程最终收入，是企业经济核算和考核工程成本与利益的依据。对建设单位来说，竣工结算是编报竣工决算的依据。

工程竣工结算与工程竣工决算是两个概念，二者包含的范围、编制人员、编制的目的都不相同。竣工结算是反映项目实际造价的技术经济文件，是发包商进行经济核算的重要依据。每项工程完工后，承包商在向发包商提供有关技术资料和竣工图纸的同时，都要编制工程结算，办理财务结算，工程结算一般应在竣工验收后一个月内完成。项目的竣工决算是以竣工结算为基础进行编制的，它是在整个开发项目竣工结算的基础上，加上从筹建开始到工程全部竣工发生的其他工程费用支出。竣工结算是由承包商编制的，而竣工决算是由建设单位编制。通过竣工决算，一方面能够正确反映开发项目的实际造价和投资成果；另一方面通过竣工决算和概算、预算、合同价的对比，考核投资管理的工作成效，总结经验教训，积累技术经济方面的基础资料，提高未来建设工程的投资效益。

6.1.2 建设工程竣工结算的分类

建设项目工程竣工结算按照不同角度，有如下的分类方法：

（1）按照竣工结算的时间不同，可以分为按月结算、分段结算、竣工后一次结算以及双方约定的其他结算方式。

（2）按照竣工结算的目标不同，可以分为单位工程竣工结算、单项工程竣工结算、建设项目竣工结算。

工程竣工结算的方式可以分为：

（1）预算结算方式。这种方式以施工图预算为依据，实际建设过程发生的未列入施工图预算的项目和费用经过现场签证后也作为结算的一部分。

（2）总价结算方式。以这种方式签订的合同为总价承包合同，除合同的特别规定以外，工程量材料价格发生变动时一般在结算中不会予以调整。

（3）平方米造价包干方式。承发包协商每平方米的价款，最后根据实际建筑面积结算。

（4）工程量清单结算方式。中标人填报的清单分项工程单价是承包合同的组成部分，结算时按实际完成的工程量，以合同中的工程单价为依据计算结算价款。

6.1.3 建设工程竣工结算的流程

根据定义，工程竣工结算是由承包人编制的，提交给发包人审核。工程竣工结算的大致流程是：

（1）承包人应在合同约定时间内编制完成竣工结算书，并在提交竣工验收报告的同时递交给发包人。承包人未在合同约定时间内递交竣工结算书，经发包人催促后仍未提供或没有明确答复的，发包人可以根据已有资料办理结算。对于承包人无正当理由在约定时间内未递交竣工结算书，造成工程结算价款延期支付的，其责任由承包人承担。

（2）发包人在收到承包人递交的竣工结算书后，应按合同约定时间核对。竣工结算的核对是工程造价计价中发、承包双方应共同完成的重要工作。按照交易的一般原则，任何交易结束，都应做到钱、货两清，工程建设也不例外。工程施工的发、承包活动作为期货交易行为，当工程竣工验收合格后，承包人将工程移交给发包人时，发、承包双方应将工程价款结算清楚，即竣工结算办理完毕。发、承包双方在竣工结算核对过程中的权、责主要体现在以下方面：

竣工结算的核对时间：按发、承包双方合同约定的时间完成。根据《最高人民法院关于审理建设工程施工合同纠纷案件适用法律问题的解释》（法释［2004］14号）第二十条规定："当事人约定，发包人收到竣工结算文件后，在约定期限内不予答复，视为认可竣工结算文件的，按照约定处理。承包人请求按照竣工结算文件结算工程价款的，应予支持"。发、承包双方不仅应在合同中约定竣工结算的核对时间，并应约定发包人在约定时间内对竣工结算不予答复，视为认可承包人递交的竣工结算。

合同中对核对竣工结算时间没有约定或约定不明的，根据财政部、建设部印发的《建设工程价款结算暂行办法》（财建［2004］369号）的有关规定，按规定时间进行核对并提出核对意见。

另外，《建设工程工程量清单计价规范》GB 50500—2013还规定："同一工程竣工结算核对完成，发、承包双方签字确认后，禁止发包人又要求承包人与另一个或多个工程造价咨询人重复核对竣工结算。"这有效地解决了工程竣工结算中存在的一审再审、以审代拖、久审不结的现象。

（3）发包人或受其委托的工程造价咨询人收到承包人递交的竣工结算书后，在合同约定时间内，不核对竣工结算或未提出核对意见的，视为承包人递交的竣工结算书已经认可，发包人应向承包人支付工程结算价款。承包人在接到发包人提出的核对意见后，在合同约定时间内，不确认也未提出异议的，视为发包人提出的核对意见已经认可，竣工结算办理完毕。发包人按核对意见中的竣工结算金额向承包人支付结算价款。

（4）发包人应对承包人递交的竣工结算书签收，拒不签收的，承包人可以不交付竣工工程。承包人未在合同约定时间内递交竣工结算书的，发包人要求交付竣工工程，承包人应当交付。

（5）竣工结算书是反映工程造价计价规定执行情况的最终文件。工程竣工结算办理完毕，发包人应将竣工结算书报送工程所在地工程造价管理机构备案。竣工结算书作为工程竣工验收备案、交付使用的必备文件。

(6) 竣工结算办理完毕，发包人应根据确认的竣工结算书在合同约定时间内向承包人支付工程竣工结算价款。发包人按合同约定应向承包人支付而未支付的工程款视为拖欠工程款。

6.1.4 建设工程竣工结算的编制

工程竣工结算的编制是一项非常重要、涉及资料非常多、非常繁琐、极其细致的工作。这项工作应该依据法律法规与相关政策，客观、实事求是地反映工程实际造价。它直接涉及合同双方的经济利益。

工程竣工结算的编制依据包括竣工图及竣工验收单、工程施工合同或施工协议书、施工组织设计、设计交底及图纸会审记录资料、隐蔽工程记录、设计变更通知单及现场施工变更记录、经建设单位签证认可的施工技术措施、各种涉及工程造价变动的资料等。

由于工程竣工结算的编制非常复杂，提前需要做大量的准备工作。除了将工程竣工结算的编制依据加以整理之外，还应当深入细致地了解国家制定的关于工程量计算方法与其他会影响合同价款的规章制度，并且深入现场，对施工的整体情况做到心中有数。广泛全面地收集合同履行过程中的各种签证、结算资料可以为竣工结算提供充分的依据。

在工程竣工结算编制工作中，一定要细致不能漏算工程量，否则直接影响施工企业的经济利益。工程量依据竣工图、计价规范与消耗量定额来计算，应当熟记计算规则，以免出差错。在竣工结算中涉及变更的项目，比如工程变更、索赔变更或者材料价格变更等，应有充分的依据，根据政策规定、合同约定与实际情况合理变更价款。

总之，要想做好工程竣工结算的编制工作，首先要了解和掌握工程竣工结算的相关专业知识，具备专业技能，提高业务水平，然后认真仔细进行准备工作、编制工作，科学、准确地反映工程的实际造价。

工程竣工结算文件应该包括竣工结算报告与竣工结算有关资料，内容如下：

(1) 竣工结算编制的日期及内容摘要、工程申报总造价、资料目录等。

(2) 竣工结算造价汇总表、工程结算书。

(3) 应提供的竣工结算的资料文件。包括招标文件、合同与相关协议、施工组织设计、图纸会审与设计变更、隐蔽工程记录、施工过程中的变更签证、施工用水电的单价和数量、发包人提供的材料明细、承包人购买材料规格用量明细、外包的相关事宜、工程竣工验收证明等。

6.1.5 建设工程竣工结算的计量

建设工程竣工结算审计是对承包人提交的工程结算资料进行的审计活动，是竣工结算阶段的一项重要工作，它是对工程建设过程以及结算资料真实性、合法性的审查。经过审查后的工程竣工结算是建设工程造价的依据，是确定最终结算款的依据。在实际的工程中，经常会出现承包方高估工程造价，有意提高工程费用的情况，比如多算重算工程量、高套定额、违反取费规定标准等。这就需要对工程竣工结算的资料进行科学、系统全面地审计，以此来规范工程建设，降低工程成本，提高经济效益。竣工结算审计是控制工程项目成本的最后一道防线，可以有效地防止浪费，对建立有序的建筑市场有着非常重要的现实意义。

常见的工程竣工结算审计的形式包括以下四种：①建设单位自己审查；②建设单位、承包单位、银行、咨询部门等主体独自审查，各自提出审查中发现的问题，最后综合改进；③联合审查，由建设单位、施工单位、设计单位等项目相关各方派出代表组成审计小组进行审计活动；④委托给具有相关资质的咨询部门进行审计工作。

工程竣工结算审计包括下列几个方面的内容：

(1) 对竣工结算编制依据的审查。审查时要审核编制依据是否符合国家规定，资料是否齐全，手续是否完备，程序是否符合规定等。

(2) 审查工程合同。无论是什么样的工程，承包人与发包人必定签有合同。工程合同审计是工程竣工结算审计的一项重要内容，必须仔细审查合同是否符合国家规定，内容是否合法，有无前后矛盾或者漏洞等情况出现，相关文件资料是否齐全、合法合规。当双方对合同文件有异议时，国内的合同按国内规范合同文件顺序解释，国际工程按照 FIDIC 合同文件顺序解释。

(3) 审查工程量。这是工程竣工结算审计的重点内容。对于工程量的审计要依据图纸，按国家统一规定的计算规则计算工程量，并且要与实际现场测的工程量一致。审查工程量时重点要审查占投资额比重大的分项工程，如基础工程、钢筋工程等，还应当重点审查容易出现漏洞、容易重算混淆的部分。

(4) 审查隐蔽验收记录。所有隐蔽工程都需要进行验收，并且做好隐蔽工程的验收记录。审核竣工结算时应当核对隐蔽工程记录和验收签证，只有手续完整并且工程量与施工图相一致时才可以列入竣工结算。

(5) 审查工程项目变更的相关资料。单方面对工程项目进行修改变更是不合法的，设计修改应该由原设计单位出具设计变更通知与修改后的图纸，由审查单位批准、签证同意后才具有效力。只有符合以上规定的设计变更才能列入工程竣工结算当中。

(6) 审查工程定额的套用、结算单价、材料价格。

(7) 审查各项费用的计取。建筑安装工程取费标准，应按合同要求或项目建设期间与计价定额配套使用的建安工程费用定额及有关规定来计算。在审查时，应审查各项费率、价格指数或换算系数是否正确，价差调整计算是否符合要求。

工程项目竣工结算审计是一项非常繁琐的工作，不仅要依据国家制定的政策和规定，还要考虑工程的实际情况。如果在开始工程竣工结算审计之前做好了充分的准备工作，那么后面的审计工作就会达到事半功倍的效果。总之，准备充分、细致认真才能较好完成审查任务。

参与工程项目竣工结算审计的人员需要具备最基本的业务水平与专业素质。工程造价是一门工程技术性较强的专业，它是以工程技术为基础，兼顾经济、法律、管理等专业相结合的综合性工作。我国工程造价从业人员主要以造价师、造价员为主，从业人员存在着专业知识面狭窄、知识结构老化等问题，其总体素质不高。相关从业人员必须从几方面来学习：

(1) 加强业务学习：从业人员应不断提高业务素质，定期进行培训，培训要日常化、制度化，逐步形成以造价工程师为主的工程结算体系。各级工程造价管理协会应组织专业人员进行专业技术和工作经验交流，不断总结经验，牢牢树立起为工程服务的敬业精神，严格把关，只有这样，工程造价才能得到合理地确定与有效控制，从而提高工程造价人员的素质。

（2）加强相关知识学习：随着造价行业电算化的发展，计价软件的推广普及，造价工程师应该能够做到熟练应用各类工程造价软件，如工程预（决）算软件、定额管理软件、工程量计算软件等。相关软件的应用大大减少了造价工程师计算的劳动强度。只有使用先进的工具，才能提高自己的工作效率和准确度。

（3）做好信息收集和积累：注意收集各种与造价有关政策、措施的相关信息，养成习惯积累各种与编制工作有关的资料，分门别类存放，以便查找，并对其内容要熟悉，通过这些资料去了解设计意图，熟悉施工工艺及操作；培养记笔记的习惯，把工作中经验、需注意的要点等记载下来，整理成笔记并时常翻阅达到温故而知新的效果。

综上所述，快速、准确地编制工程结算或者完成工程竣工结算审计工作需要我们认真研究，大胆探索，努力实践，及时掌握新的专业技术知识和技能，不断更新，总结出一套提高工程预结算准确性的办法，以利于今后的工作。

6.2 建设工程竣工结算谈判依据

当前国际上广泛使用的建筑工程施工合同的范本是国际咨询工程师联合会 FIDIC 制定的《土木工程施工合同条件》，即 FIDIC 合同。我国的建筑工程施工合同标准文件借鉴了 FIDIC 合同的条款。2013 年，住建部发布了《建设工程工程量清单计价规范》GB 50500—2013，有关于竣工结算的详细规定。2017 年，住建部、国家工商总局联合发布了《建设工程施工合同（示范文本）》（GF—2017—0201），里面详细规定了竣工结算的实施标准。下面介绍我国的法律法规与 FIDIC 合同条件对竣工结算的有关规定。

6.2.1 国内工程竣工结算谈判依据

《建设工程施工合同（示范文本）》中对竣工结算作了详细规定：

1. 竣工结算申请

除专用合同条款另有约定外，承包人应在工程竣工验收合格后 28 天内向发包人和监理人提交竣工结算申请单，并提交完整的结算资料，有关竣工结算申请单的资料清单和份数等要求由合同当事人在专用合同条款中约定。

除专用合同条款另有约定外，竣工结算申请单应包括以下内容：

（1）竣工结算合同价格；

（2）发包人已支付承包人的款项；

（3）应扣留的质量保证金；

（4）发包人应支付承包人的合同价款。

2. 竣工结算审核

（1）除专用合同条款另有约定外，监理人应在收到竣工结算申请单后 14 天内完成核查并报送发包人。发包人应在收到监理人提交的经审核的竣工结算申请单后 14 天内完成审批，并由监理人向承包人签发经发包人签认的竣工付款证书。监理人或发包人对竣工结算申请单有异议的，有权要求承包人进行修正和提供补充资料，承包人应提交修正后的竣工结算申请单。

发包人在收到承包人提交竣工结算申请书后 28 天内未完成审批且未提出异议的，视为发包人认可承包人提交的竣工结算申请单，并自发包人收到承包人提交的竣工结算申请单后第 29 天起视为已签发竣工付款证书。

(2) 除专用合同条款另有约定外，发包人应在签发竣工付款证书后的 14 天内，完成对承包人的竣工付款。发包人逾期支付的，按照中国人民银行发布的同期同类贷款基准利率支付违约金；逾期支付超过 56 天的，按照中国人民银行发布的同期同类贷款基准利率的两倍支付违约金。

(3) 承包人对发包人签认的竣工付款证书有异议的，对于有异议部分应在收到发包人签认的竣工付款证书后 7 天内提出异议，并由合同当事人按照专用合同条款约定的方式和程序进行复核，或按照〔争议解决〕约定处理。对于无异议部分，发包人应签发临时竣工付款证书，并按本款第 (2) 项完成付款。承包人逾期未提出异议的，视为认可发包人的审批结果。

3. 甩项竣工协议

发包人要求甩项竣工的，合同当事人应签订甩项竣工协议。在甩项竣工协议中应明确，合同当事人按照〔竣工结算申请〕及〔竣工结算审核〕的约定，对已完合格工程进行结算，并支付相应合同价款。

4. 最终结清申请单

(1) 除专用合同条款另有约定外，承包人应在缺陷责任期终止证书颁发后 7 天内，按专用合同条款约定的份数向发包人提交最终结清申请单，并提供相关证明材料。

除专用合同条款另有约定外，最终结清申请单应列明质量保证金、应扣除的质量保证金、缺陷责任期内发生的增减费用。

(2) 发包人对最终结清申请单内容有异议的，有权要求承包人进行修正和提供补充资料，承包人应向发包人提交修正后的最终结清申请单。

5. 最终结清证书和支付

(1) 除专用合同条款另有约定外，发包人应在收到承包人提交的最终结清申请单后 14 天内完成审批并向承包人颁发最终结清证书。发包人逾期未完成审批，又未提出修改意见的，视为发包人同意承包人提交的最终结清申请单，且自发包人收到承包人提交的最终结清申请单后 15 天起视为已颁发最终结清证书。

(2) 除专用合同条款另有约定外，发包人应在颁发最终结清证书后 7 天内完成支付。发包人逾期支付的，按照中国人民银行发布的同期同类贷款基准利率支付违约金；逾期支付超过 56 天的，按照中国人民银行发布的同期同类贷款基准利率的两倍支付违约金。

(3) 承包人对发包人颁发的最终结清证书有异议的，按〔争议解决〕的约定办理。

6. 缺陷责任期

缺陷责任期自实际竣工日期起计算，合同当事人应在专用合同条款约定缺陷责任期的具体期限内，但该期限最长不超过 24 个月。

单位工程先于全部工程进行验收，经验收合格并交付使用的，该单位工程缺陷责任期自单位工程验收合格之日起算。因发包人原因导致工程无法按合同约定期限进行竣工验收的，缺陷责任期自承包人提交竣工验收申请报告之日起开始计算；发包人未经竣工验收擅自使用工程的，缺陷责任期自工程转移占有之日起开始计算。

工程竣工验收合格后，因承包人原因导致的缺陷或损坏致使工程、单位工程或某项主要设备不能按原定目的使用的，则发包人有权要求承包人延长缺陷责任期，并应在原缺陷责任期届满前发出延长通知，但缺陷责任期最长不能超过24个月。

任何一项缺陷或损坏修复后，经检查证明其影响了工程或工程设备的使用性能，承包人应重新进行合同约定的试验和试运行，试验和试运行的全部费用应由责任方承担。

除专用合同条款另有约定外，承包人应于缺陷责任期届满后7天内向发包人发出缺陷责任期届满通知，发包人应在收到缺陷责任期满通知后14天内核实承包人是否履行缺陷修复义务，承包人未能履行缺陷修复义务的，发包人有权扣除相应金额的维修费用。发包人应在收到缺陷责任期届满通知后14天内，向承包人颁发缺陷责任期终止证书。

7. 质量保证金

经合同当事人协商一致扣留质量保证金的，应在专用合同条款中予以明确。

承包人提供质量保证金有以下三种方式：质量保证金保函；相应比例的工程款；双方约定的其他方式。

除专用合同条款另有约定外，质量保证金原则上采用上述第1种方式。

质量保证金的扣留有以下三种方式：

（1）在支付工程进度款时逐次扣留，在此情形下，质量保证金的计算基数不包括预付款的支付、扣回以及价格调整的金额；

（2）工程竣工结算时一次性扣留质量保证金；

（3）双方约定的其他扣留方式。

除专用合同条款另有约定外，质量保证金的扣留原则上采用上述第1种方式。

发包人累计扣留的质量保证金不得超过结算合同价格的5%，如承包人在发包人签发竣工付款证书后28天内提交质量保证金保函，发包人应同时退还扣留的作为质量保证金的工程价款。

发包人应按〔最终结清〕的约定退还质量保证金。

8. 争议解决

（1）和解

合同当事人可以就争议自行和解，自行和解达成协议的经双方签字并盖章后作为合同补充文件，双方均应遵照执行。

（2）调解

合同当事人可以就争议请求建设行政主管部门、行业协会或其他第三方进行调解，调解达成协议的，经双方签字并盖章后作为合同补充文件，双方均应遵照执行。

（3）争议评审

合同当事人在专用合同条款中约定采取争议评审方式解决争议以及评审规则，并按下列约定执行：

争议评审小组的确定：合同当事人可以共同选择一名或三名争议评审员，组成争议评审小组。除专用合同条款另有约定外，合同当事人应当自合同签订后28天内，或者争议发生后14天内，选定争议评审员。

选择一名争议评审员的，由合同当事人共同确定；选择三名争议评审员的，各自选定一名，第三名成员为首席争议评审员，由合同当事人共同确定或由合同当事人委托已选定的争议评审员共同确定，或由专用合同条款约定的评审机构指定第三名首席争议评审员。

除专用合同条款另有约定外，评审员报酬由发包人和承包人各承担一半。

争议评审小组的决定：合同当事人可在任何时间将与合同有关的任何争议共同提请争议评审小组进行评审。争议评审小组应秉持客观、公正原则，充分听取合同当事人的意见，依据相关法律、规范、标准、案例经验及商业惯例等，自收到争议评审申请报告后14天内作出书面决定，并说明理由。合同当事人可以在专用合同条款中对本项事项另行约定。

争议评审小组决定的效力：争议评审小组作出的书面决定经合同当事人签字确认后，对双方具有约束力，双方应遵照执行。任何一方当事人不接受争议评审小组决定或不履行争议评审小组决定的，双方可选择采用其他争议解决方式。

（4）仲裁或诉讼

因合同及合同有关事项产生的争议，合同当事人可以在专用合同条款中约定以下方式解决争议：向约定的仲裁委员会申请仲裁；向有管辖权的人民法院起诉。

争议解决条款效力：合同有关争议解决的条款独立存在，合同的变更、解除、终止、无效或者被撤销均不影响其效力。

《建设工程工程量清单计价规范》GB 50500—2013对竣工结算的规定：

1. 工程完工后，发承包双方必须在合同约定时间内办理工程竣工结算。

2. 工程竣工结算应由承包人或受其委托具有相应资质的工程造价咨询人编制，并应由发包人或受其委托具有相应资质的工程造价咨询人核对。

3. 当发承包双方或一方对工程造价咨询人出具的竣工结算文件有异议时，可向工程造价管理机构投诉，申请对其进行执业质量鉴定。

4. 工程竣工结算应根据下列依据编制和复核：

（1）本规范；

（2）工程合同；

（3）发承包双方实施过程中已确认的工程量及其结算的合同价款；

（4）发承包双方实施过程中已确认调整后追加（减）的合同价款；

（5）建设工程设计文件及相关资料；

（6）投标文件；

（7）其他依据。

5. 分部分项工程和措施项目中的单价项目应依据发承包双方确认的工程量与已标价工程量清单的综合单价计算；发生调整的，应以发承包双方确认调整的综合单价计算。

6. 措施项目中的总价项目应依据已标价工程量清单的项目和金额计算；发生调整的，应以发承包双方确认调整的金额计算，其中安全文明施工费应按本规范的规定计算。

7. 其他项目应按下列规定计价：

（1）计日工应按发包人实际签证确认的事项计算；

（2）暂估价应按本规范第9.9节的规定计算；

（3）总承包服务费应依据已标价工程量清单金额计算；发生调整的，应以发承包双方确认调整的金额计算；

（4）索赔费用应依据发承包双方确认的索赔事项和金额计算；

（5）现场签证费用应依据发承包双方签证资料确认的金额计算；

(6) 暂列金额应减去合同价款调整(包括索赔、现场签证)金额计算，如有余额归发包人。

8. 规费和税金应按本规范的规定计算。规费中的工程排污费应按工程所在地环境保护部门规定的标准缴纳后按实列入。

9. 发承包双方在合同工程实施过程中已经确认的工程计量结果和合同价款，在竣工结算办理中应直接进入结算。

10. 合同工程完工后，承包人应在经发承包双方确认的合同工程期中价款结算的基础上汇总编制完成竣工结算文件，应在提交竣工验收申请的同时向发包人提交竣工结算文件。承包人未在合同约定的时间内提交竣工结算文件，经发包人催告后 14 天内仍未提交或没有明确答复的，发包人有权根据已有资料编制竣工结算文件，作为办理竣工结算和支付结算款的依据，承包人应予以认可。

11. 发包人应在收到承包人提交的竣工结算文件后的 28 天内核对。发包人经核实，认为承包入应进一步补充资料和修改结算文件，应在上述时限内向承包人提出核实意见，承包人在收到核实意见后 28 天内应按照发包人提出的合理要求补充资料，修改竣工结算文件，并应再次提交给发包人复核后批准。

12. 发包人应在收到承包人再次提交的竣工结算文件后的 28 天内予以复核，将复核结果通知承人，并应遵守下列规定：

(1) 发包人、承包人对复核结果无异议的，应在 7 天内在竣工结算文件上签字确认，竣工结算办理完毕；

(2) 发包人或承包人对复核结果认为有误的，无异议部分办理不完全竣工结算；有异议部分由发承包双方协商解决；协商不成的，应按照合同约定的争议解决方式处理。

13. 发包人在收到承包人竣工结算文件后的 28 天内，不核对竣工结算或未提出核对意见的，应视为承包人提交的竣工结算文件已被发包人认可，竣工结算办理完毕。

14. 承包人在收到发包人提出的核实意见后的 28 天内，不确认也未提出异议的，应视为发包人提出的核实意见已被承包人认可，竣工结算办理完毕。

15. 发包人委托工程造价咨询人核对竣工结算的，工程造价咨询人应在 28 天内核对完毕，核对结论与承包人竣工结算文件不一致的，应提交给承包人复核；承包人应在 14 天内将同意核对结论或不同意见的说明提交工程造价咨询人。工程造价咨询人收到承包人提出的异议后，应再次复核，复核无异议的，应按本规范第 11.3.3 条第 1 款的规定办理，复核后仍有异议的，按本规范第 11.3.3 条第 2 款的规定办理。承包人逾期未提出书面异议的，应视为工程造价咨询人核对的竣工结算文件已经承包人认可。

16. 对发包人或发包人委托的工程造价咨询人指派的专业人员与承包人指派的专业人员经核对后无异议并签名确认的竣工结算文件，除非发承包人能提出具体、详细的不同意见，发承包人都应在竣工结算文件上签名确认，如其中一方拒不签认的，按下列规定办理：

(1) 若发包人拒不签认的，承包人可不提供竣工验收备案资料，并有权拒绝与发包人或其上级部门委托的工程造价咨询人重新核对竣工结算文件。

(2) 若承包人拒不签认的，发包人要求办理竣工验收备案的，承包人不得拒绝提供竣工验收资料，否则，由此造成的损失，承包人承担相应责任。

17. 合同工程竣工结算核对完成，发承包双方签字确认后，发包人不得要求承包人与另一个或多个工程造价咨询人重复核对竣工结算。

18. 发包人对工程质量有异议，拒绝办理工程竣工结算的，已竣工验收或已竣工未验收但实际投入使用的工程，其质量争议应按该工程保修合同执行，竣工结算应按合同约定办理；已竣工未验收且未实际投入使用的工程以及停工、停建工程的质量争议，双方应就有争议的部分委托有资质的检测鉴定机构进行检测，并应根据检测结果确定解决方案，或按工程质量监督机构的处理决定执行后办理竣工结算，无争议部分的竣工结算应按合同约定办理。

19. 承包人应根据办理的竣工结算文件向发包人提交竣工结算款支付申请。申请应包括下列内容：

(1) 竣工结算合同价款总额；

(2) 累计已实际支付的合同价款；

(3) 应预留的质量保证金；

(4) 实际应支付的竣工结算款金额。

20. 发包人应在收到承包人提交竣工结算款支付申请后 7 天内予以核实，向承包人签发竣工结算支付证书。

21. 发包人签发竣工结算支付证书后的 14 天内，应按照竣工结算支付证书列明的金额向承包人支付结算款。

22. 发包人在收到承包人提交的竣工结算款支付申请后 7 天内不予核实，不向承包人签发竣工结算支付证书的，视为承包人的竣工结算款支付申请已被发包人认可；发包人应在收到承包人提交的竣工结算款支付申请 7 天后的 14 天内，按照承包人提交的竣工结算款支付申请列明的金额向承包人支付结算款。

23. 发包人未按照本规范第 11.4.3 条、第 11.4.4 条规定支付竣工结算款的，承包人可催告发包人支付，并有权获得延迟支付的利息。发包人在竣工结算支付证书签发后或者在收到承包人提交的竣工结算款支付申请 7 天后的 56 天内仍未支付的，除法律另有规定外，承包人可与发包人协商将该工程折价，也可直接向人民法院申请将该工程依法拍卖。承包人应就该工程折价或拍卖的价款优先受偿。

6.2.2 国际工程竣工结算谈判依据

FIDIC 合同对工程竣工结算有细致的规定：

1. 工程结算的范围

FIDIC 合同条件所规定的工程结算的范围主要包括两部分费用，一部分是工程量清单中的费用，这部分费用是承包商在投标时，根据合同条件等有关规定提出的报价，并经业主认可的费用；另一部分是工程量清单以外的费用，这部分费用虽然在工程量清单中没有规定，但是在合同条件中却有明确的规定，因此它也是工程结算的一部分。

2. 工程结算的条件

(1) 工程质量合格是工程结算的必要条件。工程结算以工程计量为基础，计量必须以质量合格为前提。所以，并不是对承包商已完的工程全部支付，而是支付其中质量合格的部分，对工程质量不合格部分一律不予支付。

(2) 符合合同条件。一切结算均需要符合合同条件的所有规定。

(3) 变更项目必须有监理工程师的变更通知。FIDIC合同条件规定，没有监理工程师的指示承包商不得作任何变更。如果承包商没有收到监理工程师指示进行变更的话，他无理由就此类变更发生的费用要求补偿。

(4) 支付金额必须大于临时支付证书规定的最小限额。

(5) 承包商的工作使工程师满意。

对于承包商申请支付的项目，即使达到上述支付条件，但承包商其他方面的工作未能使监理工程师满意，监理工程师可以通过任何临时证书对他所签发的任何原有的证书进行修正或更改，有权在任何临时证书中删去或减少该工作的价值。所以承包商的工作使监理工程师满意，也是工程支付的重要条件。

3. 工程价款支付的项目与要求

工程量清单项目分为一般项目、暂定金额和计日工。

(1) 一般项目的支出。一般项目是指工程量清单中除暂定金额和计日工以外的全部项目。这类项目的支付是以经过监理工程师计量的工程数量乘以工程量清单中的单价进行计算。因为FIDIC条款的合同是单价合同，其单价一般是不变的。这类项目的支出占了工程费用的绝大部分，它的支付程序比较简单，一般通过签发期中支付证书支付进度款。

(2) 暂定金额。暂定金额类似于我国国内所讲"备用金"的概念，与工程变更令的关系非常密切。它是指包括在合同中，供工程任何部分的施工或提供货物、材料、设备和服务，或提供不可预料事件支付费用的一项金额。这项金额按照监理工程师的工程变更令或其他指示可能全部或部分使用，或根本不使用，或额外追加。没有监理工程师的指示，承包商不能进行暂定金额项目的任何工作。承包商按照监理工程师的指示完成的暂定金额项目的费用，若能按工程量表中开列的费率和价格估价，则按此估价；否则承包商应向监理工程师出示与暂定金额开支有关的所有报价单、发票、凭证、账单或收据。监理工程师根据上述资料，按照合同的规定确定支付金额。

(3) 计日工。计日工费用也与工程师的变更指令相关，它的计算一般采用下述方法：按合同中包括的计日工作表中所定项目和承包商在其投标书中所确定的费率和价格计算；对于清单中没有定价的项目，应按实际发生的费用加上合同中规定的费率计算有关的费用。所以，承包商应向监理工程师提供可能需要的证实所付款额的收据或其他凭证来进行结算。

4. 工程量清单以外项目与要求

(1) 动员预付款。动员预付款是业主借给承包商进驻场地和工程施工准备用款。预付款额度的大小，是承包商在投标时，根据业主规定的额度范围和承包商本身资金的情况，提出预付款的额度，并在标书附录中予以明确。按照合同规定，承包商应按有关规定的比例和时间扣回动员预付款。

(2) 材料设备预付款。材料设备预付款是根据合同条款规定由业主在开工前向承包商拨付的一定限额的工程预付款，作为承包商开工前储备主要材料，构件的定购资金。材料、设备预付款按合同中规定的条款从承包商应得的工程款中分批扣除。

(3) 保留金。保留金是为了确保能在项目保修期限内，用这些费用来弥补工程不合规范而承包商又拒绝或无力进行维修所发生的返工费用。合同条件规定，保留金的款额为合同总价的5%，从第一次付款证书开始，按期中支付工程款扣留，直到累计扣留达到合同总额的5%。

(4) 工程变更的费用。工程变更也是工程支付中的一个重要项目，工程变更费用的支付依据是工程变更令和监理工程师对变更项目所确定的变更费用。

(5) 索赔费用。索赔费用的支付依据是工程师批准的索赔审批书及其计算而得到的款额。

(6) 价格调整费用。价格调整费用是按照FIDIC合同条件所规定的计算方法计算调整的款额。

(7) 迟付款利息。按照合同规定，业主未能在合同规定的时间内向承包商付款，则承包商有权收取付款利息。

(8) 违约罚金。对承包商的违约罚金主要包括拖延工期的误期赔偿和未履行合同义务的罚金。这类费用可从承包商的保留金中扣除，也可从支付给承包商的款项中扣除。

5. 工程价款结算程序

(1) 全部工程基本完工并且通过竣工验收后，承包商发出通知书，并且提交在缺陷责任期及时完成剩余工作的书面保证。通知书发出21天内，工程师颁发移交证书。

(2) 在收到工程的移交证书后84天内，承包商应向工程师提交按其批准的格式编制的竣工报表，详细说明承包商根据合同所完成的所有工作的价值，承包商认为应进一步支付给他的任何款项，以及承包商认为根据合同将应支付给他的任何其他估算款额。工程师应开具支付证书。

(3) 颁发移交证书后进入缺陷责任期，缺陷责任期后28天内工程师颁发履约证书。在颁发履约证书56天内，承包商应向工程师提交按其批准的格式编制的最终报表。工程师收到后28天内发出最终支付证书。

(4) 发包人收到最终支付证书56天内最终付款，当收到最终支付证书56天后再超过28天不支付，承包商有权追究发包人的违约责任。

(5) 工程师颁发整个工程移交证书时，退还一半保留金；缺陷责任期满时，再退还另一半保留金。

由此可见，FIDIC合同与我国实行的建筑工程施工合同范本的条款是有区别的。承包人与发包人应当对合同文本对竣工结算款的规定非常熟悉，避免日后违约负违约责任。在实际工程竣工结算中，应当严格按照合同支付工程款，避免双方出现争端。

【案例6-1】

某施工单位承包某工程项目，甲乙双方签订的关于工程价款的合同内容有：

(1) 建筑安装工程造价660万元，建筑材料及设备费占施工产值的比重为60%；

(2) 工程预付款为建筑安装工程造价的20%。工程实施后，工程预付款从未施工工程尚需的主要材料及构件的价值相当于工程预付款数额时起扣，从每次结算工程价款中按材料和设备占施工产值的比重扣抵工程预付款，竣工前全部扣清；

(3) 工程进度款逐月计算；

(4) 工程保修金为建筑安装工程造价的3%，竣工结算月一次扣留；

(5) 材料和设备价差调整按规定进行（按有关规定上半年材料和设备价差上调10%，在6月份一次调增）。

工程各月实际完成产值见表6-1。

各月实际完成产值（单位：万元） 表 6-1

月份	二	三	四	五	六
完成产值	55	110	165	220	110

问题：

(1) 通常工程竣工结算的前提是什么？

(2) 工程价款结算的方式有哪几种？

(3) 该工程的工程预付款、起扣点为多少？

(4) 该工程2～5月每月拨付工程款为多少？累计工程款为多少？

(5) 6月份办理工程竣工结算，该工程结算造价为多少？甲方应付工程结算款为多少？

(6) 该工程在保修期间发生屋面漏水，甲方多次催促乙方修理，乙方一再拖延，最后甲方另请施工单位修理，修理费1.5万元，该项费用如何处理？

分析要点：本案例主要考察工程款的结算方式、预付款的规定等要点。

解答：

(1) 工程竣工结算的前提条件是承包人按照合同规定的内容全部完成所承包的工程，并且经验收质量合格。

(2) 工程价款的结算方式主要分为按月结算、竣工后一次结算、分段结算、目标结算和双方约定的其他方式结算。

(3) 工程预付款：660×20％＝132（万元）

起扣点：660－132/60％＝440（万元）

(4) 各月应付工程款为：

2月：工程款55万元，累计工程款55万元；

3月：工程款110万元，累计工程款165万元；

4月：工程款165万元，累计工程款330万元；

5月：工程款220－(220＋330－440)×60％＝154(万元)，累计工程款484万元

(5) 工程结算总造价为：

$$660+660\times0.6\times10\%=699.6(万元)$$

甲方应付工程结算款：

$$699.6-484-699.6\times3\%-132=62.612(万元)$$

(6) 1.5万元维修费应从承包人的保修金中扣除。

【案例 6-2】

2002年3月30日，张某将其承包的某中学宿舍楼建设工程中的部分工程项目清包给朱某负责施工，张某负责材料的供应，双方约定朱某必须遵守张某制订的各项规章制度，并按张某提供的工程技术要求进行施工，张某对朱某的施工进行现场监督。

2003年1月份，朱某所清包的项目工程竣工，双方于同年1月22日进行了工程款结算，结算结果为总工程款为476762元，总支出现金404850元，余下工程款71912元，扣除维修金及部分地面保证金30000元，保修期满于2003年9月份结算付清，春节前应付款41912元。保修期满后，朱某向张某索要余下款3万元，张某则以3万元是质量保证

金，工程质量出现问题为由拒付，因此引起诉讼，朱某于2004年1月5日向法院起诉要求张某给付所扣欠的人工费3万元。

本案在审理过程中，对3万元是质保金还是人工费存在不同认识。双方在结算时，已客观地达成共识，将此3万元劳务费扣留作为质量保证金了。法院审理后认为，原、被告之间既然为清包工，故被告应对下欠的劳动报酬返还原告，关于张某所说的质量问题，只有建设单位向张某主张质量责任后，张某才有权依法向朱某主张因此所受的损失。

【案例6-3】

2004年10月，原告北京某建筑公司与被告某地产开发有限公司签订某广场建设施工合同，合同约定承包人在合同竣工验收后的30天内向发包人提供完整的竣工结算文件，发包人应在收到结算资料的30天内审查完毕，到期未提出异议，视为同意。2005年8月29日工程竣工，同年9月4日交付使用。同年9月20日原告向被告递交工程结算文件，结算价为1566.97万元。被告已付款440.25万元，扣除保修金尚欠1029.37万元。被告在约定的审价期内未提出异议，也未给予答复。原告经多次催要无果，遂向北京一中院提起诉讼，要求按司法解释第20条规定，由被告按单方送审价支付价款。2006年10月10日，北京第一中级人民法院作出一审判决，一审法院以建设部107号文件《建筑工程施工发包与承包计价管理办法》第十六条和示范合同文本通用条款的结算条款的有关规定，作为适用司法解释第二十条的依据，未再鉴定以原告申报的结算价款作出一审判决，判由被告支付尾款1029.37万元。

《最高人民法院关于审理建设工程施工合同纠纷案件适用法律问题的解释》第二十条："当事人约定，发包人收到竣工结算文件后，在约定期限内不予答复，视为认可竣工结算文件的，按照约定处理。承包人请求按照竣工结算文件结算工程价款的，应予支持。"

6.3 建设工程竣工结算谈判争端的起因

工程竣工结算作为工程建设的最后环节意义重大，它关系到工程项目的社会效益、经济利益，更关系到建筑行业的公平、公正和法制。由于工程项目利益分配涉及多方利益主体，同时由于现行我国相关法规条例改革进度、机制完善程度不高，导致了工程竣工阶段的纠纷事件在近些年来大量出现。承包人与发包人站在自身利益的角度，对工程合同乃至我国建筑行业现行的规范、制度、标准有着不同的理解，在工程竣工结算的阶段，会产生许多认识上的分歧。双方通过谈判可以解决一些争端，但是出现特殊情况，比如工程造价严重超支时，双方会尽力维护自身利益，澄清和摆脱合同责任。在这种情况下，分析清楚引起争端的原因至关重要。

本节主要对工程竣工结算中容易引起争端的因素进行分析。一般来说，下列原因有可能引起工程竣工结算的争执。

6.3.1 工程量争端

工程量纷争一般与工程合同生效后的工程量增加有直接关系，但是这一类工程量增加往往未能作出及时准确的数据记录。比如，合同签订后增加工程量应当有施工图纸、各方（发包方、承包方与监理公司）签字的会议纪要或工程洽商记录作为依据；隐蔽工程则需要各方（发包方、承包方与监理公司）签字的验收记录，不能仅凭承包方施工日记进行结算。再如，安装工程的工程量纷争，主要存在于安装施工过程中的梁、柱、板以及墙体相关的工程量处理上，即管线敷设等相关的工程量确认问题未经过记录或计量等。工程量之争往往和设计变更相关，也与工程现场管理相关，特别是决策反复，不断拆改，会导致工程量失控。在竣工结算阶段，发包人可能不承认这些已经做了的却没有符合规定的记录的工程量，从而引起争端。结果是结算工作久拖不下，引发纠纷。

这些争端实际上考验了双方的工程管理水平。如果工程管理水平足够高，日常的施工布置有方，施工组织设计合理，各种工程上的变更严格符合程序，这样可以避免很大一部分争端的出现。

6.3.2 计价依据争端

工程竣工结算时，业主方和施工方在对工程项目进行计量计价时常因双方采用的计价原则和计价依据不一致而引起造价纠纷。当合同中的计价条款没有明确规定或者规定有歧义时，建施双方会按照对自己有利的计价方法进行计价，由此产生争端。其实这些问题的出现不是偶然的，在工程的招标投标阶段，合同签订的阶段，正式施工的阶段就已经有了隐患。在工程未开始的时候，承包人为了拿到合同会接受一些不公平的条款，也有可能忽视一些造价依据方面的细节。在工程竣工结算的阶段，这些问题会集中爆发，双方会各自寻找有利于自身利益的计价依据与计价方法。在这样的争端中，谈判往往不能达成和解，需要用仲裁、诉讼的方法来解决。

采用传统的定额计价法时，常出现下列情况：定额解释和规定的适用情况有分歧；结算时因不同年度的定额适用发生争议；因施工方套用的定额与建设方套用定额不一致而发生争议。套用定额的不同可能造成工程款结算的巨大偏差。

【案例 6-4】

某建筑企业将总承包的管道工程分为数个标段，分包给不同单位施工。工程竣工后，发包方发现，数个分包单位都争向一个预算员提交结算报告，其他预算员则闲坐无事。经过总包方的调查，那个预算员使用了分包单位提供的预算软件，其中一个人工费的定额套用出现偏差，可使每个标段多结算工程款百万元以上。但是此时有几家分包单位已经与总包方签署最终结算文件。总包方提出重新算账，其中一家分包企业以已签署结算文件为由，拒绝重算并提起支付工程款仲裁。总包方则提出反诉，要求按照正确的定额重新算账。经仲裁庭调解，最终双方达成和解，减少结算金额。

6.3.3 合同争端

建筑工程的施工合同是由发包者和承包者共同签订，分配好各项权责和义务的纸质文件，是对发、承包双方具有约束力的法律性文件。承包人需要根据签订的合同按时完成发包人所规定的工程量，发包人则需要提供各种工程价款。但有些承包人合同管理意识不强，造价专业人员又很少参与合同的起草，造成合同条款中对结算方法、计价依据、变更调整、违约索赔描述不清，或者接受不公平条款，为工程竣工结算纠纷埋下隐患。

工程竣工结算中有关合同的纠纷有许多种情况。关于合同内容的争端往往出现较多，争端也比较大。有的发包人在拟定合同时加入了有利于发包方的相关条款，而由于承包方急于获得项目，对工程合同的内容理解又不够全面和谨慎，没有发觉合同中的漏洞，在竣工结算时发现自身利益受到极大损害，从而引发矛盾。

由于合同变更而产生的矛盾也非常常见。合同的变更是指工程施工过程中，发包人或者承包人出于某些原因对合同规定内容的更改。如果更改并没有按照规定的程序来完成，甚至是单方面更改合同，在竣工结算阶段就有可能出现关于合同变更认识上的矛盾。

还有俗称的“黑白合同”引发的纠纷。“黑白合同”是指建设工程施工合同的当事人就同一建设工程签订两份或两份以上在各种条款上有差异的合同。通常把经过招标投标并经有关政府部门备案的合同称为“白合同”，把未经登记备案却实际履行的合同称为“黑合同”。签订黑白合同很容易在工程竣工结算阶段产生争端。《中华人民共和国招标投标法》规定，招标人和中标人不得再行订立背离合同实质性内容的其他协议。认定“黑白合同”所涉及的“实质性内容”，主要包括合同中的工程价款、工程质量、工程期限3部分。对施工过程中，因设计变更、建设工程规划指标调整等客观原因，承、发包双方以补充协议、会谈纪要、往来函件、签证洽商等形式，变更工期、工程价款、工程项目性质的书面文件，不应认定为“招标人和中标人再行订立背离合同实质性内容的其他协议”。司法实践中，黑合同不能作为结算依据，也就是不能产生双方预期约定的效果。“黑白合同”的工程如何结算，实践中争议比较大。《施工合同司法解释》第二十一条要求以备案的中标合同作为结算工程价款的根据。但实践中对于该条的适用，存在不同的解读。建设工程十分复杂，每个具体案件都有其特殊性，招标投标过程的效力、黑白合同签订的背景、实际履行情况、裁判者的价值取向等，都严重影响案件裁判的尺度。

【案例 6-5】

甲方进行某工程的招标，乙方收到邀请。在招标前乙方承诺：垫支地上8层，让利7.2%，对指定分包不收费。双方达成协议：招标投标结果是为了办理建设许可证，中标价和合同价对于双方没有约束力，施工图纸出后一个月再约定合同价格。次年6月乙方中标后与甲方签订了施工合同，并进行了合同备案，合同金额1.3个亿，8月根据新出的施工图重新计算和约定了工程价款，签订了第二份合同，金额为1.04亿。在签订两份合同不久，又签订了相应的补充协议，补充协议的合同金额分别为0.99亿元和0.89亿元。在补充协议中，明确了双方的合同金额以补充协议为准。承发包双方在工程竣工结算时，对结算依据产生了争议。乙方提出应依据备案合同作为结算的依据，要求追加工程欠款7000万元，而发包人根据补充协议只承认2000万元。由此引发争端。

6.3.4 工程质量问题争端

工程质量合格是进行工程结算的前提，如果承包人所建设的工程经验收不合格，发包人可以不支付工程价款。只要建设工程通过了质量验收，即使确认合同无效，也可以按照合同约定结算工程价款。

在竣工验收阶段往往会因为工程质量争议引发纠纷，一般发包人会认为那些无法通过验收标准的工程量不应该付工程款给承包人。在工程竣工验收阶段发现工程质量问题时，责任归属不明确和双方对质量和损失情况有不同意见，都会影响结算的价款，使双方产生矛盾。经验收确认合格的工程，在工程价款结算过程中，承发包双方也会因质量问题而产生结算争议，承包人往往会以工程已经验收为由，要求全额支付工程款，而发包人往往会以已投入使用的工程仍存在质量缺陷，需要整改、返修为由，要求扣减工程款。

【案例 6-6】

在某市动力工程项目建设过程中，某汽车公司零配件厂房为一个钢结构工程，由某钢结构安装公司A中标并签订施工合同。厂房建设完成后，发包人在竣工验收过程中发现施工单位焊接质量不合格并对此作了充分的取证：拍照片、做记录以及请专业检测公司出了检测报告，并将这些证明施工质量不合格的相关材料交给了承包商A。双方就质量问题经多次谈判，展开了拉锯战，使工期一再延后。之后为了保证工程质量和项目按期完成，发包人采取补强措施找了另外一家土建单位B在原有钢结构上包裹了一层混凝土。施工单位A要求对厂房项目办理竣工结算，此时剩余工程款为96.83万元。A公司认为，工程质量出现问题应该由本公司负责补强加固，经计算若本公司采取补救措施产生的费用为69.47万元，远低于B公司补强所发生的费用，而且土建单位B的工程费用没有经本公司签字确认，所以不承认这部分费用。故A公司要求发包人支付剩余款项为：96.83－69.47＝27.36（万元）。而设计院提出，工程建设质量不合格，在请土建单位B对钢结构进行混凝土加强措施的过程中产生的费用是112.36万元，这部分费用是因A公司施工质量不合格发生的，应该由A公司承担，所以拒绝支付工程款。双方因质量问题发生的费用导致了造价纠纷的产生。

6.3.5 工程进度争端

在工程项目的建设中，由于各种原因导致工程进度未能按照合同约定期限完成，常常引发争端。对建设单位来说，工期延误意味着投资增大，交付使用时间延后会导致项目效益降低。对承包人来说，工期延误意味着成本的增加，还会被建设单位采取惩罚措施。工期拖延的原因可能有很多，但不一定是施工单位方面的。比如建设单位移交图纸延误、移交施工场地的不及时，胡乱下达指令都会造成工期延误。有的工期延误是因为不可抗力造成的，这种情况很难分清延误是因为谁的原因。所以，因工期延误引起的额外费用谁也不愿意承担，引起竣工结算的争端。

【案例 6-7】

某高校建设过程中，由于铺设教室所用地砖没有及时进场，致使桌椅安装等后续工作无法开展，总工期延后，影响了学校按时开学。对此，建设方向施工单位提出处以其98万元的罚款，而施工单位拒绝支付这部分费用，双方因此产生纠纷。

施工单位认为，合同中规定铺设教室所用地砖属于建设方提供材料部分，工期延误是因为地砖没有及时进场造成的，责任应该由建设方承担。另外，施工方在地砖到场之后已尽力赶工期，并因此投入了较多的人力和物力，对这部分费用没有提出索赔却已经造成了经济损失，所以不应该支付罚款。建设方认为，按照合同规定："若乙方没有按照规定工期交付工程，根据情况对乙方处50万至200万元罚款"，实际工程交付日期比合同规定延时，影响了正常开学，所以罚款是合理的。另外，建设方提出施工单位提供的材料计划太晚，没有按照规定的时间将材料计划提前送交建设方，致使地砖进场不及时。双方各持己见，因工期延后引起的造价纠纷就此形成。

6.3.6 其他原因导致的争端

还有一些原因会导致竣工结算阶段发生纠纷，比如：

发包人拖延竣工结算，导致承包人拿不到足够的工程款引起争端。

招标投标过程不规范，相关的文件不符合法律规定，在最后结算时引起争执。

总包商与分包商发生利益纠纷，在竣工结算中分包商利益受损而引起争端。

索赔不及时，最终的结算中索赔项目多数额巨大，引发争端。

参与工程的各方行为不规范，监管不力，造成竣工阶段责任不清而引发争端。

由于材料价格上涨、不可抗力等其他因素导致竣工结算远超预期而引发争议。

【案例 6-8】

2003 年 3 月 18 日，××省某建筑公司市政工程分公司按法定程序在××市首个景观道路×标段工程的投标中竞标成功，并在当日与该工程的项目业主××置业公司签订了标的达 1386.48 万元的承建合同。该合同适用国家工商行政管理总局颁布的《建设工程施工合同》(GF—1999—0201)，合同规定这项工程由市政工程分公司带资承建，开工当年给付 500 万元，其余由承包方自筹，建设工期为从 2003 年 5 月 10 日至 2004 年 4 月 18 日，建成并验收合格后，由发包方向承包方支付剩余的全部工程款。2003 年 11 月 28 日，该工程经过置业公司多次变更设计，提前竣工，并在 2004 年 4 月 16 日通过竣工验收交付使用。2004 年 11 月 28 日，由市政工程分公司负责承建的这项工程的结算报告报送到置业公司。根据设计变更（有置业公司工程师的签证为据）调升后的结算报告，置业公司应支付给市政工程分公司工程款 2467 万元，扣除已支付的 500 万元，还应给付 1967 万元。但置业公司在收到市政工程分公司提交的结算报告后一直未予以答复，双方因此产生了纠纷。

这起纠纷中涉及一个症结问题就是：在承包方如约递交了工程结算资料，发包方却迟迟对结算资料不加以审定认可结算款项时，工程款该如何界定？承包方认为，发包方收到结算报告后未予答复，可视为认可，应以结算报告确定工程款数额。而发包方认为，合同并未约定收到结算报告未答复将视为认可，这时应委托第三方审价确定工程款数额。

既然双方所签订的合同适用国家工商行政管理总局颁布的《建设工程施工合同》(GF—1999—0201)，而且，在这份合同中双方没有就“发包人收到竣工结算文件后在约定期限内不予答复，是否视为认可”的问题达成一致意见。这就需要依据通用条款第 33 条第 3 款所规定的条款来解决。因此，本案中，置业公司在收到市政工程分公司提交的结算报告后 30 天未予以答复，可以视为其已经予以认可。如果其不支付工程款，那么从第 31 天起就需要承担支付工程款利息义务，并承担相应的违约责任。

6.4 建设工程竣工结算争端的解决方式

由于各种各样的原因，工程项目进行到竣工结算阶段会出现一些纠纷。解决纠纷的方式有许多种，在竣工结算争端中承发包双方选择最正确的解决方法有利于最好地维护双方的利益，使工程项目顺利完成。竣工结算争端的解决应当遵循下列原则：

(1) 合则两利，以和为贵。无论竣工结算中出现什么样的争端，最先考虑的解决方式应当是谈判解决，尽量维护双方的利益。如果争端进入仲裁诉讼的阶段，那么承发包双方都要消耗大量的人力、物力、财力、精力来应对。双方当事人的关系一旦恶化，对正在进行的工程项目乃至今后的运营都会造成不好的影响。因此解决争端尽量不要演变成彻底对立。

(2) 开阔思路，多种手段方式解决。很多时候解决争端的程序为先谈判，在关键问题上双方寸土必争，互不相让，最后一方把另一方告上法庭。这样的解决方式非常费力，也不合理。在发生纠纷后，应该考虑多种解决问题的方法，例如让第三方参与谈判缓和矛盾。选择最合适的方法可以减少许多摩擦，更利于问题的解决。

《中华人民共和国合同法》第一百二十八条规定："当事人可以通过和解或者调解解决合同争议。当事人不愿和解、调解或者和解、调解不成的，可以根据仲裁协议向仲裁机构申请仲裁。涉外合同的当事人可以根据仲裁协议向中国仲裁机构或者其他仲裁机构申请仲裁。当事人没有订立仲裁协议或者仲裁协议无效的，可以向人民法院起诉。当事人应当履行发生法律效力的判决、仲裁裁决、调解书；拒不履行的，对方可以请求人民法院执行"。从上述规定可以看出，我国工程纠纷解决方式主要有协商、调解、仲裁、诉讼四种。这里的协商调解是狭义的，不包括仲裁庭和法院主持下的调节协商。

下面对竣工结算争端的常见解决方式进行一一介绍。

6.4.1 监理工程师的认同

监理工程师在工程建设中的地位非常特殊。当发包承包双方产生纠纷或者对监理工程师有意见时，任何一方都可以以书面方式递交监理工程师，并将一份副本递交另一方。

监理工程师虽然受雇于发包人，但是他的行为和决定并不一定依赖发包人的观点。监理工程师的行为和职业道德受到行业的规范和监督。因此，承包人不能片面地、错误地认为监理工程师一定听命于发包人，从而对他产生不信任，处处小心提防，或者敬而远之。与此相反，在项目实施的全过程中，承包人要时刻注意和监理工程师增进友谊，加深理解。尤其在对合同条款的规定有不同的解释或者分歧的意见时，要和监理工程师心平气和地讨论磋商，消除可能产生的偏见和人为障碍，促使监理工程师对争端作出公平合理的决定。

6.4.2 协商谈判解决

和平解决就是在竣工结算发生纠纷的时候，合同双方在自愿的情况下，在共同盈利、互相体谅、友好相处的基础上，依照法律法规与合同的约定，自行谈判、协商，最终达成一致。这种做法很常见，并且相比其他解决方式具有很大的优点：

(1) 谈判解决省时省力，不受法律法规的限制。首先仲裁与诉讼会付出很大代价，输官司的一方往往会不服判决，一再上诉，将官司打到底。出现争端后，双方若能通过谈判达成一致，那么会节省很多财力与精力，对双方都有好处。

(2) 维护双方的关系，营造良好氛围。工程项目进行到竣工结算阶段并不是彻底结束了。竣工结算之后还需要承发包双方继续履行合同剩余的部分，若双方关系破裂，吃亏的一方必然在之后的各种事务中消极对待，还可能造成更多纠纷。若双方能互相体谅，依据法律法规明确责任归属，和平解决，合作就可以顺利继续进行，也有可能在以后还会发生业务往来，搞好关系十分重要。

(3) 能够彻底解决纠纷，针对性强。通过自愿达成的协议落实起来比较容易和彻底，执行起来比较容易，双方能够很好的继续履行合同。强制解决并不能彻底解决矛盾。由于双方都非常清楚纠纷产生的过程与原因，这样能很容易抓住主要矛盾，不会在一些细枝末节上纠缠不休，使问题越来越复杂，越来越难以解决。

无论对于承包人还是发包人来说，友好解决竣工结算中的纠纷是双方的共同利益所在。谈判成为双方友好解决的途径。

竣工结算的谈判需要谈判者具有良好的专业素质，清楚纠纷产生的原因。在竣工结算中，对于产生纠纷的原因比如工程量协商不一致、计价方式差异等，国家制定的法律法规与双方当事人签订的合同都会有相关的规定。谈判者应当非常熟悉这些规定，了解对己方有利的内容，在谈判中加以阐述。谈判者还应当非常了解争端产生的起因和过程，陈述己方遇到的困难，这样有利于在谈判中取得对方的同情，争取对方让步。

谈判者必须有一定的谈判策略与谈判技巧。谈判的技巧策略非常多，比如：后发制人，等对方说出自己的观点之后，对重要的问题进行探讨和研究，争取对方的让步；依照凭据说话，比如对方要增加工程量，就要拿出该部分工程不算在工程量的依据；用自己熟悉的知识来打击对手的弱点；利用合同条款、中标文件来维护自己等。竣工结算谈判属于商务谈判的一种，因此工程商务谈判的谈判策略方法等都可以运用到竣工结算谈判上。后面章节会有谈判策略技巧的详细介绍。

由于竣工结算谈判的特殊性，每一项决定都直接关系到双方的经济利益，因此在关键问题上不能采取逃避的策略，各方都要明确立场，以便对方根据实际情况进行协商和调整。信息交换不畅通非常不利于谈判的进行，使谈判陷入僵局，久拖不下。

6.4.3 调解

调解是常见的解决工程项目争端的方式。通俗地说，调解就是在第三方的协助之下进行的谈判。当工程竣工结算中出现了纠纷，双方通过协商谈判难以达成一致意见时，由第三方出面斡旋与调解，弄清事实，与双方反复沟通，促使双方当事人作出适当的让步，平息争端。调解方的存在只是促使承发包双方尽可能作出让步达成一致，调解人没有权力强制双方当事人执行某项决定。调解与和解一样，都需要双方自愿参加。调解人应当作到公平公正，不能偏袒某一方。调解不同于和解的地方是有第三方的参与。

调解在解决工程纠纷中具有很大的优势。调解具有和解方式的优点，方便快捷，比较经济，比起仲裁和诉讼会节省很大的精力。进行调解有利于化解合同双方当事人的对立情绪，迅速解决合同纠纷。当合同出现纠纷时，合同双方当事人会采取自行协商的方式去解决，但当事人意见不一致时，如果不及时采取措施，就极有可能使矛盾激化。在双方矛盾深入的时候，如果有一名调解人来促使双方沟通，并且依据法律法规与合同约定，作出公平的判断，有利于双方逐步达成一致解决争端。

调解人在进行调解之前，一定要做好相关的准备。对调解双方的观点、法律法规、合同条款、双方的谈判过程都要十分了解。调解人需要具有多方面的条件和素质，比如具有声望和令人尊敬的地位、独立不受利益的干扰、在建筑工程纠纷领域拥有经验、具有分析复杂问题并快速抓住重点的能力、表达能力强、具有说服力等。在调解中，调解人需要使调解双方换位思考，并且调解当事人的情绪，促使当事人心平气和的讨论问题，最终达成一致意见。

下面是通常使用的调解方法：

当合同金额超过某一较大的数额时，可以组成一个争端评审委员会。委员会一般由3名成员组成，分别是由发包人推荐承包人同意的委员，由承包人推荐发包人同意的委员，还有由两位委员一致推选的第三名成员。经过承发包方两位委员一致推荐的第三名委员来担任评审委员会的主席。评审委员会也可以由更多委员组成，除了基础的3名委员，还可以有熟悉本项目工程业务和承包发包双方没有从属关系也没有经济来往的人加入到委员会中。争端评审委员会并不取代合同双方原有的争端解决方法。双方的争端提交到争端评审委员会后，争端评审委员会召开听证会听取双方的意见和对话，然后由争端评审委员会站在公正立场，不偏袒任何一方，给出调解建议。在调解建议递交争议双方的14天内，争端双方当事人给出书面答复，如果在14天内未作出任何答复，即认为已经接受了争端评审委员会的建议。一次调解不成，可以要求争端调解委员会重新评审，再次提出建议。

总之，和解与调解相比仲裁与诉讼会有更好的解决争端。但是当谈判、第三方调解都没有结果的时候，争端就会进入仲裁与诉讼的阶段。

6.4.4 仲裁

仲裁是合同当事人双方在纠纷发生前或纠纷发生后达成协议，自愿将纠纷交给第三者作出裁决，并负有自动履行义务的一种解决争议的方式。《中华人民共和国合同法》第一百二十八条规定："当事人可以通过和解或者调解解决合同争议。当事人不愿和解、调解或者和解、调解不成的，可以提供仲裁协议向仲裁机构申请仲裁。当事人没有订立仲裁协议或者仲裁协议无效的，可以向人民法院起诉。"这种争议解决方式必须是自愿的，因此必须有仲裁协议。

国家法律赋予了仲裁的法律地位，法律保证仲裁结果强制执行。

仲裁并不是一种理想的解决争端的方式。仲裁意味着双方矛盾已经很难调解。仲裁部门并没有专门解决工程项目纠纷的专业部门，仲裁人员并不一定懂得工程项目的相关知识。仲裁需要的时间比较长，效率比较低下，并且要付出巨额的仲裁费用。工程竣工结算阶段产生纠纷，应该高效解决，尽量不要到走到仲裁这一步。

6.4.5 起诉

合同发生纠纷后，当事人自行协商、调解不成的，合同中又没有仲裁条款，事后又没达成仲裁协议的，则可以向人民法院起诉。司法是公认的、解决纠纷的一种常规方式，是工程纠纷解决的主渠道。

与仲裁一样，诉讼并不是一种理想的解决工程争端的方式。诉讼不是万能的，不能也不适宜解决所有的工程纠纷。诉讼存在着繁琐的程序，诉讼时间长、成本高昂，由于建设工程的特殊性以及施工合同纠纷的复杂性，一些合同当事人因证据不足会导致合理主张得不到支持。

6.4.6 几种争端解决方式的对比（表6-2）

几种争端解决方式的对比　　表6-2

和解	调解	仲裁	诉讼
自愿	自愿	自愿	非自愿
如果达成协议就产生类似合同的强制力	如果达成协议就产生类似合同的强制力	有约束力。符合条件的话可以进行司法审查	有约束力，可以上诉
没有第三方担任调解人角色	由争议双方选出外部调解人	由争议双方选择某一第三方作出裁决	强制性的由中立第三方作出裁决，裁决者对专业内容通常不具备相应的知识
不公开	不公开	不公开	公开

在现代社会，人与人之间的联系越来越密切，没人能够脱离与别人的关系而存在。这意味着人与人之间不仅有合作，还有冲突。企业与企业之间更是如此，密切的商业联系也意味着利益上的矛盾和纠纷。如何解决利益上的纠纷呢？在现代社会，应当开阔视野，广泛寻找解决问题的途径，尝试用多种办法解决矛盾纠纷问题，建立多元化的纠纷解决

机制。

纠纷解决机制指一个社会为解决纠纷而建立的由规则、制度、程序和组织机构及活动构成的系统。多元化纠纷解决机制是指由各种性质、功能、程序和形式不同的纠纷解决机制共同构成的整体系统。在这种多元化的系统中，各种制度既独立运行，又能在功能上互补，以满足社会和当事人的多元化需求和选择自由。

完善多元化纠纷解决机制有着莫大的好处。多元化纠纷解决机制可以有效地解决纠纷、缓解矛盾，对构建和谐社会具有重要的意义。当前社会上的各种矛盾冲突频发，并且都非常复杂，仅仅依赖法院这一个机构来判决是不够的。有的时候判决并不能缓和矛盾，反而酝酿着更大的冲突。因此，利用多元化的纠纷解决机制来解决问题会更加合适，使社会和谐发展。多元化解决纠纷的机制不仅能够有效缓和矛盾调解纠纷，还能阻止矛盾的进一步激化，构建友善、诚信的人际关系。

在工程项目进行中，遇到认识上的区别与利益上的冲突，也要采取多样化的手段来解决争端。没有任何一种解决问题的模式方法能够运用到所有矛盾冲突中，因此要全面考虑事情的起因经过、自身的优势劣势等，选择一种最适合的、不局限于某一种模式的多元化的方法来解决纠纷。

6.5 竣工结算阶段的策略技巧

6.5.1 结算争端的预防策略

(1) 严格遵守工程招标投标法律法规。为了避免工程竣工结算纠纷的出现，要要求工作人员严格遵守工程承发包程序，将一些如分包和转包的不法行为扼杀在摇篮中，除此之外，对于施工队伍的选择也要谨慎，要在保证质量的基础上选择低价施工队伍，做到高效率，高收益。

(2) 加强合同管理，提高合同意识。在施工过程中，合同是指导施工的标准，管理人员必须增加对施工合同的重视，将合同的各项条款一一研究，并作出必要的修改，以便在向下传达合同内容时作到简洁完整有体系，在此基础上，将建设单位与承包商的责任、权力和利益明确分开，在遵守合同的基础上进行科学合理的施工。

(3) 规范和发挥监理的作用。所谓工程监理，就是指那些受到建设单位的委托，检查承包工程的质量是否符合有关法律、法规、文件合同以及必要的技术标准。此外，还会监控和管理对承包单位建设工期和建设资金使用情况，以此来保证工程项目的顺利进行。以此看来，监理在工程项目中是必不可少的一环，其专业作用和参谋作用会极大地促进工程施工的顺利进行。

(4) 做好工程竣工结算。产生工程结算纠纷的原因有很多，但工程项目本身的因素占了很大比重。项目周期长，涉面广，因而存在众多的不确定因素。除此之外，不同地位、立场和水平的结算人员，所作出的工程决算编制结果也不同，有时甚至相差甚远。为了尽可能地减少决算纠纷，相关人员要尽量把各个影响因素进行考虑，来确保工程的顺利竣工。

其他工程竣工结算中应注意的点如下：

1) 将结算会用到的竣工资料、合同文件、工程项目招标投标文件等一一准备完整；

工程竣工图、设计变更联系单、施工记录等都是非常主要的竣工资料。工作人员必须保证竣工图的真实性。有效的工程竣工图上面必须有建设单位现场管理负责人的签字和竣工图章。同样，有效的设计变更联系单必须是在严格遵循办理程序的基础上，加上相关人员的签字和印章，所有手续缺一不可。而施工记录是记载施工项目中的在竣工后工程量无法核对的隐蔽工程所用金额的资料，该资料是在施工过程中，与工程进行同时进行记载的，其必须有建设单位签证，这样不仅避免了不良施工单位的乱报价，还可以防止决算纠纷。

2）建设单位要深入到基层，了解实际市场价格变动：为了准确把握工程项目进行状况和市场上建筑材料的实际价格，相关工作人员必须到施工现场和建材市场进行实地考察。市场上相同规格和型号的材料其质量和价格有很大的不同，在按照设计图纸采购建筑材料时，必须与建设单位商议，在征得其同意后，根据建设单位的签证进行采购。此外，当建筑工程项目多而且工期很长时，在建筑工程施工过程中，建材的价格变动大，因此可以分批购买建材，进行分批签证。

3）针对需要甲方监理确认的相关资料，包括洽商、新增工程内容等资料，都应该及时签认，不能都拖到最后，工程结束了再确认，主要是出于以下方面的考虑，一是资料应该保证及时性，这样我们也才能及时调整项目的成本计划，并将相关信息及时反映给领导作决策；二是避免最后扯皮，尤其是比如针对一些隐蔽工程、拆除工程等，工程都结束了谁都没法证明到底做了没有；三是避免由于监理或甲方人员流动造成签认的困难，当时的现场监理都不在原单位工作了，总监要签字但没人确认活到底干了没有或者到底干了多少，给工作增加了很大困难。

4）提高预算人员的专业素养和技能是非常重要的。预算的准确无误，会极大地减少纠纷的出现。预算人员不仅要全面熟悉定额内容、计算规则、定额的换算，及时掌握政府管理部门的有关造价文件，还要掌握施工技术、建筑构造，熟悉施工工艺、施工组织及流程。当遇到竣工图无法完整标注的工程项目时，预算人员在计算工程量时，不能凭靠经验或者之前资料进行草草结算，一定要到施工现场亲自进行核对、丈量和记录。

5）完善工程全过程造价服务和计价活动监管机制必须设立健全的工程造价管理规定，这样才能使项目的投资预算、最高投标价格、合同价格与结算价格协调起来。还要将工程造价和投标、招标、合同管理工作统一起来，这样才可以高效地进行工程造价的管理及控制工作。应不断健全建筑工程的价款结算方式，将之前的竣工结算转变为过程结算。进行建筑工程的竣工验收工作时，一定要有健全的技术资料，并将竣工结算书作为备案的资料，要保证工程的竣工结算工作在规定时间内完成，避免出现拖欠的情况。要科学开展造价纠纷的调解工作，并由联合行业协会设立专业的机构开展调解工作。

6）推进造价咨询诚信体系建设要设立健全的职业道德标准和职业准则，并严格开展职业质量监督工作。要完善资质资格管理体系和信息系统，建立透明化的信息通道。并以该通道为依据，设置好信用档案，并第一时间公布各类信息，建立高效的社会监督体系。为了实现资源的高效利用，要和工商、税务和社保机构建立信息共享制。要对企业和工作人员的执业水平和质量进行客观地评估，还要和资质资格管理机构进行沟通，鼓励行业协会开展社会信用评价。

6.5.2 工程结算的谈判技巧

工程结算中，因维护的利益不同，目的不同，双方的专业水平、综合技能的差异，职业道德的影响，不管是有意还是无意，或多或少都存在一些争执问题，面对不合理的核减，作为施工方造价人员如何利用有力的证据、敏捷的思维、巧妙的技巧，驳倒对方，应是认真学习、总结的课题。下面是一些结算谈判过程中可以借鉴的经验和技巧。

（1）掌握谈判议程，合理分配各议题的时间。成功的谈判者善于掌握谈判的进程，在充满合作的气氛阶段，展开自己所关注议题的商讨，从而抓住时机，达成有利于己方的协议。而在气氛紧张时，则引导谈判进入双方具有共识的议题，一方面缓和气氛，另一方面缩小双方距离，推进谈判课程。同时，谈判者应懂得合理分配谈判时间。对于各议题的商讨时间应得当，不要过多拘泥于细节性问题，这样可以缩短谈判时间，降低交易成本。

（2）高起点战略。谈判的过程是各方妥协的过程，通过谈判，各方都或多或少会放弃部分利益以求得项目的进展。而有经验的谈判者在谈判之外会有意识向对方提出苛求的谈判条件，当然这种苛求的条件是对方能够接受的。这样对方会过高估计本方的谈判底线，从而在谈判中作出更多让步。

（3）注意谈判氛围。谈判各方既有利益一致的部分，又有利益冲突的部分。各方通过谈判主要是维护各方的利益，求同存异，达到谈判各方利益的一种相对平衡。谈判过程中难免出现各种不同程度的争执，使谈判气氛处于比较紧张的状态，这种情况下，一个有经验的谈判者会在各方分歧严重，谈判气氛激烈的时候采取润滑措施，舒缓压力。在我国最常见的方式是饭桌式谈判。通过餐宴，联络谈判各方的感情，进而在和谐氛围中重新回到议题，使得谈判议题得以继续进行。与对方的谈判代表处好关系非常重要。虽然是谈判桌上的对手，但是并不是敌人。谈判代表所作的决定除了维护企业利益之外有时是带着个人情感的因素的，如果变成了仇敌，谈判就很难取得任何进展。

（4）避实就虚。谈判各方都有自己的优势和劣势。谈判者应在充分分析形势的情况下，作出正确的判断，利用对方的弱点，猛烈攻击，迫其就范，作出妥协，而对于自己的弱点，则要尽量注意回避。当然，也要考虑到自身存在的弱点，在对方发现或者利用自己的弱势进行攻击时，自己要考虑到是否让步及让步的程度，还要考虑到这种让步能得到多大利益。

（5）分配谈判角色，注意发挥专家的作用。任何一方的谈判团都由众多人士组成，谈判中应利用个人不同的性格特征，各自扮演不同的角色，有积极进攻的角色，也有和颜悦色的角色，这样有软有硬，软硬兼施，就可以事半功倍；同时，注意谈判中要充分利用专家的作用，现代科技发展使个人不可能成为各方面的专家。而工程项目谈判又涉及广泛的学科领域。充分发挥各领域专家作用，既可以在专业问题上获得技术支持，又可以利用专家的权威性给对方以心理压力，从而取得谈判的成功。

（6）先成交后抬价。这是某些有经验的谈判者常采用的手法，即先作出某些许诺，或采取让对方能够接受的合作行动。一旦对方接受并作出相应的行动而无退路时，此时再以种种理由抬价，迫使对方接受自己更高的条件。因此，在谈判中，不要轻易接受对方的许诺，要看到其许诺背后的真实意图，以防被诱进其圈套而上当。

（7）让审计人员拿依据。在法律官司中，当判某人有罪时，法官总是说："依据某法第几条规定……"，在工程结算审计中，常遇到审计人员在核减工程造价时，面对认为不合理的价格，砍价只有结果，没有说服我们的依据，而作为施工方此时很容易走入误区："找依据来说服对方"。此时，将会使自己处于被动的地位。

处理的方法是：你核减我的价，你认为不合理的，你要拿出有效的依据来说服我，拿不出依据，光口说不对，我不认可。

(8) 用自己的依据驳倒对方。要对方拿依据，并不是说我方就不找依据，这样一旦对方拿出依据，很易被对手击败。我方要换位思考，预测到对手可能拿出的依据，而我方要找出什么样的依据来驳倒对方，这才是我们找依据的真正目的。

(9) 连续发问、出其不意。因为审计人员身经百战，积累了很多经验。因此，避开正面回答，抓住对方依据的错误，进行发问，用其矛戳其盾，颠倒审与被审的位置，由被动转为主动，达到我方想要的结果。

在这里强调的是：在发问中不得少于两个以上的问题。当对手不能回答，即可紧跟着抛出第二、第三个问题，让对手没有还击的余地。当对手能回答第一个问题，那就跟着抛出第二个问题。

视对手的强弱，判断抛出问题的时间紧迫性，目的就是不让对手有过多的时间考虑问题，迫使对方面对形势作出让步。

(10) 肯定对方，按其思路推出错误的结果。有时我们在找不到有力的依据时，只有先假设对方的结论正确，但以此，我们可以延伸、扩大，推断出错误的结果，从而来否定对方的结论，达到我们自己的目的。

(11) 用自己熟悉的知识，击打对手的软肋。作为施工方的造价人员，工程施工过程、施工工艺全部经历过，在这一点施工方造价人员的知识面肯定要比对手略胜一筹，面对新工艺、新材料、新结构完全可以掌控。

(12) 巧用合同、中标文件。审计时，审计人员都会打开合同、招标文件等相关资料，寻找可以审减的条款，而作为施工方造价人员也不能闲着，寻找其条款有利因素，及不同条款内容的解读，知己知彼，才能胜算。

(13) 利用法律、法规等资源保护自己。通常提到法律、法规，人们都知道，但是却没有人愿意去好好地阅读、应用，只有到了法律官司时，才会想到要打开这些内容，而平时在一审二审中，搁置一边。比如说：合同法、建筑法、招标投标法、建设工程质量管理条例、最高人民法院关于审理建设工程合同纠纷案件的暂行意见、司法解释、司法解释第二十条适用条件、司法解释疑难问题解析、审计结论适用条件、工程造价咨询企业管理办法、最高人民法院关于民事诉讼证据的若干规定、计价管理办法、价款结算暂行办法以及各省市的地方相关法规。

(14) 工程竣工结算谈判需要一个良好的谈判环境，包括舒适的谈判场所、合适的谈判时间、谨慎选择的谈判代表等。双方不能急于求成，给对方和自己留下一定的思考和调整的时间，不在某一个具体细节上争执不下，善于讨价还价，逐步达到双方都能接受的水平。

(15) 不能轻易让步。让步对于谈判来说有着非常积极的意义，但是轻易让步不利于最终实现共赢结果。在谈判中，进行必要的后退和调整需要一个双方协商的过程，轻易让步，一味后退并不会使争端解决，反而会使对方提出更多要求，助长对方更大的对利益的欲望，不断索取更多的利益。这样下去的结果要么是己方利润极大降低，要么是谈判发生激烈冲突无法继续。因此让步要有过程，有策略。

6.5.3 审查工程预结算的策略

编制工程预结算是一项资料多、分析计算量较繁重的工作，有许多政策性和技术性的问题，因此对造价咨询报告的复核审查也是一项技术性、政策性、经济性强的工作。审查的主要内容主要是工程量计算和预算单价套用是否正确、各项费用标准是否符合现行规定等。如果做好审查前的准备工作和采取合适的审查方法、技巧，那么审查工程预结算就可能取得事半功倍的效果。

1. 做好审查前的准备工作

（1）熟悉施工图纸。施工图是编审预结算分项数量的重要依据，必须全面熟悉了解，核对所有图纸，清点无误后依次识读。

（2）了解预结算包括的范围。根据预结算编制说明，了解预结算包括的工程内容。例如配套设施、室外管线、道路以及会审图纸后的设计变更等。

（3）弄清所采用的单位估价表。任何单位估价表或预算定额都有一定的适用范围，应根据工程性质，收集熟悉相应的单价、定额资料。

2. 审查工程预结算的技巧

为实现工程预结算的快速审查，就要按照从粗到细、对比分析、查找误差、简化审查的原则，对编制的预结算采用对比、逐项筛选和利用统筹法原理迅速匡算等技巧、方法，使审查工作达到事半功倍的实效。

（1）分组计算审查法。分组计算审查法是把预结算中的项目划分为若干组，并把相连且有一定内在联系的项目编为一组，审查或计算同一组中某个分项工程量，利用工程量间具有相同或相似计算基础的关系，判断同组中其他几个分项工程量计算的准确程度的方法。

（2）对比审查法。本方法是用已建成工程的预结算或虽未建成但已审查修正的工程预结算对比审查拟建的类似工程预算的一种方法，对比审查法一般有以下几种情况，应根据工程的不同条件区别对待。

两个工程采用同一施工图，但基础部分和现场条件不同，其新建工程基础以上部分可采用对比审查法；不同部分可分别采用相应的审查方法进行审查。

两个工程设计相同，但建筑面积不同。根据两个工程建筑面积之比与两个工程分项工程量之比基本一致的特点，可审查新建工程各分部分项工程的工程量。或者用两个工程每平方米建筑面积造价以及每平方米建筑面积的各分部分项工程预结算是正确的，反之，说明新建工程预结算有问题，找出差错原因，加以更正。

两个工程面积相同，但设计图纸不完全相同时，可把相同的部分，如厂房中的柱子、屋架、屋面、砖墙等，进行工程量的对比审查，不能对比的分部分项工程按图纸计算。

（3）分解对比审查法。是把一个单位工程，按直接费与间接费进行分解，然后再把直接费按工种和分部工程进行分解，分别与审定的标准预结算进行对比分析的方法。对比分析审查法一般有三个步骤：

第一步，全面审核某种建筑的定型标准施工图或复用施工图的工程预结算，经审定后作为审核其他类似工程预结算的对比基础。而且将审定预结算按直接费与应取费用分解成两部分，再把直接费分解为各工种工程和分部工程预结算，分别计算出他们的每平方米预结算价格。

第二步，把拟审的工程预结算与同类型预结算单方造价进行对比，若出入在1%～3%以内，根据本地区要求，再按分部分项工程进行分解，边分解边对比，对出入较大者，就进一步审核。

第三步，对比审核。其方法是：

经分析对比，如发现应取费用相差较大，应考虑建设项目的投资来源和工程类别及其取费项目和取费标准是否符合现行规定；材料调价相差较大，则应进一步审查材料调价统计表，将各种调价材料的用量、单位价差及其调增数量等进行对比。

经过分解对比，如发现土建工程预结算价格出入较大时，再进一步对比各分项工程或工程细目。在对比时，先检查所列工程细目是否正确，预结算价格是否一致。发现相差较大者，再进一步审查所套预算单价，最后审核该项工程细目的工程量。

(4) 其他审查方法

全面审查法。对于一些工程量比较小、工艺比较简单的工程，编制工程预结算的技术力量又比较薄弱，可采用全面审查法。此方法具体审查过程与编制预算基本相同，比较全面、细致，经审查的工程预算差错比较少，质量比较高，但工作量大。

重点抽查法。重点审查工程量大或造价较高、工程结构复杂的工程，补充单位估价表，计取的各项费用的计费基础、取费标准等。此方法审查时间短，重点突出，效果好。

利用手册审查法。把工程常用的预制构配件，如洗池、大便台、检查井、化粪池、碗柜等按标准图集计算出工程量，套上单价，编制成手册，利用手册进行审查，可大大简化预结算的编审工作。

筛选审查法。建筑工程虽然有建筑面积和高度的不同，但是他们的各个分部分项工程的工程量、造价、用工量在每个单位面积上的数值变化不大，把这些数据加以汇集、优选、归纳为工程量、造价、用工三个单方基本指标，并注明其适用的建筑标准。这些基本值犹如“筛子孔”用来筛选各分部分项工程，筛下去的就不审查了，没有筛下去的就意味着此分部分项的单位建筑面积数值不在基本值范围之内，应对该分部分项工程详细审查。此法适用于住宅工程或不具备全面审查条件的工程。

6.5.4 施工方的结算技巧

施工方大部分都是在最低让利后中标的，这就造成了施工方会在结算时想尽一切办法多要一点，以下是几条施工方常用的结算技巧：①虚报工作量。认真核对工作量可以避免。作为施工方结算时多报的情况是环境造成的，因为总要给审核方留有一定的审核余地，实事求是地报也会被审掉一部分的；②重复报量，重复报洽商。同一变更内容往往会有两份以上的洽商变更；③曲解合同条款；④含糊洽商部位；⑤涂改洽商内容；⑥变换定额编号；⑦对于人工费取费的工程，更改定额人工费含量达到工程造价的加大；⑧更改预算软件自动计算的工作量，如高层建筑超高费等；⑨虚增工作项目；⑩各种不光明的手段。

本 章 小 结

本章介绍了建设工程竣工结算过程，分析了建设工程竣工结算阶段的谈判方法与技巧。首先，对谈判人员来说，一定要了解建设工程竣工结算的定义、流程、方法等基础知识；其次，谈判人员要了解国内国外标准合同规范对于竣工结算的规定，这是谈判的依据；再次，本章总结了竣工结算容易产生的争端，并给出了解决的方式；最后，谈判人员应当了解竣工结算谈判的技巧，才能顺利完成工程竣工阶段的谈判工作。

思考题

一、请思考下列问题

1. 工程竣工结算谈判与其他工程项目进行中的谈判相比有什么特点？

2. 论述工程竣工结算阶段承包人与发包人各自需要履行的义务。

二、案例分析与计算

1. 某项工程建设单位与施工承包单位签订了施工合同，合同中含有两个子项工程，估算工程量A项2300m^3，B项为3200m^3。经协商，合同A项为180元/m^3，B项为160元/m^3。承包合同规定：

(1) 开工前建设单位向施工承包单位支付合同价的20%作为预付款。

(2) 建设单位自第一月起，从施工承包单位的工程款中，按5%的比例扣留保修金。

(3) 当子项工程实际工程量超过估算工程量10%时，可进行调价，调整系数0.9。

(4) 根据市场情况规定价格调整系数平均按1.2计算。

(5) 监理工程师签发月度付款最低金额为25万元人民币。

(6) 预付款在最后两个月扣除，每月扣50%。

施工承包单位每月实际完成并经监理工程师签证确认的工程量如下所示。

月份	1月	2月	3月	4月
A项	500	800	800	600
B项	700	900	800	600

问题：

(1) 预付款是多少？

(2) 每个月的工程量价款、监理工程师应签证的工程款、实际签发的付款凭证金额各是多少？

答案：

(1) 预付款金额为：

$$(2300\times180+3200\times160)\times20\%=18.52\text{（万元）}$$

(2) 第一个月，工程量价款为：500×180＋700×160＝20.2（万元）。应签证的工程款为：20.2×1.2×（1－5%）＝23.028（万元）。由于合同规定监理工程师签发的最低金额为25万元人民币，故本月监理工程师不予签发付款凭证。

第二个月，工程量价款为：800×180＋900×160＝28.8（万元）。应签证的工程为：28.8×1.2×0.95＝32.832（万元）。本月工程师实际签发的付款凭证金额为：23.028＋32.832＝55.86（万元）

第三个月，工程量价款为：800×180＋800×160＝27.2（万元）。应签证的工程为：27.2×1.2×0.95＝31.008（万元）。应扣预付款为：18.52×50%＝9.26（万元）。应付款为：31.008－9.26＝21.748（万元）。因本月应付款金额小于25万元，故监理工程师不予签发付款凭证。

第四个月，A项目工程累计完成工程量2700m^3，比原估算工程量2300m^{3}超出400m^3，已超过估算工程量10%，超出部分其单位应进行调整。

超过估算工程量10%的工程为：2700－2300×（1＋10%）＝170（m^3）。这部分工程量单价应调整为：180×0.9＝162（元/m^3）

A项工程工程量价款为：(600－170)×180＋170×162＝10.494（万元）

B项工程累计完成工程量为3000m^3，比原来估算工程量3200m^{3}减少200m^3，不超过估算工程量，其单价不予进行调整。

B项工程工程量价款为：600×160＝9.6（万元）

本月完成 A、B 两项工程量价款合计为：10.494＋9.6 ＝20.094（万元）。应签证的工程款为：20.094×1.2×0.95＝22.907（万元）。本月监理工程师实际签发的付款凭证金额为：21.748＋22.907－18.52×50％＝35.395（万元）

2. 某房地产开发公司与某施工单位签订了一份价款为 1000 万元的建筑工程施工合同，合同工期为 7 个月。工程价款约定如下：

（1）工程预付款为合同价的 10％；

（2）工程预付款扣回的时间及比例：自工程款（含工程预付款）支付至合同价款的 60％后，开始从当月的工程款中扣回工程预付款，分两个月扣回；

（3）工程质量保修金为工程结算总价的 5％，竣工结算时一次性扣留；

（4）工程款按月支付，工程款达到合同总造价的 90％停止支付，余款待工程结算完成后并扣除保修金后一次性支付。

月份	3	4	5	6	7	8	9
工作量	80	160	170	180	160	130	120

工程施工过程中，双方签字认可因钢材涨价增补价差 5 万元，因施工单位保管不力罚款 1 万元。

问题：

（1）列式计算本工程预付款及其起扣点分别是多少万元？工程预付款从几月份开始起扣？

（2）7、8 月份开发公司应支付工程款多少万元？截至 8 月末累计支付工程款多少万元？

（3）工程竣工验收合格后双方办理了工程结算。工程竣工结算之前累计支付工程款是多少万元？本工程竣工结算是多少万元？本工程保修金是多少万元？（保留小数点后两位）

答案：

（1）工程预付款：1000×10％＝100（万元）。工程预付款起扣点：1000×60％＝600（万元）。从 6 月开始扣工程预付款。

（2）7 月支付工程款：160－50＝110（万元）。8 月应支付工程款：130 万元。截至 8 月末累计应支付工程款：880 万元。

（3）工程竣工结算之前累计应支付工程款：1000×90％＝900.00（万元）。竣工结算：1000＋5－1＝1004.00 万元。工程保修金：1004×5％＝50.20 万元。

3. 2002 年 6 月，某施工单位（下称承包人）承建某建设单位（下称发包人）酒店装修工程，2002 年 9 月工程竣工。但未经竣工验收，发包人的酒店即于 2002 年 10 月中旬开张。2002 年 11 月，双方签订补充协议，约定发包人提前使用工程，承包人不再承担任何责任，发包人应于 12 月支付 50 万元工程款并对总造价委托审价。2003 年 4 月，承包人起诉发包人，要求其按约支付工程欠款和结算款。但发包人（被告）在法庭上辩称并反诉称：承包人（原告）施工工程存在质量问题，并要求被告支付工程质量维修费及维修期间营业损失。

诉讼过程中，酒店的平顶突然下塌，发包人自行委托修复，导致原告施工工程量无法计算。

问题：

未经签证的增加工作量如何审价鉴定？工程质量问题是施工原因还是使用不当造成的？未经竣工验收工程的质量责任应由谁承担？

答案：

擅自使用后不影响原工程实际工程量的结算，未经验收使用的工程质量问题主要由发包人自行承担。

7　涉外建设工程商务谈判

【本章学习重点】

讲解涉外建设工程商务谈判的过程，对各个阶段可能存在的风险进行系统全面地梳理，并对涉外建设工程商务谈判应注意的礼仪问题进行重点阐述，对不同国家的不同礼仪与禁忌进行详细地讲解。通过本章的学习，了解涉外建设工程商务谈判的基本概念，掌握涉外建设工程商务谈判的管理特点及过程；能够识别涉外建设工程商务谈判存在的风险，并选择合理的规避措施；熟悉涉外商务谈判合同的基本内容及相关要求；了解在涉外建设工程商务谈判中应注意的礼仪问题，并能根据不同国家谈判人员的礼仪与禁忌特点选择合适的谈判技巧。

7.1　涉外建设工程商务谈判概述

7.1.1　涉外建设工程商务谈判的含义

涉外建设工程商务谈判是指涉及海外建设项目（通常是大型项目）的谈判。例如，利用外国政府或国际金融组织的贷款，对一些大型市政建设和环保项目以及重要的技术改造项目进行的跨国商务活动而产生的谈判。建设项目谈判通常分为两阶段进行：

(1) 由双方政府主管该项目的部门及相关部门就双方合作的总体设想和商务关系进行原则性谈判，谈判内容涉及面较广，包括：建设项目的性质和作用，建设项目的投资、贷款总额及支付方式，建设项目建设过程中双方的责、权、利等。

(2) 具体的技术和商务部分的谈判，由双方的具体实施建设工程的企业进行直接谈判，谈判内容及技术细节和工程所用的材料、设备、技术标准、验收方式等。

7.1.2　涉外建设工程商务谈判的特征

1. 涉外建设工程商务谈判的特征

(1) 涉外建设工程商务谈判具有跨国性

跨国性是涉外建设工程商务谈判最大的特点。涉外建设工程商务谈判的主体是两个或两个以上的国家，谈判者代表了不同国家或地区的利益。由于涉外建设工程商务谈判的结果会导致资产的跨国流动，必然在贸易、金融、保险、运输、支付、法律等领域具有国际性，因此在国际商务谈判中必须按国际惯例或通行做法来操作。

谈判人员要熟悉国际惯例，熟悉对方所在国的法律条款，熟悉国际经济组织的各种规定和国际法，以国际商法为准则，以国际惯例为准绳。必须指出的是，各项国际贸易的规定、法规、国际惯例并不具备普遍的约束力，只有当双方当事人在他们订立的合同中采用了某种国际法规、惯例来确定他们之间的权利、义务时，该法规、惯例才适用于该合同并对当事人产生约束力。

(2) 涉外建设工程商务谈判具有较强的政策性

涉外建设工程商务谈判的跨国性决定了它是政策性较强的谈判。涉外建设工程商务谈判双方之间的商务关系是一国同别国或地区之间的经济关系的一部分，并且常常涉及一国同该国或地区之间的政治关系和外交关系。涉外建设工程商务谈判参与方处于不同政治、经济环境中，谈判常常会牵涉到国与国之间的政治、外交关系。在谈判中，双方国家或地区政府常常会干预和影响商务谈判的进程。因此，涉外建设工程商务谈判必须贯彻执行国家有关的方针政策和外交政策，还应注意别国政策，执行对外经济贸易的一系列法律和规章制度。这就要求涉外建设工程商务谈判人员必须熟知本国和对方国家的方针政策和对外经济贸易的法律和规章制度。

（3）涉外建设工程商务谈判具有内容的广泛性

涉外建设工程商务谈判由于谈判结果会导致有形或无形资产的跨国转移，因而涉外建设工程商务谈判要涉及国际贸易、国际金融、会计、保险、运输等一系列复杂问题。这就对从事涉外建设工程商务谈判的人员在专业知识方面提出了更高的要求。

（4）涉外建设工程商务谈判的影响因素复杂多样

涉外建设工程商务谈判由于谈判者来自不同的国家和地区，有着不同的社会文化背景，人们的价值观念、思维方式、行为方式、语言及风俗习惯各不相同，从而使影响谈判的因素大大增加导致谈判更为复杂。

（5）涉外建设工程商务谈判具有较大的困难性

涉外建设工程商务谈判涉及不同国家、不同国家企业之间的关系，如果出现问题，需要协商的环节很多，解决起来比较困难。因此，要求谈判人员事先预估可能出现的问题和事件，并加以防范。

（6）涉外建设工程商务谈判人员应具备更高的素质

涉外建设工程商务谈判的特殊性和复杂性，要求涉外建设工程商务谈判人员在知识结构、语言能力、谈判策略和技巧的实际运用能力、防范风险的能力等方面具备更高的水准。谈判人员必须具备广博的知识和高超的谈判技巧，不仅能在谈判桌上运用自如，而且要在谈判前注意资料的准备、信息的收集，使谈判按预定的方案顺利进行。

2. 涉外建设工程商务谈判与国内建设工程商务谈判的不同之处

（1）在适用法律和管辖法律方面的不同

适用法律是指签约双方对合同适用的法律的选择权，涉外建设工程商务适用的法律的选择权可自主选择，国内建设工程商务不能自主选择。

管辖法律是指交易履行过程中所受管辖的法律。涉外建设工程商务交易履行过程中所受管辖的法律可以是多个司法体系，国内建设工程商务是单一司法体系。

（2）在引用惯例方面的不同

引用惯例是指在合同建立中可以借鉴的行业或者商业的习惯做法。涉外建设工程商务可以借鉴国际和国内行业或商业的习惯做法，国内建设工程商务只能借鉴国内行业或商业的习惯做法。

（3）在合同支付和合同交易对象方面的不同

在合同支付方面，涉外建设工程商务合同一般用外汇，但当本国货币为流通货币时，可用本国货币。例如，中国与东南亚一些国家的建设工程项目，即可用人民币结算。在合同交易对象方面，涉外建设工程商务交易对象一般为不同国籍的人。

(4) 在争议处理方面的不同

在争议处理方面，涉外建设工程商务谈判由国际仲裁，而国内建设工程商务谈判由国内仲裁或诉讼。

7.2 涉外建设工程商务谈判过程

我们这里所讲的谈判过程是指从谈判双方见面交谈开始，一直到最后签约成交的全过程。

谈判的过程随着时间的推移与所要讨论和解决的问题的不同而呈现出一定的阶段性，即可以将谈判过程划分为几个阶段。具体来说，可将一场涉外建设工程商务谈判的过程划分为三个阶段：谈判前的准备工作、非实质性谈判阶段（也称开局阶段）和实质性谈判阶段。在实质性谈判阶段中，又可以细分为三个阶段：报价，磋商，成交。

7.2.1 谈判前的准备工作

涉外建设工程商务谈判前的准备工作主要包括三个方面：一是谈判人员的选择；二是信息资料的搜集；三是制定谈判方案。

1. 谈判人员的选择

涉外建设工程商务谈判是一种特定的活动，具有智慧、能力等方面的明显特征，决定因素是人，谈判人员的知识、技能、素质、能力、品德、修养等，直接影响谈判活动的质量。涉外建设工程商务谈判常常是一场群体活动，必须根据谈判的问题与性质，合理地配备与要谈判的问题相适应的专业人员组成谈判小组，使其发挥群体优势，产生整体化效应。因此，选择优秀的谈判人员，组成强有力的谈判小组，是取得谈判成功的基本条件。

涉外建设工程商务谈判小组人员总数一般控制在3～5人为佳，通常谈判小组由谈判小组成员、谈判小组负责人和翻译人员组成。

(1) 谈判小组成员的素质要求

通常情况下，谈判小组成员应具备以下素质：

1) 具有良好的思想品德素质；

2) 具有广博的知识和必备的专业素质；

3) 具有优秀的意志品质和心理素质；

4) 具有快速思维能力和应变能力；

5) 具备良好的口语表达和文字表达能力。

(2) 谈判小组负责人的素质

谈判小组负责人也称谈判小组的组长或谈判首席代表，是涉外建设工程商务谈判活动举足轻重的人物，其素质要求除了应具有谈判小组成员的素质要求外，还要具备：

1) 阅历资深，成熟老练；

2) 政策性强；

3) 具有控制和协调能力；

4) 善于激励下属，调动每个成员的积极性；

5) 勇于负责，敢于承担责任；

6) 善于审时度势，运筹帷幄；

7）严格遵守保密纪律。

（3）翻译人员的素质要求

翻译人员是涉外建设工程商务谈判小组中不可或缺的人员。即使谈判人员能够运用外语进行交流和谈判，也需要安排翻译人员，以便利用翻译的过程在谈判桌上获得更多的思考时间。同时，大量的资料和文件也需要翻译人员进行翻译和整理。涉外建设工程商务谈判的翻译工作难度大，要求高，既要精通语言，能够生动地沟通思想、感情和观点，又要掌握有关的技术和业务词汇，准确地表述技术和业务，还要熟悉谈判技巧用语，使谈判语言富有感染力。因此要求涉外建设工程商务谈判的翻译工作真正做到“信、达、雅”的标准，就必须对翻译人员提出一些较高的素质要求。

1）知识面广；

2）语言、文字能力强；

3）仪表与礼仪要适度；

4）作风稳健、恪守本职。

2. 信息资料的搜集

在涉外建设工程商务谈判中，应对谈判对方的基本资料有所了解，其目的就是对谈判对手有一个很好的把握。在涉外建设工程商务谈判前的准备工作中，信息资料搜集整理的要素主要有以下几点：

（1）知己

知己即首先了解自己，全面地认识和把握自己。代表出席谈判的谈判人员作为直接参与谈判交锋的当事人，其谈判技巧、个人素质、情绪及对事物的谈判分析应变能力直接影响谈判结果，因此，谈判者需要对自己进行了解，如“遇到何事易生气”等影响谈判的个人情绪因素，使自己在谈判中避免因此而影响谈判效果。同时，谈判者也可以事先对谈判场景进行演练，针对可能发生的冲突作好准备，锻炼应变能力，以免措手不及，难以控制局面。

（2）知彼

知彼即对谈判对手通过信息资料的搜集、调查、整理分析，尽可能地了解谈判对手的政治经济状况，谈判者的特长、爱好、兴趣、学识水平、资信状况等。越了解对方，就越能掌握谈判的主动权。如果说搜集信息资料是“扫描”，而整理信息资料就是去伪存真。在谈判前，应对对方企业的类型、结构、投资规格等进行一系列基础性调查、研究，分析对方市场地位，明确其谈判目标，即了解对方为什么谈判、是否存在经营困难等会对谈判主权产生影响的因素，将其优势、劣势进行分析，使自己能够避实就虚，在谈判中占主导地位。与此同时，也不能忽视对该企业的资信调查，确定其是否具有经营资格与能力，从而降低信用风险。

（3）知同行

知同行，顾名思义，就是关注行业内其他企业的产品及经营状况。随着经济的发展，企业面临着国内外同行业的激烈竞争。必须以主动的姿态对整个市场行业的经营状况及形势展开调查，了解主要竞争对手的商品类型、性能、质量等信息，包括同行资信、市场情况及决策方式等，对比优势及差距，便于在谈判时，以己之长较他人之短。

（4）知环境

众所周知，谈判不是一项孤立的经济活动，总是在一定环境下进行，政治法律、经济建设、社会环境、资源、基础设施以及地理、气候等都对谈判是否成功有影响，所以应在谈判之前对环境尽量了解。

(5) 防止信息失真

信息资料搜集后的整理，是为了防止信息与资料的虚假或不真实。任何信息资料的虚假，都会把谈判引入歧途，导致谈判的失利。为了保证搜集的信息资料的真实性、可靠性，必须对信息资料进行整理。特别是对间接渠道获得的信息资料要认真进行鉴别，去伪存真，去粗取精，由表及里，剔除不真实、不可靠的成分。

总之，谈判前信息资料的搜集是一项十分重要的工作，只有拥有齐全、可靠的信息和谈判资料，才能制定出切实可行的谈判方案，使谈判活动有章可循，取得既定的成果与目标。

3. 制定谈判方案

谈判方案是建立在信息资料搜集整理的基础上的。在进行涉外建设项目商务谈判时，通常比较容易解决的事件或问题的谈判，也可以用谈判提纲代替谈判方案。

(1) 谈判提纲

谈判提纲通常是在涉外建设工程企业法律顾问的参与下，在谈判负责人的主持下编制的用于指导谈判工作所拟定的有关谈判内容的书面文件，是企业派出参与谈判人员所应当遵守的基本规则。谈判提纲要经过充分的讨论，在取得一致的基础上作为谈判的准则。

1) 谈判提纲的内容

谈判提纲的内容根据涉外建设工程项目所处于的不同阶段及项目类型的不同，有不同的要求。原则上应当包括以下三个方面：

① 项目的基本情况或问题的成因，主要技术与经济的可行性，包括该项目的名称、涉及的基本技术特征、工期、质量标准等。

② 相关的问题内容或技术、经济、财务内容，即项目的经济与技术的可行性。

③ 以法律文件为依据，说明项目的合法性讨论，提出依据相关的法律、法规的规定进行谈判的思路。

2) 编写谈判提纲的要求

① 要求尽可能详细地列明需要谈判解决的问题。

② 明确谈判的分工及职责。

③ 谈判小组负责人对项目谈判活动进程进行把握。

(2) 谈判方案

在涉外建设工程项目的谈判过程中，对于影响合同履行、影响工程项目成本、进度、质量等重大问题的谈判，则必须制定谈判方案。

按照涉外建设工程谈判的要求，谈判方案的内容应包括：

1) 谈判的目标；

2) 谈判的计划；

3) 谈判的范围；

4) 谈判的策略与技巧；

5) 谈判的时间与地点；

6）谈判的工作组织；

7）其他。

7.2.2 非实质性谈判阶段

非实质性谈判阶段主要是指谈判双方进入具体交易内容讨论之前，见面、介绍、寒暄以及就谈判内容以外的话题进行交谈的时间和过程。非实质性谈判阶段从时间上来看，它只占整个谈判过程的一个很小的部分；从内容上看，似乎与整个谈判的主体无关或关系不大，但它却非常重要，因为它为整个谈判定下了基调。

在非实质性的谈判阶段，谈判人员的目的和任务是要为谈判创造一个合适的气氛。经验证明，在谈判之处所创造树立的气氛，会对谈判的全过程产生作用和影响。

每一场涉外建设工程商务谈判都有其独特的气氛。有的谈判气氛是十分热烈、积极、友好的，双方互谅互让，通过共同努力而签订一个皆大欢喜的协议，使双方的需要都能得到满足，使谈判变成一件轻松愉快的事；有的谈判气氛是冷淡的、对立的、紧张的，双方寸土不让、寸利必争，尽可能签订一份使自己的利益最大化的协议，使谈判变成没有枪炮的战斗；有的谈判气氛是平静、严肃、严谨的；也有的谈判气氛是松松垮垮、慢慢腾腾、旷日持久的；更多的谈判气氛是介于上述谈判气氛之间，热烈当中包含着紧张，对立当中存在着友好，严肃当中有着积极。透过谈判之初所形成的气氛，我们可以初步感受到对方谈判人员谈判的气质、个性、对本次谈判的态度以及准备的谈判方针等。

谈判之初的气氛是通过双方见面、互相介绍、寒暄、交谈一些题外话来创造形成的。在这当中，除了双方交谈的内容以外，双方接触时的姿态、动作和表情，对谈判气氛的建立，以及形成什么样的谈判气氛有着很大的影响。

在非实质性谈判阶段，建立一种什么样的谈判气氛，要根据准备采取的谈判方针和策略来进行。换言之，谈判的气氛应该服务于谈判的方针和策略，服务于谈判的目标。

7.2.3 实质性谈判阶段

实质性谈判阶段是在非实质性谈判阶段结束之后，一直到最终签订协议（或终止谈判）为止，双方就交易的内容和交易的条件所进行谈判的时间和过程。这个阶段是整个谈判的主体。在这个阶段，双方要明确各自的立场和利益，就彼此之间的分歧进行磋商，经过相互交换和调整各自的利益，最终达成双方意见一致的协议。

从谈判进展的顺序或其本身的逻辑关系来看，实质性谈判阶段又可细分为以下三个阶段：

（1）报价。即谈判双方各自提出自己的交易条件。谈判双方在经过摸底、明确交易的具体内容和范围以及讨论磋商的基本议题之后，提出各自的交易条件，表明自己的立场和利益。

（2）磋商。在谈判双方各自提出的交易条件之间，必然会存在某些分歧和矛盾。谈判双方就此进行磋商，讨价还价，或者自己放弃某些利益，或者要求对方放弃某些利益，或者彼此进行利益交换。经过一系列的磋商而使彼此的立场接近趋于一致。

（3）成交。在谈判双方立场趋近，并最终达成一致的情况下，双方即可击掌成交，并用文字以合同的形式，将全部的交易内容和交易条件按照双方确认的结果规定记录下来。

将谈判过程分为上述三个阶段，并不意味着在实际谈判中也要把每个阶段划分得如此清楚。事实上，一个阶段可能与另一个阶段重叠在一起，或相互交叉。至关重要的是谈判人员必须清楚目前自己的工作正处于哪个阶段，以便能把自己的精力用于解决本阶段的重要问题上。既不要过早地期望下一个阶段的到来，也不要在本阶段的问题解决之前就转入下一个阶段。

7.3 涉外建设工程商务谈判的管理

7.3.1 对谈判人员行为的管理

谈判是通过谈判小组这个集体来进行的，为了保证谈判人员的行为相互协调一致，就必须对涉外建设工程谈判人员的行为进行管理。对涉外建设工程谈判人员的管理主要是制订严格的组织纪律，并认真地予以执行。一个涉外建设工程谈判小组的组织纪律包括以下几个方面：

(1) 坚持民主集中制的原则。一方面，在制订任何谈判的方针方案时，必须充分地征求每一个谈判人员的意见，任何人都可以畅所欲言，不受约束，与谈判有关的信息应及时传达给每一个谈判人员，使他们都能对谈判的全局与细节有比较清楚地了解；另一方面，应由谈判小组的负责人集中大家的意见，作出最后的决策。一旦决策作出，任何人都必须坚决地、不折不扣地服从，绝对不允许任何人把个人的意见和看法带到谈判桌上去。

(2) 不得越权。企业对谈判小组的授权是有限的，同样，在谈判中，每个谈判人员的权利也是有限的。任何人不能超越权限承诺或要求某些事情。原则上，在谈判中，对让步或承诺某项义务，应由谈判小组负责人作出。

(3) 分工负责，统一行动。在谈判中，谈判人员之间要进行职责分工，每一个人要承担某一个方面的工作。但是，要强调的是，不能将这种分工变成“各路诸侯，各行其是”，每一个人都必须从谈判的全局出发来考虑自己的工作，必须听从统一的调遣。除非特许，否则任何人都不得单独地与谈判对方接触、商谈某些内容，以免在不了解全局、考虑不周全的情况下作出错误的举动。

(4) 当谈判小组需要与企业主管部门联系时，特别是在客场谈判的情况下，必须实行单线联系的原则，即必须遵循只能由谈判小组的负责人与国内直接负责该谈判的上级领导进行联系的原则。谈判小组内其他成员就有关问题与国内企业相应的职能部门领导进行联系是不允许的。某个谈判成员如果在某一问题上需要请示国内，他必须通过谈判小组负责人与国内企业的领导取得联系，并由领导直接与有关人员协商，作出决策。

7.3.2 对谈判信息的管理

信息在谈判中的作用是不言而喻的。谁掌握的信息越多，谁就能在谈判中占得主动和优势。对谈判信息的管理包括两个方面的内容，一是信息的收集与整理，二是信息的保密。这里主要介绍有关涉外建设工程谈判信息的保密问题。

涉外建设工程谈判信息的保密主要需要特别注意以下两种情况：

(1) 在客场谈判的情况下，在国外的建设工程谈判小组必须与国内的管理机构进行联系时，应该采取必要的保密措施。

保密措施之一，凡发往国内的电报、电传一律自己亲手去发，不要轻信旅馆的服务员、电话总机员，让他们帮助发电报和电传，往往会给他们出卖商业情报的机会，在某些国家，出卖商业情报是一种职业。

保密措施之二，运用暗语与国内进行通信联络。电话、电报、电传有时会被对方或其他竞争对手所窃获而失密。因此，对那些在政治上敏感的问题，或是商业上的机密内容，应该运用暗语来传递，这样安全性较高。需要特别强调的是，不管使用何种密码语言，都应该使联络人员容易翻译，不要弄巧成拙、造成误解。因此，联络双方应事先就密码暗语的代号及翻译方法交代清楚。

(2) 涉外建设工程谈判小组内部信息传递要保密。

在谈判桌上，为了协调谈判小组各成员的意见和行动，或为了对对方的某一提议作出反应而需要商量对策时，谈判小组内部就需要传递信息。由于是面对谈判对方传递信息，保密就显得尤为重要。有些人习惯遇到问题时就在谈判桌上或谈判室内把本方人员凑在一起进行商量，自以为声音很低，又是用本国语言进行交谈，对方听不见、听不清或是听不懂，其实这样做是有风险的。因为对方谈判人员中可能有精通本方语言却深藏不露的，而本方人员在商量某一问题时，往往会不知不觉地提高声音。事实上，即使对方听不懂本方的语言，但从眼神、面部表情中就能判断出本方所传递信息的内容。因此，在谈判桌上如确有必要进行内部信息传递和交流，应尽可能采用暗语的形式，或者通过事先约定的某些动作或姿态来进行，或到谈判现场以外的地方进行商量，以求保密。

除了上述两个方面以外，对于涉外建设工程谈判人员，还应注意养成下列习惯：

(1) 不要在公共场所，如车厢里、出租汽车内及旅馆过道等处谈论业务问题。这种地方谈话容易被人偷听。

(2) 在谈判休息时，不要将谈判文件资料留在洽谈室内，要养成资料随身携带的习惯。如果实在无法带走的话，就要保证自己第一个再度进入洽谈室。

(3) 如果自己能解决的话，尽量不要让对方复印文件、打字等。如果迫不得已，要在本方人员的监督下完成，而不要让对方单独去做。

(4) 不要将自己的谈判方案敞露于谈判桌上，特别是印有数字的文件，因为对方可能是一个训练过的倒读能手。

(5) 在谈判中用过但废弃的文件、资料、纸片不要随便乱丢，对方一旦得到，即可以获悉我方的谈判思想。

7.3.3 对谈判时间的管理

时间的运用是谈判中一个非常有效的策略。忽视谈判时间的管理，不仅会影响到谈判工作的效率、费时长久但收获甚微，更重要的是，可能导致我方在时间的压力下作出错误的决策。因此，从某种意义上来说，掌握了时间，也就是掌握了主动权。

1. 谈判日程的安排

在客场谈判的情况下，做客谈判的一方总是有一定的时间限制，不可能无限期地在国外停留。特别是我国的企业，出国谈判的费用预算比较紧张，因而，在国外停留的时间几乎没有弹性。因此，在安排谈判日程时，尽可能在前期将活动安排较满，尽快地进入实质性谈判，为双方讨价还价留下足够的时间。有些经验丰富的谈判者在做东谈判时，常常在整个谈判的前半段时间里，尽可能安排一些非谈判的内容，如游览、酒宴等，从而尽可能地推迟进入实质性谈判。其用意就是要缩短双方讨价还价的时间。由于做客谈判的一方与做东谈判的一方相比，在时间限制方面的力量要弱得多，常常不得不因回国时间所限制而匆忙作出不合理的决策。因此，在客场谈判时，一定要有强烈的时间意识和观念，不能为对方的盛情招待所迷惑而落入圈套。

2. 对本方行程的保密

客方决定何时回国，这是做东谈判的一方最想知道的信息。因为一旦掌握了这个信息，就可以针对性地调整和安排谈判的日程与谈判的策略战术。因此，客场谈判时绝对不要向对方泄露本方的回国时间，预订机票等工作应回避对方。

7.3.4 谈判后续的管理

谈判后的管理主要是指对签约以后的有关工作进行管理。

1. 谈判总结

本方谈判小组在完成了与对方的直接谈判，签订合同之后，应该很好地对本次谈判进行总结。总结的内容包括以下两个方面：

（1）从总体上对本方谈判的组织准备工作、谈判的方针、策略和战术进行再评价，即事后检验，总结哪些地方是成功的，哪些是失败的，哪些地方有待改进。同时，每个谈判人员还应从个人的角度，对自己在谈判中的工作进行反思，总结经验和教训。通过上述总结，可以有效地培养和提高本方谈判人员的谈判能力。

（2）对签订的合同进行再审查。虽然合同已经签字生效，在一般情况下没有更改的可能，但是，如果能尽早地发现其中的不足，就可以主动地设想对策，采取弥补措施，早作防范。这样可以避免事件突然发生时不知所措。

2. 保持与对方的关系

合同的签字并不意味着双方关系地了结，相反，它表明双方的关系进入了一个新的阶段。一方面，合同把双方的关系紧紧地联系在一起，另一方面，本次交易又是为以后的交易奠定基础。因此，为了确保合同得到认真彻底的履行，以及考虑到今后双方的业务关系，应该安排专人负责与对方进行经常性地联系，谈判人员个人也应与对方谈判人员保持经常的私人交往，以使双方的关系保持在良好的状态。

3. 资料的保存与保密

对本次谈判的资料，包括总结材料，应制作成客户档案，妥善保存。这样，今后再与对方进行交易时，上述材料即可成为非常有用的参考资料。如果能将这项工作长期坚持下去，必定会受益无穷。

在妥善保存的同时，还应注意给予一定程度的保密。如果有关本次谈判的资料，特别是关于本方的谈判方针、策略和技巧方面的资料为对方所了解，那么，不仅使对方在今后的交易中更了解我方，更容易把握我方的行动，而且，有可能直接损害目前合同的履行与双方的关系。对于客户的档案，非有关人员，未经许可不得调阅，这应成为企业的一项制度。

4. 对谈判人员的奖励

必须根据谈判小组总体任务的完成情况，以及每个谈判成员的表现，给予相应地奖励。需要注意的是，应以集体奖励为主，个人奖励为辅。这样有助于加强谈判人员的集体观念和谈判小组的凝聚力，而同时又鼓励了谈判人员积极地发挥自己的才能，为以后的谈判树立一个榜样。

7.4 涉外建设工程商务合同

7.4.1 涉外建设工程商务合同的订立与履行

1. 涉外建设工程商务合同订立的基本原则

所谓的基本原则是指在订立涉外建设工程商务合同中起决定性作用的指导原则，是订立涉外建设工程商务合同的依据和基础。

我国的企业在从事任何涉外商务活动、订立任何涉外商务合同中，都必须遵守以下三个原则，即：主权原则、平等互利协商一致原则、遵守国际惯例原则。

(1) 主权原则

主权是指一个国家独立自主地处理国内事务而不受外来因素干涉或限制的最高权力。主权原则在涉外商务活动中体现为：

1) 国土权。在签订涉外合同时，任何企业或经济组织都无权允诺向外方出售、出租、开发国土。

2) 司法管辖权。即涉外商务合同必须严格遵守我国的有关法律、法令和政策，不得违反。

3) 涉外税收权。即我国政府有权根据我国税法的规定，对涉外商务活动中双方当事人的有关收入征税，任何企业或个人无权对外减免税收。

4) 外汇管理权。

5) 签订的涉外商务合同不得违反我国的公共道德和侵害公众利益。

(2) 平等互利协商一致原则

所谓平等互利协商一致原则，就是签约双方在法律地位上相互平等和经济上彼此有利，在平等、自愿、合意的基础上，通过协商达成双方当事人意见一致的协议。

只有平等，才能互利，也就是说互惠互利是以平等为前提的。平等互利协商一致原则是主权原则的具体表现。但是，平等互利并不意味着双方在利益上的收获是均等的，而是承认其在合理基础上的均等。

(3) 遵守国际惯例的原则

国际惯例是指在长期的国际商务活动中，人们对某些事物的一致看法和认识。它常常表现为一些约定俗成的成文或不成文的规则。

一方面，国际惯例不是各国的共同立法，也不是一国的法律，因而不具有法律的约束力；另一方面，如果在涉外建设工程商务合同中双方当事人确认了以某个国际惯例为原则，那么它就具有了法律效力。此外，当双方在某个问题上发生争执时，如果法律没有明确的规定，可以以国际惯例为准来解决纠纷或争端。

我国在涉外经济合同法中明确表示："中华人民共和国法律未作规定的，可以适用国际惯例。"

2. 涉外建设工程商务合同的订立

一项涉外建设工程商务合同能够订立，从而具备法律效力，必须具备以下几个条件：

(1) 订立合同的当事人必须具有完全的缔约能力和合法的资格

订立涉外建设工程商务合同的当事人或是自然人，或是法人，他们都必须在具备完全的缔约能力和合法资格的情况下订立的合同才是有效的。

就自然人而言，除法律专门有限制或禁止的以外，神智正常的符合法定年龄的人可以缔结合同。

就法人而言，其缔约能力就是法人的行为能力。而法人的行为能力是由法人注册登记的国家的公司法所规定的。法人行为能力的行使必须由其法定代表和授权代表进行，例如公司的董事长、总经理或其他代表，非法定代表或非授权代表是没有签约资格的。

(2) 涉外建设工程商务合同必须是当事人真实意思的一致表示

只有当合同是双方当事人真实意愿的一致表达，而不是在胁迫欺诈下达成的，合同才为有效。

所谓"胁迫"，就是以使对方产生心理恐惧为目的的一种故意行为。在涉外建设工程商务活动中，胁迫常常产生于一方当事人利用自己的雄厚财力、物力、技术和管理经验，对另一方施加精神上、心理上的压力和威胁，以达到自己的目的。

世界各国法律都一致认为，因胁迫、欺诈而订立的合同是无效的，并且受害一方可撤销合同，要求赔偿。

(3) 涉外建设工程商务合同必须合法

即涉外建设工程商务合同必须符合当事人国家的有关法律规定，必须符合订立涉外建设工程商务合同所应遵守的基本原则。

(4) 涉外建设工程商务合同成立的形式必须符合法定的要求

1) 涉外建设工程商务合同必须采用书面形式签订，并要求双方当事人在合同上签字，合同才能生效。

2) 合同的附件是合同的重要组成部分，具有同等的法律效力。

3) 必须由国家或国家授权的主管部门批准的涉外经济合同，一定要获得批准后，该合同方为成立。

4) 涉外建设工程商务合同一方当事人要求签订确认书的，签订确认书时，方为合同成立。

3. 无效的涉外建设工程商务合同

当涉外建设工程商务合同在标的内容、条款等方面有违反法律的情况时，该合同就无法律效力，从而成为无效的合同。无效的合同不受法律保护，对各方当事人无约束力。

无效的涉外建设工程商务合同主要包括以下几种情况：

(1) 合同内容违反国家法律和进出口管理规定；

(2) 合同内容违反社会公共利益和道德；

(3) 采取欺诈或者胁迫的手段订立的。

当一项涉外建设工程商务合同被确认为无效时，一般的处理方法有三种，即：

(1) 合同内容全部无效，宣布该合同作废；

(2) 合同中的条款违反中华人民共和国法律或者社会公共利益的，经当事人协商同意予以取消或改正后，不影响合同的效力。

(3) 合同内容部分有效时，经双方同意，部分条款可以发生效力。

凡因为无效或部分无效而导致的有关损失和责任，由有关各方承担。

4. 涉外建设工程商务合同的履行与担保

涉外建设工程商务合同的履行是指合同当事人双方实现或完成合同中所规定的权利和义务事项的法律行为。

“重合同，守信用”是双方当事人对待合同应有的态度。履行涉外建设工程商务合同必须遵守以下原则：

（1）实际履行。它是指按照合同规定的标的履行，不可以货币和其他财务代替履行。

（2）全面履行。它是指按照合同规定的标的数量、质量、规格、技术条件、价格条件以及履行的地点、时间、方法等全面完成自己所应承担的义务。

（3）适当履行。它是指对全面履行所规定的内容与范围以妥当的方法完成自己所承担的义务。

（4）中止履行。它是指当事人一方有另一方不想履行合同的确切证据时，有权对合同暂时停止履行。

为确保合同双方的权利和义务能得到保障，应在涉外商务合同中订立有关担保条款。在涉外建设工程商务合同中，通常采用以下几种担保形式：

（1）违约金。它是为了防止合同的一方不能履行或不适当履行合同，给另一方造成损失，双方商定由一方当事人预先付给另一方当事人一定数额的货币，作为预定的赔偿。如果一方违约，那么这部分资金即作为对另一方损失的补偿。

（2）定金。它是涉外建设工程商务合同的一方当事人为了证明和肯定自己有订立和履行合同的诚意，而预先向另一方支付一定数额的货币。如果定金的支付方实现了自己的诺言，订立并履行了合同，那么定金就作为其支付款项中的一部分；如果该方未能履行合同，那么定金即归对方所有。如果接受定金的一方违约，那么除了退还定金外，还必须支付与定金相等金额的货币给对方，以作赔偿。

（3）留置权。即如果合同一方当事人不履行合同规定的义务，另一方有权扣押其财务，并经法定程序可将其变卖，以清偿债务。

（4）抵押。即合同一方当事人为了促使对方履行合同，要求对方提供不动产作为履约的保证，一旦其违约，有抵押权的一方即可将抵押物依法变卖，以清偿债务。需注意的是，作为抵押物的财产必须是合法的，为其所有的。

（5）银行担保。即银行以其信用为合同一方的当事人提供履约保证，一旦该方违约，就由银行连带承担赔偿损失的责任。由于在一般情况下银行的信用是比较坚实可靠的，因此银行担保是一种最常用的、最有力的担保形式。当然，在约定采用银行担保形式时，必须审查担保银行本身的资信情况如何。

（6）企业担保。即由一家企业给另一家企业提供履约担保。与银行担保一样，如果被担保的企业没有履约，担保的企业将要承担连带赔偿损失的责任。由于企业的信用一般要比银行低，因此，对合同的另一方需认真审查担保的企业是否具有足够的资信能力作保。

7.4.2 涉外建设工程商务合同纠纷的处理

1. 违反涉外建设工程商务合同的责任

所谓追究违反涉外建设工程商务合同的责任是指当事人的一方不履行或者不按合同规定履行合同义务时，依照法律或合同的规定，由违反合同一方承担相应地违约责任。它可以分为两类：对合同完全没有履行，即毁约行为；对合同没有完全履行，即不适当履行。

（1）违反涉外建设工程商务合同责任有以下几种情况：

1）由于当事人一方的过错而造成违约，由有过错的一方承担违约责任。

2）如属双方的过错而违约，则应由双方分别承担各自应负的违约责任。

3）当事人一方由于不可抗力的原因不能履行合约的，可根据情况，部分或全部免除承担违约责任。

（2）承担违反涉外建设工程商务合同责任的形式

追究合同义务人的违约责任应具备以下四个条件：①要有不履行涉外建设工程商务合同的行为；②要有主观上的过错；③要有损害的事实存在；④要有不履行合同的行为和损害事实之间的因果关系。

追究责任的范围，如只有义务人不履行合同额行为和主观上的过错两个责任条件，就负有交付违约金的责任；如果以上四个条件都具备，则负有交付赔偿金的责任。

1）违约金

违约金是合同当事人一方因不履行合同而向对方支付一定数量的货币金额。违约金带有经济制裁的性质，也称罚金。只要违反合同义务，不论是否给对方造成损失，都应按规定支付。

2）赔偿金

赔偿金是违约方对对方所受实际损失给予补偿的一种法律手段，用以保护权利人的合法权益免受侵犯。这里要注意，支付了违约金并不能免除赔偿损失的责任，而支付赔偿金只限于违约金不足以赔偿的那部分损失。

2. 涉外建设工程商务合同纠纷的处理方法

涉外建设工程商务合同纠纷是指当事人不履行或不完全履行合同而发生的权益纠纷。

我国涉外经济法对纠纷的解决作出了规定，即可通过协商、调解、仲裁和诉讼四种方式解决。

（1）协商

协商是指合同当事人双方共同商量取得一致意见，达成和解协议，从而解决经济争议的方法。协商也称和解。

协商解决争议可以在协商的地点、时间和方法上体现出灵活性。通过协商解决争议，能使双方当事人消除误解，保持与稳定双方的相互信任与合作。事实上，涉外建设工程商务合同的争议大都通过协商途径解决。

（2）调解

所谓调解，是在第三者主持下，在查明事实、分清是非的基础上，用说服的办法，使双方当事人经过协商达成调解协议，从而解决纠纷的一种方法。

调解这一解决纠纷的手段，在平息争议、保存关系或促进双方关系的发展等方面可起到积极的作用。用调解来解决合同纠纷已被各国仲裁机构所重视，成为一种有效解决纠纷的途径。

（3）仲裁

仲裁是指涉外建设工程商务合同的当事人双方在履行合同时产生争议，在通过协商或调解不能解决的情况下，自愿将有关争议提交给双方同意的第三者进行裁决，裁决的结果对双方都有约束力，必须依照执行。

仲裁有以下两个特点：

1）它必须是当事双方一致同意的，并通过订立仲裁协议做出明确地表示，没有仲裁协议的争议是不能仲裁的。

2）仲裁结果是终局的。一旦双方当事人将争议递交仲裁，就排除了法院对该争议案的管辖权，任何一方都不得再向法院起诉。

用仲裁方式解决争议，有利于保存双方的交易关系，并且手续和程序比较简便、降低费用、节省时间。

在涉外建设工程商务合同中，仲裁条款就是双方事先就可能产生的争议所达成的仲裁协议。在仲裁条款中，必须规定仲裁地点、仲裁机构、仲裁程序和仲裁费用等问题。

仲裁地点与仲裁所选用的仲裁规则直接相关。一般来讲，规定在哪一国仲裁，往往就要适用该国有关仲裁的规则和程序。

就我国企业而言，在仲裁地点的选择上有以下三种形式：

1）规定在中国国际贸易促进委员会对外经济贸易仲裁委员会仲裁；

2）规定在被告所在国家进行仲裁；

3）规定在第三国进行仲裁。

对于上述三种形式，选择在我国仲裁对我方是最有利的，但外方不一定同意。其他两种形式是比较公平的。需要注意的是，规定在第三国仲裁时，应选择对我国比较友好，而我方对其仲裁规则与程序又比较了解的国家。

(4) 诉讼

在涉外建设工程商务活动中，合同的双方当事人在发生纠纷后，通过协商或调解不能解决，其中一方向有管辖权的法院起诉，要求通过经济司法程序来解决双方之间的争议，称为诉讼。

诉讼必须通过严格的司法程序，因而耗时较长，但它能强制性地解决争议，使问题得到最终解决。不过这样容易导致双方关系的彻底破裂，所以除非万不得已，一般都不选用诉讼的方式来解决争议。

3. 涉外建设工程商务合同的法律适用问题

涉外建设工程商务合同争议的解决涉及选择哪种法律来调整的问题，即法律适用的问题。这会直接影响争议解决的结果，从而影响双方当事人的权益。我国的企业在订立涉外建设工程商务合同时，在法律适用问题上应把握以下几点：

(1) 合同的当事人可以选择处理合同争议的法律，它可以是中国的法律，也可以是外国的法律。但是，当事人的选择必须是经双方协商一致和明示的，并且必须与合同内容有实质地联系。

(2) 在中国境内履行的中外合资项目合同，必须使用中国法律，当事人协议选择国外的法律无效。

(3) 在应使用的法律为外国法律时，如果该外国法律违反我国的法律和社会公共利益则不予适用，而应适用我国相应的法律。

(4) 在适用我国法律的情况下，如果我国法律没有相应地规定，可以适用国际惯例。

目前，国内在涉外建设工程商务合同方面已有一些标准格式或参考格式，我方在签订涉外建设工程商务合同时可以借鉴利用。但要注意根据交易的具体情况进行选择、调整和补充，不能简单地照搬照抄。

7.5 涉外建设工程商务谈判的风险及规避

涉外建设工程商务谈判活动就其活动范围、活动内容而言，要远比国内的商务活动广泛和复杂，同时带来的风险也相对较多。涉及国际因素而产生的风险主要有：政治风险、汇率风险、跨文化沟通风险、强迫性风险等。

7.5.1 涉外建设工程商务谈判的风险

1. 政治风险

国际政治风险是指由于国外政治局势与国内情况大为不同，特别是局势的变化、国际冲突给有关涉外建设工程商务活动带来可能的危害和损失。例如，由于利比亚战争，中国在利比亚的项目被迫停止，贸易合同得不到履行而损失巨大。

政治风险的预测难度较大，它的发生常会令人难以适从。因此，应对这类风险只有采取事后补救的办法，但实际损失的绝大部分将无可挽回。可以建立一笔专项基金，以此来抵补可能的不测事件所带来的损失。对于当前局势下能够判断出来的政治风险，可以采取完全回避风险的做法，例如，取消对战争、动乱国家或地区的投资计划。对政治风险也可以进行投保，只是这种保险业务的内容尚被严格限制在一定的范围之内。

2. 汇率风险

汇率风险是指在较长的付款期中，由于汇率变动而造成结汇损失的风险。例如，某项目借日元还美元，结果因为美元升值、日元贬值而造成巨大损失。

对汇率风险，可以分析国际外汇市场走势，采取汇率锁定消除风险。

3. 跨文化沟通风险

由于双方文化背景差异，一方语言中的某些特别表述难以用另一种语言来表述，从而造成误解而产生风险。例如，日本人在谈判过程中不断地“嗨”，这容易被误解为日本人表示赞同，其实日本人只不过表示听明白了而已。

4. 强迫性风险

在国际事务上，往往会有一些大国凭借自己的实力强迫弱小国家接受他们提出的条件，否则就以各种制裁相威胁。在这种情况下，可能会以弱小国家屈服妥协为结局，也可能导致冲突加剧升级。在涉外建设工程商务谈判活动中也存在这种情况，一些发达国家的公司，可能利用发展中国家的公司有求于发达国家的弱点，在项目合作中提出了苛刻的要求。于是，发展中国家的公司就面临着被强迫的风险：或者接受不公平的条件，承受利益分配上的不平等；或者拒绝无理要求，损失相应的机会及接洽成本。面对这种谈判中的风险，应该据理力争、有礼有节、不卑不亢，要善于引导，最终取得双方可接受的结果。

7.5.2 涉外建设工程商务谈判风险的规避

风险规避并不意味着完全消灭风险，我们所要规避的是风险可能给我们造成的损失：一是要降低这种损失发生的几率，主要是指采取实现控制的措施；二是要降低损失程度，包括事先预控、事后补救两个方面。

避免或者降低涉外建设工程商务谈判风险有以下几种措施：

(1) 请教专家，如国际政治专家、国际贸易专家、地区经济专家等。纵然一个商务谈判人员知识面再全、整个商务谈判小组知识面再合理，总难免会有缺漏，特别是对于某些专业方面的问题，难免会缺乏全面地把握与深刻地了解。请教专家，聘请专家顾问，常常是涉外建设工程商务谈判取得成功必不可少的条件。

（2）与国际伙伴合作，利用他们的能力处理风险。

（3）合作规模上采取从小到大的做法，开始时规模小一些，有了经验、了解了海外情况后再逐步加大规模。

（4）采取一些能降低风险的合作模式，如低股份多债务。

（5）与当地媒体、社区、宗教组织、慈善机构、公益组织沟通合作，取得当地人的认同。

（6）利用保险市场和信贷担保工具。在国际涉外建设工程商务谈判中，向保险商投保已成为一种相当普遍的转移风险的方式。保险一般适用于纯风险，而信贷担保不仅是一种支付手段，而且在某种意义上也具有规避风险的作用。

7.6 涉外建设工程商务谈判的注意事项

对涉外建设工程商务谈判人员来说，除了要了解谈判的过程、各谈判阶段的目标、任务和特点以及谈判的基本策略外，在谈判过程中，还必须注意以下几个问题。

7.6.1 谈判中如何正确认识自己

（1）要正确评价自己的谈判实力。低估自己的谈判实力与高估自己的谈判实力一样，对谈判都是有害的。我们的有些谈判人员，由于参加涉外建设工程商务谈判较少，常常把双方国家的经济实力差距以及企业之间的经济实力差距与交易谈判的实力差距混为一谈。例如，我国在许多生产技术领域与某些发达国家相比较有较大的差距，国家的总体经济实力也落后于某些发达国家；从企业实际的角度来讲，我们往往也弱于对方。因此，有些谈判人员就认为我们的谈判实力也不如对方。这种看法是不科学的、有害的。谈判实力是由各种因素构成的，企业实力对谈判实力有影响，但并不等同。国家的经济、科学技术实力对谈判实力也是有影响的，但这种影响基本上是间接的，其作用也是有限的。对谈判实力的分析评价应该主要根据交易的具体情况来进行。

（2）要确信我方谈判弱点的隐秘性，不要假定对方对我方的弱点了解得一清二楚。对方在谈判之前会对我方谈判的长处和短处进行认真的分析，但是，除了显而易见的弱点以外，我们的某些弱点却是对方所不知道的。因此，我们在制订谈判的方针、选择和运用谈判的策略和技巧时，不要自我束缚，缩手缩脚。为了安全起见，我们可以假定对方不知道我们的弱点，然后用适当的方法来试探这种假定的对错，再作行动。

（3）要正确认识对方的谈判人员。对方的谈判人员有的可能身份地位很高，或者冠以某种专家的称号；有的地位平平，没有显赫的职务和职称。对于前者，要高度重视，认真对待，但又不要被其名声所吓倒。对于后者则不能轻视，虽说对方没有大的决策权力，但他对谈判中涉及的许多具体情况非常了解，他对谈判的认识、价值评价和建议会直接影响其高层领导的决策。

（4）要正确认识谈判双方的利益。谈判之所以会产生，是因为通过谈判，参加谈判的双方都能获得利益。因此，一旦谈判失败，遭受损失的是双方，而不只是我方。认清双方在谈判中的利益，就能使我方在谈判陷入僵局，以及对方以“最后通牒”等方式向我方施压时，从容不乱，采取正确的对策。

7.6.2 谈判中如何正确应对压力

在不直接面对外来的压力的环境中，人们一般能够比较冷静、全面、细致地思考和分析问题，并作出正确的决策。而在谈判中，上述环境是不存在的。在紧张、刺激的谈判气氛中，在对方施加强大压力的情况下，谈判人员常常会作出错误的决断，造成本方利益的损失。如何避免这种情况呢？

（1）不打无准备之仗。除非已经做好了充分的准备，否则，不要和对方谈判、讨论任何问题，不能抱着“谈谈看”的心态。因为在这种情况下，对方提出的问题和要求，我们或者是无法回答，或者是回答错误，其结果都是于己不利的。

（2）不要被期限所迫而匆忙地达成协议。“忙中出错”是人们共有的教训。没有经过深思熟虑而匆忙地签订协议的交易，有时比失去这笔交易更糟。在谈判中，期限往往是有弹性的，要注意合理安排时间。

（3）当谈判在某个问题上陷入僵局时，最稳妥的选择有两个：第一，耐心等待。谁在僵局面前有耐心、沉得住气，谁就有可能在打破僵局后获得利益。因此，最好由对方打破僵局，本方按兵不动。这样，本方既可以观察、分析对方的行动，同时又有较大的行动自由。第二，绕开这个问题，继续探讨其他的问题。在谈判中，常常会出现这样的情况，即其他问题的讨论和解决为解决这个问题创造了条件和基础，从而使僵局的化解成为可能。因此，千万不要一遇到僵局就想到通过让步（包括本方单方面让步和双方同时让步）来解决。因为只要本方的这个建议一提出，多数情况下就只有本方作出让步，而对方是不会让步的。

（4）在谈判中，犯错误客观上是在所难免的，关键是要尽量减少错误。已经犯了错误，应想办法纠正。谈判者应该做到，一旦发现错误立即纠正，哪怕谈判已进入成交阶段，只要协议还未签字，就应该毫不犹豫地纠正。知错而不改，这才是最不能容许的错误。谈判人员可能会遇到这样的情况：在谈判过程中，我方处理某一问题时，因当时所面临的压力，以及其他种种因素的限制，我们对该问题的处理是不妥当的，或者说是错误的，但当时我方并没有发觉。当商谈其他问题，并把它与前面的问题相联系时，我方突然发觉对前面的问题的处理欠妥当。有时，甚至即将签订协议，在对前面的谈判成果进行回顾和确认时才发现纰漏。对于这种情况，精明的谈判人员会立即提出改正；而有些谈判人员则对此顾虑重重，害怕引起对方的反感，丢了自己的面子。对谈判人员来讲，要切记：在协议签字之前，一切都是可以改变的，改正错误不是丢面子，而是在挽回自己的面子。

7.6.3 谈判中存在的跨文化问题

1. 语言问题

英语是应用最为广泛的语言，在跨国活动中，谈判双方的母语往往又不都是英语，这就会造成一定的沟通障碍。比如，在跨文化交流中我们往往会理所当然地去“以己度人”，即以我们的普遍习惯去理解我们的发言，主观地认为对方一定会遵照我们的意愿，或者想当然地认为我们所理解的意思正是对方想表达的意思。语言思维差异最典型的体现就是谈判双方对“yes”和“no”的使用和理解。因此，我们必须尽量了解对方的文化、语言特点和思维方式，只有这样才能正确无误地传递和接受信息。任何一个人在短时期内或通过间接的渠道都很难准确了解和把握母文化之外的其他文化的主旨和细节。任何一句随意的话语或某种做法都可能导致对方的误解、反感甚至敌意。因此，在跨文化商务沟通过程中，对每一句话、每一个动作或安排都要谨慎。

2. 思维差异

不同的民族文化有各自不同的思维方式、思维特征和思维风格，即所谓的思维差异。商务谈判过程就是谈判人员的思维运动过程。中国人的思维方式是感性的，因此在谈判过程中，中国人往往强调经验。而西方人的思维方式是理性的，他们强调的则是事实。中国传统思维习惯于从事物的总体出发，强调事物的相互联系和整体功能。而西方传统思维更侧重个体思维模式，具有明确的目的性、计划性和求异性。中国人注重曲线思维，习惯于从侧面说明问题，尽量避免直接点出信息中心。而西方人注重直线思维，在表达思想时习惯开门见山。同样，不同的文化中价值观念会有很大的差异。了解某个社会中流行的价值观念对提高跨文化交际能力有很重要的作用。中国人一直接受儒家思想的教育和熏陶，因此“利他”观念在中国源远流长。而西方人往往信奉个人主义，“利己”观念在西方文化中已经成为一种集体意识。

3. 禁忌与宗教信仰

在涉外活动中禁忌与宗教信仰是不容忽视的事项，尤其是东亚、南亚、中亚、北非这些宗教盛行的地区，了解这些国家的习惯禁忌，对于与对方交流、及时完成谈判任务具有非常重要的作用。

文化是一个复杂的综合体，在很大程度上是历史和环境的产物，各国文化虽然存在很大差异，却不存在优劣对错之分。因此，在跨文化商务沟通过程中必须彼此相互尊重对方的文化，特别是宗教信仰、文化习俗。有些时候，沟通双方的文化在某一问题上存在严重对立，此时为了不影响沟通的进行，双方应遵循求同存异原则，避免触及此类问题。在跨文化谈判沟通过程中，双方通常都能充分认识到彼此在文化和习俗上的巨大差异，此时，如果一方能够在不影响本方基本信仰和习俗的基础上主动向对方学习，适应对方的文化和习俗，则容易博得对方的好感和信任。

跨文化沟通中涉及的问题既多又复杂，谈判双方要谨记：没有哪一种具体的价值观或行为规范是绝对正确的，要接受价值观、信仰等多方面客观上存在差异的现实，要保持对对方语言意思上的细微差异和非言语行为的敏感，要积累其他民族的文化、宗教、社会规范等知识，并且主动去适应对方，如此商务活动才能更好地顺利进行。树立跨文化宽容意识，学会换位思考。谈判人员要在谈判中尊重对方的思维模式。跨文化的行为并不意味着简单地去适应对方，关键是要站在对方的立场上考虑问题。

7.7 涉外建设工程商务谈判礼仪及谈判用语

7.7.1 个人基本礼仪

涉外建设工程商务谈判人员的发型要经过修整，发式要大方得体，不可追求过分时尚华丽；发丝要保持清洁无头屑，不粘连；眼镜大小要不夸张，镜框要清洁，不可佩戴有镜链的眼镜；口腔要卫生，忌吃洋葱和大蒜；指甲要保持清洁；男士胡须应经常修整；在公众场合不可嚼口香糖。

在涉外建设工程商务谈判中，服饰的颜色、样式及搭配合适与否，对谈判人员的精神面貌、给对方的第一印象和感觉都有一定的影响。

首先，服饰要庄重、大方、优雅、得体。谈判者应根据自身的气质、体型特点选择适宜的着装。从服饰的样式来看，尽管世界各民族的服饰各有千秋、样式繁多，但男士西装和女士西式套装已经成为谈判桌上普遍认可的着装。

其次，服饰的颜色不宜过于单调，而应在某一色调的基础上求得变化。配色不要太杂，一般不能超过三种颜色。黑色象征庄重，黑色的西装配上白色的衬衫会给人潇洒大方的感觉；白色象征纯洁、素雅和洁净，给人以端庄的感觉；灰色象征文静、朴素、含蓄，给人以谦虚、平和的感觉；咖啡色象征浑厚、高贵，给人以力量、尊严的感觉；蓝色象征安静、理智，给人以愉悦、智慧的感觉。

7.7.2 商务社交礼仪

1. 致意的礼节

(1) 握手礼

握手是社交活动中见面、告辞或互相介绍时表示致意和礼貌的常见礼节。

握手的一般顺序是：应由主人，身份高者，年长者，女士先伸手；客人，身份低者，年轻者，男士见面时先点头致意，待对方伸手再握。男士不应主动向女士伸手，这是不礼貌的。多人同时握手应注意不要交叉，待别人握完再握。初次见面者轻握一下即可，关系密切者时间可长些。身份低、年轻者对身份高、年长者应稍弯腰，以双手握住对方的手，以示尊敬，也可先鞠躬再握手。男士与女士握手，只握手指部分，切不可用力握和握的时间太长。握手时应目视对方，微笑致意，不能看着第三者或东张西望、与第三者说话。对方伸出手来，不能拒绝，否则失礼。

(2) 鞠躬礼

鞠躬是典型的东方色彩的礼节，尤其在日本，九十度的鞠躬可以说是日本人的表示。鞠躬时，应脱帽立正，双目凝视受礼者，慢慢地弯下腰去，男士双手紧贴裤缝两端，女士双手交替放在腹前。虽然一般的商务场合不需要鞠九十度的躬，但是鞠躬的角度越大，代表对对方越尊敬。切忌对着别人三鞠躬，那是只有在追悼会上才用到的礼节。

(3) 合十礼

合十也叫合掌，双手面对面十指贴拢，指尖向上，置于胸前高度，上身微欠，略略低头。这种礼节一般出现在佛教信奉者相遇的场合，不可乱用。

(4) 拥抱礼

在西方国家，拥抱是和握手一样最常见的礼仪，人们在见面、道别、祝贺时，常常用拥抱来表达内心的感情。拥抱时双方面对面站立，各自举起右臂搭住对方左肩，再用左臂轻轻揽住对方右边的腰际，首先先向对方左侧拥抱，然后是右侧拥抱一次，最后再回到左侧。一般完整的拥抱礼是拥抱三次。

(5) 亲吻礼

使用亲吻礼通常会和拥抱礼同时使用，长辈吻晚辈可以吻额头，晚辈吻长辈的下颌或者面颊。在商务场合，没有长晚辈之分，同性之间是互相贴一下面颊，异性之间可以吻面颊。如果不是很清楚亲吻的礼仪，则少用或者不用，以免产生笑话或者误会。

(6) 脱帽礼

在商务场合，如果戴着帽子，应脱帽比较合适。具体做法是：用一只手脱下帽子，将其置于大致与肩膀平齐的位置，同时与对方交换目光；如果双方相遇速度较快，也可一边问好，一边将一只手轻轻地做一个掀帽子的动作，并不完全将帽子脱下也可。

(7) 点头礼

点头致意适宜不方便交谈的场合，与交情尚浅的人相会在商务场合，微微低头颔首，头轻点一到两下，同时面带微笑，与双方目光交会，幅度不用太大，表示出了自己的真诚即可。

2. 称呼的礼节

正式介绍时，应使用对方的尊称和对方的姓，同时要注意姓名的构成。一般来说，西欧和美国的姓名构成是名在前，姓在后；拉美国家一般是母亲名字在前，父亲名字在后；而讲西班牙语的国家，则是父亲的名字在前，母亲的名字在后；韩国和中国一样，姓在前，名在后；美国和比利时的已婚职业妇女，仍使用她们婚前的姓；在德国，“先生”或“女士”用在职称前，两者并用；在日本，在姓名后加“san”表示尊敬，意思接近于“先生”或“女士”，但这是一个敬语，切忌在自己姓名后加“san”。在称呼对方姓名时，应注意自己的发音。如不知对方姓名如何发音，可直接向对方请教。

3. 介绍的礼节

介绍是人们相互认识的开始，是社交活动的基本形式。介绍有自我介绍和居中为他人作介绍。介绍要讲究礼节。

(1) 居中为他人作介绍

介绍的基本原则，是先把别人介绍给应该受到特别尊重的具有了解优先权的人。所以介绍的一般顺序是：把身份低的人介绍给身份高的人，把年轻者介绍给年长者，把男士介绍给女士，把未婚女士介绍给已婚女士。介绍时，需先称呼身份高者、年长者和女士，以表敬意，再介绍被介绍人。如介绍人和被介绍人双方地位、年龄均等，又为同性，则可向在场者介绍后到者。集体介绍时，主人可从贵宾开始，也可按他们的座位顺序开始。

介绍时，除女士和年长者外，一般应起立示意。但在宴会桌和会谈桌，则不必，只要微笑点头致意即可。被介绍双方可握手，互相交换名片，问候致意，对身份高的人可以说：“久仰大名，认识您很荣幸。”对一般人可以说：“认识您很高兴。”

为他人作介绍时，还可以说明被介绍者与自己的关系，便于新结识的人相互加深认识和信任。在西方，个人行动去向、年龄、身体状况、婚姻状况和工资收入均为隐私，介绍时要避讳。与人同行，在路中遇熟人可不必介绍，但时间逗留较长则应介绍。

(2) 自我介绍

想认识对方，一般主动向对方点头致意，得到回应后再向对方介绍自己的姓名、身份，同时双手递上名片。如对方回送名片亦应双手接过，点头致谢，不要立即收起或随意玩弄摆放，应细读一遍，记住对方，以示敬意。

(3) 名片交换的礼节

名片是个人用作交际或送给友人纪念的一种介绍性媒介物，一般为10厘米长、6厘米宽的白色或有色卡片，在社交中以白色名片为最佳。名片是证明一个人自身存在的有力证据，在涉外建设工程商务谈判中必不可少。在名片上不要用缩写，包括公司的名称、个人的职位、头衔等。

中式名片，职务用较小字体印于名片左上角，姓名印于中间，办公地点、电话号码或寓所地址等印于下方。如印中外文名片（一般为中英文），可将英文按规范格式印于背面。名片印刷应用正楷标准字体印刷，忌用或少用花体字。

西式名片，姓名印于中间，职务则用较小字体印于姓名之下，住所或工作地点大都印于右下角（也有印于左下角的）。印刷时多为楷书或行书，也有使用阴影楷书的，但很少用花体英文。西式名片，可夫妻共同一张名片（如Mr. and Mrs. John Forster Hug）。男士的姓名前可加“Mr”；已婚女士要加“Mrs”，其后用丈夫的姓；小姐可加“Miss”。对于有医师、牧师、军官或官员等头衔的人士，可将其头衔加于姓名之前。

名片应保持完整无损，并放在一个精致的名片盒或袋内。同时，要带足够的名片，交换名片时需保证每人一张。

1）递交名片的场所和时机

在涉外建设工程商务谈判中，应根据有关国家的礼仪来决定名片如何交换。在交换名片时，应注意递交名片的场所与时机：

在美国和澳洲，交换名片比较随意，有时甚至不需要交换。但在有些国家，交换名片则显得比较正式、隆重。

在日本，交换名片是在鞠躬和自我介绍后进行的，客人先递上名片。如果是被介绍者，则递交名片需在被介绍之后进行。

在阿拉伯国家，名片交换一般是在会面后进行，但也往往在握手时交换名片。

在葡萄牙，名片交换是在见面后立即进行。

在丹麦，名片交换是在见面开始时进行。

在荷兰和意大利，通常是在第一次见面时交换名片。

2）递交名片的方式

递交名片时，应把英文或东道国国家文字的那一面朝上，把中文的那一面朝下。一般要将名片的正面对着接受者，以便对方能一眼就看清名片上的名字。

在中东、东南亚和非洲国家，应用右手递交名片，因为印度，印度尼西亚等一些国家的人用手抓饭，认为右手是干净的，而左手则是不干净的。

在日本和新加坡，应用双手递上名片。

3）接受名片的方式

当接到名片时，应说一声“谢谢”或点头微笑，同时对名片加以研究。在接受对方名片时，不应看都不看随意装入衣袋，或把对方的名片拿在手中搓玩或弯折。应在认真阅读后，郑重地将名片放在自己的名片盒内或加到文件上。

4. 涉外建设工程商务信函的礼仪

(1) 规范格式

一般写信开头需用谦辞，结尾要有祝词，落款要有日期。如果是一般商业信笺，可以用打印的样式节省时间。但打印信笺最后要有写信者正式、工整的手写签名，以示对对方的尊重。

信封的书写要求与信件一样，要规范、工整，不可写错、写漏，造成投递的困难。

(2) 内容完整

文字要简明清楚，区分时间、对象，合理地运用谦辞。对于建设工程商务活动的细节，尤其在时间、地点的描述上，要清楚明确，不能使用一些意义模糊的概念、词语，以免导致不必要的纠纷。

对于收到的商业信件，如需回复，则应尽快回复；对于一些有保留价值的商务文本，要注意整理和归档。

7.7.3 谈判用语

谈判的过程是双方运用语言进行协商的过程。在这个过程中，彼此的心理活动、策略应对、观点的接近与疏离等，都需要通过语言反映出来。因此，语言运用的效果决定着谈判的成败。

在涉外建设工程商务谈判中，语言的运用必须遵循以下原则：

(1) 必须为谈判的目的服务；

(2) 必须根据不同的谈判对象采用不同的表达技巧和方法；

(3) 必须符合特定的谈判语言环境。

由于谈判语言的影响因素的差异，在不同的谈判活动中运用的谈判语言截然不同。但不管采用何种谈判语言，都必须注意下述一般要求：

(1) 文明礼貌；

(2) 清晰易懂；

(3) 流畅大方。

7.8 涉外建设工程谈判中各国商务礼仪与禁忌

7.8.1 欧美国家的商务礼仪与禁忌

1. 美国的商务礼仪与禁忌

美国的特殊发展历史，造就了美国人外露、坦诚、热情、真挚、自信和办事利落的性格特征。他们在谈判中喜欢在双方接触的初始就阐明自己的立场、观点，推出自己的方案，以争取主动。

他们在双方的谈判中充满自信，语言明确肯定，计算科学准确。如果双方产生分歧，他们首先会怀疑对方的分析、计算，坚持自己的看法。美国人的自信还表现在对本国产品的品质优越感上，他们会毫不掩饰地称赞本国产品。他们认为，如果有十分的能力，就要表现出十分来，千万不要遮掩、谦虚，否则很可能被看作是无能。如果你的产品质量过硬、性能优越，那么就要让购买者了解。美国人有可能发展为傲慢，表现为他们喜欢批评、指责别人。当谈判不能按照他们的意愿进展时，他们常常直率地批评或抱怨，表现出他们自己做的一切都是合理的。其实这是一种谈判策略，并不是缺少对别人的宽容与理解。

美国人谈判注重利益，所以美国人对于日本人、中国人习惯注重友情的做法不以为然，也无法适应。美国人谈生意就是谈生意，不注重在洽商中培养友谊和感情，并力图把生意和友谊划分清楚。虽然美国人注重实际利益，但他们非常重视合同的法律性，合同履约率较高。如果签订合同不能履约，那么就要严格按照合同的违约条款支付赔偿金和违约金，没有再协商的余地。美国人重合同、重法律还表现在他们认为商业合同就是商业合同，朋友归朋友，两者不能相混淆。

美国是一个高度发达的国家，生活节奏比较快，这使得美国人时间观念较强，注重效率。所以在商务谈判中，美国人常抱怨其他国家的谈判人员拖延时间、缺乏工作效率，而对方也埋怨美国人缺少耐心。美国人重视时间还表现在做事有一定的计划性，不喜欢事先没有安排妥当的不速之客来访。与美国人谈判，早到或迟到都是不礼貌的。

美国人崇尚进取和个人奋斗，不大注意穿着，通常相见时，一般只点头微笑，不一定握手。彼此间比较随便，大多数场合可直呼名字；一般也不爱用先生、太太、女士之类的称呼，认为对关系较深的人直呼其名是一种亲切友好的表示，从不以行政职务去称呼别人。对年长者和地位高的人，在正式场合下使用先生、太太等称谓；在比较熟识的女士之间或男女之间会亲吻或拥抱。美国人习惯保持一定的身体间距，交谈时，彼此站立间距约0.9m，每隔2～3s有视线接触，以表达兴趣、真诚的感觉。

美国人在进行商务谈判时，喜欢开门见山、答复明确，不爱转弯抹角；在谈判中谈锋甚健，不断地发表自己的见解和看法；商务谈判前准备充分，且参与者各司其职、分工明确，一旦认为条件合适即迅速作出是否合作的决定，通常在很短的时间内就可以做成一大笔生意。

在和美国人开展商务谈判时，应特别注意以下几个方面的问题：

(1) 和美国人做生意大可放手讨价还价。美国人十分欣赏那些富于进取精神、善于施展策略、精于讨价还价而获取经济利益的人，尤其爱在“棋逢对手”的情况下与对方开展谈判和交易。

(2) 美国商人法律意识很强，在商务谈判中他们十分注重合同的推敲，“法庭上见”是美国人的家常便饭。

(3) 不能点名批评某人。指责对方的缺点，或把以前在谈判中出现过的摩擦作为话题，或把处于竞争关系的公司的缺点抖露出来等，都被认为是不道德的。美国人谈论第三者时，都会顾忌避免损伤对方的人格。

(4) 忌各种珍贵动物头形商标图案。

2. 英国的商务礼仪与禁忌

在商务谈判中，英国人说话、办事都喜欢讲传统、重程序，对于谈判对手的身份、风度和修养，他们看得很重。

英国人注重仪表，讲究穿着。男士每天都要刮脸，凡外出进行社交活动，都要穿深色的西服，但忌戴条纹图案的领带；女士则着西式套裙或连衣裙。英国人的见面礼是握手礼，见面、告别时要与男士握手，戴着帽子的男士在英国人握手时，最好先摘下帽子再向对方致敬。称呼时，要用先生、夫人、小姐，只有对方请你称呼其名时，才能直呼其名，并应注重使用敬语“请”、“谢谢”、“对不起”等。

英国人的日常生活严格按照事先安排的日程进行，时间观念极强。与英国人会谈要事先预约，赴约要准时。英国人习惯约会一旦确定，就必须排除万难赴约。邀约英国人时，如果与对方未曾见过面，则一定要写信告诉对方面谈目的，然后再约时间。总之，凡事要规规矩矩，不懂礼貌或不受约束的话，谈判是难以顺利进行的。通常，英国人不太重视谈判的准备工作，但他们能够随机应变，能攻善守。非工作时间即为“私人时间”，一般不进行公事活动。多数商务款待在酒店和餐厅举行，若配偶不在场，可在餐桌上谈论生意。受到款待后，一定要写信表示谢意，否则会被认为不懂礼貌。社交场合不宜高声说话或举止过于随便，说话声音以对方能听见为妥。

避免谈论政治、宗教和私人问题，亦不要对英国皇室地位、财富或角色加以评论；英国人喜欢谈论其丰富的文化遗产、动物等。要明显表示出对年长者的礼貌。

赠送礼品是普通的交往礼节。所送礼品最好标有公司名称，以免留下贿赂对方之嫌。如被邀作私人访问，则应捎带鲜花或巧克力等合适的小礼品。

在英国从事商务活动，对以下特殊礼俗和禁忌应加以注意：

(1) 不要以英国皇室的隐私作为谈资。英国女王被视为其国家的象征。

(2) 给英国女士送鲜花时，宜送单数，不要送英国人认为象征死亡的菊花和百合花。

(3) 忌随便将任何英国人都称英国人，一般讲英国人称为“不列颠人”，或具体称为“英格兰人”、“苏格兰人”。

(4) 忌用人像作为商品的装潢。英国人喜欢蔷薇花，忌白象、猫头鹰、孔雀商标图案。

(5) 英国人最忌讳当众打喷嚏，他们通常将流感视为一种大病。

3. 法国的商务礼仪与禁忌

法国人天性浪漫好动，喜欢交际。法国人喜欢建立个人之间的友谊，并且影响生意。如果能与法国公司的负责人建立了十分友好、相互信任的关系，那么也就建立了牢固的生意关系。法国人谈判先为谈判协议勾画出一个大致的轮廓，然后再达成原则协议，最后再确定协议中的各项内容，这一点有些像中国人。因此他们的做法是：签署交易的大致内容，如果协议执行起来对他们有利，他们会若无其事；如果协议对他们不利，他们也会毁约，并要求修改或重新签署。合同在法国人眼里极富有“弹性”，所以他们经常会在合同签订后，还一再要求修改它。

法国人大多重视个人的力量，很少有集体决策的情况。这是由于他们组织机构明确、简单，实行个人负责制。在商务谈判中，也多是由个人决策负责，所以谈判的效率较高。即使是专业性很强的洽商，他们也能一个人独当一面。在商务谈判中，法国人特别注重“面子”，在与之交往时，如有政府官员出面，会使他们认为有“面子”而更加通情达理，有利于促进商务谈判的进行。

法国人坚持在谈判中使用法语，即使他们英语讲得很好，也是如此。法国人对法语的纯正性、自豪性和自尊心非常突出。如果能用法语与他们谈判，会更容易引起他们的认同。

法国人严格区分工作时间和休息时间。例如，八月是法国度假的季节，全国上下、各行各业的职员都休假，这时候就难以进行商务谈判。

在与法国人的社交中，对年长者和地位高的人士要称呼他们的姓。有区别同姓之人时，方可姓与名兼称。一般的人则称呼“先生”、“夫人”、“小姐”，不必再接姓氏。熟悉的朋友可直呼其名。

当主要谈判结束后设宴时，双方谈判代表团负责人通常互相敬酒，共祝双方保持长期的良好合作关系。商业款待多数在饭店举行，在餐桌上，除非东道主提及，一般避免讨论业务。法国人讲究饮食礼节，就餐时保持双手（不是双肘）放在桌上，一定要赞赏精美的烹饪。法国饭店往往价格昂贵，要避免点菜单上最昂贵的菜，商业午餐一般有十几道菜。交谈话题可涉及法国的艺术、建筑、食品和历史等。受到款待后，应在次日打电话或写便条表达谢意。

法国人爱花，生活中离不开花，在他们看来，不同的花可表示不同的语言含义。百合花是法国人的国花。他们忌讳送给别人菊花、杜鹃花、牡丹花、康乃馨和纸做的花。法国人还喜欢有文化和美学素养的礼品，唱片、磁带、艺术画册等是法国人最欣赏的礼品。他们非常喜欢名人传记、回忆录、历史书籍，对外国工艺品也颇有兴趣，但讨厌带有公司标志的广告式礼品。公鸡是法国的国鸟，它以勇敢、顽强的性格得到法国人的青睐；但他们讨厌孔雀、仙鹤，认为孔雀是淫鸟、祸鸟；法国人不喜欢无鳞鱼，也不大爱吃它。对于色彩，法国人有着自己独特的审美观，他们忌黄色、灰绿色，喜爱蓝色、白色和红色。

4. 德国的商务礼仪与禁忌

德国人勤勉矜持，讲究效率，崇尚理性思维，时间观念强。他们不喜欢暮气沉沉、不守纪律、不讲卫生的坏习气。

德国在世界上是经济实力最强的国家之一，工业极其发达，生产率高，产品质量堪称世界一流。德国人对此一直引以为豪。他们购买其他国家的产品时，往往把本国产品作为选择标准。如果要与德国人谈判，务必要使他们相信公司产品可以满足德国人要求的标准。

德国人具有极为认真负责的工作态度和高效率的工作习惯。他们不喜欢合作者拖拖拉拉。德国人在谈判之前的准备比较充分，对谈判对手的研究一般很透彻。在商业谈判中，他们讨价还价除了体现在争取更多的利益，还会表现为极其认真、一丝不苟。他们会认真研究和推敲合同中的每一句话和各项具体条款。德国人合同履约率很高，在世界贸易中有着良好的信誉。德国人的谈判风格较为审慎、稳重，他们重视并强调自己提出的方案的可行性，不轻易向对手作较大的让步，因为他们坚信自己的报价是科学的、合理的。

德国人在称呼时，往往在对方姓氏前冠以“先生”、“夫人”或“小姐”。对博士学位获得者和教授，则在其姓氏之前添加“博士”、“教授”。因此，知道谈判对手的准确职衔很重要。并应在谈判中重视以职衔相称。

在商务谈判中，德国人讲究穿着打扮，一般会穿着整洁得体。一般男士穿深色的三件套西装，打领带，并穿深色的鞋袜。女士穿长过膝盖的套裙或连衣裙，并配以高筒袜，化淡妆。不允许女士在商务场合穿低胸、紧身、性感的上装和超短裙，也不允许佩戴过多的首饰（最多不超过三件）。交谈时不要将双手插入口袋，也不要随便吐痰，德国人认为这些是不礼貌的举止。德国人重视礼节，在商务活动中，握手随处可见，会见与告别时，行握手礼应有力。

在德国，天气、业余爱好、旅游、度假是很好的交谈话题。足球、汽车、徒步旅行也是其大众喜欢的健身运动。

德国人喜欢送礼，以表达友情，但赠送礼品是直接送给个人而不是给公司，尤其对权力大的德国人送礼时应予以特别关照。给德国人赠送礼品，务需谨慎，应尽量选择有民族特色、带有文化韵味的礼品。不要给德国女士送玫瑰、香水，因为在德国，玫瑰表示“爱”，香水表示“亲近”，即使女性之间也不宜互赠这类物品；将刀、剪、餐刀、餐叉等西餐餐具作为礼物送人，有断交之嫌，也是德国人所忌讳的。在服饰和其他商品包装上禁用蛎或类似符号，忌讳茶色、黑色、红色和深蓝色。

5. 俄罗斯的商务礼仪与禁忌

俄罗斯是礼仪之邦。俄罗斯人热情好客，注重个人之间的关系，愿意与熟人做生意。

他们的商业关系是建立在个人关系基础之上的。只有建立了个人关系，相互信任和忠诚，才会发展成为商业关系。没有个人关系，即使是一家优秀的外国公司进入俄罗斯市场也很难维持其发展。俄罗斯人主要通过参加各种社会活动来建立关系，增进彼此友谊。这些活动包括拜访、生日晚会、参观、聊天等。在与俄罗斯人交往时，必须注重礼节，尊重民族习惯，对当地的风土民情表现出兴趣，只有这样，在谈判中才会赢得他们的好感、诚意与信任。

长期以来，俄罗斯是以计划经济为主的国家，中央集权的历史比较悠久。这使得俄罗斯社会生活的各个方面和各个层面都带有比较浓厚的集权特征。他们往往以谈判小组的形式出现，等级地位观念重，责任常常不太明确具体。他们推崇集体成员的一致决策和决策过程的等级化。他们喜欢按计划办事，一旦对方的让步与其原定目标有差距，则难以达成协议。由于俄罗斯人在谈判中经常要向领导汇报情况，因而谈判中决策与反馈的时间较长。

俄罗斯有一句古老的谚语说："如果你打算出门旅游一天，最好带上一周的面包。"因为在俄罗斯难以预料和不确定的因素太多，包括谈判中的时间和决策、行政部门的干预、交通和通信的落后。他们认为，时间是非线性的，没有必要把它分成一段一段地加以规划。谈判时俄罗斯人不爱提出讨论提纲和详细过程安排，谈判节奏松弛、缓慢。不过，俄罗斯人比较遵守时间，在商务交往中，需事先预约。

俄罗斯人喜欢非公开的交往，喜欢私人关系早于商业关系的沟通方式。一旦彼此熟悉，建立起友谊，俄罗斯人表现得非常豪爽、质朴、热情，他们健谈、灵活，乐于谈论自己的艺术、建筑、文学、戏剧、芭蕾等。他们非常大方、豪迈，长时间不停地敬酒，见面和离开都要握手。俄罗斯人是讨价还价的行家里手，善于运用各种技巧。常用的技巧有制造竞争、有的放矢等。

俄罗斯人重视合同。一旦达成谈判协议，他们会按照协议的字面意义严格执行，同时，他们也很少接受对方变更合同条款的要求。在谈判中，他们对每个条款，尤其是技术细节十分重视，并在合同中明确表示各条款。

在俄罗斯从事商务活动，对以下特殊礼俗和禁忌应加以注意：

(1) 见面握手时，忌形成十字交叉形。

(2) 交往中切忌用肩膀相互碰撞，这种行为如若不是好友，会被俄罗斯人认为是极为失礼的行为。

(3) 打招呼时忌问俄罗斯人去向，对他们来说，这不是客套的问候，这是在打听别人的隐私。

(4) 赠送女士鲜花的朵数只能是单数，只有当别人家中有人过世出殡或向墓地献花时，才可以选用朵数为双数的鲜花。而且一般不能送一朵鲜花，通常是送3朵、5朵或7朵。

6. 斯堪的纳维亚半岛的商务礼仪与禁忌

处于欧洲北部的挪威人、丹麦人和瑞典人被统称为斯堪的纳维亚人。他们都是基督教信徒，历史上多次受到别国侵略、骚扰，曾相互结盟或宣布中立以求安全和平。这种文化背景使北欧人自立性强、态度和平、谦恭、坦率，不轻易激动，愿意主动提出建设性意见以求作出积极的决策。这些性格特征使谈判者形成坦诚、积极、固执的谈判风格。自然，三国也有其不同之处。有一段充分表露挪威人、瑞典人、丹麦人等三国民情的话：挪威人先思考，接着是瑞典人加工制造，最后丹麦人负责推销。意思是说挪威人比较注重理论，善于形成体系，并富于创造性。而瑞典人则是能工巧匠，善于应用，精于产业化。至于丹麦人则善于推销，在商业方面是一流的商人。

他们办事的计划性很强，属于务实型的。凡是都是按部就班、规规矩矩的，所以办事速度较慢。受到岛国的自然环境影响，这些国家显示出比较明显的农业、渔业等的经济文化特征，有时看问题比较固执。

北欧这几个国家的人普遍喜欢饮酒，同时这些国家的政府为了公众的利益都制定了比较严厉的饮酒法。因此，在这些国家酒的价格特别昂贵，在交易中馈赠对方酒则是最好的礼物，它会令对方感激万分。

斯堪的纳维亚人喜欢桑拿浴，这已成为他们生活中的一部分。如果你的斯堪的纳维亚谈判对手邀请你去桑拿浴室，是你受到良好招待的明显标志。在这些国家，谈判以后去桑拿浴几乎成了不成文的规定。反之，如果你邀请对方去桑拿浴，也同样表明了你对对方的尊重。

由此可见，与北欧人谈判时，应该对他们坦诚相待，采取灵活和积极的态度。

7. 东欧国家的商务礼仪与禁忌

东欧国家系指东欧的几个国家，包含捷克、斯洛伐克、波兰、匈牙利、罗马尼亚、保加利亚等国。

东欧国家的民族文化各有特点。从性格上讲，有的性格开朗，甚至有些急躁，常常直抒已见；有的性格沉稳、彬彬有礼、行事适度。这些国家的社会制度与性质原来与我国差不多，使其在谈判过程中重国家利益观念、组织观念比较强，受政治因素的约束比较多，因而个性也就退居次要地位，自主性也比较差，官僚主义色彩比较浓厚。现在这些国家在社会制度与性质上普遍发生了变化，这对商业交易有较大的影响。因为这些国家的社会制度与性质有了变化，在与这些国家进行交易时应研究新的方式、方法。

7.8.2 亚洲国家的商务礼仪与禁忌

1. 日本的商务礼仪与禁忌

日本人带有典型的东方风格，一般比较慎重、耐心而有韧性，信心、事业心和进取心都比较突出。

日本人一般都具有较高的文化素质和个人涵养，能自如地运用“笑脸式”的讨价还价，以实现获取更多利益的目标。在商业谈判中，日本人往往事先就已撰写了详细的计划方案，做了精心准备；若在谈判中出现新的变化，他们会夜以继日地迅速形成文字，使对方充分理解，为其成功创造机会。“吃小亏占大便宜”是日本人商务谈判的典型特征之一，其常用的手法是打折扣吃小亏，抬高价占大便宜。日本人很注意交易和合作的长远效果，而不过分争执眼下的利益，善于“放长线钓大鱼”。日本人在商务谈判中往往不明确表态，常使对方产生模棱两可、含糊不清的印象，甚至误会。应切记的是，若日本人在你阐述意见时一直点头，这并不代表他们同意你的主张和看法，而仅仅表示他已经听见了你的话。他们在签订合同前一般都很谨慎，且历时也很长，但一般很重视合同的履行，同时对对方履行合同的要求也很严苛。

日本人很重视在商务谈判中建立和谐的人际关系，十分重视与对交易有决定作用的人物的关系，在他们身上不惜花大工夫。在同日本人商务谈判之初，拜访日本企业中同等地位的负责人是十分重要的，他会促使日本企业重视与我方之间的合作关系。

日本人的心理是比较封闭的，即不怎么轻信于人。因此在谈判过程中往往是通过各种方式去调查对方的底细或情况，而对自己的底细或情况却很少透露，除非是必须透露的信息。

日本人重视礼节和礼貌。日本人的谈吐举止都要受到严格的礼仪约束，称呼他人使用"先生"、"夫人"、"女士"等，不能直呼其名。他们强调非语言交际，鞠躬是很重要的礼节，鞠躬越深，表明其表达敬意的程度越深；但与西方人交往时，通常行握手礼。日本人常用的寒暄语是"您好"、"您早"、"再见"、"拜托您了"、"请多关照"、"失陪了"等。

日本人盛行送礼，日本公司在与外国客户开始业务联系时，常常会馈赠礼品，不过日本人送礼、还礼一般都是通过运输公司的服务员送上门的，送礼与受礼的人互不见面。收到礼品后，应向东道主表示深切的谢意，并应回赠以公司为名义的礼品。

在日本从事商务活动，对以下特殊礼俗和禁忌应加以注意：

(1) 由于日本发音中"4"和"死"相近，"9"与"苦"相近，因此，忌讳用4、9等数字，还忌讳三人合影。

(2) 日本人没有互相敬烟的习惯。与日本人一起喝酒，不宜劝导他们开怀畅饮。

(3) 日本人很忌讳别人打听他们的工资收入。年轻的女性忌讳别人询问她的姓名、年龄以及是否结婚等。

(4) 送花给日本人时，忌讳送白花，在日本白花象征死亡。也不能把玫瑰和盆栽植物送给病人，菊花是日本皇室专用的花卉，民间一般不能赠送。日本人喜欢樱花，并认为荷花是不祥之物，只在祭奠时才会出现荷花。

(5) 在商品的颜色上，日本人爱好淡雅，讨厌绿色。忌用荷花、狐狸（贪婪）、獾（狡诈）等图案。

2. 韩国的商务礼仪与禁忌

韩国是礼仪之邦，其习俗与我国朝鲜族基本相同。韩国人懂礼貌、有修养，面子观念也极强。

近年我国与韩国的贸易往来迅速增长。韩国以"贸易立国"，韩国在长期的贸易实践中积累了丰富的商务谈判经验，常在不利于己的谈判中占上风，被西方国家称为"谈判的强手"。

韩国人在谈判前总是要进行充分的咨询准备工作，谈判中他们注重礼仪，创造良好的谈判气氛，并善于巧妙地运用谈判技巧。与韩国人打交道，一定要选派经验丰富的谈判高手，做好充分准备，并能灵活应变，才能保证谈判的成功。

在商务谈判中，韩国人比较敏感，也比较看重感情，只要感到对方不尊重自己，谈判便会破裂。韩国人重视商务活动中的接待，宴请一般在饭店举行。

在韩国从事商务活动，对以下特殊礼俗和禁忌应加以注意：

(1) 韩国商务人员与不了解的人来往通常要有一位双方都尊敬的第三者介绍和委托，否则不容易得到对方的信赖。为了介绍方便，要准备好名片，中文、英文、韩文均可，但要避免名片上使用日文。

(2) 韩国也忌讳4这个数字，无论是赠送鲜花还是水果都应注意避开这些敏感数字。

(3) 在商务谈判中，首先要建立信任和融洽的关系，否则谈判要持续很长时间。

(4) 韩国人不喜欢直说或听到“不”字，所以常用“是”字表达他们有时是否定的意思。

7.8.3 非洲国家的商务礼仪与禁忌

非洲大陆有50多个国家，约12亿人口，绝大多数国家属于发展中国家，经济贸易不发达，加上各国内部的暴力冲突和外部战乱连年不断，使他们在经济上严重依赖大国。

非洲各国内部存在许多部族。各部族之间的对立意识很强，其族员的思想大都倾向于为自己的部族效力，对于国家的感情则显得淡漠。非洲人有许多禁忌需要注意，比如，他们崇尚丰盈，鄙视柳腰，因此在非洲妇女面前，不能提“针”这个字；非洲人认为左手是不洁的，因此尽管非洲商人也习惯见面握手，但千万注意别伸出左手来握手，否则会被视为对对方的大不敬。

7.8.4 拉美国家的商务礼仪与禁忌

拉丁美洲和北美同处一个大陆，但人们的观念和行为方式却差别极大。谈判专家曾这样描述他们：一个北美人已急着落实计划时，拉美人却刚开始认识你；当北美人想大展宏图时，拉美人却刚想到怎样开张；当北美人想让他们的产品占领整个拉美市场时，拉美人却只关心在国内自己掌握的那一小部分市场上如何打开产品销路。由此，可以清楚地看出他们之间的差别是什么。一般来讲，拉美人的生活节奏比较慢，这恐怕是一切非工业化国家的特点，这也在谈判中明显地表现出来。

与拉美人交往，要表现出对他们风俗习惯、信仰的尊重与理解，努力争取他们对你的信任，同时，避免流露出与他们做生意是对他们的恩赐，一定要坚持平等、友好、互利的原则。

由于拉丁美洲是由众多的国家和地区组成，国际间的矛盾冲突较多，要避免在谈判中涉及政治问题。

和处事敏捷、高效率的北美人相比，拉美人显得十分悠闲、乐观，时间概念比较淡薄，他们的悠闲表现在有众多的假期上，常常在谈判的关键时刻，他们要去休假，谈判只好等他们休假结束再继续。拉美人也很看重朋友，商业交往常带有感情成分。

拉美人不重视合同，常常是签约之后又要求修改，合同履约率也不高，特别是不能如期付款。另外，这些国家经济发展速度不平衡，国内时常出现通货膨胀，所以，在对其出口交易中，要力争用美元支付。

拉美地区国家较多，不同国家谈判人员特点也不相同。如阿根廷人喜欢握手，巴西人以好娱乐、重感情而闻名，智力、巴拉圭和哥伦比亚人比较保守等。总之，只要不干预这些国家的社会问题，耐心适应这些国家人做生意的节奏，就很容易同拉美人建立良好的个人关系，从而保证谈判的成功。

7.8.5 大洋洲国家的商务礼仪与禁忌

1. 澳大利亚的商务礼仪与禁忌

澳大利亚因地广人稀，在商务活动中极其讲究效率，从而形成了澳大利亚商务谈判中的两个显著特点：一是澳方派出的商务谈判代表一般都对事物具有表决权，从而他们要求对方的商务谈判代表也有表决权，他们厌恶那种不解决实际问题的漫长“磋商”。二是对采购物品、输入劳务等，一般采用招标方式，以便能够用最低价和最短时间找到合作伙伴，若和他们漫天要价以期在商谈中慢慢减价，则很可能导致合作机会的失去。

在澳大利亚从事商务活动，对以下特殊礼俗和禁忌应加以注意：

（1）澳大利亚人奉行“人人平等”的信条，遵从女士优先的社交原则。

（2）澳大利亚人谦恭随和，准时守约。

（3）澳大利亚人忌讳兔子，喜爱袋鼠，偏爱琴鸟。

2. 新西兰的商务礼仪与禁忌

新西兰是一个农业国，工业产品大部分需要进口。国民福利待遇相当高，大部分人都过着富裕的生活。其商人在商务活动中重视信誉，责任心很强，加上经常进口货物，多与外商打交道，他们大多精于谈判，难以应付。

新西兰人在社交场合与客人相见时，一般惯用握手施礼；和妇女相见时，要等对方伸出手再施握手礼。他们也施鞠躬礼，不过鞠躬方式独具一格，要抬头挺胸地鞠躬。新西兰的毛利人会见客人的最高礼节是施“碰鼻礼”，碰鼻子的次数越多，时间越长，礼就越重。

在新西兰从事商务活动，对以下特殊礼俗和禁忌应加以注意：

（1）应回避的话题是种族问题。不要把新西兰作为澳洲或“澳大拉西亚”的一部分。

（2）新西兰人大多数信奉基督教新教和天主教。他们把“13”视为凶神，无论做什么事情，都要设法回避“13”。

（3）新西兰人视当众闲聊、吃东西、喝水、抓头皮、紧裤带等行为为失礼的举止。

（4）新西兰人的毛利人，对有人给他们照相是极为反感的。

本 章 小 结

由于涉外建设工程商务谈判的跨国、跨文化性质，涉外建设工程商务谈判要远比国内的商务活动广泛和复杂，同时带来的风险也相对较多。准确识别谈判中存在的风险并选择相应的规避措施，了解不同国家的文化差异、谈判风格，具备正确的涉外建设工程商务谈判意识，是谈判人员持续努力的方向。

思 考 题

1. 涉外建设工程商务谈判与国内建设工程商务谈判有什么不同之处？
2. 涉外建设工程商务谈判的风险规避方法有哪些？
3. 涉外建设工程商务谈判人员有哪些注意事项？
4. 涉外建设工程商务谈判应注意的礼仪有哪些？

8 建设工程商务谈判的文书工作

【本章学习重点】

了解建设工程商务谈判文书的种类，重点掌握建设工程商务谈判各个阶段中的谈判文书编制，在了解与掌握建设工程商务谈判文书撰写的相关理论基础上，能够根据实际谈判需要编制相应的谈判文书，从而达到谈判目标和获得谈判成功。

8.1 谈判文书的基础知识

8.1.1 谈判文书的特点与作用

叶圣陶老先生曾说过："公文不一定要好文章，但必须表达明确、字稳词妥、通体通顺，让人清晰地了解文书内容。"这个论述所提及的是商务文书与标准公文。通过上述阐释，可以提炼出商务文书写作的特点：

(1) 简明，正所谓"句中无余字，篇内无赘语"，"简明"是商务文书首要特点。

(2) 准确，"准确"是指要求商务文书做到"一字入公文，九牛拔不出"，在意思明确的前提下，商务文书写作应追求尽量用一段话、一句话甚至是一个词表达出核心观点。

(3) 朴实，"朴实"是指在商务文书写作中切忌刻意堆砌辞藻。

(4) 庄重，所谓"庄重"，是指对商务文书的整体风格把握不要过于诙谐幽默，过多的玩笑会极大地影响文书的严肃性。

(5) 规范，商务文书写作在很多方面具有强烈规范性的特点，其中以标点符号的规范性尤为重要，但是却往往被大家所忽视，从而造成了一些细节上的失误。

商务文书写作是很多人工作的一部分，对于更好地完成大家的工作是非常重要的。《福布斯》杂志的创始人——马尔科姆·福布斯曾经说"一封好的商务信函，可以让你得到一次面试的机会，帮助你摆脱困境，或者为你带来财富"，也就是说，写好商务文书在一定程度上能够给大家带来很大的经济利益。

从另一个角度来看，商务文书写作与其他任何文本的撰写一样，其作用和最终目的都是为了与别人进行某种形式的交流与沟通。而需要强调的一点是，沟通并不仅仅是所传递出来的信息，而是被别人理解的信息。如果理解了这一点，那么我们就可以认识到，在日常工作及生活中大家所普遍谈及的所谓"沟通的障碍"其实就都是来自于简单传递的单向沟通。

因此，在商务文书写作方面最为重要的一点就是要避免陷入单向沟通的误区，时刻站在读者的角度来思考问题并形成最后的文字，让文书接收方能够理解自己的意图，这样才能发挥出写作商务文书的沟通作用。

8.1.2 谈判文书的种类

在实际工作中，大家可能会遇到形形色色、各种各样的商务谈判文书，根据其形式和内容用途可以大致将其划分为以下的类型：

1. 按形式来划分

以形式作为划分标准，商务文书可以大致分为以下两类：

（1）固定格式的商务文书。常见的固定格式商务文书主要有：商务合同、邀请信、通知、请示以及批复。相比较而言，这类商务文书的格式是有比较规范的要求的。

（2）非固定格式的商务文书。所谓非固定格式的商务文书，在日常工作中则往往应用得更为广泛，其中最为大家所熟悉的就是随着计算机和网络一起兴起的电子邮件。

2. 按内容用途来划分

以内容用途作为划分标准，商务文书则又可以分为以下两类：

（1）通用的商务文书。常见的通用商务文书主要有：通知、会议纪要、请示、批复、总结、备忘录以及报告等。由于相对于礼仪性商务文书而言，这些文体使用得更为频繁，所以在课程后面的内容中将对它们的写作方法进行专门的讨论。

（2）礼仪性的商务文书。所谓礼仪性的商务文书，主要是指贺信、贺电、邀请书、请柬以及慰问信。

8.1.3 谈判文书写作的基本原则

谈判文书写作有以下四个要素，每个要素中都有需要遵循的原则：

1. 主旨

所谓“主旨”，就是指商务文书的中心思想，即作者所要表达的意思。商务文书的写作并不是为了写而写，而应该具有一个明确的目的；换而言之，就是应该对方看到该商务文书后产生作者所希望的感受和行动。

在主旨方面，应该遵循“正确，务实，集中，鲜明”的原则。

2. 材料

好的商务文书不是可以一蹴而就的，需要围绕作者的主旨来收集很多相关方面的素材。例如在政府机关中撰写政策性的通知，就需要查阅很多以前类似的、与之相关的批文、章程等资料，以确保前后建立起必要的联系和呼应。

在材料方面，应该遵循“收集要多，选择要严，使用要巧”的原则。

3. 结构

另外，好的商务文书还应该具有良好的结构，否则会导致在不应该浪费笔墨的地方占用很大的篇幅，而需要去强调的内容则被相应的弱化。

在结构方面，可以选择“篇段合一式、分层表达式、分条列项式”等方式。

4. 语言

如果说主旨、材料以及结构构成了商务文书的骨骼，那么行文的语言就是对其进行填充和丰富的血肉。

在语言方面，应该做到“风格平直朴实庄重，表达规范准确简练”，最低要求也必须进行拼写检查以保证用词的准确。

8.2 国内建设工程项目常用的谈判文书

8.2.1 谈判方案

商务谈判方案是在谈判开始前对谈判目标、谈判议程、谈判策略预先所作的安排。谈判方案是指导谈判人员行动的纲领，在整个谈判过程中起着非常重要的作用。

由于商务谈判的规模、重要程度不同，商务谈判内容有所差别。内容可多可少，要视具体情况而定。尽管内容不同，但其要求都是一样的。一个好的谈判方案要求做到以下几点：

（1）简明扼要。所谓简明就是要尽量使谈判人员很容易记住其主要内容与基本原则，使他们能根据方案的要求与对方周旋。

（2）明确、具体。谈判方案要求简明、扼要，也必须与谈判的具体内容相结合，以谈判具体内容为基础，否则，会使谈判方案显得空洞和含糊。因此，谈判方案的制定也要求明确、具体。

（3）富有弹性。谈判过程中各种情况都有可能发生突然变化，要使谈判人员在复杂多变的形势中取得比较理想的结果，就必须使谈判方案具有一定的弹性。谈判人员在不违背根本原则情况下，根据情况的变化，在权限允许的范围内灵活处理有关问题，取得较为有利的谈判结果。谈判方案的弹性表现在：谈判目标有几个可供选择的目标；策略方案根据实际情况可供选择某一种方案；指标有上下浮动的余地；还要把可能发生的情况考虑在计划中，如果情况变动较大，原计划不适合，可以实施第二套备选方案。

商务谈判方案主要包括谈判目标、谈判策略、谈判议程，以及谈判人员的分工职责、谈判地点等内容。其中，比较重要的是谈判目标的确定、谈判策略的布置和谈判议程的安排等内容。

（1）确定谈判目标

谈判目标是指谈判要达到的具体目标，它指明谈判的方向和要求达到的目的、企业对本次谈判的期望水平。商务谈判的目标主要是以满意的条件达成一笔交易，确定正确的谈判目标是保证谈判成功的基础。

值得注意的事，谈判中只有价格这样一个单一目标的情况是很少见的，一般的情况是存在着多个目标，这时就需考虑谈判目标的优先顺序。在谈判中存在着多重目标时，应根据其重要性加以排序，确定是否所有的目标都要达到，哪些目标可舍弃，哪些目标可以争取达到，哪些目标又是万万不能降低要求的。

（2）制定商务谈判策略

制定商务谈判的策略，就是要选择能够达到和实现己方谈判目标的基本途径和方法。谈判不是一场讨价还价的简单的过程。实际上是双方在实力、能力、技巧等方面的较量。因此，制定商务谈判策略前应考虑如下影响因素：对方的谈判实力和主谈人的性格特点；对方和我方的优势所在；交易本身的重要性；谈判时间的长短；是否有建立持久、友好关系的必要性。

通过对谈判双方实力及其以上影响因素的细致而认真的研究分析，谈判者可以确定本方的谈判地位，即处于优势、劣势或者均势，由此确定谈判的策略。如报价策略、还价策略、让步与迫使对方让步的策略、打破僵局的策略等。

（3）安排谈判议程

谈判议程的安排对谈判双方非常重要，议程本身就是一种谈判策略，必须高度重视这项工作。谈判议程一般要说明谈判时间的安排和谈判议题的确定。谈判议程可由一方准备，也可由双方协商确定。议程包括通则议程和细则议程，通则议程由谈判双方共同使用，细则议程供己方使用。

谈判是一项技术性很强的工作。为了使谈判在不损害他人利益的基础上达成对己方更为有利的协议，可以随时卓有成效地运用谈判技巧，但又不为他人觉察。一个好的谈判议程，应该能够驾驭谈判，这就好像双方作战一样，成为己方纵马驰骋的缰绳。你可能被迫退却，你可能被击败，但是只要你能够左右敌人的行动，而不是听任敌人摆布，你就仍然在某种程度上占有优势。更重要的是，你的每个士兵和整个军队都将感到自己比对方高出一筹。

当然，议程只是一个事前计划，并不代表一个合同。如果任何一方在谈判开始之后对它的形式不满意，那么就必须有勇气去修改，否则双方都负担不起因为忽视议程而导致的损失。

8.2.2 谈判纪要

谈判纪要是根据谈判记录整理而成的文书。谈判纪要是对谈判的议题、谈判的主要议程、谈判主要内容与结果整理而成的，其可作为谈判代表向领导汇报工作的文件，也可以作为签订协议的依据。

谈判纪要是谈判过程的真实反映，是谈判双方代表的意思真实表现。因此谈判纪要经双方代表签字后，具有一定的约束力。这种约束力是基于双方诚实信用的基础上，而不是基于法律根据上，所以谈判纪要一般不具有法律效力。

编制谈判纪要应注意如下事项：

（1）记录时要认真、一丝不苟，如实反映谈判内容。

（2）内容比较复杂的大型谈判纪要应作必要的归纳、提炼，但要忠实于谈判的客观情况。

（3）语言要简洁、明确、规范。

会议谈判纪要范例见表 8-1。

会议谈判纪要范例 **表 8-1**

投标邀请编号：__________内容：____________________________________

日期：____年____月____日 地点：____________________________________

参加人员：甲方：________ ________ ________ ________ ________ ________

乙方：________ ________ ________ ________ ________ ________

双方就该项目的工作范围、服务标准、验收程序、合同价格等内容进行了澄清、谈判，就以下内容达成一致，现纪要如下：

1. 工作范围：针对花园小区进行绿化及车场改造。
2. 双方就工程维修范围，施工技术要求及质量标准达成一致。
3. 工程工期：自合同签订之日起，至合同签订之日后 40 日内。
4. 本工程的质量保修期为 12 个月。
5. 合同价款：本合同以实际工程量进行结算，结算金额不得超过总造价________万元。
6. 付款方式：发包人确认竣工结算报告之日起 7 日内，发包人向承包人支付工程竣工结算价款总额的 95％ 。剩余 5％作为工程质保金，一年后无工程质量问题后返还。

甲　　方：　　　　　　　　　　　　　　　　乙方：

技术人员：________ ________ ________ ________ ________ ________

商务人员：________ ________ ________ ________ ________ ________

8.2.3 谈判备忘录

工程商务谈判备忘录与一般商务谈判备忘录相同是在业务磋商过程中的一种提示或记事性文书，是在商务谈判时，经过初步讨论后，记载双方的谅解与承诺，为进一步洽谈作参考。

纪要所记录的是双方达成的一致性意见；而备忘录所记录的则是双方各自的意见、观点，它有待于在下一次洽谈时进一步磋商。纪要是以“双方一致同意”的语气来表达的；备忘录是以甲、乙方各自的语气来表达的。

工程商务谈判备忘录写的内容一定要真实、准确、具体，各自的意见要明确，语气应当平和而友好。一般应采取分条列项的方法，对具体事项逐条说明。

备忘录见表 8-2。

备 忘 录 **表 8-2**

甲方：__________ 乙方：__________

甲乙双方于____年____月____日在____（地点）就____（项目名称）合作事宜，经过协商讨论，初步达成如下共识：

一、______________________________

二、______________________________

三、______________________________

……

双方商定，于____年____月____日在____（地点）举行第二次会议，进一步讨论合作内容。

甲方：______________乙方：______________

代表（签字）代表：（签字）

____年____月____日

8.2.4 合作意向书

建设工程项目合作意向书是双方或多方在合作之前，通过初步谈判，就合作事宜表明基本态度、提出初步设想的协约性文书。一般称做“意向书”。它主要用于洽谈重要的合作项目和涉外项目。如合资经营企业、合作经营贸易、承包国际工程等方面。可以在企业与企业之间、地区和地区之间、国家和国家之间等使用。

合作意向书主要是表达贸易或合作各方共同的目的和责任，是签订协议、合同前的意向性、原则性一致意见的达成。它是实现实质性合作的基础。合作意向书制作既可以使磋商合作的步伐走的稳健而有节奏，避免草率从事，盲目签约，也可以及时抓住意向、开拓发展，避免失去商机。

1. 合作意向书的特征

（1）意向性与一致性

合作意向书的内容是各方原则性的意向，并非具体的目标和实施方法。这与协议与合同是有很大区别的。协议与合同的内容要求必须是非常具体的、且有实施的操作性。它的具体内容应是经过协商双方一致同意的，能表达双方的共同意愿。

（2）协商性与临时性

商务合作意向书是共同协商的产物，也是今后协商的基础。在双方签署之后，仍然允许协商修改。商务合作意向书只是表达谈判的初步成果，为今后谈判作铺垫；一旦谈判深入，最终确定了合作双方的权利和义务，其使命即告结束。

（3）信誉性而非法律性

商务合作意向书是建立在商业信誉之上的，虽然对各方有一定的约束力，但并不具有法律效力。这与协议与合同的执行具有法律强制性是不同的。

2. 商务合作意向书结构与写法

（1）标题

可直书“意向书”三字；也可在“意向书”前标明协作内容，如《合资建立五十万吨水泥厂意向书》、《合资兴建麦秆草席加工厂意向书》；还可在协作内容前标明协作各方名称。

（2）正文

1）引言

引言写明签订意向书的依据、缘由、目的。表述时与经济合同、协议书比较而言相对灵活些。有时引言部分要说明双方谈判磋商的大致情况，如谈判磋商的时间、地点、议题甚至考察经过等。

2）主体

以条文的形式表述合作各方达成的具体意向。一般来说，主体部分还应写明未尽事宜的解决方式，即还有哪些问题需要进一步洽谈，洽谈日程的大致安排，预计达成最终协议的时间等。在主体部分最后应写明意向书的文本数量及保存者；如系中外合资项目，还应交代清楚意向书所使用的文字。

3）落款

包括签订意向书各方当事人的法定名称，谈判代表人的签字，签署意向书的日期等内容。

（3）合作意向书范例（表 8-3）

工程项目承包合作意向书 **表 8-3**

甲方（单位名称）：__________（以下简称甲方）

甲方代表：__________联系电话：__________

乙方（公司名称）：__________（以下简称乙方）

乙方代表：__________联系电话：__________

依照《中华人民共和国合同法》、《中华人民共和国建筑法》及其他有关法律规定，本着平等互利、公平诚信、精诚合作的原则，甲乙双方就本项目的施工达成如下意向：

第一条　经甲方对乙方审核，甲方拟委托乙方就甲方__________工程进行承包。

第二条　乙方必须保证所提供的承包工程要求的相关资质证明材料真实、合法、有效。

第三条　技术服务

乙方必须指派技术负责人和配齐技术人员，严格按照甲方提供的设计图纸和作业规程进行施工。乙方一切施工活动，必须编制安全施工措施，施工前对全体施工人员进行全面的安全技术交底，并向甲方提供施工人员学习记录，保证在整个施工过程中正确、完整地执行，无措施或未交底严禁安排施工。

第四条　安全管理

1. 乙方必须服从甲方的安全管理与协调，执行各种安全指令。依据安全生产法律法规、矿安全管理制度、规程进行施工。

续表

2. 乙方必须指派专职安全生产管理人员或安全监督人员，必须按时参加甲方组织的各种安全检查和会议。

3. 现场施工应遵守国家和地方关于劳动安全，劳务用工法律法规及规章制度，保证其用工的合法性。乙方必须按国家有关规定，为施工人员进行人身保险，配备合格的劳动防护用品、安全用具。

4. 开工前，乙方应组织全体施工人员进行安全教育，并将参加安全教育人员名单（包括临时增补或调换人员）与考试成绩报给甲方备案。

第五条　现场管理

乙方必须配齐现场管理（包括跟班管理人员），跟班管理人员必须持有有关部门核发的合格有效的安全资格证书，服从甲方的安全管理和参加甲方组织的安全培训。乙方必须保证现场正常跟班，跟班管理人员不得无故更换，确需更换时，必须经甲方同意。

第六条　特殊工种

乙方必须配齐特种作业人员，特种作业人员必须持有有关部门核发的合格有效的上岗资格证书。特殊工种必须接受甲方的统一管理和参加甲方组织的安全培训。

第七条　职工素质

乙方必须派驻有从事三年以上工作经验的施工工人，严格按照《安全规程》、《安全操作规程》进行施工，工人必须严格遵守甲方的规章制度，发现"三违"，甲方有权进行处罚。

第八条　入驻规定

招标程序完毕后，甲乙双方于2日内签订工程承包合同，合同签订3日内，乙方必须派人入驻施工现场进行施工。

第九条　甲乙双方联系方式及响应时间：甲乙双方应以调度会议、安全办公会议等有关会议统一协调安排工作，并将内部联系单、传真等以书面形式送达对方。

第十条　承包方式：除建设方提供的设备及材料外，乙方包工包料。

第十一条　结算方式：以集团公司财务结算规定执行。

第十二条　材料采购与供应

1. 乙方根据协议约定，甲乙双方共同按照设计规范的要求，采购工程所需要的材料设备，并提供产品合格证明，在到货24h内通知甲方验收，对不合格的产品，由乙方按甲方要求的时间运出施工现场，主要建设材料须经甲乙双方认可。如因材料质量造成的工期延误，合同工期不予延期。

2. 根据工程需要，经甲方批准，乙方可使用代用材料。

第十三条　甲方职责与权力

1. 甲方搞好"三通一平"工作，办理好属于甲方应该办理的一切手续。

2. 甲方应在开工前向乙方进行现场交底，做好各项进场必备条件，说明注意事项。

3. 负责及时按进度拨付工程款给乙方，委派好技术管理人员，协助乙方工作，并协调乙方及时解决施工中发生的技术难题。

4. 负责协调与当地政府和周边地区的关系，较好的处理好乙方提出的合理化意见和建议，并督促控制乙方在施工过程中的质量、安全与进度。

第十四条　乙方职责与权利

1. 参加甲方组织的施工设计方案现场交底。

2. 乙方在施工期间全面承担乙方工程的管理和施工职责，对工程质量、安全、进度负责，保证所供材料质量。

3. 在施工期间，乙方应精心组织和编制施工组织设计，负责按照施工组织设计施工。

4. 严守操作规程，接受甲方、监理及所委派代表的质量检查与技术监督，收集和整理好各项技术

续表

资料存档。服从、听取甲方的正确指挥。

第十五条 工期延误

对以下原因造成竣工日期推迟的延误，经甲方代表确认，工期相应顺延：

1. 工程量变化和设计变更。

2. 一周内，非乙方原因停水、停电累计超过 8h。

3. 不可抗力。

4. 合同约定或甲方代表同意给予顺延的其他情况。

5. 甲方分包工程造成的工程延误。

第十六条 隐蔽工程，中间验收

对隐蔽工程，乙方随时通知甲方及监理，经甲方与监理验收合格并签字后，方可进行下一道工序的施工。

第十七条 本意向书，不具备法律效应，只作为双方合作意向声明。

第十八条 甲乙双方商定　　年　月　日签订正式合同。

第十九条 本协议一式肆份，甲乙双方各贰份，经双方签字盖章后生效，本意向书是双方合作的基础，甲乙双方的具体合作内容以正式合同为准。

甲方代表签字：　　　　　　　　乙方代表签字：

年　月　日

8.2.5 协议书

商务协议书是指社会组织或个人之间就商务问题或事项经过协商取得一致意见后共同订立的明确相互权利、义务关系的契约性文件。商务协议书的双方或多方当事人可以是国家机关、社会团体，也可以是企事业单位，还可以是公民个人，当然，具体到某种协议时，也可能对签约主体有限制。

1. 商务协议书的种类

商务协议书相比较于其他协约文书，使用比较广泛，使用情况比较复杂，进行系统的归类比较难。在社会生活尤其是经济生活中，常见的协议书有：

(1) 联营协议书

联营协议书即联合经营协议书，是指两个或两个以上的经济组织、个体工商户、农村承包经营户共同出资、共同生产经营、共享所得利益、共担风险而达成的明确相互权利、义务关系及生产经营活动原则的书面协议。

联营协议书的签约主体是有限制的，国家机关、社会团体无权签订联营协议书。联营协议书的基础是各方共同进行联合生产或联合经营，共同作为，缺一不可，联营各方具有共同的利害关系。他们互相依托，按投资或约定的比例划分经济利益和经济责任，无论是获得利润还是遭受损失，每一方都不单独享受或承担。

联营协议书依据各方联合的紧密程度和组织结构的不同，可以分为法人型联营协议书、合伙型联营协议书、协作型联营协议书。

1) 法人型联营协议书，又称紧密型联营协议书，是指联营各方以财产、技术、劳务等出资而达成的共同经营，组成新的具有法人资格的经济实体的书面协议。其法律特征是：参加联营的方式是出资；联营各方共同经营；联营的组织形式是法人；法人型联营法人的权利受到联营各方意志的约束。

2）合伙型联营协议书，又称半紧密型联营协议书，是指联营各方各自以资金、厂房或技术、设计能力等为股份共同进行生产经营活动，共同承担联营所产生的风险责任并分享联营所得利益的书面协议。其法律特征是：合伙型经济联合组织不是法人，也没有形成独立核算的经济实体；合伙型联营组织对外承担无限连带责任；经营业务受到联营成员经营范围的限制。

3）协作型联营协议书，又称松散型联营协议书，是以某个或某几个大中型企业或科研机构为骨干，以某个优质产品为龙头，联合若干企事业单位，在各自独立经营的基础上确立相互权利、义务关系的松散的联合经营的书面协议。其法律特征是：联营各方既不能组成新的经济实体，也不共同出资。只是在联营各方之间有协议所确定的权利、义务关系；联营各方各自独立经营，经济上独立核算，财产责任互不连带。

建设工程商务谈判中联合体投标协议范例见表 8-4、表 8-5。

联合体投标协议书参考格式 **表 8-4**

（甲公司名称）__________、（乙公司名称）__________自愿组成联合体，参加__________工程投标。现就有关事宜订立协议如下：

1.（甲公司名称）为联合体牵头方，（乙公司名称）为联合体成员；

2. 联合体内部有关事项规定如下：

（1）联合体由牵头方负责与业主联系。

（2）投标工作由联合体牵头方负责，由双方组成的投标小组具体实施；联合体牵头方代表联合体办理投标事宜，联合体牵头方在投标文件中的所有承诺均代表了联合体各成员。

（3）联合体将严格按照招标文件的各项要求，递交投标文件，切实执行一切合同文件，共同承担合同规定的一切义务和责任，同时按照内部职责的划分，承担自身所负的责任和风险，在法律上承担连带责任。

（4）如中标，联合体内部将遵守以下规定：

a. 联合体牵头方和成员共同与业主签订合同书，并就中标项目向业主负责有连带的和各自的法律责任；

b. 联合体牵头方代表联合体成员承担责任和接受业主的指令、指示和通知，并且在整个合同实施过程中的全部事宜（包括工程价款支付）均由联合体牵头方负责；

c. 联合体分工原则：____。

（5）投标工作和联合体在中标后工程实施过程中的有关费用按各自承担的工作量分摊。

3. 本协议书自签署之日起生效，在上述（4）a 所述的合同书规定的期限之后自行失效；如中标后，联合体内部另有协议的，联合体牵头方应将该协议书送交业主。

4. 本协议书正本一式四份，送业主一份，投标报名时递交一份，联合体成员各一份；副本一式六份，联合体成员各执三份。

甲公司名称：（全称）（盖章）　　　　乙公司名称：（全称）（盖章）

法定代表人或授权委托人：（签字盖章）　　　　法定代表人或授权委托人：（签字盖章）

年　月　日　　　　年　月　日

投标联合体授权牵头方协议书（参考格式） **表 8-5**

（联合体各方名称）__________，__________，组成联合体，参加__________工程的投标活动，现授权（联合体牵头方名称）____________________为本投标联合体牵头方，联合体牵头方负责项目的一切组织、协调工作，并授权投标代理人以联合体的名义参加本工程的投标，代理人在投标、开标、评标、合同谈判过程中所签署的一切文件和处理与本次招标有关的一切事务，联合体各方均予以承认并承担法律责任。

本授权有效期至本次招标有关事务结束止。

被授权方：__________　　授权方：__________
盖章：　　盖章：
电话：　　电话：
地址：　　地址：
年　月　日　　年　月　日

（注：本协议书需完全注明联合体其他方组成成员）

（2）委托协议书

委托协议书是指当事人双方约定一方为他方处理事务的书面协议。委托的一方称为委托方，为他方处理事务的一方为受托方。当事人约定委托事项为一项或数项事务的称为特别委托协议书；当事人约定委托事项为一切事务的称为概括委托协议书。关于不动产的处理或设定抵押，争议和解或提交仲裁，行使赠予或股东、董事的表决权等事项的委托，必须签订委托协议书，见表 8-6。

授权委托书 **表 8-6**

本授权委托书声明：我__________（姓名）系__________（单位名称）的法定代表人，现授权委托__________（联合体牵头方的单位名称）的__________（姓名）为联合体全权代表，以__________（联合体名称：牵头方加成员单位）联合体的名义参加__________（招标人）的__________工程的投标活动。全权代表在开标、评标、询标、合同谈判过程中所签署的一切文件和处理与之有关的一切事务，我均以承认。

代理人无转委托权。特此委托。

代理人：__________　性别：__________　年龄：__________
身份证号码：__________
单位：__________　部门：__________　职务：__________

联合体成员（盖章）：
法定代表人（签字盖章）：
日期：　年　月　日

（3）建设工程施工合同协议书

建设工程施工合同是指发包方（建设单位）和承包方（施工人）为完成商定的施工工程，明确相互权利、义务的协议。依照施工合同，施工单位应完成建设单位交给的施工任务，建设单位应按照规定提供必要条件并支付工程价款。建设工程施工合同是承包人进行工程建设施工，发包人支付价款的合同，是建设工程的主要合同，同时也是工程建设质量控制、进度控制、投资控制的主要依据。施工合同的当事人是发包方和承包方，双方是平等的民事主体，见表 8-7。

建设工程施工合同协议书 **表 8-7**

发包人（全称）：______________________________

承包人（全称）：______________________________

根据《中华人民共和国合同法》、《中华人民共和国建筑法》及有关法律规定，遵循平等、自愿、公平和诚实信用的原则，双方就__________工程施工及有关事项协商一致，共同达成如下协议：

一、工程概况

1. 工程名称：______________________________。

2. 工程地点：______________________________。

3. 工程立项批准文号：______________________________。

4. 资金来源：______________________________。

5. 工程内容：______________________________。

群体工程应附《承包人承揽工程项目一览表》。

6. 工程承包范围：

______________________________。

二、合同工期

计划开工日期：__________年______月______日。

计划竣工日期：__________年______月______日。

工期总日历天数：__________天。工期总日历天数与根据前述计划开竣工日期计算的工期天数不一致的，以工期总日历天数为准。

三、质量标准

工程质量符合______________________标准。

四、签约合同价与合同价格形式

1. 签约合同价为：

人民币（大写）____________________（¥__________元）；

其中：

(1) 安全文明施工费：

人民币（大写）____________________（¥__________元）；

(2) 材料和工程设备暂估价金额：

人民币（大写）____________________（¥__________元）；

(3) 专业工程暂估价金额：

人民币（大写）____________________（¥__________元）；

(4) 暂列金额：

人民币（大写）____________________（¥__________元）；

2. 合同价格形式：______________________________。

五、项目经理

承包人项目经理：______________________________。

续表

六、合同文件构成

本协议书与下列文件一起构成合同文件：

①中标通知书（如果有）；②投标函及其附录（如果有）；③专用合同条款及其附件；④通用合同条款；⑤技术标准和要求；⑥图纸；⑦已标价工程量清单或预算书；⑧其他合同文件。

在合同订立及履行过程中形成的与合同有关的文件均构成合同文件组成部分。

上述各项合同文件包括合同当事人就该项合同文件所作出的补充和修改，属于同一类内容的文件，应以最新签署的为准。专用合同条款及其附件需经合同当事人签字或盖章。

七、承诺

1. 发包人承诺按照法律规定履行项目审批手续、筹集工程建设资金并按照合同约定的期限和方式支付合同价款。

2. 承包人承诺按照法律规定及合同约定组织完成工程施工，确保工程质量和安全，不进行转包及违法分包，并在缺陷责任期及保修期内承担相应的工程维修责任。

3. 发包人和承包人通过招标投标形式签订合同的，双方理解并承诺不再就同一工程另行签订与合同实质性内容相背离的协议。

八、词语含义

本协议书中词语含义与第二部分通用合同条款中赋予的含义相同。

九、签订时间

本合同于＿＿＿＿＿年＿＿＿月＿＿＿日签订。

十、签订地点

本合同在＿＿＿＿＿签订。

十一、补充协议

合同未尽事宜，合同当事人另行签订补充协议，补充协议是合同的组成部分。

十二、合同生效

本合同自＿＿＿＿＿＿＿＿＿＿＿＿＿＿＿生效。

十三、合同份数

本合同一式＿＿＿份，均具有同等法律效力，发包人执＿＿＿份，承包人执＿＿＿份。

发包人：（公章）	承包人：（公章）
法定代表人或其委托代理人：（签字）	法定代表人或其委托代理人：（签字）
组织机构代码：＿＿＿＿＿＿	组织机构代码：＿＿＿＿＿＿
地　址：＿＿＿＿＿＿	地　址：＿＿＿＿＿＿
邮政编码：＿＿＿＿＿＿	邮政编码：＿＿＿＿＿＿
法定代表人：＿＿＿＿＿＿	法定代表人：＿＿＿＿＿＿
委托代理人：＿＿＿＿＿＿	委托代理人：＿＿＿＿＿＿
电　话：＿＿＿＿＿＿	电　话：＿＿＿＿＿＿
传　真：＿＿＿＿＿＿	传　真：＿＿＿＿＿＿
电子信箱：＿＿＿＿＿＿	电子信箱：＿＿＿＿＿＿
开户银行：＿＿＿＿＿＿	开户银行：＿＿＿＿＿＿
账　号：＿＿＿＿＿＿	账　号：＿＿＿＿＿＿

(4) 仲裁协议书

1) 仲裁协议书的概念

仲裁协议书是指当事人之间订立的，一致表示愿意将他们之间已经发生或可能发生的争议提交仲裁解决的单独的协议。

仲裁协议本质上是一种合同，但其与一般的合同又有一定的区别。仲裁协议具有以下特征：①仲裁协议是双方当事人共同的意思表示，是他们将争议提交仲裁的共同意愿的体现。②仲裁协议中双方当事人的权利义务具有同一性，这使得作为契约表现形式之一的仲裁协议与其他的契约在内容上有所区别。

仲裁协议的内容具有特殊性，具体表现在：①仲裁协议作为一种纠纷解决的合同，双方当事人既可以约定将他们之间已经发生的争议提交仲裁解决，也可以事先约定将他们之间可能发生的争议提交仲裁解决。②双方当事人提交仲裁解决的事项必须具有法律规定的可仲裁性。对于诸如人身权等当事人不可以自由处分的权利，即使发生了争议或当事人受到了侵害，也不得订立仲裁协议，以仲裁方式解决。③双方当事人在仲裁协议中可以任意选择他们共同认可的仲裁委员会，而不论该仲裁委员会是否与他们双方及其所发生的争议有任何联系。

仲裁协议具有严格的要式性，即仲裁协议必须以书面形式订立。

2) 仲裁协议的形式

仲裁协议作为仲裁的依据，必须具备法定的形式。根据我国仲裁法的规定，仲裁协议应以书面形式订立，口头方式达成的仲裁的意思表示无效。仲裁协议必须以书面形式达成，已成为世界上普遍认可的仲裁原则。

强调仲裁协议的书面形式，是为了从法律上确认当事人以仲裁方式解决争议的主观意愿，特别是双方当事人就所发生的争议以何种方式解决发生冲突时，可以以此作为仲裁的依据。

3) 仲裁协议的内容

一份完整、有效的仲裁协议必须具备法定的内容，否则，仲裁协议将被认定为无效。根据我国仲裁法第16条的规定，仲裁协议应当包括下列内容：

请求仲裁的意思表示。请求仲裁的意思表示是仲裁协议的首要内容，因为当事人以仲裁方式解决纠纷的意愿正是通过仲裁协议中请求仲裁的意思表示体现出来的。对仲裁协议中意思表示的具体要求是明确、肯定。因此，当事人应在仲裁协议中明确地肯定将争议提交仲裁解决的意思表示。

请求仲裁的意思表示还应当满足三个条件：①以仲裁方式解决纠纷必须是双方当事人共同的意思表示，而不是一方当事人的意思表示；②必须是双方当事人在协商一致的基础上的真实意思表示，即当事人签订仲裁协议的行为是其内心的真实意愿，而不是在外界影响或强制下所表现出来的虚假意思；③必须是双方当事人自己的意思表示，而不是任何其他人的意思表示。

仲裁事项。仲裁事项即当事人提交仲裁的具体争议事项。在仲裁实践中，当事人只有把订立于仲裁协议中的争议事项提交仲裁，仲裁机构才能受理。同时，仲裁事项也是仲裁庭审理和裁决纠纷的范围，即仲裁庭只能在仲裁协议确定的仲裁事项的范围内进行仲裁，超出这一范围进行仲裁，所作出的仲裁裁决，经一方当事人申请，法院可以不予执行或者撤销。仲裁协议中订立的仲裁事项，必须符合两个条件：

①争议事项具有可仲裁性。仲裁协议中双方当事人约定提交仲裁的争议事项，必须具有法律规定的可仲裁性，即属于仲裁立法允许采用仲裁方式解决的争议事项，才能提交仲裁，否则会导致仲裁协议的无效。这已成为各国仲裁立法、国际公约和仲裁实践所认可的基本准则。

②仲裁事项的明确性。由于仲裁事项是仲裁庭要审理和裁决的争议事项，因此，仲裁事项必须明确。按照我国仲裁法的规定，对仲裁事项没有约定或者约定不明确的，当事人应就此达成补充协议，达不成补充协议的，仲裁协议无效。

③基于仲裁协议既可以在争议发生之前订立，也可以在争议发生之后订立，因此，仲裁事项也就包括未来可能性争议事项和现实已发生的争议事项。但不论争议事项是否已经发生，在仲裁协议中都必须明确规定。对于已经发生的争议事项，其具体范围比较明确和具体；对于未来可能性争议事项要提交仲裁，应尽量避免在仲裁协议中作限制性规定，包括争议性质上的限制、金额上的限制以及其他具体事项的限制。当事人可以参照仲裁机构的示范仲裁条款对仲裁事项的范围加以约定。

4）仲裁协议书的制作要点

①首部

a. 注明文书名称；b. 协议仲裁的当事人双方基本情况。

②正文

a. 请求仲裁的意思表示；b. 选定的仲裁委员会；c. 提请仲裁的事项。

③尾部

a. 当事人双方签名、盖章；b. 订立仲裁协议日期。

④制作仲裁补充协议书的要点

a. 文书名称；b. 补充协议由来；c. 补充内容；d. 当事人签名、盖章；e. 补充协议订立日期。

5）仲裁协议书的格式（表 8-8、表 8-9）

仲裁协议书 **表 8-8**

【格式一】

当事人：

当事人：

当事人双方愿意提请　　　仲裁委员会按照其《中华人民共和国仲裁法》的规定，仲裁如下争议：

(1)

(2)

(3)

当事人名称（姓名）：	当事人名称（姓名）：
法定代表人：	法定代表人：
地址：	地址：
签字（盖章）	签字（盖章）：
年　　月　　日	年　　月　　日

仲裁补充协议书 **表 8-9**

根据《中华人民共和国仲裁法》，我们经过协商，愿就　　年　　月　　日签订的合同第　条约定的仲裁事项，达成如下补充协议：

凡因执行本合同或与本合同有关的一切争议，申请　仲裁委员会仲裁，并适用《仲裁委员会仲裁规则》。　仲裁委员会的裁决是终局的，对双方都有约束力。

当事人名称（姓名）：　　　　当事人名称（姓名）：
法定代表人：　　　　法定代表人：
签字（盖章）　　　　签字（盖章）：
年　　月　　日　　　　年　　月　　日

(5) 补充协议书

经济合同或协议书签订时，对其中某一特殊而又具有一定独立性的问题需要单独列出，或签订后发现条款有遗漏需要加以补充，或执行到一定时期出现了新的形势、新的情况需要在原有基础上增加新内容，双方或多方经协商一致，可订立补充协议书。补充协议书一经订立，即具有与原经济合同或协议书相同的法律效力。施工合同补充协议见表 8-10。

施工合同补充协议 **表 8-10**

发包人：
承包人：
依照《中华人民共和国合同法》、《中华人民共和国建筑法》和其他有关法律、行政法规、文件及原《施工合同》，遵循平等、自愿、公平和诚实信用的原则，双方就本建设工程《施工合同》外相关补充施工内容有关事项协商一致，订立本补充协议。
一、工程概况
工程名称：
工程内容：
二、工期及质量
增加工作内容在施工计划进度关键线路上的监理签证相应顺延总工期，不影响工期的不顺延工期。工程质量必须达到合格标准。
三、工程价款
补充施工内容工程价款为　　万元整（其中：泵房：　　万元、危险品库房：　　万元、高低压变配电房（开闭所）：　　万元、挡土墙：　　万元）。以财政审核造价为结算价。
补充施工内容工程价款的确定。补充工程内容结算价一律套用当地现行相关定额及相应取费标准和安全文明施工措施费率确定，主材价格按施工期间当地发布的信息价，结合监理、发包方签证进行调整。
四、其他
补充工程施工过程中涉及的相关问题一律按原《施工合同》约定执行。本补充协议一式肆份，甲、乙双方各执贰份，经双方签字盖章后生效。

补充协议订立时间：　　　　年　月　日

发包方（章）：　　　　承包方（章）：

法定代表人：　　　　法定代表人：

年　　月　　日　　　　年　　月　　日

8.3 涉外建设工程项目常用的谈判文书

8.3.1 概述

涉外工程项目谈判文书即对涉外工程项目的谈判进行策划，并展现给读者的文本；策划书是目标规划的文字书，是实现目标的指路灯；撰写策划书就是用现有的知识开发想象力，在可以得到的资源的现实中最可能最快的达到目标。

8.3.2 项目意向书

中外合资立项意向书是在中外经济技术合作中，两国政府或法人在经过初步接洽后，双方表示对兴办中外合资企业有兴趣而签署的意向性立项文书。

这种意向书是合资双方表示对合资项目有意进行进一步商谈的书面文件，一般在双方初步接触后，进入实质性谈判时签订。其内容比较广泛，不涉及具体细节。在中方对外商的资信、能力、技术、经营作风都未充分了解前，对中外合资项目先签订一个立项意向书是较为明智的做法。

1. 项目意向书的格式与写法

中外合资立项意向书一般由标题、导语、正文、尾部 4 部分构成。

（1）标题

立项意向书的标题有如下三种形式：

1）省略性标题。在标题的位置上写上“立项意向书”5 个字即可，但在实际使用中却很少采用这一标题形式。

2）简明性标题。一般是采用如下格式：“关于合资项目名称意向书（或立项意向书)”，如“关于合资经营大河滩大酒店的意向书”。

3）完全性标题。这种标题由 3 部分构成：一是合资企业名称，二是合资项目名称，三是文种名称。如：“中国××公司和泰国××公司合资建立××发电厂意向书”。

（2）导语

通常要求说明如下几个层次的内容：

1）签订立项意向书的具体单位；

2）制订该立项意向书的指导思想和政策依据；

3）本立项意向书需要实现的总体目标。

最后用承上启下的惯用语结束引言，导出正文，如“双方达成意向如下”或“兹签订意向书如下”等。

（3）正文。它是立项意向书所要实现的总体目标的具体化，一般都以分项排列条款的形式来表达。即把全部内容按事物之间性质和关系的不同，将正文分为若干部分，用数码次第标出。各条款之间，界限要清楚，内容要相对完整。既不要交叉重复，也不要过于琐碎，更不能有所疏漏。

（4）尾部。它由各方谈判代表的签字、签订时间、抄印份数、报送单位 4 项内容组成。

2. 项目意向书的注意事项

（1）要做到重点突出，眉目清楚。就是要求突出这种涉外文书内容的特点和要点，不要让次要的内容，或无关紧要的文书喧宾夺主，而且还应当通过详略得当、有条不紊的语言文字加以表述。

(2) 要做到周密思考，用语准确。这种立项意向书的内容，是就今后将要正式签订的协议、合同中有关双方权利、义务作出原则性的规定，因而它的内容应该以实用为原则，对各种问题的考虑要周密，措词要准确，不要给以后的工作带来困难，或招致商务纠纷。

(3) 要为今后的商务谈判留下可以回旋的空间，并在立项意向书中表现出诚意。

3. 国际项目合作意向书范例（表 8-11）

国际项目及市场合作意向书 **表 8-11**

国际项目及市场合作意向书

甲方：（以下简称甲方）

乙方：（以下简称乙方）

甲乙双方本着平等合作、互惠互利的原则，经双方友好协商，就合作共同开发油田及新疆范围内市场，达成如下初步意向，并共同遵守执行：

一、合作事项：

1. 合作范围：

2. 合作地点：

3. 合作内容：

二、合作分工

甲方责任：

1. 负责

2. 负责

3. 负责

乙方责任：

1. 负责

2. 负责

3. 负责

三、其他约定事项：

1. 甲、乙双方应共同遵守合作项目所涉及商业内容的保密的责任和义务；

续表

2. 一方向另一方提供的以文字、图像、音像、磁盘等为载体的文件、数据、资料以及双方在谈判中所涉及此项目的一切言行均包括在保密范围之内；

3. 保密条款适用于双方所有涉及此项目的人员及双方由于其他原因了解或知道此项目信息的一切人员；

4. 本意向书是双方合作的基础，合作的具体方式、内容与执行等以双方正式签订的合同、章程及协议为准；

5. 本合作意向书一式两份，甲乙双方各执一份，由双方代表签字盖章后生效，未尽事宜，双方另行协商。

甲方（盖章）：
代表（签字）：
地址：
电话：

乙方（盖章）：
代表（签字）：
地址：
电话：

签订地点：
签订时间：　　　　年　月　日

8.3.3 贸易合同

国际贸易合同在国内又被称外贸合同或进出口贸易合同，即营业地处于不同国家或地区的当事人就商品买卖所发生的权利和义务关系而达成的书面协议。国际贸易合同受国家法律保护和管辖，是对签约各方都具有同等约束力的法律性文件，是解决贸易纠纷，进行调节、仲裁、与诉讼的法律依据。国际贸易合同属于社会交往中比较正式的契约文体，具有准确性、直接性和法定效力性等特点。了解国际贸易合同的独特文体特征有助于对其理解和运用。

1. 贸易合同的主要形式

国际贸易合同包括国际货物买卖合同、成套设备进出口合同、包销合同、委托代理合同、寄售合同、易货贸易合同、补偿贸易合同等形式。

2. 贸易合同的主要特点

在国际贸易中，国际货物买卖合同的当事人处于不同的国家，因此国际货物买卖合同与国内货物买卖合同相比，具有不同的特点：

（1）国际性即订立国际货物买卖合同的当事人的营业地在不同的国家，不管合同当事人的国籍是什么。如果当事人的营业地在不同的国家，其签订的合同即为“国际性”合同；反之，合同被称为“国内”合同。如果当事人没有营业地，则以其长期居住所在地为“营业地”。

（2）合同的标的物是货物。

国际货物买卖合同的标的物是货物，即有形有产，而不是股票、债券、投资证券、流通票据或其他财产，也不包括不动产和提供劳务的交易。

（3）国际货物买卖合同的货物必须由一国境内运往他国境内。

国际货物买卖合同的订立可以在不同的国家完成，也可以在一个国家完成，但履行合同时，卖方交付的货物必须运往他国境内，并在其他境内完成货物交付。

（4）国际货物买卖合同具有涉外因素，调整国际货物买卖合同的法律涉及不同国家的法律制度、适用的国际贸易公约或国际贸易惯例。

国际货物买卖合同具有涉外因素，被认为与一个以上的国家有重要的联系，因此在法律的适用性上，各国法律的规定就与国内合同有所不同。概括起来，国际货物买卖合同适用的法律有三种：国内法；国际贸易惯例；国际条约。

3. 贸易合同的作用

首先，国际贸易合同是各国经营进出口业务的企业开展货物交易最基本的手段。这种合同不仅关系到合同当事人的利益，也关系到国家的利益以及国与国之间的关系，因此国际贸易合同具有重要的作用。

其次，国际贸易合同明确规定了当事人各方的权利和义务，是联系双方的纽带，对双方具有相同的法律约束力。在合同的履行过程中，合同双方当事人都必须严格执行合同条款，否则就是违反合同，即违约。当违约造成损失或损害时，受损害方可依据相关适用法律提出索赔要求，违约方必须承担造成的损失。如果一方因客观原因需要修改合同的某些条款或终止合同时，必须提请对方确认。如果对方不同意修改或终止合同，除非提请方证明出现了不可抗力等特殊情况；否则，提请方仍需履行原合同。

国际货物买卖合同见表 8-12。

国际货物买卖合同 **表 8-12**

国际货物买卖合同

Sales Contract

编号（No.）：

签约地（Signed at）：________ 日期（Date）：________

卖方（Seller）：________

地址（Address）：________

电话（Tel）：________ 传真（Fax）：________ 电子邮箱（E-mail）：________

买方（Buyer）：________

地址（Address）：________

电话（Tel）：________ 传真（Fax）：________ 电子邮箱（E-mail）：________

买卖双方经协商同意按下列条款成交：（The undersigned Seller and Buyer have agreed to close the following transactions according to the terms and conditions set forth as below:）

1. 货物名称、规格和质量（Name，Specifications and Quality of Commodity）：

2. 数量（Quantity）：

续表

3. 单价及价格条款（Unit Price and Terms of Delivery）：除非另有规定，贸易术语均应依照国际商会制定的《2000年国际术语解释通则》办理。（The trade terms shall be subject to International Rules for the International of Trade Terms 2000 provided by International Chamber of Commerce unless otherwise stipulated herein.）

4. 总价（Total Amount）：

5. 允许比例（More or Less）：_________%

6. 装运期限（Time of Shipment）：收到可以转船及分批装运之信用证_________天内装运。（Within _________ days after receipt of L/C allowing transhipment and partial shipments）

7. 付款条件（Terms of Payment）：

买方须于_________前将保兑的、不可撤销的、可转让的、可分割的即期付款信用证开到卖方，该信用证的有效期延至装运期后_________天在中国到期，并必须注明允许分批装运和转船。（By Confirmed, Irrevocable, Transferable and Divisible L/C to be available by sight draft to reach the Seller before _________ and to remain valid for negotiation in China until _________ after the Time of Shipment. The L/C must specify that transhipment and partial shipments are allowed.）

买方未在规定的时间内开出信用证，卖方有权发出通知取消本合同，或接受买方对本合同未执行的全部或部分，或对因此遭受的损失提供赔偿。（The Buyer shall establish the covering L/C before the above-stipulated time, failing which, the Seller shall have the right to rescind this Contract upon the arrival of the notice at Buyer or to accept whole of and part of this Contract non fulfilled by the buyer, or to lodge a claim for the direct losses sustained if any.）

8. 包装（Packing）：

9. 保险（Insurance）：

按发票金额的_________%投保_________险，由_________负责投保。（Covering _________ Risks for _________% of invoice value to be effected by the _________）

10. 品质/数量异议（Quantity/Quantity discrepancy）：

如买方提出索赔，凡属品质异议须于货到目的口岸之日起30天内提出，凡属数量异议需于货到目的口岸之日起15天内提出。对所装货物所提任何异议属于保险公司、轮船公司、其他有关运输机构或邮递机构所负责的，卖方不负任何责任。（In case of quality discrepancy, claim should be filed by the Buyer within 30 days after the arrival of the goods at port of destination, While for quantity discrepancy, claim should filed by the Buyer within 15 days after the arrival of the goods at port of destination. It is understood that the Seller shall not be liable for any discrepancy of the goods shipped due to causes for which the Insurance Company, Shipping Company, other Transportation Organization or Post office are liable.）

11. 由于发生当事人不能预见、不可避免或无法控制的不可抗力事件，致使本合约不能履行，部分或全部商品延误交货，卖方概不负责。（The Seller shall not be held responsible for failure or delay in delivery of the entire lot or a portion of the goods under this Sales Contract in consequence of any Force Majeure incidents which may occur. Force Majeure as referred to in this contract means unforeseeable, unavoidable and insurmountable objective conditions.）

12. 仲裁（Arbitration）：

凡因本合同引起的或与本合同有关的任何争议，均应提交中国国际贸易仲裁委员会，按照申请仲裁时该会现行有效的仲裁规则进行仲裁。仲裁裁决是终局的，对双方均有约束力。（Any dispute arising from or in connection with this Contract shall be submitted to China International Economic and Trade Arbitration Commission for arbitration which shall be conducted in accordance with the commission's arbitration rules in effect at the time of applying for arbitration. The arbitral awards is final and binding upon both parties.）

续表

13. 通知（Notice）： 所有通知用______文写成，并按照如下地址用传真/快件送达给各方。如果地址有变更，一方应在变更后______内书面通知另一方。（All notices shall be written in ______ and served to both parties by fax/courier according to the following address within ______ days after the change.） 14. 本合同为中英文两种文本文，两种文本具有同等效力。本合同一式______份。自双方签字（盖章）之日起生效。（This Contract is executed in two counterparts each in Chinese and English, each of which shall be deemed equally authentic. This Contract is in ______ copies effective since being signed/sealed by both parties.） 卖方签字： 买方签字： The Seller： The Buyer：

8.3.4 销售代理协议

销售代理协议是指代理人为委托人销售某些特定产品或全部产品，对价格、条款及其他交易条件可全权处理与委托人签订的合同。销售代理与其他几种形式的区别有以下几点：

1. 销售代理与经销的区别

从法律上来讲，销售代理人与委托人之间的关系属于委托代理的关系。销售代理人在代理权限内替委托人销售商品，其所有权不属于代理商，因此销售收入归委托人所有。而代理商只领取佣金，而经销商与厂家之间的关系从法律上来看是买断关系，经销商的收入不是佣金，而是商品销售价格减去购入价格后的销售收入。因此，销售代理与经销从理论上来讲有如下三点区别：经销的双方是买卖关系，销售代理的双方是一种委托代理关系；经销商以自己的名义从事销售、而销售代理商以委托人的名义从事销售、签订销售合同；经销商的收入是买卖差价收入，而代理商的收入是佣金收入。

2. 销售代理与经纪的区别

经纪关系是指：中间商提供订约机会，并协助合同的签订，双方成交后，交易双方付给中间商佣金为报酬，经纪与代理有如下几点区别：服务对象不同。经纪人的服务对象极为广泛，而销售代理商只为一个或几个委托方进行与销售有关的服务。行为的名义不同，经纪人虽为委托人进行买卖交易活动，但都以自己的名义进行，其法律效果归于经纪人身上。享有的权利不同。由于经纪人只是以自己的名义替交易双方媒介，他不具体代表任何一方，即经纪人一般没有代为订约的权力。销售代理人是以被代理人的名义行事，一般是缔约代理商，拥有代替被代理人订合同的权力。服务的范围不同。销售代理商服务的范围仅限于销售代理及与销售代理有关的一些服务，如货运、仓储、报关等。而经纪人服务范围则比较广泛。与委托人的关系的持续性不同，销售代理有固定的经营场所，有独立的关系，它与被代理方的关系是长久的、持续性。经纪人则于特定市场，临时为一定商号作媒介，经纪人与委托方的关系较为短暂。

3. 销售代理与代销的区别

代销，是指厂商委托中间商，以中间商的名义销售货物，盈亏由厂家自行负责，中间商只取佣金报酬，若销售不出产品，仍可将产品退还给委托人。代销商与销售代理商一样，也不拥有对产品的所有权，只有代表委托人销售商品的权力，因此也只能领取佣金。代理与代销的区别较为明显：从理论上讲，销售代理是直接代理，而代销是间接代理。从实务上讲，代销商是以自己的名义代销产品；销售代理中，代理商以委托方的名义售卖产品。销售代理关系一般较为持久，大多有明确细致的代理合同，代销关系较为短暂，代销合同甚为粗略。销售代理商一般是批发商，而代销商一般是零售商。

4. 销售代理与销售代表的区别

销售代表一般由厂家直接指定，其功能与销售代理商有些类似，但是销售代表只是协助厂家进行销售事务，无期限的约定，厂家可随时解除与销售代表的合作关系，因此厂家与销售代表的关系并不紧密，销售代表通常不为厂商收账，不承担储运功能。正因为销售代表与委托厂家关系松散，特别是由于销售代表承担的功能有限，或是由于其同时代表许多厂家，甚至是竞争性厂家，因此一般的厂家都不愿给销售代表以代理权。

房地产销售代理协议书见表 8-13。

房地产销售代理协议书 **表 8-13**

甲 方：

乙 方：　　　　　　　　　房地产中介代理有限公司

甲乙双方经过友好协商，根据《中华人民共和国民法通则》和《中华人民共和国合同法》的有关规定，就甲方委托乙方（独家）代理销售甲方开发经营或拥有的　　　　事宜，在互惠互利的基础上达成以下协议，并承诺共同遵守。

第一条　合作方式和范围

甲方指定乙方为在　　　　　（地区）的独家销售代理，销售甲方指定的，由甲方在　　　兴建的　　　项目，该项目为（别墅、写字楼、公寓、住宅），销售面积共计　　　　平方米。

第二条　合作期限

1. 本合同代理期限为　　个月，自　　　年　　月　　日至　　　年　　月　　日。在本合同到期前的　　天内，如甲乙双方均未提出反对意见，本合同代理期自动延长　　个月。合同到期后，如甲方或乙方提出终止本合同，则按本合同中合同终止条款处理。

2. 在本合同有效代理期内，除非甲方或乙方违约，双方不得单方面终止本合同。

3. 在本合同有效代理期内，甲方不得在　　　　地区指定其他代理商。

第三条　费用负担

本项目的推广费用（包括但不仅包括报纸电视广告、印制宣传材料、售楼书、制作沙盘等）由甲方负责支付。该费用应在费用发生前一次性到位。具体销售工作人员的开支及日常支出由乙方负责支付。

第四条　销售价格

销售基价（本代理项目各层楼面的平均价）由甲乙双方确定为　　　元/平方米，乙方可视市场销售情况征得甲方认可后，有权灵活浮动。甲方所提供并确认的销售价目表为本合同的附件。

第五条　代理佣金及支付

1. 乙方的代理佣金为所售的　　　项目价目表成交额的　%，乙方实际销售价格超出销售基价部分，甲乙双方按五五比例分成。代理佣金由甲方以人民币形式支付。

2. 甲方同意按下列方式支付代理佣金：

续表

甲方在正式销售合同签订并获得首期房款后，乙方对该销售合同中指定房地产的代销即告完成，即可获得本合同所规定的全部代理佣金。甲方在收到首期房款后应不迟于3天将代理佣金全部支付乙方，乙方在收到甲方转来的代理佣金后应开具收据。乙方代甲方收取房价款，并在扣除乙方应得佣金后，将其余款项返还甲方。

3. 乙方若代甲方收取房款，属一次性付款的，在合同签订并收齐房款后，应不迟于5天将房款汇入甲方指定银行账户；属分期付款的，每两个月一次将所收房款汇给甲方。乙方不得擅自挪用代收的房款。

4. 因客户对临时买卖合约违约而没收的定金，由甲乙双方五五分成。

第六条　甲方的责任

1. 甲方应向乙方提供以下文件和资料：

(1) 甲方营业执照副本复印件和银行账户；

(2) 新开发建设项目，甲方应提供政府有关部门对开发建设　　项目批准的有关证照（包括：国有土地使用权证书、建设用地批准证书和规划许可证、建设工程规划许可证和开工证）和销售；

项目的商品房销售证书、外销商品房预售许可证、外销商品房销售许可证；旧有房地产，甲方应提供房屋所有权证书、国有土地使用权证书；

(3) 关于代售的项目所需的有关资料，包括：外形图、平面图、地理位置图、室内设备、建设标准、电器配备、楼层高度、面积、规格、价格、其他费用的估算等；

(4) 乙方代理销售该项目所需的收据、销售合同，以实际使用的数量为准，余数全部退给甲方；

(5) 甲方正式委托乙方为　　项目销售（的独家）代理的委托书；

以上文件和资料，甲方应于本合同签订后2天内向乙方交付齐全。

甲方保证若客户购买的　　的实际情况与其提供的材料不符合或产权不清，所发生的任何纠纷均由甲方负责。

2. 甲方应积极配合乙方的销售，负责提供看房车，并保证乙方客户所订的房号不发生误订。

3. 甲方应按时按本合同的规定向乙方支付有关费用。

第七条　乙方的责任

1. 在合同期内，乙方应做以下工作：

(1) 制定推广计划书（包括市场定位、销售对象、销售计划、广告宣传等）；

(2) 根据市场推广计划，制定销售计划，安排时间表；

(3) 按照甲乙双方议定的条件，在委托期内，进行广告宣传、策划；

(4) 派送宣传资料、售楼书；

(5) 在甲方的协助下，安排客户实地考察并介绍项目、环境及情况；

(6) 利用各种形式开展多渠道销售活动；

(7) 在甲方与客户正式签署售楼合同之前，乙方以代理人身份签署房产临时买卖合约，并收取定金；

(8) 乙方不得超越甲方授权向客户作出任何承诺。

2. 乙方在销售过程中，应根据甲方提供的　　项目的特性和状况向客户作如实介绍，尽力促销，不得夸大、隐瞒或过度承诺。

3. 乙方应信守甲方所规定的销售价格，非经甲方的授权，不得擅自给客户任何形式的折扣。在客户同意购买时，乙方应按甲乙双方确定的付款方式向客户收款。若遇特殊情况（如客户一次性购买多个单位），乙方应告知甲方，作个案协商处理。

4. 乙方收取客户所付款项后不得挪作他用，不得以甲方的名义从事本合同规定的代售房地产以外的任何其他活动。

第八条　合同的终止和变更

1. 在本合同到期时，双方若同意终止本合同，双方应通力协作妥善处理终止合同后的有关事宜，

续表

结清与本合同有关的法律经济等事宜。本合同一旦终止，双方的合同关系即告结束，甲乙双方不再互相承担任何经济及法律责任，但甲方未按本合同的规定向乙方支付应付费用的除外。

2. 经双方同意可签订变更或补充合同，其条款与本合同具有同等法律效力。

第九条 其他事项

1. 本合同一式两份，甲乙双方各执一份，经双方代表签字盖章后生效。

2. 在履约过程中发生的争议，双方可通过协商、诉讼方式解决。

甲方： 乙方：

代表人： 代表人：

签约时间： 年 月 日

签约地点：

8.3.5 补偿贸易合同

补偿贸易合同又称“补偿贸易协议书”。不同国籍的双方当事人就补偿贸易方式、方法、基本权利义务等问题签订的协议。合同的主要内容通常包括：补偿贸易的项目，设备或技术的规格、数量、价格和提供的方式、期限、补偿产品的规格、数量、计价办法，提供的方式、期限、补偿贸易中的信贷与担保、运输与保险，双方责任条款和争议的解决等。数额大、内容复杂的补偿贸易合同可有多个合同，即规定双方当事人基本权利义务与一般事项的总协议书和设备买卖合同、产品返销合同、贷款协议、培训协议等。

中外补偿贸易合同见表 8-14。

中外补偿贸易合同 **表 8-14**

中外补偿贸易合同

甲方：中国__________公司，法定地址：__________电话：__________

法定代表人：__________职务：__________国籍：__________

乙方：__________国__________公司，法定地址：__________电话：__________

法定代表人：__________职务：__________国籍：__________

甲、乙双方在平等互利基础上经友好协商，特订立本合同，共同遵守。

第一条 补偿贸易内容

1. 乙方向甲方提供__________台（套）设备及其性能规格资料、辅助设备、零、备、附件及试车用原材料（提供设备另用附件详列）。

2. 甲方将用乙方提供的设备所生产的__________产品，偿付上述设备的价款，也可用其他商品来偿付。偿付商品的品种、数量、价格、交货条件等，详见合同附件。

第二条 补偿方法

1. 甲方分期开出以乙方为受益人的远期信用证，分期、分批支付全部机械设备的价款。

2. 乙方开出以甲方为受益人的即期信用证，支付补偿商品的货款。

3. 当乙方支付货款不能相抵甲方所开远期信用证之金额时，乙方用预付货款方式，在甲方远期信用证到期之前汇付甲方，以便甲方能按时议付所开出的远期信用证。

续表

4. 由于甲方所开立远期信用证的按期付款以乙方开出即期证及预付货款为基础，所以乙方特此保证及时按合同规定开出即期证及预付货款。

第三条　补偿商品

1. 甲方用乙方提供设备生产的商品（详见附件），按每公历月________套（件）供应乙方；

2. 对其他商品，双方同意分批签署供货合同。供货条件由双方另议。

第四条　偿还方式

1. 甲方自乙方提供设备在甲方场地试车验收后第________个月起，每月偿还全部设备价款的________%；

2. 甲方可以提前偿还，但应在________天之前通知乙方。

3. 在甲方用补偿商品偿还设备价款期间，乙方按本合同有关规定，开立以甲方为受益人的足额、即期、不可撤销、可分割可转让的信用证。

第五条　偿还期限：限于本合同生效后________个公历月内偿还完毕。

第六条　补偿商品作价

1. 双方商品均以________（币种）计价。

2. 乙方提供的设备及零、备、附件等均以________（币种）作价。

3. 甲方提供的补偿商品，按签订本合同时，甲方出口货物的人民币基价，以当时的人民币对________币的汇率折算成________币，或经甲方主管部门同意后，以________币结算。

第七条　双方的利息计算

1. 双方议定，本合同项下的________币及________币的年利息分别为________%和________%。

2. 甲方所开立的远期信用证及乙方预付货款的利息均由甲方负担。

第八条　技术服务

1. 甲方自行将设备在厂房就位。

2. 在主要设备安装调试时，乙方须自费派遣________人到现场指导，为期________天；如指导错误，乙方负责赔偿损失。

3. 甲方提供安装调试地点的住宿、交通及参加调试、验收的劳务、水、电、汽供应及原材料等。

4. 双方代表共同确认验收合同标准。

第九条　附加设备

在执行本协议过程中，如发现本合同项下的机械设备在配套生产时，还需增添新的设备或测试仪器，可由双方另行协商予以补充。补充的内容仍应列入本合同范围之内。

第十条　保险

设备进口后由乙方投保。设备所有权在付清货款发生移转后，如发生意外损失先由保险公司向投保人赔偿，再按比例退回甲方已支付的设备货款。

第十一条　税收与费用

本补偿贸易项目中所涉及的一切税收与费用的缴付，均按照中华人民共和国的有关税收法律、法规办理。

第十二条　违约责任

乙方不按合同规定购买补偿商品或甲方不按合同规定提供商品时，均应按合同条款承担违约责任，赔偿由此所造成的经济损失，并向对方支付该项货款总值的________%的罚款。

第十三条　履约保证

为保证合同条款的有效履行，双方分别向对方提供由各自一方银行出具的保函，予以担保。甲方的担保银行为中国银行________行，乙方的担保银行为________国________银行。

续表

第十四条 合同的变更

本合同如有未尽事宜，或遇特殊情况需要补充或变更内容，需经双方协商一致并达成书面协议，方可有效。

第十五条 不可抗力

由于人力不可抗力的原因，致使一方或双方不能履行合同有关条款，应及时向对方通报有关情况，在取得合法机关的有效证明之后，允许延期履行、部分履行或不履行有关合同义务，并可根据情况部分或全部免于承担违约责任。

第十六条 仲裁

凡有关本协议或执行本协议而发生的一切争执，应通过友好协商解决。如不能解决，则应提请__________国__________仲裁委员会按__________仲裁程序在__________进行仲裁。仲裁适用法律为__________国法律。该仲裁委员会作出的裁决是最终的，甲乙双方均受其约束，任何一方不得向法院或其他机关申请变更。仲裁费用由败诉一方负担。

第十七条 合同文字和生效时间

本合同用中、__________两种文字写成，两种文本具有同等效力。

本合同自签字之日起生效，有效期为__________年。期满后，双方如愿继续合作，经向中国政府有关部门申请，获得批准后，可延期__________年或重新签订合同。

第十八条 合同附件

本合同附件__________份，系本合同不可分割的一部分，与合同正文具有同等效力。

甲方：

中国__________公司代表（签字）__________

乙方：

__________国__________公司代表（签字）__________

合同订立时间：__________年__________月__________日

8.3.6 商务信函

涉外商务信函是用信函的形式与外商与企业进行涉外商务活动和管理中处理各类业务问题所使用的文书。如商务交往和联系、商品行销、洽谈交易、商务契约等。

1. 涉外商务信函的特点

涉外商务信函属于应用文的范畴，它除了具有应用文的一般特点外，还有其自身的特点。

（1）涉外性

涉外商务信函是外贸工作人员在同世界各国和地区开展进出口业务时，用来洽谈生意、磋商问题的一种常用信件，因而，与其他应用文书相比，其最大的特点就是涉外性。

（2）专业性

涉外商务信函只是在国内商业、企业部门与世界各国和地区开展贸易活动时使用，主要是为买卖双方服务的。因此，在写作中必定会用到很多商业活动上的术语，这是普通信函所不具备的。所以，专业性也是其突出的特点之一。

（3）准确性

涉外商务信函所要表达的含义必须十分准确，不能让人产生歧义。在与外商进行洽谈商务到最后成交，合约一经签订，就具有法律效力。因此，涉外商务信函十分强调准确性。如对某些重要商品的发盘，若写要求客户"×月×日复到有效"，就不那么精确，而应写成"×月×日北京时间×时复到有效"。可见，一旦表达的含义不够精确，就有可能造成重大经济损失。

（4）时效性

在涉外商务活动中，时效性这一特点在商业贸易中表现得非常突出。所谓"时间就是金钱"。涉外商务信函这一文书是与商业的经济效益有着紧密的关联，它的写作都是为了能达到一定的经济效益，因此，在撰写时一定要特别注意。如发盘、还盘、索赔都有严格的时间限制，若拖拖拉拉，不及时处理，就会错失良机，造成经济损失。

2. 涉外商务信函的分类

涉外商务信函的种类很多，根据其不同的作用、用途和性质，通常把涉外商务信函分为以下几类：

（1）交易磋商、确认成交信函。

（2）争议、索赔信函。

（3）其他业务信函。

工程联系函见表 8-15，工程签证联系单见表 8-16。

工程联系函 **表 8-15**

（施工单位发）

年　　月　　日　　　　　　　　　　　　　　　　　　　　　　编号：

主 送		发件单位	
抄 送			
主题词			
联系内容			

工程签证联系单（签证执行情况） **表 8-16**

造价变化情况：□增 □减 □无

<table>
<tr><td colspan="2">项目名称：</td><td>工程签证单编号：</td></tr>
<tr><td colspan="2">签证部位：</td><td>施工单位：</td></tr>
<tr><td colspan="2">签证名称：</td><td></td></tr>
<tr><td>签证原因说明</td><td colspan="2">提出部门：□设计院 □甲方 □乙方 □监理 □其他</td></tr>
<tr><td>签证内容及工程量计算式说明</td><td colspan="2"></td></tr>
<tr><td>完成情况</td><td colspan="2">施工单位（签章）：
项目经理签字： 日期：</td></tr>
<tr><td colspan="3">监理单位意见（签章）：

监理工程师： 总监理工程师：</td></tr>
<tr><td colspan="3">建设单位工程部意见：

经办人： 部门经理： 总监：</td></tr>
<tr><td colspan="3">建设单位预算部意见：

经办人： 部门经理： 总监：</td></tr>
<tr><td colspan="3">建设单位项目总经理意见：</td></tr>
</table>

8.3.7 索赔书与理赔书

1. 索赔书

索赔书是在经济活动中，遭受损失的一方为了维护自身的权益，在争议发生后向违约一方或者向人民法院提出索赔要求的文书。

在外贸活动中除向交易的另一方索赔以外，还有向承运人及保险人索赔的情况。买卖双方签署的合同书是确定双方权利、义务的法律依据。当一方因对方违约而蒙受损失时，提出索赔书是维护自己正当权益的合法而又有效的手段。索赔书应在规定的有效期内提出，要有确凿有力的第一手材料和充分的证明文件，这样才能达到索赔的目的。

(1) 索赔书的特点

1) 索赔性

当一方确定因对方违约而受损失时，提出索赔书是维护自己正当权益的合法而又有效的手段。

2) 双保性

索赔书不仅可以保护当事人一方的正当权益，更重要的是可以保证双方的权益不受到侵害。

(2) 索赔书的类型

根据索赔内容的不同，索赔书可以分为合同违约索赔书、损害赔偿索赔书等。

根据索赔请求对象的不同，索赔书可以分为向人民法院申请的索赔书、向加害人一方提出赔偿要求的索赔书。

(3) 索赔书的格式

索赔书的格式，一般是在“索赔书”名称之下，写明年月日，并在左方写被索赔单位的全称及代表名称，右方写索赔单位全称及代表名称，下面再写索赔书的正文。正文一般分四个部分。第一部分写明双方合同的名称编号及有关内容，必要时可列举国际贸易惯例和有关仲裁规定。第二部分详述索赔理由。如卖方拒不交货或没按合同规定的时间、品质、数量、包装交货而造成损失等。第三部分提出索赔金额及赔偿方式。第四部分写明附件，提出能证明自己蒙受损失的证明文件。

2. 理赔书

理赔书是在国际贸易中，接到对方索赔书的一方，在确认自己应负赔偿责任，而向对方表示受理赔偿事宜的文书。

(1) 理赔书的内容

1) 标题。由“答复索赔事由+复函”组成，也可直接以文种作标题。

2) 编号。由公历年号、顺序号组成以便联系与备查。

3) 受书者。一般在编号下一行左方写明受书者的全称及代表人姓名。

4) 正文。由缘由、对争议的看法、理赔意见和办法、结语组成。缘由，先向对方致歉，然后引据合同号、来函，并概述来函事由；对争议的看法，则概述索赔书中所述情况，明确写出对方索赔要求是否合理或部分合理并阐述理由、根据；理赔意见和办法，则具体说明解决索赔案的意见和处理办法；结语，根据实际，要求对方对受理的意见和办法作出答复，或赞许对方在解决纠纷中的合作态度，或表白今后仍希望合作的良好愿望。

（2）理赔书的格式

起草理赔书，要首先审核对方索赔的有效期、手段、证明文件，然后研究索赔内容、要求是否符合合同的规定及惯例。必要时，还要到现场调查，以验证索赔书提出的损失是否属实。在证明确属自己责任的条件下，应实事求是地提出理赔书。

理赔书的格式，一般是在“理赔书”名称之下，写明年月日，并在左方写索赔单位的全称及代表名称，右方写理赔单位的名称及代表名称。下面再写理赔书的正文。正文一般包括三个部分。第一部分是向对方致歉，并写明合同名称及编号。第二部分明确写清对索赔书中提出情况和要求的态度，当赔则赔，不当赔要详述自己的理由和根据。第三部分是理赔金额及赔偿方式。

本 章 小 结

本章系统介绍了建设工程商务谈判文书的种类，建设工程商务谈判各个阶段中的谈判文书编制，力求在了解与掌握建设工程商务谈判文书撰写的相关理论基础上，能够根据实际谈判需要编制相应的谈判文书。

思 考 题

1. 理赔书与索赔书的区别有哪些？
2. 仲裁协议中订立的仲裁事项，必须符合哪两个条件？
3. 编制谈判纪要应注意哪些事项？
4. 简述理赔书的内容。
5. 涉外商务信函有哪些特点？

9 建设工程商务谈判综合案例

【本章学习重点】

强调将理论联系实际，通过实际的案例分析，使学生对建设工程商务谈判的知识点有更深层次的了解，并真正做到学以致用。

9.1 电厂脱硫涉外工程合同谈判

1. 案例背景

重庆电厂2×200MW机组烟气脱硫（以下简称“FGD”）是利用德国政府贷款对现有电站进行FGD技术改造的示范工程项目之一。根据贷款采购导则，1997年3月在德国公开招标，并于同年9月结束了对六家投标商投标书的评定工作，根据评标结果，在原电力部统一组织及协调下，10月底与第一标斯坦米勒（Steinmuller）公司进行了合同谈判，于1998年3月8日正式结束谈判，双方并草签了合同及有关技术附件。合同谈判分评标及谈判两个阶段，而谈判主要分技术及商务部分谈判。

2. 谈判前的准备

在谈判中采用主谈负责制。分综合组、技术组及商务组，并分别配备相关专业人员与外商谈判。因是公开招标谈判，而非议标谈判，在谈判中应首先向对方明确提出要求要全面响应招标书。并将此列入合同附件一部分，但根据自己工艺可列出偏差。在谈判中就可集中精力对偏差进行谈判。这样既减少了双方的分歧点，节约谈判时间，又体现了问题焦点之所在。同时，谈判准备阶段也可整理出一套谈判提纲。提纲根据工艺系统及施工要求等整理成不同的附件和章节。提纲应完整、不漏项，但不宜过细，该提纲的具体内容要求外方填写。也就是说自己是编制提纲，而不是替合同商准备合同的附本。在准备工作中还要对以前双方交换且确认过的资料文件、澄清会议纪要及资料进行详尽的整理，这是谈判的重要依据。因在唇枪舌剑中双方都可能拿出对自己有利的依据来。如己方缺少此资料，就无法证明其真实性，给谈判带来不必要的困难和损失。最后将要谈判的内容统一归类，将大的、原则的问题先给对方，让其进行准备，最好对此有明确的答复。这有利于谈判的顺序进行及己方的主动。

3. 正式谈判

在谈判过程中，无论何时休会，都应对已讨论问题的情况进行分门别类汇总，明确已解决和遗留问题，根据对方对问题的态度及时间概念，确定其下一步对策。谈判可采用先技术，后商务；先条款，后价格的安排。

（1）技术部分的谈判

在对方根据己方编制的合同提纲填写的合同基础上，可逐项逐条进行谈判。重点抓住合同稿与招标书和己方观点有偏差的地方进行交换意见。在谈判中主谈根据集体商定的原则和观点，但又不失机敏地进行谈判，主谈是集体的喉舌，其他人员含副主谈是参谋的作用，在未征得主谈同意的情况下不得与对方讨论问题。在技术谈判中双方对问题、分歧较易达成协议，并按谈判结果修改其内容。但谈判人员切勿大意，好像对方都答应了自己的要求。事实上，他是要把问题根据谈判结果归到商务中去体现。最后技术人员需要将谈判结果汇总。并将与商务有关的问题整理成册，并简要附注解决该问题的条件及要求（如对此问题招标书要求、澄清会要求、对方投标情况及澄清会情况、谈判结果如何等），以供商务人员在谈判中参考和采取相应的谈判措施。同时，商务人员为进一步掌握技术谈判情况，在技术谈判阶段就尽量抽时间多参加到技术谈判中去。掌握技术谈判的第一手情况及资料，以便进一步准备和调整自己的资料及要采取的措施。另外，如项目承担者对项目不是交钥匙工程而是总承包商，尤其是已方有承担项目内容的情况下，则双方的分工及供货范围必须清楚。尤其是已方无法保证有漏项的情况下，为使工程完善及施工的顺利进行。对此，最好进一步明确总责任方。

（2）商务谈判

商务谈判是谈判的重头戏，所有问题及分歧都有可能在商务谈判中汇总或体现。是双方都不肯让步而据理力争的阶段，也是易出现使谈判级别逐渐升级的阶段。虽然商务谈判滞后于技术谈判，这主要体现在价格谈判上。而商务合同文本即商务条款的讨论及修改、文字核对往往也可同技术谈判同时进行。合同文本体现的是文本的原则性、条款的完整性、用字造句的严谨性。这里充分体现了中国的一句古训“一字值千金”。在谈判中不仅要逐条逐款的审查、讨论。对谈判结果得有准确记录，并按此对文本中的相应条款进行严谨地修改。

（3）价格谈判

通过开标、澄清以及随着技术谈判的进行，可能存在供货范围调整，双方都可能向对方提出价格问题，故谈判商可能多次报来价格表，这就要求参加商务谈判的人员要不断地按时间、分门别类地列出价格对比表，摸清价格变化情况及规律，同时找出变化的项目及原因。同样，在谈判中双方各自接受了多少价格变化，余下的问题属于什么性质，该问题的价格是多少，将通过何种方式解决，都要做到心中有数。为此，在谈判时，则应首先确定价格谈判基础。通常是以评标澄清会后的评标价格作为基础。在谈判中合同价格与基础相一致的，就可不再讨论，进行双方核对确认即可。对价格增减项目是问题的焦点，是通过谈判要解决的重点。为此，双方都将会提出很多理由和有关的文字资料，谁的资料更全面，理由更充分，都将强有力地支持自己的观点，使谈判易达成有利于已方的协议。这里就充分体现了在整个过程中重视及熟悉资料的重要性。在谈判中出现了以下几种情况：一是，招标书有要求的项目，但在澄清会期间中方已澄清或取消，合同谈判又恢复到招标书规定；二是，招标书有要求的项目，而投标商在投标书或澄清会上提出了书面资料，但中方未进行澄清；三是，招标书中有的项目前后本身有矛盾，如该项目前面明确为外方供货，后面又讲是中方供货；四是，投标书前后本身有矛盾，但在技术谈判中按招标书执行，如某设备材质的要求前后不一致或供货方不一致。五是，因业主要求供货范围的增减造成价格的增减。六是，另外还有一些本身报价有误或双方对价格核算方式和一些内容放置的习惯不一致产生的价格谈判。对以上几点，第一、四、五条易解决；第二、三、六条较难解决，易使谈判中断或升级，最终可能按比例分担达成协议。

4. 案例分析

在谈判过程中，有时对方会强调自己公司在财力等方面的困难，以争得己方对此的理解而作出让步。为此应摸清对方的底细。以采取相应的措施。同时，根据此情况，也得考虑一旦合同授予，对方是否有能力顺利地承担该工程项目的实施。

在谈判过程中，通常都会强调己方作出了多大让步，再让就是万丈深渊，不能接受，但在谈判时如想要对方接受某项价格，也可先讨论并强调己方已接受了多少价格而相应对方如何，再提出己方对此项价格的解决方案，会增强对方对该建议的考虑。

总之，国际招标商务谈判的成功与否，既体现谈判人员对投标商所在国的国情、生活习惯、投标商的了解程度，以及对谈判项目、工艺技术及招标文件和有关资料的熟悉程度，也体现谈判组织成功与否和谈判者个人的素质及集体的智慧。同时，在谈判中，如何使商务与技术有机地结合起来，直接影响到谈判的成功与否。

9.2 公路改建项目合同谈判

1. 案例背景

某公路改建项目，由德国复兴银行和阿拉伯基金会联合投资，中国某公司和德国某公司组成的合营公司投标并中标，德国公司主要起牵头作用，中国公司负责施工。在合同谈判过程中，由于中标心切及缺乏国际合同法知识，承包商接受了“即使在合同实施过程中由于增加工程变更费用总额超过合同总价 20%时，不调整合同单价”的合同条款。项目开工后，业主和监理工程师利用该条款多次下达工地指令，对承包商报价中单价低于成本价且能显著提高改建工程质量标准的项目要求增加 300%以上的工程数量，并要求承包商完成城市起点复线工程及其他部分工程（这些工程在性质与原合同工程截然不同，也不是为实施合同工程所必需的任何种类的附加工程，应属“额外工程”或“非合同工程”）。承包商由于承担了大量的单价低、用工多的项目而导致亏损严重、工期拖延，但其每次提出拒绝工程或者延长工期的要求均被业主方提出的“万万不要影响两国关系”、“不履行即是违约行为，将停止承包商一切活动和资格，并列入黑名单”等威胁性言论所慑服并选择放弃主张自己的权利。

此次承包方并未屈服，而是根据国际工程合同知识编写论据充分的材料散发给有关部门、争取各方舆论支持，尤其是投资银行的支持。通过努力，投资银行默许在召开联席会议时将由其说服业主方同意承包方列席会议并进行申诉。在会议上，业主方继续奉行进攻型谈判策略，强烈指责承包方违背了合同约定、项目管理混乱以致工期拖延并使业主方蒙受了巨大损失等。随后，投资银行代表主动提出让承包方发表意见，承包方顺势响应，按照精心准备的文字材料充分说理，全面阐述了自己的观点，说明自身已经亏损严重，无力再完成城市起点复线工程以外的其他工程，并婉转地驳斥了对我方项目管理混乱的指责，指出施工进度缓慢的真正原因是不利的现场条件和人为障碍以及频繁的工程变更。在业主方代表几度蛮横叫停承包方的发言的情况下，承包方坚持运用建设型谈判，对合同条件广征博引，说明城市起点复线工程等项目属“非合同工程”，承包方有权拒绝。双方互不退让，谈判陷入困境，进入休会阶段。

在休会结束后，投资方做了调解性发言，在发言中巧妙地用“新工程”代替了“非合同工程”的说法，缓解了双方的立场性争执，主要建议如下：

(1) 考虑到承包方的实际困难，除起点复线工程外的其他“新工程”，建议按新项目对待，另签合同并由其他承包商实施；

(2) 承包方继续完成已经实施的起点复线工程。考虑到该工程现场条件复杂，“并非一个有经验的承包商能合理预见的”，同意承包方提出的工期延长和费用索赔的要求，承包方应写出详细、客观的索赔申请报告并上报。

在投资方的充分协调下，双方均表示接受调解，谈判僵局得到突破。

2. 案例分析

(1) 双方谈判僵局之所以产生，一个主要原因就是谈判人员的专业水平的制约。承包方人员在签订合同时表现出对国际工程合同条件的认知缺乏，对“附加工程”和“额外工程（非合同工程）”区分不清，并且接受了即使在合同实施过程中由于增加工程变更费用总额超过合同总价的20%时，不调整合同单价的合同条款，并且将起点复线工程作为“附加工程”予以接受，从而为谈判陷入僵局埋下了隐患。实际上，国际惯例中对“附加工程”和“额外工程”是有一定界限的，一般认为超过工程量表规定工程量25%的工程就不宜再称为附加工程，而应属额外工程的范围；另外，起点复线工程并不是“工程竣工所必需的”任何种类的附加工程，而应属额外工程。

(2) 双方未能努力缓解不同立场并关注共同利益，在很长一段时间纠缠于“附加工程”与“额外工程”的争执，使僵局难以突破。

(3) 在双方的多次商谈气氛不畅甚至发生争执的情况下，双方的沟通有效性已经严重降低。这种情况下双方应寻求转换谈判环境和方式以求重新获得冷静的、建设型的谈判气氛。在本例中，僵局突破的关键时点恰在休会阶段，双方在这个非公开、非正式的场合均能体现出更清醒的头脑和更务实的作风，使谈判僵局突破获得了宝贵的契机。

(4) 在利益问题上的合理妥协和有效退让是谈判僵局得以突破的必备措施。在本例中，最后的僵局解决措施恰是双方对利益妥协的结果：承包方继续完成起点复线工程，而其他工程由业主交予其他承包方完成。双方均有利益损失，但损失的结果是避免了更大的损失和“双输”的结果。

(5) 外部力量在突破谈判僵局中具有重要作用。在本例中，正是由于双方都认可并在某些方面有所依附的投资银行方出面斡旋，才使双方均克制了自身的冲动，舍弃自身的部分利益，争执走向和谈，谈判僵局最终得到突破。

9.3 坦赞铁路TOT项目合同谈判

坦赞铁路是我国援助坦桑尼亚和赞比亚的重要项目之一，现由于经营不善、设备老化等问题急需改造，坦赞政府无力支付改造资金，而企业投资该项目的修复改造工程又将面临许多风险，因此企业与政府之间的合同谈判在整个项目过程中意义重大。

1. 案例背景

首先，该央企工程公司（母公司）需要成立项目公司（子公司）来参与坦赞铁路的修复改造工程。经初步财务测算得出，坦赞铁路翻修后仅靠项目的运营收入不可能收回投资，为保证项目收益，母公司应要求坦赞政府在特许经营条件、保障措施等方面给予优惠，并把可捆绑开发的赢利项目，如采矿等作为参与此 TOT 项目的条件之一。此外，中国政府目前每年都要对这条铁路向坦赞两国提供援助，支持母公司进行 TOT 项目，故母公司也可寻求将中国政府的援助转变为支持子公司进行 TOT 项目的补贴，虽然都是中国政府花钱，但受益方改为中国公司，提高资金对坦赞铁路的支持效率。因此，该项目有两份协议需要与政府分别谈判，第一份是关于修复改造工程的特许经营协议，由项目公司与坦赞政府进行谈判；第二份是关于补贴与支持协议，由项目公司与中国政府进行谈判。

2. 企业与坦赞政府的谈判

项目公司需要与坦赞政府签订坦赞铁路特许经营协议，因此双方需要就特许授权范围、铁路技术改造、运营收入保障、税收、法律等关键问题进行谈判和协商，以实现让坦赞政府满意，坦赞当地人民受益，项目公司获得收益等多赢局面。

3. 企业与中国政府的谈判

由于中国政府每年都要对这条铁路向坦赞政府提供援助，且提供巨额贷款给坦赞两国，因此中国政府也希望该公司能够接下此项目，以解决这个拖延已久的难题。然而，翻修后仅靠运营收入根本无法收回成本，因此项目公司与中国政府需要就补贴、中国其他参与方的支持与协调等关键问题进行谈判与协商，在为中国政府解决外交难题的基础上，使中国公司获得利润，至少是中国政府的钱流入中国央企，而且提高了资金在项目中的使用效用和效率。

由于中国政府目前每年都要对这条铁路向坦赞两国政府提供援助，且支持该公司进行 TOT，因此应对该公司给予一定金额的补贴；技术改造工程初期需一次性投入大量资金，应争取在修复初期一次性给予补贴。

在该项目中，项目公司与中国其他参与方也有着合同关系，中国政府应保证中国其他参与方为该项目提供全方位的支持（如降低贷款利率、减免出口关税、降低保费等）。

因该项目是我国的援助项目，当在特许经营期内遇到经营困难时，中国政府应给予支持与帮助。

4. 谈判过程总结分析

对于谈判可能出现的争议一定要有所准备。争议的结果按可接受的程度分为三个等级：可退让的、要争取的、最低要达到的。央企公司在谈判之前对所有谈判的要点都作了准备，如在项目所有权的谈判中，可退让的条件为特许期内拥有项目工程、设施、原材料等有形资产所有权，并可为了融资目的将资产抵押质押给银行；特许期满移交时，验收的标准和规范以中国相关规定为准。应争取的条件为特许期内拥有项目工程、设施、原材料等有形资产所有权，并可为了融资目的将资产抵押质押给银行；特许期满移交时，验收的标准和规范应进行谈判。最低的要求是特许期内拥有项目工程、设施、原材料等有形资产所有权，并可为了融资目的将资产抵押质押给银行；特许期满移交时，验收的标准和规范以坦赞两国相关规定为准。在谈判开始之前应做好相应准备，以免在谈判桌上因为准备不足而措手不及。

在谈判中应该表现出为对方考虑的态度。该央企公司在保障自身利益的前提下，为当地人民考虑实际问题，取得了良好的效果，推动谈判的进行。

9.4 业主未及时提供材料引发的变更与索赔谈判

1. 案例背景及冲突处置过程

某私人企业业主（甲方）与某总承包公司（乙方）签订施工合同，合同规定建筑材料由甲方提供，工程计划于2005年9月完工。但在施工过程中，业主由于资金短缺，未能按照合同规定按时按量将钢筋运抵现场（合同规定甲方应于2月底向乙方提供各种型号钢筋共计100t，实际甲方在3月15日才将一部分钢筋运抵现场），乙方就此提出索赔。甲方认为虽然自身的确存在资金不到位的问题，但工期延误不能完全归咎于甲方，工期延误在一定程度上也是由于乙方项目施工管理不力造成的，且在施工过程中甲方已屡次向乙方提出警告和书面整改意见，但并未引起乙方足够的重视。此外，甲方在水泥、人工费等事项上已经向乙方作出了大幅度让利，乙方已经获得了足够的利润，因此乙方应该在索赔款项上向甲方作出让步。乙方则认为因钢筋供应不足，无法按照原计划施工，具体表现为：200名钢筋工在此期间只有100人在现场施工，造成其余100名工人窝工；现场大型机械设备如塔吊、工程车辆和混凝土泵车等因为工期耽误，至少有5天无法运转。据此向甲方提出工期索赔（15天）、窝工索赔和周转机械台班索赔。

乙方在索赔事项发生后，第一时间内向监理递交了索赔通知单，监理收到通知且考察核实后签字确认，签字内容为：工期属实，费用双方后期协商确定。在工程结算时，业主收到的费用索赔共7项，金额总计约700万。经双方谈判，确定最终索赔金额为550万元。

为了降低所支付的索赔金额，甲方监理在收到索赔通知单24小时内签字确认了索赔事项，但签字时尽量采用模糊表达，仅对工期索赔予以确认，将费用索赔拖到最终结算时统一谈判确认，以便在索赔金额较大时便于砍价。在索赔时只要监理已经对工期索赔予以签字确认，就意味着甲方承认存在索赔事项，此时可以继续施工。计算索赔费用时，通常在考虑各项事实损失，合理利润（即底价）的情况下再上浮一定比例，保证在甲方砍价的情况下也获得索赔款。乙方担心因索赔款确定问题与甲方关系破裂后，甲方在当地建筑市场宣扬此事，对乙方声誉造成影响，因此不会坚持700万索赔金额，只要甲方还出的价格满足自己的底价，便可接受。本案例中，乙方底价是500万元，最终确定的索赔金额是550万元，乙方在获得所有损失补偿情况下仍然获利50余万元。

2. 案例分析

基于甲方审计和砍价的考虑，乙方报给甲方的各项费用均会上浮一定比例或采用能获得最大金额的计算方法，到了谈判时再进行降价。这样既使得审计部门得以完成工作，使其在审计时所选指标不会太严。另外，维护与业主的关系是乙方着重考虑的内容，与国外有很大不同。

国内建筑工程市场近年来普遍存在的低价中标、索赔赚钱这一现象，且地方公司多采用这种策略，即：以极低价格中标，等工程运转起来后，赚取履约过程中的二次经营空间，通过索赔等手段向甲方赚取利润。

不论是政府还是私人企业主，业主在谈判中一般处于很强势的地位。

对双方而言，施工过程中的各种往来信函等文件资料非常重要，是后期与业主索赔、反索赔时的最直接证据资料，必须妥善保存，尤其是采用清单计价更为重要。

该案例中，甲方主要采用了如下谈判行为：

支配行为：在收到乙方递交的索赔通知单后，在24小时内签署确认索赔事项存在，但并没有确定具体的索赔额，既保障了乙方继续施工，不耽误工期，也为后期降低总索赔款额创造了条件。该行为是甲方利用业主这一优势地位为己方谋求更大利益的行为，故属于支配行为。

乙方主要采取了以下谈判行为：

(1) 整合行为：因己方底价为500万元，为使谈判尽快结束，在甲方提出可向乙方支付550万元索赔金额后，乙方同意了索赔金额。乙方在己方基本利益得以实现的基础上同意了降低索赔款的要求，照顾了甲方的利益，加快了争端的解决速度，因此属于整合行为。

(2) 支配行为：在向甲方提交索赔通知单时，乙方隐瞒了实际损失额，而是在实际损失额基础上增加了200万，该行为在后期为乙方增加了50万额外收益，属于乙方利用己方的信息优势为己方谋求利益的行为，故属于支配行为。

该争端的最终谈判结果为共赢结果，原因在于甲方成功地降低了应支付的工程款，而乙方在所有损失获得补偿的条件下也获得了50万元的额外收益。可见，整合行为和支配行为有利于实现共赢。

9.5 高摩赞水利枢纽工程项目变更及索赔谈判

1. 案例背景

巴基斯坦高摩赞工程项目是中国某水电集团公司（以下简称"集团公司"）中标，由水电七局和水电十三局组成的713联营体负责实施的大型国际项目，是集团公司在巴基斯坦承建的第一个综合性的水利水电枢纽工程，也是第一个EPC合同形式的项目。

工程位于巴基斯坦西北边境省境内，印度河支流高摩河上，主要由大坝、溢洪道、发电引水系统、灌溉渠系统、输变电系统等组成。大坝为碾压混凝土（RCC）拱形重力坝，坝高133m，坝顶长231m。坝址以上流域面积29000km^2，水库正常蓄水位第一期工程EL743.20m，二期工程EL750.40m，总库容14亿m^3，有效库容11亿m^3，死库容3亿m^3。电站装机2台，总装机容量17MW；灌溉渠系统包括主渠、支渠、斗渠和取水排灌建筑物，供水能力37m^3/s。

本工程将保证约66000hm^2的常年农业灌溉，提供相对于火电而言更廉价的电力，防止大坝下游地区受到洪水的侵害，保护和改善环境，增加本地区的农业就业人口，改进地区供水和农业灌溉控制等。

通过国际招标，集团公司于2002年6月17日与巴基斯坦水电开发署WAPDA（以下简称业主）签订了设计施工总承包（EPC）合同，合同金额7290万美元，其中大坝和发电引水工程4723万美元。按合同要求工程于2002年7月15日开工，总工期50.5个月。

工程位于巴基斯坦联邦部落自治区（FATA）与俾路支省交界处，深入FATA部落区南瓦齐里斯坦地区的腹地，距阿富汗边境地区不足50km，距离俾路支省仅2km，距离西北边境省的安全地带大约70km。这里自然环境恶劣，巴基斯坦政府对该地区的控制力很弱，塔利班、基地分子及其支持者也常常在该地区活动，因此安全隐患相当严重，给工程实施增加了严重的不稳定因素。“9·11”后，这一区域的安全形势更加恶化。项目自2002年7月开工以来一直受到安全问题的困扰，最终因2004年10月9日的人质事件停工。

高摩赞项目停工后，在两国政府的引导下，集团公司和713联营体组成谈判小组与业主进行了长达一年的艰苦谈判，双方于2005年12月签订了复工协议，计划于2006年初复工。但是，复工协议在巴政府经济协调委员会2006年3月的会议上未被批准，之后业主于3月31日致函我方提出终止合同。4月初，巴基斯坦政府宣布已将高摩赞项目合同授予巴基斯坦军方施工企业FWO（以下简称巴军方）。业主于5月12日致函当地担保银行要求兑现我方预付款保函，我方和业主在原合同问题上陷入僵局，一旦处理不当就会将矛盾激化，可能导致业主进一步要求兑现我方履约保函，扣押我方现场设备和物资，甚至导致双方最终走向复杂的国际仲裁。

面对项目危机，集团公司总部极为重视，召开专题会议研究高摩赞项目危机的处理问题，并成立了“高摩赞项目危机处理领导小组”（以下简称“领导小组”）和“高摩赞项目危机处理前方工作组”（以下简称“工作组”），负责处理项目危机的一切事务，并与业主和巴军方展开合同谈判。“领导小组”主要成员由中国水电集团公司和713联营体主要领导组成，工作组主要成员由联营体较高层次领导或项目经理、副经理和项目部部门负责人组成。会议分析了项目形势，讨论了下一步的工作原则、策略和计划，确定了项目危机处理的基本工作原则和思路。

以集团公司确定的工作原则为指导，在领导小组的领导下，工作组在巴积极开展工作。虽然受种种因素的影响和制约，谈判进展艰难而缓慢，甚至几度陷入停顿，但是经过前、后方的共同努力逐渐扭转了紧张局面，使项目形势向着有利于我方的方向发展，最终解除了项目危机，避免了我方重大经济损失。

2. 案例分析及解决措施

(1) 一揽子解决方案

在业主提出终止合同并要求银行兑现我方预付款保函、巴政府宣布将合同授予巴军方的情况下，形势对我方相当严峻。一方面，我方在现场有原值1300万美元的各类施工设备，有额度为1460万美元的两个保函掌握在业主手中，还有已经完成的工程量未获结算以及花费大量财力物力修建的现场临建设施无法回收利用；另一方面，项目停工前我方贷款和垫付的1900余万美元的资金尚未回收，还面临业主反索赔的巨大风险。如果任由业主终止合同，兑现我方银行保函和扣押我方现场设备和物资，不仅我方要承受巨大的经济损失，势必还将影响集团公司在巴基斯坦的市场乃至整个国际市场的声誉。

从业主角度分析：①业主提出兑现的是预付款保函而非履约保函，说明在合同上还是留有余地的；②原合同是EPC形式，设计是由我方完成的，并且已经获得了大部分设计费用支付，如果业主改换另一家承包商继续实施，则势必重新进行项目设计，这样也会给业主带来很大的经济和工期损失；③我方早在2004年10月份就以业主未能履行安全责任而正式提出终止合同，如果双方打起官司，从合同角度上业主也未必能有绝对胜算。因此，友好解决终止原合同问题是对双方都为有利的结果。

于是，在不损害双方利益的基础上，以何种方式友好终止原合同成为成功解决这一危机的焦点。

领导小组和工作组首先进行了以下工作：

1）与业主高层接触，说服其将保函问题放到解决原合同终止问题后再协商解决；

2）通过中国驻巴大使馆和巴驻北京大使馆与巴政府沟通，强调友好解决高摩赞合同问题的重要性和必要性；

3）公司领导与业主、巴政府、巴军方等单位高层接触，探寻友好解决原合同终止问题的合理方案。

在充分交流和沟通的基础上，达成了以巴军方作为总承包，公司分包大坝和发电引水工程（以下简称厂坝工程）的形式继续完成高摩赞项目，原合同则在此基础上友好协商终止的一揽子解决方案。接下来的主要工作为三个方面：①与业主就原合同已完成工程量但未获得支付部分进行清算；②与巴军方商谈合作方式和合作条件的谈判；③与业主友好终止原合同的谈判。第二项的成功则是第三项的前提条件，三项工作交错进行，互为条件，互相影响。

(2) 与巴军方签订分包合作谅解备忘录

FWO是巴基斯坦军方施工企业，在巴基斯坦国内主要承担道路工程的建设，不具备高摩赞水利枢纽这类规模水电工程的设计、施工经验和技术。为打破僵局，实现友好解决原合同争端，保证两个银行保函和现场设备物资的成功释放，减少经济损失，实现我公司综合利益的最大化，最好的方案就是我方与巴军方共同合作继续完成工程建设。

应巴军方要求，工作组先后两次提交了厂坝工程分包合同建议书。经多轮艰苦谈判，工作组与巴军方于2006年8月签订了高摩赞项目厂坝工程分包合作备忘录，确立了两公司的合作方式以及双方的责任、权利和义务。

(3) 原合同清算谈判

在向巴军方提交厂坝分包合同建议书和分包合作谈判的同时，工作组与业主同时开展了清算和补偿谈判。

在清算问题上，业主一直反反复复，许多在基层已经确定了的方案和清算额到业主高层则多次被推翻。本着“抓主要放次要”的原则，在领导小组指导下，工作组在清算问题上表现了一定的灵活性，在不影响全局的前提下没有与业主过多纠缠。我方做出适当让步后，在9月底由业主WAPDA主席主持的内部高层会议上才最终将清算方案和具体金额确定下来。

(4) 原合同友好终止谈判

原合同终止，业主和我方都有索赔理由。

我方的索赔理由主要为：①项目执行期间的安全问题、进场道路、渠道征地问题等的索赔；②109事件停工后复工谈判期间发生费用的索赔；③复工协议未获巴政府批准而给我方造成费用的补偿。在清算谈判中，业主坚决不同意我方提出的任何索赔和补偿。

业主认为他已为高摩赞项目付出了极大的政治代价和经济代价，并且对厂坝工程的合同价格给予了大幅增加，所以不可能再给予任何费用的索赔和补偿。业主可能的反索赔主要为：①停工前，项目工期滞后（当然其中有部分是业主的原因），业主可能反索赔相关工期延误费用。②如果按照业主终止合同，业主可以向我方提出停工造成延误以及相应效益损失的索赔；③业主可能会要求我方补偿重新招标合同价格与原合同的价差。业主同时可立即采取的措施是兑现我方的两个保函及扣押我方在现场的设备和材料。

因此友好终止合同，互相放弃索赔不仅可避免打没有胜算的国际官司，对双方尽快解决问题避免进一步的损失都是有利的。

在工作组与业主就原合同厂坝工程、灌溉渠系统、输变电系统已完成工程量但未获得支付项目以及现场临建设施等的清算基本达成一致后，工作组与业主的友好终止原合同谈判进入了实质性阶段。由于我公司已经明确了与巴军方的合作关系，业主在释放我公司保函和施工设备等重大问题上也作出了让步。在领导小组的领导和指示下，工作组于2006年10月与业主签订了友好解决高摩赞工程原合同终止谅解备忘录。

9.6 S国NY供水工程项目变更及索赔谈判

1. 案例背景

S国NY供水工程项目的业主为S国国民经济与财政部，最终用户为S国国家水公司，中国C公司于2004年3月4日在北京与S国国民经济与财政部签署了NY供水工程项目合同，合同明确中国C公司作为总承包商以EPC方式承担工程项目建设。该项目合同总金额为5008万美元，其中合同本金为4000万美元，贷款利息为900万美元，信保费为108万美元，贷款方式为由中国C公司提供卖方信贷。该合同于2007年1月8日正式生效，建设期为36个月。

该项目供水量为4000m^3/日，由取水工程、输水工程和水处理工程三大部分组成。即在位于NY市以南85km×××盆地内GER地区以西15km处打20眼深水井，抽取地下水。通过21km的井群联络管将井水汇流送到当地水源厂（标高489.6m），再经过途中三个加压站三次加压，将原水通过85km的输水管线（DN700的球墨铸铁管）送达到NY市水处理厂（标高707.3m的山顶上），然后以自流的方式通过配水管网向NY市供水。

合同签订后，中国C公司于2006年7月进行了现场勘测和工程设计。2007年1月8日合同正式生效，2008年1月正式开工建设，由于NY供水工程项目现场所在的S国××地区，施工期间地区安全形势日益恶化，武装冲突不断发生，为了避免发生恶性事件，中国C公司于2008年8月被迫停止施工。截至停工日该项目完成施工总工程量的13%，设备材料发运量占总发运量的95%。停工后，中国C公司就安全保障及停工造成的损失与业主进行多次沟通和谈判，2009年11月与业主签署了补偿合同，补偿金额为595万美元，并且与业主就工程复工和最终工期达成了补充协议。约定补偿金在复工前全部支付，其中50%为当地币支付，另外50%为美元支付。业主于2010年6月以当地币支付给中国C公司补偿款的50%，剩余应以美元支付的50%至今仍未支付。

2011年6月，C公司曾与业主进行了对原合同额涨价的谈判，经过不懈努力，初步与业主达成了1250万美元（其中涨价款1150万美元，不可预见费100万美元）的涨价意向，但双方始终尚未签署协议。

从2011年9月中国C公司开始做复工的准备工作，包括：

(1) 中国C公司于2012年2月份调整了该项目部的组织机构，加强项目部的力量。总结了项目实施与执行过程中出现的问题和经验、教训，对合同及其执行情况进行了梳理。

（2）为了保证该项目供水系统的运行安全，降低重大安全隐患，规避施工中可能存在的技术风险。C公司2012年2月委托中国市政工程东北设计研究总院对原施工图进行优化和完善等工作。

（3）C公司于2012年2月27日至3月25日会同该项目设备供货厂家共12人，对已经发运到项目现场的主要设备与材料进行了全面详细的清查，摸清楚了设备材料的现状。

（4）C公司项目部根据原设备材料发运记录和现场设备材料实际查验情况，再结合施工图设计优化后新增加设备、材料的差异情况，对补充采购设备、材料数量以及发运到项目现场的主要设备由于年久需要修复的设备，进行了的统计和询价。并与施工单位编制的复工预算一同汇总，编制了该项目的复工成本预算和调整后的合同效益预算表。

该项目截至2012年6月底，已收汇美元为1673.5万，折合人民币合计12131万元，现场收汇当地币6636480.00镑（按照当地最新官方汇率1美元兑换4.8镑，美元兑人民币汇率1：6.31计算）折合人民币合872万元，退税收入为人民币1232.5万元，支出人民币合计2293.1万元，资金占用利息为1809.5万元人民币，实际已经盈亏总计－1050.5万元。

C公司经与中国信保公司沟通，中国信保公司根据该项目情况特别说明：C公司与业主不管是已签订的补偿款或以后再签订的任何涨价协议，业主在该项目下的任何支付，都应首先冲抵中国信保公司的赔偿额。根据S国目前的财政状况判断，最大的可能是不再支付任何款项。考虑这种最恶劣的情况，如果按照C公司该项目部最新编制的复工成本预算（人民币23378.5万元）继续执行项目，在考虑到第一次补偿款的另外50%计297.5万美元不能收汇，先期已支付的297.5万美元冲抵投保额、中国信保公司的免赔额为333.4万美元等不利因素，项目执行完成预计亏损额为人民币20872.6万元。

如果C公司继续执行完成该供水工程项目后，虽然C公司与业主关于出水量的问题签署过补充协议，即按实际出水量来进行项目的验收。但是不排除最后项目验收时业主会推翻补充协议的约定，依然根据合同约定要求项目的出水量达到40000m³/日（该项目合同对出水量的规定，没有科学的依据，属于合同缺陷），以此来拖延项目的验收并不出具PAC或FAC，中国信保公司将不赔偿任何款项。在这种极端的情况下，项目预计亏损额为人民币41369.7万元。

该项目存在的问题包括：

（1）工程成本上升

该项目自停工以来，主要设备与设施的搁置日久，自然损坏需要修复，施工图优化后部分设备需要重新购置，加上人工费、地材成本、运输成本已大幅增加；人民币升值导致汇率损失严重，贷款利息也在上升，加之人员撤离和重新进场的费用，重新开工必然导致工程成本的上升，造成巨额亏损。

（2）业主还款违约

从2011年1月至今，业主已有四笔到期延付款尚未支付，总金额为1107万美元。

2011年6月双方达成的1250万美元（其中涨价款1150万美元，不可预见费100万美元）的涨价意向，却迟迟未签署协议。

根据S国目前财政状况判断，最大的可能是无力支付后续的延付款。

（3）项目所在地区安全状况仍然严峻

S国先是安全局势依然不稳定，项目所在地区安全状况仍然严峻，重新复工也存在巨大的安全隐患，很有可能因为地区安全原因导致再次停工。

(4) 业主拖延或拒绝签发PAC

C公司在S国承建电站工程，完工验收后，正常运行至今仍未取得业主签发的PAC。据此，判断C公司即使顺利完成该项目建设后，也存在着业主无故拖延或不签发PAC或FAC的隐患。

该项目的主要风险包括：

(1) 根据复工成本预算情况需与业主就复工进行商洽复工补偿，如业主不同意复工补偿和相关合同修改的意见，本项目若再继续实施与执行，C公司必然将要承受巨大的财务的亏损，项目的资金风险难以估量。

(2) C公司如复工继续实施与执行该项目，一旦S国安全环境发生变化，业主提供的安全保障和措施得不到充分的实现，根据以往的经验和教训，项目将会出现干干停停的状态，工期拖延，C公司将付出更大的项目成本，承受极大的安全风险。

(3) 根据S国目前的财政状况判断，即使C公司履行合同义务继续执行项目，也有可能出现业主也无力偿还贷款的情况，将会给C公司或国家银行带来更大的损失。

基于上述情况的基本分析与评估，C公司项目部决定与S国业主进行复工商务谈判。

2. 谈判的准备

为了做好谈判的准备工作，制定该项目复工的成本与S国业主进行涨价谈判的方案，争取好的商务条件，尽可能地降低成本减少亏损。C公司项目部2012年7月委托国际上知名的PCMC律师事务所为该项目提供法律咨询服务。并规定了咨询服务的范围。即根据S国法律、法规，该项目合同以及合同执行情况等，为C公司提供对该项目商务谈判的法律意见书，并就以下问题进行分析和确认：

(1) 该项目合同存在哪些问题，需要如何解决；

(2) C公司是否有权终止合同；终止合同的法律后果（包括C公司有权终止、不当终止两种情况），C公司的最大责任是什么；

(3) 业主在合同项下四笔到期未付款项的诉讼时效和债权保全问题；

(4) 如果C公司与业主进行复工谈判，如何进行复工谈判；如果谈判未达成一致，应如何处理；是否有权终止合同以及如何终止合同；

(5) 根据项目的实际情况，C公司应如何处理项目后续问题（终止或复工），提出律师意见和建议。

PCMC律师事务所接受了C公司项目部的委托，查阅了该项目的合同以及全部资料，召开了多次座谈会，深入了解各方面的情况，于8月20日对该项目出具了法律意见书，提出了该项目合同中，存在的问题，明确了复工谈判的思路和建议。

3. 谈判方案

C公司项目部根据PCMC律师事务所提出的法律意见书以及谈判建议，拟定了谈判方案。总的谈判思路是：以复工成本为依据，提高商务条件，与S国业主以终止合同为目的进行复工的谈判。解除合同的方案方式拟采用进攻型谈判为开局，建设型谈判为终局，即强硬、缓和、再缓和的步骤进行，在关键问题上绝不妥协，直至双方达成解除合同协议。拟采用的谈判方案是：

(1) 第一方案

坚持较高商务条件，迫使业主放弃合同。

1) 坦诚的告知业主，经过我公司对项目复工各项费用进行的详细测算，如果项目继续往下执行，在不考虑安全问题对项目造成不利影响的情况下，业主如果没有5100万美元的再投入是根本完成不了此项目的。这都是基于2008年8月由于安全问题停工以来和业主方未按期支付延付款造成的巨额成本增加。这种情况对于S方目前的财政情况来说，将面临很大的压力和困难。

2) 除去合同额5008万美元10%的预付款、508万美元外，剩余4500万美元我公司于2007年1月已向中国进出口银行进行了全额的贷款。除去1008万美元的贷款利息和保费外，只有4000万美元是项目的本金，这些款项已经全部用于项目的勘测测量、设计、设备材料采购和运输等工作。现在我公司对于上述工作已经全部完成，并且设备材料也已经全部发运到了施工现场（仓库）。但由于安全问题造成的停工和S方未能按照合同约定的付款期限支付延付款，现在已经造成我公司约1700万美元的亏损，而且亏损额还在每天的持续不断扩大。

3) 业主如还要继续执行该项目，必须向我公司提供5100万美元合同补偿款用于该项目的建设。我公司要求的付款条件按是：自复工协议达成之日起1个月内，C公司必须收到5100万美元的50%预付款即2550万美元用于项目准备和启动的前期项目投入。剩余的2550万美元以开工之日起作为工程进度款分三次按季度支付给C公司。

4) 对业主已经拖欠的四笔到期延付款和未付的补偿款共计1404.5万美元，自复工协议达成之日起1个月内支付给C公司。

5) 重新商定合同（根据PCMC律师事务所的建议提出），合同中必须加入终止条款（原合同中无终止条款，属于合同缺陷），并对执行合同中可能出现的两种情形进行约定：①对业主不按期按时支付款项，C公司有权停止施工撤离现场，C公司在未收到业主到期应付款项第45日起，合同自动终止；②对于安全问题造成工程无法顺利执行并且不能保证每天有效的工作时间，持续时间达45日，C公司有权终止合同。

6) 此方案的提出，是根据复工成本的实际情况，提出相对较高的商务条件，逼迫S国业主方根据现实情况无法实现我方提出的复工条件，放弃继续再执行该项目的想法。该方案必须坚持，以利于后续谈判方案的推出。

7) 此方案实施前，基于项目目前的状态和对S国现实财政状况的考虑，C公司希望与业主能够友好协商解除本合同。并通过代理去做S国财政部、国家水公司的工作，依情况而定调整谈判方案。

(2) 第二方案

C公司以无条件移交所有设备材料并对297.5万美元的补偿款不再追索为条件，达到解除合同目的。对于C公司提出的较高的商务条件，业主在无法实现的情况下，会使谈判出现僵持一段时间的局面，然后，C公司可以推出较为缓和的方案与业主就合同终止的相关条件进行谈判。

由于S国财政情况确实无力再执行该项目，C公司拟提出相关条件来尽量牵制业主方按照我们的工作思路进行，C公司可以提出较为妥协的方案：

1) 只要业主方愿意和C公司协商解除该合同，C公司愿意将已全部发运到S国的用于该项目建设的所有设备材料的产权全部无条件移交给业主方。

2）对于延迟一直未付的297.5万美元补偿款，C公司可以不再追索。

3）但是已到期的四笔延付款共计1107万美元还需支付给C公司，作为对C公司的补偿。

4）如果此方案能得以实施，顺利解除合同，C公司将亏损4110万元人民币，但财务等费用和未预计到的费用没有计入。

（3）第三方案

C公司以无条件移交所有设备材料并对所有已到期和未到期的延付款及部分补偿款共计3632万美元不再追索为条件，达成解除合同的目的。这是C公司与业主谈判的底线。

1）C公司愿意将已全部发运到S国的用于该项目建设的所有设备材料全部无条件移交给S方。

2）对于延迟一直未付的297.5万美元补偿款，C公司可以不再追索。

3）C公司为了该项目建设已经贷款并实际已经支出的，已到期的四笔延付款共计1107万美元和九笔未到期的延付款2227.5万美元，共计3334.5万美元，C公司自动放弃合同项下应收款的权利，以此为最终条件与业主方就该项目达成合同解除协议，表示最大最积极的诚意。

4）如果此方案得以实施，能够顺利解除合同，C公司将亏损10500万元人民币，但财务等费用和未预计到的费用没有计入。

（4）第四方案

在C公司背负巨额亏损的情况下，以付出巨大成本为代价均不能换取业主放弃合同时，C公司拟采取拖延谈判时间的方案，以时间来换取业主转变对该项目的态度，直至我们最终与业主方达成解除合同的协议。

1）如果以上三种方案都不能实现解除合同的时，C公司拟回到第一方案与业主方进行谈判，坚持原来提出较高的商务条件不再作出任何让步。只要业主方不满足C公司提出的条件，C公司决不会做任何有关复工的主动行为。

2）项目将无限期地拖下去，根据法律意见书的意见和合同的相关约定：

①根据项目执行中与业主的往来信函分析，2008年8月25日提供是有理据的。

②在分期款未支付的各自期限内，业主持续违反其付款的义务是违约行为，并且我们有权继续暂停施工，直至支付延期分期款被支付为止。

③根据合同的条款约定，业主支付延期分期款的义务是一项“独立”的义务，且并不以工程的竣工为条件。

④合同中未规定业主可以在工程的履行和完工被迟延或暂停时，“延迟”支付其延期分期款的义务。以上都是与业主进行谈判对我方有利的条件。

3）如果与业主方达不成解除合同的协议，项目将无限期的继续拖延下去。C公司将在总部法律合规部和外部律师的协助下，在后续的商务谈判和往来信函中继续积累和设定相关对C公司有利的证据。以时间来换取业主方转变对该项目的态度，直至最终与业主方达成解除合同协议。

（5）第五方案

在上述谈判方案任一方案实施中，以付出较小的代价，配合其他谈判方案一并实施，直至最终达成解除合同的目的。

该公司总部在2012年8月20日党政联席会议上经过讨论，批准了C公司项目部提出的谈判方案。并要求项目部尽最大可能与业主解除合同，以复工成本为依据，提高商务条件，与业主以终止合同为目的进行复工谈判的方案。考虑到项目已造成巨额亏损的事实，从公司全局和大局出发，在律师事务所的配合下与业主展开商务谈判，并及时妥善处理好相关事宜，避免对公司整体利益带来负面影响。

4. 谈判的过程与终局

谈判方案经过C公司总部批准后，该项目部所在的第三事业部组成了以事业部副总经理为组长的四人谈判小组，于2012年9月5日赴S国，与业主进行该项目的谈判工作。截至2013年2月18日历经近百次沟通、会谈与谈判，初期S国业主（国家财政部与国家水公司）坚决不接受C公司提出的终止合同的要求，一再以政治因素、解决民生为由，要挟C公司尽快复工继续完成该项目的建设。通过不懈地努力，私下沟通，并在代理的协调下，业主方逐渐转变了态度，与C公司谈判小组加强了沟通和交流，逐步接受了C公司提出的终止合同的要求，并成立了由S国财政部发展司和国际合作司、国家水公司、财政部法律顾问、司法部法律顾问等相关部门人员组成的专门委员会来研究并讨论该项目的终止合同问题。2012年12月31日S国财政部终于正式致函C公司谈判小组，要求与C公司进行终止合同的正式谈判。至此，在C公司谈判小组的不懈努力和坚韧支撑下，四个月全部完成该终止合同谈判的前期基础工作。使该项目终止合同谈判的工作，进入了实质性阶段。

2013年1月8日C公司与S国业主终止合同的谈判正式开始，C公司谈判小组按照先前制定的谈判方案和预案，趁热打铁说服业主方尽可能地按照我们的工作思路进行工作。为了避免终止合同工作节外生枝出现变化，尽快地完成终止合同的工作任务，经过艰难的谈判中，终于使S国财政部在谈判中接受了C公司提出的将终止合同工作分两步走的建议。即：为了加快工作进度，C公司谈判小组分成商务和技术两个小组分别与S国财政部和国家水公司分别对口同时进行工作；待商务和技术小组的工作完成后，汇总形成报告，由S国该项目专门委员会研究讨论后，正式将报告提交财政部次长批准。

C公司谈判小组商务小组即刻与C公司法律合规部和外部律所进行工作交流，对先前草拟的合同终止协议进行完善，并与S国财政部开始协议条款的谈判和确认。

C公司技术小组与S国国家水公司开始了设备材料清查验收、设备的抽检试验、已完工程量的确认和验收、勘测技术资料和设计图纸的确认和验收等工作。

C公司商务和技术小组克服重重困难，终于在2013年2月8日全面完成了以上工作。与国家水公司分别签署了设备材料和已完工程量的价格确认报告、设备材料交接协议；完成了勘测和设计图纸电子版和纸版技术文件的交接手续。为签署“合同终止协议”打下了基础。

从2012年2月9日C公司商务和技术小组开始合并工作，按照既定的谈判方案和预案有理有据的与S国财政部开始了艰苦的商务谈判。在业主（财政部）谈判代表多次提出无理要求，并单方面推翻先前已为终止合同所做的工作和承诺，终止合同已经无望，并出现了谈判僵局。经过持续的几日休会，C公司谈判小组负责人与业主谈判代表通过场外接触和会谈，提出了各自退让一步的策略，又将业主方谈判代表重新拉回到谈判桌上。与此同时，C公司谈判小组按照既定的谈判方案策略地进行了终止合同条件的退让，坚持以当地币作为结算。并报经C公司总部批准，最终与S国财政部达成了终止合同的条件：

（1）C公司无条件移交已发运到S国的全部设备材料（设备材料已经在现场堆放了四年半的时间了，大部分设备材料已经不能满足今后的施工的接续使用）；

（2）C公司放弃业主未支付的5笔延付款1372.5万美元的追索的权利（根据S国财政实际情况，已经无能力再支付任何费用，这也是在谈判过程中作出的最大的妥协。此5笔延付款，占2012年12月为止项目效益表中反映出来亏损数额的90%）；

（3）C公司退回2010年6月S国国家水公司为使C公司尽快复工而支付的663.6万当地币的补偿款；

（4）C公司给予业主方接续再施工，施工机具补偿款662.4万当地币。

C公司实际共支付1286万当地币，按当地汇率折合200万美元。基本上实现了谈判方案中既定的，C公司最为有利和最小限度损失297.5万美元的方案，就与S国财政部达成了合同终止协议。2013年2月16日上午，C公司谈判小组负责人，该公司第三事业部副总经理与S国国家财政部次长在“合同终止协议”上最终签字，S国驻华大使和S国国家水公司总经理作为见证人同时也在协议上签字。至此，长达6个月的合同终止工作全部完成。2013年2月17日，C公司谈判工作小组向中国驻S国使馆经商处参赞汇报了终止合同的相关工作，并提交终止的合同所有文件副本进行了备案。

该项目终止谈判后，经实际统计，C公司项目收入与支出相抵，合计亏损人民币12787.4万元。远远低于如果项目复工实施预计的亏损额人民币41369.7万元。

5. 案例分析

（1）C公司作出终止合同的决定是正确的选择

1）由于停工时间较长，尽管工程建设采用了中国标准，但是停工搁置期内，我国规范与标准的更新，迫使施工图重新进行设计优化，增加了一些设备，仅安全阀就增加了一倍，另一方面现场搁置达4年之久的各种设备，均需要重新修复，而许多设备修复后，却无法进行型式试验，该国家也没有此类检测机构，必然存在施工与使用的风险。

2）工程项目合同是2004年签署的，由于C公司是一家是以工贸为主发展起来的承包商，相对比而言技术管理是短板。因此，该合同存在多处缺陷。例如：商务条款中，没有明确合同终止的条件。井场出水量没有科学的依据，也没有实际的测量和认定，就写入了技术合同。施工图设计是由我国一家从事石油勘察的设计院设计的，由于该设计单位没有从事市政供水项目设计的经历，导致施工图有许多不当之处。导致在复工前，重新委托我国知名的市政设计研究院进行优化设计。

3）工程停工时，没有做好设备仓储和保管，匆忙撤离，导致许多材料裸露在现场露天放置，风吹日晒（S国家地处非洲），有的已经报废，需重新购置。经现场踏查，已经完成的工程量，由于没有做好现场维护与半成品保护，均需要重新返工。

上述因素，再加上汇率的变化，人工、材料、运输等成本的提高，必然会导致工程成本的攀升，即使顺利的复工，也必然将承受许多风险。所以，C公司采取调查研究、现场查验、设计优化的工作步骤后，经过财务与风险评估，作出终止合同的决定是正确的。

（2）谈判的准备充分，谈判方案得当，策略使用符合实际

1）C公司不惜重金，委托知名律师事务所进行咨询，为谈判方案的制订提供智力支撑，这是明智之举。

2）C公司在充分谈判准备的基础上，制定了谈判方案，既做到了有的放矢，又做到了进退自如，使谈判小组心中有数，目标明确。

3）谈判方案中明确了谈判策略：抓住了业主急于复工的心理，以进攻型谈判方式为主切入谈判议题，以复工的商务条件为由，逐步切入终止合同的目标。当目标明确后，则变换为建设型谈判方式。循序渐进与谈判方式的相互转换的谈判策略，使前期谈判顺畅地进入项目终止合同谈判的实质性阶段。另外，谈判工程中，充分发挥代理人的作用，沟通、交流、场外会谈并举。从而，使谈判获得预期的效果，以较小的代价实现了减亏的目的。

9.7 某项目竣工结算谈判

1. 案例背景

工程完工后，乙方依据后来变化的施工图作了结算，结算仍然采用清单计价方式，结算价是1200万元，另外还有200万元的洽商变更（此工程未办理竣工图和竣工验收报告，不少材料和做法变更也无签字）。咨询公司在对此工程审计时依据乙方结算报价与合同价格不符，且结算的综合单价和做法与投标也不尽一致，另外施工图与投标时图纸变化很大，已经不符合招标文件规定的条件了，因此决定以定额计价结算的方式进行审计，将结算施工图全部重算，措施费用也重新计算。得出的审定价格大大低于乙方的结算价。而乙方以有清单中标价为由，坚持以清单方式结算，不同意调整综合单价费用和措施费。双方争执不下，谈判陷入僵局。这种分歧应如何判定？

2. 案例分析

首先此工程未办理竣工图和竣工验收报告，不符合结算条件，应在办理竣工图和竣工验收报告后再明确结算的方式，根据双方签订承包合同规定的结算方式进行结算。

本工程招标时按照清单报价的方式招标，并且甲乙双方合同约定按照清单单价进行结算，合同约定具有法律效力，那么在工程结算时就应该遵守双方合同的约定，咨询公司作为中介机构是无权改变工程的结算计价方式的。

材料和做法变更无签字不能作为工程结算的依据，应该以事实为依据：如隐蔽工程验收记录、分部分项工程质量检验批、影像资料、双方的工作联系单、会议纪要等资料文件。如果乙方不能提供这些事实依据，甲方有权拒绝相应项目的变更费用。工程在施工过程中出现变更时，甲乙双方应该及时办理相应手续，避免工程以后给结算时带来的扯皮。

在工程施工过程中出现变更，合同中应该有约定出现变更时变更部分工程价款的调整方式和办法：如采用定额计价方式、参考近似的清单单价、双方现场综合单价签证等。另外，工程量清单报价中有一张表格《分部分项工程量清单综合单价分析表》，在出现变更时，可以参照这个表格看一下清单综合单价的组成，相应地增减变更的分项工程子目，重新组价，组成工程变更后新的清单单价，但管理费率和利润率不能修改。

本章小结

本章强调理论联系实际，将知识点灵活应用于涉外建设工程商务谈判中，真正做到学以致用。

参 考 文 献

[1] 刘俊．国际商务谈判文献综述与评析［J］．广角镜，2010，2：235-236.

[2] 蔡颜敏，祝聪，刘晶晶．谈判学与谈判实务［M］．北京：清华大学出版社，2011.

[3] 吴炜，邱家明．商务谈判实务［M］．重庆：重庆大学出版社，2008.

[4] 刘园．国际商务谈判［M］．北京：对外经贸大学出版社，2006.

[5] 潘肖珏，谢承志．商务谈判与沟通技巧［M］．上海：复旦大学，2000.

[6]（美）汤普森．汤普森谈判学［M］．赵欣译．北京：人民大学出版社，2009.

[7] 王晖．时间压力时间距离对谈判影响的实验研究［D］．西南大学，2009.

[8] 王晖，石伟．谈判中的时间因素［J］．心理科学进展，2008，16（5）：810-814.

[9] 陈丽清．商务谈判成功的评价标准及成功模式探讨［J］．商业研究，2000，7：21-22.

[10] 高玉清．商务谈判成功评价标准及教学模式浅析［J］．吉林省经济管理干部学院学报，2012，3：116-117.

[11] 黄奕苗．论文化差异如何影响商务谈判策略［D］．广西师范大学，2006.

[12] 李正欣．影响国际商务交流的文化因素［J］．探索地带，2013，8：259.

[13] 蔡弘志．商务谈判地点的选择对谈判影响的研究［J］．商场现代化，2012，11：117.

[14] 张燕．商务谈判中谈判人员对谈判结果影响浅析［J］．经济研究，2010，17：67-68.

[15] 方其．商务谈判——理论、技巧、实务［M］．北京：中国人民大学出版社，2011.

[16] 姚凤云，苑成存，朱光．商务谈判与管理沟通［M］．北京：清华大学出版社，2011.

[17] 潘文．国际工程谈判［M］．北京：中国建筑工业出版社，1999.

[18] 孙绍年．商务谈判理论与实务［M］．北京：清华大学出版社，北京交通大学出版社，2007.

[19] 石永恒．商务谈判［M］．上海：上海财经大学出版社，2013.

[20] 吕文学，武寰宇，王立．工程谈判行为及结果关系分析［J］．国际工程管理论坛，2013，（5）：47-51.

[21] 杜娟．印度工程项目总承包商务谈判的几点体会［J］．有色金属设计，2010，（1）：67-71.

[22] 杨玉玲．工程各阶段的商务沟通谈判的理解和体会［J］．理论探讨，2010：297-299.

[23] 邢秀丽．浅析 EPC 工程总承包项目中的合同管理［J］．项目管理技术，2009，10（7）：48-51.

[24] 沈显之．对菲迪克合同条件中的价格条款和支付条款的研究（下）［J］．中国工程咨询，2007，(11)：25-29.

[25] 郭颖．国际工程合同谈判策略研究［J］．国际商贸，2015，（7）：56-57.

[26] 梁元花．国际工程项目变更结算经验总结［J］．东北水利水电，2009，（1）：11-25.

[27] 陈森辉．广东 LNG 工程商务管理浅谈［J］．华南港工，2006，（3）：69-71.

[28] 于伟明．工程建设企业国际工程商务谈判［J］．科学与财富，2015，（7）：638-639.

[29] 冯志祥．工程项目投标资格预审及其规范初探［J］．建筑经济，2005，01：58-62.

[30] 丁静．浅谈工程项目资格预审文件的编制及其重要性［J］．赤子（上中旬），2015，01：309.

[31] 曹红梅，吕宗斌．标准施工招标文件的解读分析与实践探讨［J］．建筑经济，2012，05：45-47.

[32] 张水波，高颖，孙唯暐．国际某港口 PPP/BOT 项目招标文件案例分析［J］．中国港湾建设，

2012，02：60-64.
[33] 沈彦．招标文件编制之经验与心得［J］．城市道桥与防洪，2011，10：116-117＋124＋11.
[34] 杨映华．浅谈建设工程施工招标文件的编制［J］．泸天化科技，2013，03：222-228.
[35] 杨颖．招标文件的编制［J］．中国招标，2013，39：14-15.
[36] 邹伟．论施工企业投标报价策略与技巧［J］．建筑经济，2007，07：59-61.
[37] 胡洋，蔡益民．对工程项目投标报价策略与技巧的探讨［J］．江西水利科技，2008，04：298-300＋303.
[38] 王飞虎．浅谈建设工程市场开发的投标经营策略［J］．施工技术，2015，S1：710-713.
[39] 吴高莉．建设工程施工项目评标决策支持系统研究［D］．武汉理工大学，2006.
[40] 韦路．我国代建制工程中招评标体系的改进研究［D］．安徽理工大学，2014.
[41] 刘兴．投标前调查研究的重要性及对中标的影响［J］．四川建筑，2014，04：271-272.
[42] 许高峰．资格预审的评审方法［J］．中国招标，1997，(30)：4-6.
[43] 付建华．浅析工程建设项目施工招标投标资格预审［J］．机电信息，2007，(26)：27-29.
[44] 唐旭东．建筑招标投标市场竞争性谈判存在的问题探讨［J］．科技与企业，2013，(19)：63-63.
[45] 汤礼智．国际工程承包总论［M］．北京：中国建筑工业出版社，1997.
[47] 徐欣．国际承包工程的合同谈判［J］．国际经济合作，1997，3：56-58.
[48] 张蕾．工程总承包投标策略研究［D］．天津大学，2006.
[49] 张涛．EPC工程合格承包商的选择［D］．北京邮电大学，2009.
[50] 程美华．如何做好国际工程项目签约谈判［J］．电站系统工程，2010，(2)：65-66.
[51] 耿磊杰．建设工程施工合同谈判［J］．门窗，2014，8：040.
[52] 杨秀，赵鹏．工程总承包合同谈判中应注意的问题［J］．中国科技信息，2011，(7)：55-55.
[53] 黄庆武．浅谈工程合同谈判［J］．水利水电工程造价，2013，(4)：13-15.
[54] 陈洪伟．水利水电工程设备采购合同管理研究［D］．河海大学，2007，8.
[55] 蔡科，臧姮．工程设计合同谈判的决策，构思与计划［J］．工程建设与设计，2011，(6)：192-195.
[56] 王国贤．施工合同谈判研究［J］．基建管理优化，2008，(3)：28-31.
[57] 黄雪莹．国际工程承包合同谈判全过程管理［J］．中国集体经济，2010，(10S)：62-63.
[58] 陈丽珍．建设工程施工合同谈判［J］．中华民居（下旬刊），2014，3：141.
[59] 董筝．浅析建筑施工合同的谈判、签订和履行［J］．科技创新导报，2011，(10)：21-23.
[60] 李燕峰，孟宪超．国际工程承包项目合同谈判及实践［J］．国际经济合作，2011，(11)：64-66.
[61] 狄小格．浅谈独家议标施工项目的合同谈判［J］．水电与新能源，2009，(1)：47-48.
[62] 周德蛟，罗素芬．合同谈判是实现工程建设总目标的重要环节［J］．人民长江，2004，35 (8)：39-41.
[63] 曾炜，乐云．建设工程业主与承包商招标后合同价格谈判的博弈分析［J］．上海管理科学，2014，36 (1)：82-87.
[64] 李安荼．浅析国际工程投标人的合同谈判要点［J］．招标与投标，2014，(4)：26-28.
[65] 梁洁清．浅析合同谈判技巧在国际工程承包中的运用［J］．现代商业，2015，(5)：259-260.
[66] 吴宏．论建设工程缺陷责任期［J］．建筑经济，2014，(10)：86-89.
[67] 范殷伟，沈杰．辨析缺陷责任期与保修期［J］．建筑管理现代化，2007，(6)：63-65.
[68] 董春山．工程变更管理［D］．同济大学，1999.
[69] 刘健一．工程变更管理［D］．北京交通大学，2007.
[70] 杨晓林，冉立平．建筑工程索赔与案例分析［M］．哈尔滨：黑龙江科学技术出版社，2003.
[71] 王蒙．工程索赔程序与反索赔的要点和技巧［J］．建设监理，2009，(10)：37-39.

[72] 周伟义．公路工程索赔谈判的一些技巧［J］．中外公路，1998，(3)：14-17.
[73] 陈钢，王建平．关于工程变更和索赔问题的讨论［J］．长江科学院院报，2002，19（3）：62-64.
[74] 刘华奇．建设项目全过程变更管理研究［D］．天津大学，2009.
[75] 何佰洲，刘禹．工程建设合同与索赔管理［M］．大连：东北财经大学出版社，2008.
[76] 成虎，虞华．工程合同管理［M］．北京：中国建筑工业出版社，2011.
[77] 宋宗宇．建设工程索赔与反索赔［M］．上海：同济大学出版社，2007.
[78] 余群周等．建设工程合同管理［M］．北京：北京大学出版社，2015.
[79] 董巧婷，刘家兵等．工程投招标与合同管理［M］．北京：中国铁道出版社，2008.
[80] 成虎．建设工程合同管理与索赔（第四版）［M］．南京：东南大学出版社，2008.
[81] 何辉常．建筑工程索赔管理目标与实现途径研究［D］．重庆交通大学，2013.
[82] 李永强．建设项目工程变更全过程管理研究［D］．北京建筑工程学院，2012.
[83] 陈靓．建设工程变更博弈分析及管理策略研究［D］．河海大学，2008.
[84] 王志毅．GF—2013—0201 建设工程施工合同（示范文本）评注［M］．北京：中国建材工业出版社，2013.
[85] 霍丽伟，孙劲峰．工程合同谈判技巧［J］．合作经济与科技，2010，(15)：44-45.
[86] 陈婕．工程结算纠纷产生的原因及预防措施［J］．中华建设，2015，(6)：78-79.
[87] 刘广滨．浅谈工程结算争议仲裁［J］．智能建筑与城市信息，2015，(2)：63-71.
[88] 张太全．浅谈建筑工程竣工结算编制［J］．中国城市经济，2011，(15)：327-328.
[89] 方芳．如何做好建筑工程竣工结算的编制［J］．福建建设科技，2010，(2)：65-66.
[90] 刘桂英．工程承包合同的谈判策略与签订技巧［J］．科学之友，2008，(3)：68-69.
[91] 曾美红．工程项目竣工结算的审计［J］．科技风，2015，(7)：154-154.
[92] 贾书亚．基于工程建设全过程的造价纠纷成因研究［D］．西安建筑科技大学，2013.
[93] 宓群．建筑工程纠纷解决模式探究［D］．浙江大学，2012.
[94] 杜海玲．商务谈判实物［M］．北京：清华大学出版社，2014.
[95] （美）利·L·汤普森．商务谈判［M］．赵欣译．北京：中国人民大学出版社，2013.
[96] 罗伊·J·列维奇，戴维·M·桑德斯，布鲁斯·巴里．商务谈判［M］．程德俊译．北京：机械工业出版社，2012.
[97] 赵秀玲．商务谈判概论［M］．上海：上海财经大学出版社，2007.
[98] 陈维政·J·Paltiel，黄登仕．中国、北美企业家商务谈判行为及其价值观念的比较［J］．中国社会科学，2000，02：74-86.
[99] 王幼文．论企业涉外谈判的准备和组织［J］．石油化工技术经济，1996，4：65-72.
[100] 王军旗．商务谈判：理论、技巧与案例［M］．北京：中国人民大学出版社，2014.
[101] 林晓华，王俊超．商务谈判理论与实务［M］．北京：人民邮电出版社，2016.
[102] 邓昕．涉外工程项目的索赔［J］．经营管理者，2015，4：333-334.
[103] 江瑞俊，叶浩亮．巴基斯坦高摩赞水利枢纽工程项目危机处理及合同谈判［J］．水力学报，2007，135：649-653.
[104] 张洪伟，汪明华．涉外 EPC 项目执行过程中的风险探析［J］．化工设计，2012，3：47-50.
[105] 王峰．项目冲突解决谈判的无形影响因素研究［D］．天津大学，2012.
[106] 李岩．建筑施工企业工程合同谈判策略研究［D］．北京交通大学，2011.
[107] 岳海翔．商务文书写作：要领与范文［M］．北京：中国言实出版社，2008.
[108] 李卫民．企业与行政机关常见应用文写作大全［M］．北京：电子工业出版社，2008.
[109] 马国辉，吴文艳，武斌．应用文写作实务［M］．上海：立信会计出版社，2004.
[110] 李树春．企业办公室文书写作规范与经典范本大全［M］．北京：中国纺织出版社，2010.

[111] 刘利华．公司常用工作文书写作规范与范例［M］．广西：广西人民出版社，2009.

[112] 闻君，倪亮，魏娜．办公室常用应用文书写作及范例全书［M］．北京：北京工业大学出版社，2008.

[113] 吴绪彬，赵更群．公文、书信、契约大全［M］．北京：中国国际广播出版社，1993.

[114] 庞爱玲．商务谈判（第三版）［M］．大连：大连理工大学出版社，2012.

[115] 臧瑾．新编商务全书、商务礼仪、商务谈判、商务写作［M］．北京：中国言实出版社，2008.

[116] 莫林虎．商务交流［M］．北京：中国人民大学出版社，2010.

[117] 史常青，邹莉．营销文案写作技巧与实例［M］．广西：广西人民出版社，2008.

[118] ［美］弗兰克-L-阿库夫．国际商务谈判［M］．刘永涛译．上海：上海人民出版社，1995.

[119] 孟泽云．商务谈判十大策略的运用［J］．中国商贸，2012，(08)：216-217.